Außerirdische und Astronauten

Ulrich Walter

Außerirdische und Astronauten

Zivilisationen im All

Spektrum Akademischer Verlag Heidelberg Berlin

Die Deutsche Bibliothek – CIP-Einheitsaufnahme

Walter, Ulrich:

Außerirdische und Astronauten : Zivilisationen im All / Ulrich
Walter. - Heidelberg ; Berlin : Spektrum, Akad. Verl., 2001
ISBN 3-8274-1176-9

Lektorat: Katharina Neuser-von Oettingen/Anja Groth, Sylvia Kugler (Ass.)
Produktion: Ute Kreutzer
Umschlaggestaltung/Titelbild: hoyerdesign grafik gmbh
Innengestaltung: hoyerdesign grafik gmbh
Grafiken: Christiane von Solodkoff, Neckargemünd
Satz und Lithografie: Hagedorn Kommunikation, Viernheim
Druck und Verarbeitung: Appl, Wemding

Widmung

Meinen Kindern Natalie und Angela
und allen Kindern und Junggebliebenen,
die noch von der Zukunft träumen.

Inhalt

Vorwort

1 Ein Blick zurück

2 Was ist intelligentes Leben?

3 Sind wir allein?

4 Kontakte mit Außerirdischen

5 Die Zukunft der Menschheit im Kosmos

6 Schluß

Anhang

Vorwort zur Sonderausgabe

Sie haben sich nicht getäuscht: Dieses Buch, »Außerirdische und Astronauten – Zivilisationen im All«, ist bis auf den neuen Titel ein unveränderter Nachdruck meines Buches »Zivilisationen im All – Sind wir allein im Universum?«

Warum dann die Titeländerung? Der Titel »Zivilisationen im All« ließ nicht klar genug auf die Themen des Inhalts schließen. In der Tat befaßt sich das Buch mit zwei recht unterschiedlichen Fragen:

Außerirdische – Wo sind sie?

Drei Jahre sind seit der Beendigung meines ersten Manuskriptes vergangen und die Antwort auf diese berühmte Schlüsselfrage des Nobelpreis-Physikers Enrico Fermi lautet nach wie vor: »Es sind keine da!« »Es werden auch nie welche kommen, weil es keine anderen in unserer Milchstraße gibt!« Das ist die Essenz dieses Buches, und die weiterhin ergebnislose Suche nach Funknachrichten von ihnen und meine Recherchen in den vergangenen Jahren haben mich darin weiter bestärkt.

Unverhofft erschien vor einem Jahr, im Jahre 2000, ein amerikanisches Buch, das in genau dieselbe Kerbe schlug: *Rare Earth – Why Complex Life Is Uncommon in the Universe* von dem Paläontologen Peter Ward und dem Astronomen Donald Brownlee. Ihre Argumente sind denen in meinem Buch nahezu identisch. Auch sie können der Drake-Gleichung keine verläßliche Aussage abringen, aber sie verweisen auf die einzigartigen Eigenschaften der Erde, der biologischen Evolution auf ihr und betonen genauso (siehe Seite 91f) die besondere Rolle von Mond und Jupiter für die Evolution des Lebens auf der Erde. Auch ihr Fazit lautet: Wir sind wahrscheinlich die einzigen.

In der Fülle der Fakten, Widerlegungen und Argumentationen dieses Buches mag der rote Faden nicht immer ganz offensichtlich sein. Daher möchte ich ihn hier anhand dreier verschiedener Argumentationsketten, die in Kapitel 3 dieses Buches zur Sprache kommen, herausstellen, und sie alle sind ein deutlicher Hinweis auf die Nichtexistenz von ETs

(*Extraterrestrial Intelligence*, also intelligente Außerirdische) in unserer Milchstraße:

1. ***Die Drake-Gleichung***
   Die Drake-Gleichung listet die notwendigen Bedingungen für die Entwicklung zu intelligentem Leben auf, multipliziert ihre Wahrscheinlichkeiten und erhält im Idealfall eine statistische Zahl für die Gesamtwahrscheinlichkeit für die Existenz von ETIs. Das Kapitel 3.2 zeichnet in geschlossener Form diesen Weg nach, mit dem Ergebnis, daß die sehr ungenauen biologischen Evolutionsfaktoren eine verläßliche Aussage unmöglich machen: Die Existenz vieler ETIs ist zwar recht unwahrscheinlich, aber nicht auszuschließen.

2. ***Das biokosmologische Argument***
   Das biokosmologische Argument basiert auf dem Postulat der Entkopplung des Biokosmos vom Mikro- und Makrokosmos (siehe Kapitel 3.2.2, Seite 103), weshalb ich dieses neue Argument als biokosmologisch bezeichne. Basierend auf einer im Anhang 2 abgeleiteten Formel zur Berechnung der Wahrscheinlichkeit für die Entwicklung zu biologischer Intelligenz und mit Hilfe logischer Schlüsse zeigt dieses Argument, daß die reguläre Evolution zu Intelligenz wesentlich länger sein muß als die Evolution des Makrokosmos, unseres Universums. Daher ist die Menschheit wahrscheinlich die einzige Intelligenz in unserer Milchstraße. Darüber hinaus wird die alte Vermutung, Leben habe sich durch Panspermien zufällig von einem Sternensystem auf ein anderes übertragen, widerlegt, und wenn es dennoch Mechanismen gäbe, die das ermöglichten, dann wäre die Ausbreitungsrate zu gering, um viele ETIs in der Milchstraße zu ermöglichen.

3. ***Der indirekte Beweis für die Nichtexistenz vieler ETIs***
   Dieser Beweis geht von der Annahme aus, es gäbe viele ETIs und leitet daraus die Folgerung ab, daß dann ETIs auf der Erde längst aufgetaucht sein müßten (siehe Kapitel 3.5 und Seite 134): Wenn es viele ETIs in der zehn Milliarden Jahre alten Milchstraße gäbe, müßten einige von ihnen in den vergangenen zehn Milliarden Jahren fortgeschrittenere Technologien entwickelt haben als wir in den 4,5 Milliarden Jahren unserer Erdgeschichte – wobei unsere eigene Technik uns bereits heute erlaubt, die Milchstraße zu besiedeln. Mithin sollten einige ETIs bereits auf der Erde aufgetaucht sein – was nicht der Fall ist. (Es gibt allenfalls zweifelhafte Berichte von UFOs, aber das sind wohl kaum ETIs.) Und andere Erklärungen dafür, warum ETIs bei uns bisher nicht aufgetaucht sind, haben sich als haltlos herausgestellt. Der Schluß kann daher nur lauten: Wenn bisher keine ETIs aufgetaucht sind, dann kann das nur bedeuten, daß es nicht viele ETIs in unserer Milchstraße gibt.

Die andere Frage, der dieses Buch nachgeht, lautet:

Astronauten und Kolonialisten – wann wird der Weltraum ein Reiseziel für Touristen und Auswanderer?

In Kapitel 5 beschrieb ich, daß einer Kolonialisierung des Alls durch die Menschheit im Prinzip nichts im Wege steht. Bereits mit der bekannten Technik der 1970er Jahre wäre dies machbar. Freilich, die Kosten dafür sind heute noch zu hoch und die Motivation zu gering. Doch diese Sichtweise scheint relativ. Sind 20 Millionen Dollar für einen Weltraumtrip zu hoch? Für die meisten von uns mit Sicherheit, für ein paar wenige jedoch nicht. Dieser Meinung war jedenfalls der erste Weltraumtourist Dennis Tito. Er zahlte die 20 Millionen Dollar an die Russen und genoß im Mai 2001 acht wunderbare Tage im All, wie er später immer wieder betonte. Kaum setzte sich die Erkenntnis durch, daß es für einen solchen Trip keine besonderen Voraussetzungen bedarf – Tito sah wahrlich nicht wie »The Right Stuff« aus – schon meldeten sich drei weitere Bewerber für eine solche Reise. Unter ihnen der berühmte Regisseur James Cameron.

Was haben wir daraus gelernt? Ich denke, wir haben uns alle getäuscht. Die breite Öffentlichkeit, die bisher immer annahm, körperliche Fitneß sei Vorbedingung für einen Raumflug. Ich habe und werde es immer wieder betonen: Dieser Glaube ist falsch und unausrottbar. Spätestens die Flüge des Raumfahrtveteranen John Glenn, der sich im Alter von 77 Jahren den Blick von oben noch einmal gönnte, als auch der Allerweltsmensch Dennis Tito haben gezeigt, daß jeder fliegen kann. Die einzige Voraussetzung ist ein stabiler Kreislauf – mehr nicht!

Auch ich habe mich getäuscht. Meine Vermutung war, daß der Durchbruch zum Weltraumtourismus und dadurch zu einer dauerhaften Besiedlung des erdnahen Alls, so wie ich es in Kapitel 5 beschreibe, später beginnen würde. Aber die Eroberung des Weltraums scheint keine Ausnahme von unseren irdischen Erfahrungen zu sein. Wenn es eine neue Technik gibt, dann gibt es immer einige wenige Menschen, die sich die damit auftuende Extravaganz leisten. Sie wiederum sind der Motor dafür, daß immer mehr es ihnen nachtun, wobei der Preis dafür kontinuierlich sinkt, bis es schließlich erschwinglich für jedermann wird. Kosten und Motivation sind also relativ. Und damit wird der Weg der Menschheit in den Weltraum wahrscheinlich früher beginnen, als ich vermutete.

Ich, und ich denke selbst die Kritiker der bemannten Raumfahrt sind gespannt, wie es weitergeht.

Ulrich Walter
ask.astronaut@web.de

Science meets fiction

Sind wir allein im Universum?
Gibt es außerirdische Intelligenz?
Kann man Kontakt mit ihnen aufnehmen?
Gibt es Zeitreisen?
Sind UFOs Außerirdische?
Was ist die Zukunft der Menschheit im Weltraum?

Vorwort

*»Alles was ein Mensch sich vorstellen kann,
werden andere Menschen verwirklichen.«*

Jules Verne (1828 – 1905)

Die Sonne ist das Symbol für Leben, Schöpfung und Ewigkeit.

Gibt es neben der Frage nach der Existenz eines Schöpfers der Welt und eines Lebens nach dem Tod eine grundlegendere Frage, eine Frage die uns denkende Menschen in ihrer philosophischen Tragweite mehr fesselt als diese: »Sind wir allein im Universum?«

Ist es vorstellbar, daß im Weltall mit seiner unvorstellbar großen Zahl von Sternen und Planeten – das sind immerhin 10 000 Millionen Millionen Millionen Sterne und Planeten, mehr als es Sandkörner auf allen Stränden der Erde gibt – unsere kleine Erde als einziger Planet intelligentes Leben beherbergt? Ist unsere Existenz ein zufälliges Ergebnis der Geschichte des Universums oder gibt es einen Schöpfungsplan? Und wäre es vielleicht die historische, vielleicht sogar die von unserem Schöpfer ausersehene Aufgabe der Menschheit, ihren evolutionären Fortbestand selbst zu sichern und sogar irdisches Leben in unsere Galaxie hinauszutragen?

Und wenn es schwer vorstellbar ist, daß bei dieser unvorstellbar großen Zahl von Sternen nicht zumindest irgendwo einer existieren sollte, der Planeten mit intelligentem Leben hat, was bleibt dann noch von der Mission der Menschheit? Dieses Buch will unter anderem zeigen, daß die Menschheit sehr wohl als einziges Volk in unserer Galaxis auserwählt sein könnte, und der biblische Missionsbefehl »Gehet hinaus in alle Welt ...« mit der Welt nicht notwendigerweise nur unsere Erde gemeint haben muß, sondern vielleicht die gesamte Milchstraße.

Was verstehen wir eigentlich unter der Frage: »Sind wir allein im Universum?«, unter der hintergründigen Vorstellung, daß es irgendwo da draußen »jemanden« geben könnte? Die Präzisierung der Vorstellung, die wir diesem Buch zugrunde legen wollen, lautet, daß irgendwo in unserem Universum, nicht notwendigerweise nur in unserer Galaxie, Wesen existieren, die wie wir eine Form höheren Lebens darstellen: die zum Denken fähig sind und so die Gesetze der Logik ergründet haben; die versuchen, wie die Griechen, das Sein nach grundlegenden Prinzipien zu verstehen, und die auf der Basis dieser Gesetzmäßigkeiten gezielt ihr Leben formen und den Ursprung und Fortgang allen Geschehens nicht in der Willkür von Göttern sehen. (Was nicht ausschließt, in den letzten unergründbaren Ursachen allen Seins einen Schöpfer zu sehen.) Und die vor allen Dingen über sich selbst nachdenken können – Wesen, die Selbstbewußtsein haben.

Diese anderen, nach unseren Maßstäben intelligenten Wesen, wollen wir nachfolgend und im Einklang mit der einschlägigen Literatur Extraterrestrische Intelligenzen, abgekürzt ETIs (engl. Extraterrestrial Intelligence) nennen.

Es bedarf noch einer weiteren Konkretisierung der eingehenden Frage. Meinen wir mit »Sind wir allein im Universum?«, ob wir *jetzt* allein sind, oder ob wir auch im Rückblick auf die Geschichte des Universums und dessen ferne Zukunft die einzigen waren beziehungsweise sein werden? Sollte dies zutreffen, so hätte unser »Alleinsein« eine in jeder Hinsicht viel tiefergehende Bedeutung. Würde man annehmen, daß eine Zivilisation, sobald sie ETI-Status erreicht hat und damit auch die Fähigkeit, sich selbst auszulöschen, dies irgendwann einmal auch tut, oder daß kosmische Katastrophen sie zerstören – etwa ein Kometeneinschlag auch in anderen Sternensystemen in großen Abständen, aber regelmäßig alle höheren Lebewesen wie vor 65 Millionen Jahren bei uns auf der Erde, als die Dinosaurier ausgelöscht wurden –, dann läge die mittlere Lebensdauer einer ETI-Zivilisation bei höchstens einigen hunderttausend Jahren, nichts im Vergleich zum Alter der Sterne und des Universums von ungefähr 10 000 Millionen Jahren. Immer wieder könnten ETIs neu entstehen, die wegen ihrer relativ kurzen Lebenszeit keinerlei Kontakt untereinander finden würden. Jede für sich könnte sich als einmalig im Universum halten.

Da sich dieses Buch mit mehr grundlegenden Fragen auseinandersetzen will, werden wir immer von der Frage ausgehen, ob wir die einzigen Intelligenzen im Universum waren, sind und sein werden – so lange nicht explizit ein »jetzt« angegeben ist.

Wie kommt es, daß ein Wissenschaftler, ein Physiker und Astronaut dazu, sich mit solchen Fragen auseinandersetzt? Bei mir kam vieles zusammen. Zuallererst, ich bin Wissenschaftler geworden, weil es mein innerstes Bedürfnis war zu erfahren, warum die Dinge so sind, wie sie sind und wie sie tatsächlich sind, unabhängig von den menschlichen Sinnen und den daraus abgeleiteten beschränkten Vorstellungsmöglichkeiten des Menschen. Die Physik war dabei für mich nur ein Weg – wenn auch der beste –, diesen Fragen auf den Grund zu gehen, und sie gab mir dazu das mathematisch-logische Werkzeug an die Hand. Das ist absolut unerläßlich, will man am Ende zu Aussagen gelangen, die auch belegbar und überprüfbar sind. Denn viele der heute verbreiteten, meist ideologisch verfälschten Aussagen über unsere Welt, seien es nun die Astrologie, Dänikens Visionen von außerirdischen Besuchen vor langer Zeit oder metaphysische Energien, die den Menschen beeinflussen, sind einfach nur mehr oder meist weniger wahrscheinlich. Und in dieser Welt voll unüberschaubarer Vermutungen, Theorien und Ideologien halte ich es mit dem Philosophen und Mathematiker René Descartes, der einmal meinte: »Als ich überlegte, wieviel verschiedene Ansichten über die gleiche Sache es geben kann, deren jede einzelne ihren Verteidiger unter den Gelehrten findet, und wie doch nur eine einzige davon wahr sein kann, da stand für mich fest: Alles, was lediglich wahrscheinlich ist, ist wahrscheinlich falsch.«

Der Grund, mich gerade mit der Frage »Gibt es Außerirdische?« zu beschäftigen, lag mir, wie wahrscheinlich vielen Menschen, im Blut. Jeder von uns hat sich schon einmal Gedanken darüber gemacht. Sie rührt an das Grundverständnis unseres Seins. Und weil dies so ist, ist sie mir als Astronaut oft gestellt worden. Man erwartet von mir eine Antwort, die nicht nur fiktiv, sondern durchdacht ist und Hand und Fuß hat. Mit dieser unausgesprochenen Erwartung immer wieder konfrontiert, habe ich mich schließlich mit der ETI-Frage seit längerem wissenschaftlich auseinandergesetzt.

Das Ziel war, ein möglichst vollständiges, konsistentes Bild unserem heutigen Wissen entsprechend zu zeichnen. Ich habe Fakten zusammengetragen und, wenn nötig, wie etwa bei der Panspermientheorie, um Plausibilitätsrechnungen erweitert. Das Bild mag an manchen Stellen etwas

ungenau oder flüchtig erscheinen, und an der einen oder anderen Stelle mögen noch einige Mosaiksteinchen fehlen. Im großen und ganzen ergibt sich aber nach heutigen Erkenntnissen dennoch ein weitgehend geschlossenes Bild, wobei die Kernaussagen wohlfundiert und daher überprüfbar sind.

Und sie sind »wahr«. Damit beziehe ich mich auf den von Laien oft vorgebrachten Einwand, daß unser Wissen in der Zukunft weiter stark zunehmen wird und das heutige Wissen damit über den Haufen geworfen werden könnte. Dies ist ein falsches Verständnis von Wissenschaft und Logik. Natürlich schreitet die Wissenschaft voran. Aber gesicherte wissenschaftliche Beschreibungen werden dabei nie wieder verworfen oder ersetzt. Newtons Theorie ist damals wie heute eine anerkannte Theorie und damit in einem bestimmten Rahmen eine gesicherte Beschreibung unserer Natur, und sie wird es für immer bleiben. Spätere Theorien, wie die allgemeine Relativitätstheorie Einsteins, haben Newtons Erkenntnisse lediglich erweitert, jedoch nie in ihrem klassischen Anwendungsbereich widerlegt. Die Newtonsche Theorie wird dadurch zu einem gültigen Grenzfall der Einsteinschen Theorie. Auch mit der allgemeinen Relativitätstheorie fällt ein Apfel naturgemäß immer vom Baum auf die Erde und nicht umgekehrt, und wir kennen nichts, das Licht überholen würde. Wir wissen aber auch bereits heute, daß die Relativitätstheorie nicht vollständig ist, sie beinhaltet keine Quanteneffekte. Nach einer erweiterten Theorie, die die Gravitation und Quanteneffekte vereinigt, wird zur Zeit fieberhaft gesucht. Aber wie gesagt, auch sie wird die heutigen gesicherten Erkenntnisse nicht ungültig machen. In diesem Sinne sind die Aussagen dieses Buches, die auf diesen Gesetzen basieren, »wahr«.

Andere Aussagen in diesem Buch sind rein statistischer Natur. Sie machen keine Aussage darüber, wie die Dinge im Einzelfall genau sind oder nicht sind. Sie geben lediglich Wahrscheinlichkeiten für das Eintreten eines beschriebenen Ereignisses. Das ist kein Trick, sich einer definitiven Aussage zu entziehen. Es gibt ganz einfach keine andere Möglichkeit. Wollte man eine Aussage zur exakten Zahl heutiger Außerirdischer in unserer Milchstraße machen, dann müßte man zwangsläufig jeden einzelnen Planeten anderer Sternensysteme besuchen und selbst nachschauen. Das ist nicht möglich und wird es auch offensichtlich nie sein. Es wird also nie eine genaue Antwort darauf geben können, und jeder, der Gegenteiliges behauptet, behauptet etwas Falsches. Obwohl auf den Einzelfall nicht anwendbar – und *unsere* Milchstraße ist leider nur ein Einzelfall – sind statistische Aussagen dennoch definitiv. Sie sind nicht beliebig, sondern bilden die Basis für eine berechtigte Erwartung. Man kann sein Leben und Handeln nach statistischen Wahrscheinlichkeiten ausrichten. Davon lebt eine ganze Versicherungsindustrie, und genau darin liegen auch ihr Wert und ihr Reiz.

Manche, wenn nicht die meisten der hier vorgebrachten Aussagen sind nicht nur statistischer Art, sondern zudem nur Abschätzungen innerhalb einer Größenordnung, oft sind sie sogar noch schlechter. Aber das soll uns nicht stören. Ohne uns auf vage Spekulationen einzulassen, wollen wir mit größtmöglicher Sicherheit ableiten, ob es neben uns *überhaupt* noch andere Intelligenzen in unserer Galaxie und darüber hinaus in unserem Universum gibt, und wenn ja, wie viele *ungefähr*. Dies und die Frage, ob wir jemals mit ihnen Kontakt aufnehmen können, sind zwei der vordringlichsten Ziele dieses Buches.

Bevor wir uns im folgenden an diese Aufgabe machen, sollen die Entwicklung der Vorstellungen über den Aufbau unseres Universums und mit ihr die damit eng verbundenen Vorstellungen über mögliches Leben auf anderen Sternen nachvollzogen werden. Wir werden sehen, daß mit dem Beginn des rationalen, logischen Denkens, nach unserer Definition also mit dem Beginn eigentlicher menschlicher Intelligenz, interessanterweise auch die Vorstellung von außerirdischen Wesen Hand in Hand ging. Die daran anschließende Analyse wird zeigen, daß es neben uns wahrscheinlich keine weiteren Zivilisationen in unserer Galaxis gibt, hingegen und wahrscheinlich sehr wohl im gesamten Universum.

Nahezu unabhängig von der tatsächlichen Anzahl von ETIs in unserer Milchstraße und entgegen einer weitverbreiteten Meinung werden wir verstehen, wie äußerst unwahrscheinlich es ist, per Funk Kontakt mit ihnen aufzunehmen. Andererseits, und wiederum entgegen gängiger Vorstellungen, werden wir sehen, daß wir im Prinzip jedoch Raumflüge zu ihnen unternehmen könnten, auch wenn solche Reisen sehr lange dauern würden. Diese Möglichkeit, die wir natürlich auch eventuellen ETIs zugestehen müssen, steht keineswegs im Widerspruch zu der vorausgehenden Erkenntnis, daß es sie in unserer Milchstraße mit an Sicherheit grenzender Wahrscheinlichkeit nicht gibt. Ein kleiner Ausflug in die Ufologie wird uns dies bestätigen. Denn trotz vieler UFO-Berichte und gemessen an wissenschaftlichen Maßstäben haben uns noch keine ETIs besucht. UFOs im Sinne von Außerirdischen können also ausgeschlossen werden.

Aber gerade, weil es die phantastische Möglichkeit interstellarer Raumflüge gibt, ist die langfristige Zukunft der Menschheit im All praktisch vorgezeichnet. Es ist das dritte wesentliche Ziel meiner Ausführungen zu zeigen, wie die Menschheit unsere Galaxie in relativ kurzer Zeit – im kosmischen Zeitmaß gerechnet – kolonialisieren kann, und es gibt keinen Zweifel daran, daß sie dies irgendwann auch tun wird, wenn nicht sogar zwangsläufig tun muß.

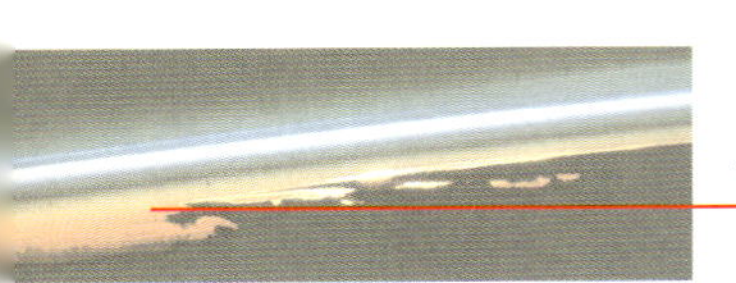

Bei allen Überlegungen, die angestellt werden, wollen wir uns nicht allein auf unseren gesunden Menschenverstand verlassen, denn damit ist es so eine Sache. Als Christoph Columbus die Meinung vertrat, die Erde sei rund und daher müsse man Indien auch auf einem westlichen Seeweg erreichen können, wurde er verhöhnt, weil der gesunde Menschenverstand dies ausschloß. Nicht nur sei die Erdoberfläche *offensichtlich* flach, die Erde also eine Scheibe, sondern wäre sie tatsächlich rund und befände man sich auf der unteren Erdhalbkugel, so würde das Schiff doch von der Erde herunterfallen!

So wie Columbus trotzdem recht behielt, so wird sich auch bei unseren Antworten zeigen, daß es entgegen dem gesunden Menschenverstand und trotz der 200 Milliarden Sterne in unserer Galaxis hier wahrscheinlich keine Außerirdischen gibt. Wie schon so oft, zeigt sich auch hier, daß Wissenschaft oft kontraintuitiv ist, mit anderen Worten: Genaues Nachdenken lohnt sich, da die verblüffenden Ergebnisse oft den intuitiven Annahmen widersprechen.

Die Basis, auf der unsere Überlegungen beruhen, sind die allgemein geltenden Naturgesetze in unserem Universum. Es geht hier also weniger um die Frage, wie eine zukünftige technische Einrichtung auszusehen hätte, die beispielsweise imstande wäre, interstellare Raumfahrt zu ermöglichen, sondern uns interessiert nur, ob die Naturgesetze und strikt logische Überlegungen *im Prinzip* solche Sachverhalte, in diesem Fall interstellare Raumfahrt, zulassen.[1] Wir überlassen es dann dem Erfindungsgeist zukünftiger Generationen – und vieles ist heute möglich geworden, was uns früher schlichtweg unmöglich erschien, diese Möglichkeiten zu realisieren.

[1] In ähnlicher Weise wurde versucht, die Technikvisionen von Star Trek nach streng physikalischen Gesichtspunkten zu untersuchen: Lawrence M. Krauss (1996). Die Physik von Star Trek. München: Wilhelm Heyne Verlag.

Generationen von Wissenschaftlern haben sich mit all diesen Themen beschäftigt. Dieses Buch soll einen Überblick über die wichtigen Forschungsergebnisse vermitteln, die insbesondere in den vergangenen drei Dekaden wesentliche Fortschritte in der Erkenntnis gebracht haben. Dabei habe ich mich bemüht, nur solche Erkenntnisse wiederzugeben, die unter Wissenschaftlern allgemein anerkannt sind, und mit eigenen Beispielen habe ich dort zu veranschaulichen versucht, wo sonst nur Gleichungen und Zahlen veröffentlicht sind. Bei bis heute konkurrierenden Fachmeinungen habe ich diejenige vertreten, die von den wenigsten und am meisten gesicherten Annahmen ausgeht und die die elegantesten und schlüssigsten Folgerungen aufweist. Natürlich ist bei alledem eine gewisse persönliche Neigung hier und da nie ganz auszuschließen.

Abkürzungsverzeichnis

a	Jahr (annum)
ADP	Adenosin-Diphosphat
AE	Astronomische Einheit = 149,6 Millionen Kilometer
c	Lichtgeschwindigkeit = 299 792,485 km/s
^{13}C	Kohlenstoff-13 Isotop
CBR	Cosmical Background Radiation (Kosmische Hintergrundstrahlung)
COBE	Cosmic Background Observer
D	Deuterium
DNA	deoxyribonucleic acid (Desoxyribonukleinsäure)
ETI	Extraterrestrische Intelligenz
f_{astro}	Faktor, der alle astrophysikalischen und kosmologischen Selektionen, die zu einem Lai-Planeten führen, zusammenfaßt ($f_{astro} = f_h f_p n_e$)
f_c	Der Anteil solcher Zivilisationen, die fortgeschrittene Techniken zur Kommunikation entwickeln
f_h	Der Anteil der Sterne, die eine Ökosphäre (habitable Zone) haben
f_i	Der Anteil solcher Biosphären, auf denen sich intelligentes Leben bildet
f_l	Die mittlere Anzahl solcher für biologisches Leben geeigneter Planeten, die tatsächlich Leben hervorbringen
f_{life}	Drake-Faktor, der alle biologischen Einflüsse, die zu ETI führen, zusammenfaßt ($f_{life} = f_l f_i f_c$)
f_p	Der Anteil der Sterne, die ein Planetensystem besitzen
g	Erdbeschleunigung = 9,81 m/s^2
GHz	Gigahertz = 1 000 000 000 Hz
h	Planck-Konstante
H	Wasserstoff
^3He	Helium-3 Isotop
Hz	Hertz (Schwingungseinheit; entspricht einer Schwingung pro Sekunde)
IRAS	InfraRed Astronomical Satellite
I_{sp}	Spezifischer Impuls eines Raketentriebwerkes
kHz	Kilohertz = 1 000 Hz
k_B	Boltzmann-Konstante
K	Kelvin (0 K = -273 °C)
L	Die mittlere Lebensdauer technisch hochentwickelter Zivilisationen
L1–L5	Librationspunkte 1–5
Lai	Leben ab initio (Definition siehe Glossar)
ly	light year (Lichtjahr) = 9 460 Milliarden Kilometer

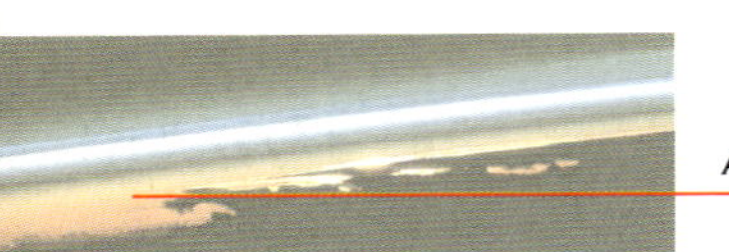

MHz	Megahertz = 1 000 000 Hz
mRNA	messenger-RNA
µm	Mikrometer = 1 Millionstel Meter
µsec	Mikrosekunde = 1 Millionstel Sekunde
n_e	Die mittlere Anzahl von Planeten in einem Planetensystem, die in die Ökosphäre fallen, also geeignet sind, biologisches Leben hervorzubringen
N_{heute}	Anzahl intelligenter Zivilisationen, die heute in der Milchstraße existieren
N_i	Anzahl mit biologischem Leben infizierter Planeten nach einem Asteroideneinschlag
N_{Lai}	Anzahl der Lai-Planeten in unserer Milchstraße
N_{total}	Anzahl intelligenter Zivilisationen, die insgesamt bisher in der Milchstraße existierten und heute existieren
N_{∞}	Anzahl der bei einem Asteroideneinschlag herausgeschleuderten Gesteinsbrocken
PET	Positronen-Emissions-Tomographie
R_*	Die Sternenentstehungsrate einer Galaxie gemittelt über deren Lebensdauer
rem	Röntgen Equivalent Men (Maßeinheit für biologische Strahlungsschäden)
RNA	ribonucleic acid (Ribonukleinsäure)
σ_E	Der Raumwinkel der effektiven Trefffläche infizierbarer Planeten in unserer Milchstraße
SAP	Strong Anthropic Principle (Starkes Anthropisches Prinzip)
SETI	Search for Extraterrestrial Intelligence (Suche nach Außerirdischer Intelligenz)
sr	Steradiant (Einheit für den Raumwinkel)
t	Tonne (1000 kg)
T_o	Temperatur der Kosmischen Hintergrundstrahlung; $T_o = 2{,}726$ K
tRNA	transfer-RNA
UFO	Unbekanntes Flugobjekt
v_{∞}	Fluchtgeschwindigkeit eines mittleren Sonnensystems (etwa 40 km/s)
v_{ex}	Austrittsgeschwindigkeit der Treibgase aus einem Raketentriebwerk
W	Watt (Einheit für die elektrische Leistung)
WAP	Weak Anthropic Principle (Schwaches Anthropisches Prinzip)
ZPF	Zero-Point Fluctuations (Nullpunktsfluktuationen)

1 Ein Blick zurück

1 Ein Blick zurück[1]

»So unnatürlich es wäre, wenn ein ganzes Weizenfeld
nur eine einzige Weizenähre hervorbrächte,
so unnatürlich wäre nur eine belebte Welt
im unendlichen Universum.«

Metrodoros von Chios, 400 v. Chr., »Über die Natur«

Bevor ein historischer Abriß der Diskussionen um außerirdische Welten und ETIs gegeben werden soll, zunächst ein paar erläuternde Begriffsbestimmungen: In der griechischen Denkvorstellung gab es zunächst nur eine Welt (griech.: *kosmos*). Nach Epikur bestand sie aus einem abgegrenzten Teil des Himmels (*ouranus*), der die Erde als Zentrum, die Sonne und alle sonst bekannten himmlischen Körper und Phänomene beinhaltete. Diese Welt, die außen rund, dreieckig oder sonstwie geformt war, war ein Ausschnitt des Unendlichen (*apeiron*), also des gesamten Universums. Die Frage, die die Griechen in diesem Zusammenhang bewegte und die zunächst überraschen mag, war: Gibt es nur diese eine, beobachtbare Welt oder darüber hinaus »unzählig viele Welten« (*aperoi kosmos*) mit eigenen Planeten und Sternen, die aber für unsere Wahrnehmung unzugänglich sind? Diese ursprüngliche Frage griechischer Philosophen wurde später in der westlichen Welt unter lateinisch sprechenden Gelehrten bekannt als die Frage nach »vielen Welten« (*plures mundi*), wobei die griechische Vorstellung von einer Welt zunächst erhalten blieb. Erst nach Kepler im 17. Jahrhundert setzte sich die Einsicht durch, die Fixsterne seien Sonnen wie die unsere und könnten von Planeten, auch bewohnten Planeten, umkreist sein. Damit wandelte sich seit der Renaissance die Frage nach vielen Welten im Sinne griechischer kosmoi zu der historischen Frage nach einer »Vielzahl von Welten« (im Englischen *»plurality of worlds«* bzw. *»pluralité des mondes«* im Französischen) in dem Sinne, ob diese Planeten selbst bewohnte Welten darstellen.

[1] Die historische Entwicklung der Vorstellungen über »Viele Welten« und der Existenz von ETIs sind im Deutschen in dem Buch von Karl S. Guthke (1983) und darüber hinaus zur Historie der Raumfahrt in dem großartigen Buch von Werner Büdeler »Geschichte der Raumfahrt« (1982) zusammengestellt. Eine Übersicht der utopischen Literatur über bewohnten Welten gibt das Buch »Das Leben auf anderen Sternen« von Knut Lundmark (1930). Exzellente nichtdeutsche Zusammenfassungen historischer Debatten zu diesen Themen sind zu finden in [Dick, S.J., 1996] und den dort zitierten Büchern der Einleitung; und in [Crowe, M., 1986] und den zitierten Büchern in dessen Fußnote 2 des Vorwortes und Fußnote 2 des ersten Kapitels.

Es ist müßig darüber zu spekulieren, ob abseits abendländischen Denkens die ersten Hochkulturen der Babylonier, Ägypter, Chinesen oder Mayas sich ein Bild vom Leben jenseits der eigenen Welt gemacht haben. Wahrscheinlich nicht. Denn ihr Weltbild war bestimmt von Mystizismus und einer irrationalen Götterwelt, in der die Erde eine Scheibe war, vom Ozean umflossen und vom Himmelsgewölbe überdacht, in dem all das Funkeln der uns heute bekannten Sterne nur irgendein schmückendes Beiwerk war. In einem dieser fein ziselierten Weltbilder wurde der Ozean mit den eingeschlossenen Landmassen von einer Schildkröte getragen, die in einem Meer aus Milch schwamm, die wiederum von einem anderen Tier getragen wurde und so weiter, bis als unterstes Tier der Elefant die Bürde aller tragen mußte, der mit seinen unendlich langen Beinen keine Standfläche benötigte – womit die unangenehme Frage, worauf die Erde schlußendlich stehe, spitzfindig umgangen wurde. In diesen phantastischen Weltbildern gab es keine Frage nach dem Mittelpunkt des Weltalls, weil alles was existierte, die Erdscheibe selbst war – mit ein bißchen drumherum. Und daher schloß sich auch eine Frage nach anderen Welten von vornherein aus.

1.1 Alles begann mit den Griechen

Es ist das große Verdienst der Griechen, in ihrer Blütezeit vom sechsten vorchristlichen bis zum zweiten nachchristlichen Jahrhundert das Weltbild auf eine rationale Basis zu stellen versucht zu haben; eine Naturphilosophie zu begründen, unbeeinflußt von der Willkür irgendwelcher Götter. Der erste, der ein geschlossenes mechanisches Weltmodell aufstellte, das, wenn auch weitgehend falsch, so doch wenigstens in sich einigermaßen widerspruchsfrei war, war Anaxagoras im 5. Jahrhundert v.Chr. aus der ionischen Denkschule. Gemäß seiner Vorstellung entstand die Welt durch eine Rotation eines Urstoffes, den die »Vernunft« eingeleitet hatte. Die Rotation teilte den Urstoff in die beiden Stoffe Äther, einer dünnen, flüchtigen, leichten, hellen Substanz, und Luft, einer dunklen, kalten, massiv schweren Substanz, wobei die Luft zur Mitte gedrängt wurde. Dort wurde Wasser aus ihr ausgeschieden und der daraus ausfällende Schlamm verwandelte sich unter der Einwirkung der Kälte zu Gestein. Damit war die Erde geschaffen.

Von den Pythagoräern, einer mehr mathematisch orientierten hellenistischen Denkschule, übernahm Anaxagoras die Vorstellung einer kugelförmigen Erde, die frei im Raum schwebt. Die Kugelgestalt der Erde, die später von allen griechischen Denkschulen übernommen wurde, entsprang jedoch weniger einer genauen Beobachtungsgabe[2], sondern der festen Überzeugung, daß dies so sein müsse, weil die Erde vollkommen und

[2] Den Griechen war bereits das Phänomen bekannt, daß ein Schiff am Horizont zunächst mit seinem Mast und erst später mit seinem Bug erschien, was ihre Vorstellung von einer kugelförmigen Erde bestärkte.

die geometrisch vollkommenste Form eben gerade eine Kugel sei. Im Gegensatz zu ihnen, aber im Einklang mit seinem eigenen Weltmodell, entwickelte Anaxagoras aufbauend auf Anaximenes, einem Vorgänger aus der ionischen Schule, die Vorstellung, daß die Sonne und die Sterne glühende Steine und der Mond ein erdartiger Himmelskörper mit »Gebirgen, Hügeln, Schluchten und Häusern, genau wie bei uns« sei, etwa von der Größe der griechischen Insel Peleponnes. Diese revolutionäre Annahme führte ihn auch zu den ganz richtigen Feststellungen, der Mondenschein sei reflektiertes Sonnenlicht und die Mondphasen und die Mondfinsternisse entständen durch den Umlauf des Mondes um die Erde. Mit diesem erstmals richtigen astronomischen Verständnis war Anaxagoras seiner Zeit weit voraus. Man darf ihn darüber hinaus auch getrost als ersten Kosmopoliten des Abendlandes bezeichnen, denn nach seinem Vaterland gefragt, soll er mit erhobenen Armen auf den Himmel gedeutet und so den Kosmos als das wahre Vaterland des Menschen bezeichnet haben.

Ob dieser äußerst revolutionären Vorstellungen, die nach Meinung seiner Mitmenschen dem Ruhm der Götter Abbruch taten, weil Sonne und Mond für sie Götter waren, wurde er im hohen Alter von 68 Jahren in Athen des Verbrechens gegen die Religion angeklagt, der Gottlosigkeit bezichtigt und zum Tode verurteilt. Einem einflußreichen Freund verdankte er es, daß er sich diesem Schicksal, das manchen revolutionären Denker Jahrhunderte später tatsächlich ereilen sollte, durch eine Flucht ins Exil nach Lampsakos entziehen konnte, wo er zwei Jahre später, 428 v.Chr., verstarb.

Die Entstehung einer Welt aus einer Rotation eines Urstoffes, wie Anaxagoras sie beschrieben hatte, entsprach in etwa auch der Vorstellung der Atomisten, mit Demokrit (460 – 370 v.Chr.) als deren Begründer. In ihrem Weltbild bestand alles aus kleinsten Teilchen, den Atomen, was »nicht schneidbar« bedeutet, und aus Leere – und sonst nichts. Diese Vorstellung kommt unserem heutigen Verständnis der Natur recht nahe, jedoch fehlt bei Demokrit noch eine wichtige Zutat, nämlich die verschiedener, teils masseloser Teilchen, die die Wechselwirkung zwischen den Atomen vermitteln. Es existierten, so die Atomisten weiter, unendlich viele Atome, die sich in der zwischen ihnen befindlichen Leere konstant bewegten und sich auf diese ursächliche Weise zusammenfinden und die verschiedensten Stoffe formen konnten. Weil dies aber alles mehr oder weniger zufällig geschah, konnte diese Genesis zu im Prinzip unzählig vielen Welten führen, weswegen nach ihrer Vorstellung unzählig viele Welten in verschiedenen Größen koexistierten. Demokrit machte sich auch genauere Vorstellungen über die anderen Welten.

»In manchen Welten gibt es keine Sonne und keinen Mond. In anderen Welten sind diese größer als in unserer Welt und in wieder anderen sogar zahlreicher.«

Demokrit nahm auch an, die Welten seien verschieden groß, unterschiedlich verteilt und in einem stetigen Fluß.

»In einigen Gegenden gibt es mehr Welten, in anderen weniger, einige nehmen an Größe zu, andere haben ihre maximale Ausdehnung erreicht und andere werden wieder kleiner. In einigen Gegenden entstehen Welten, in anderen vergehen sie. Sie werden zerstört durch Kollisionen miteinander.«

Obwohl die Frage nach außerirdischem Leben nicht der zentrale Punkt ihrer Diskussionen über mögliche andere Welten war, kam er schließlich zu dem Thema, welches Tausende von Jahren später die Essenz dieser Diskussionen werden sollte:

»Es gibt einige Welten auch ohne lebende Wesen oder Pflanzen oder jegliche Feuchtigkeit.«

Diesen Punkt machten seine geistigen Nachfolger Epikur und Lukretius noch etwas deutlicher:

»Darüber hinaus müssen wir annehmen, daß in allen Welten Lebewesen und Pflanzen und all die anderen Dinge unserer Welt existieren.«

und Lukrez argumentiert in die gleiche Richtung:

»...und wenn überall die gleichen Gewalten und die gleiche Natur herrscht, die die Samen der Dinge an irgendeinem Ort in dergleichen Art und Weise zusammenwerfen kann wie an unserem, dann müssen wir gestehen, daß es andere Welten in anderen Regionen gibt und andere Menschenrassen und Generationen wilder Bestien.«

Im völligen Gegensatz zu den Atomisten existierte in der Weltanschauung des Aristoteles (384–322 v.Chr.), dargestellt in seinem Werk *De caelo* (»Über die Himmel«), nur die eine Welt und somit indirekt auch kein Leben in anderen Welten. Selbst die Existenz einer einzigen anderen Welt schloß er aus. Diese Ansicht basierte auf den von ihm postulierten vier Grundelementen des Seins: Erde, Luft, Feuer und Wasser. Die natürliche Position des schweren Elementes Erde war der Mittelpunkt der Welt. Jedes Teil des Elementes Erde bewegte sich auf die Erde zu. Einzig Feuer als das leichteste Element bewegte sich von der Erde nach außen weg. Luft und Wasser mit mittlerem Gewicht nahmen Positionen dazwischen ein. In diesem System strebte jedes Element somit zu seinem natürlichen Platz. Gäbe es nun zwei Welten mit zwei gegensätzlichen Anziehungspunkten, so Aristoteles, dann würden sich beispielsweise ein Element Erde zum Mittelpunkt der einen Welt hin und umgekehrt vom Mittelpunkt der anderen Welt weg bewegen. Die

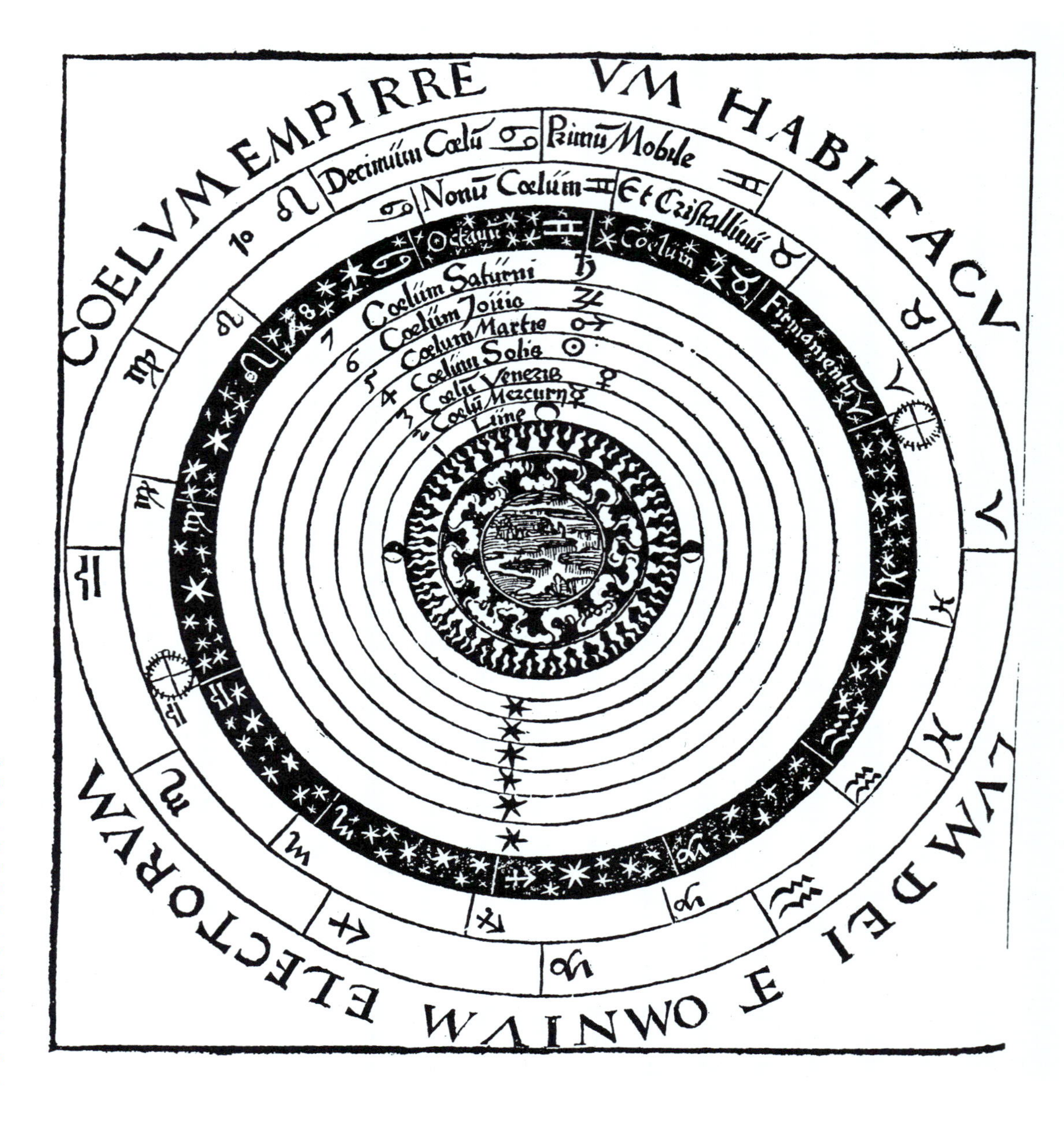

Mittelalterlicher Kosmos von Peter Apianus aus dem 1524 veröffentlichten »Cosmographicus liber«. Die irdische Sphäre endet in der Tradition des antiken Weltbildes beim Mond, dem dann in weiteren Sphären Merkur, Venus, die Sonne, Mars, Jupiter und Saturn folgen. Im Gegensatz zu den Naturphilosophen vor ihm vertrat Aristoteles die Meinung, daß es nur diesen einen Kosmos geben könnte.

Elemente in jeder der beiden Welten würden sich also stets im Widerspruch zur Ordnung der jeweils anderen Welt bewegen. Aus diesem Grund schloß er prinzipiell andere Welten aus. Als zweiten Grund führte er an, daß unsere Welt aus aller existenten Materie bestände. Es könne also keine anderen Welten geben, weil es dort keine weitere Materie gäbe! Der Grund für die Ansammlung von Materie in nur einer Welt lag für ihn in der zwingenden räumlichen Ordnung seiner vier Elemente bezüglich nur eines möglichen Mittelpunktes, weshalb dieses zweite Argument eigentlich vollkommen auf sein erstes Argument zurückführbar ist.

Ein bedeutender Aspekt innerhalb des geschlossenen Weltsystems des Aristoteles war, daß er dem Mond, den Planeten und den Sternen endgültig eine erdähnliche Konsistenz zubilligte und mit ihnen echte kristalline Sphären, eine Art konzentrische Schalen, in denen diese Himmelskörper die Erde als Mittelpunkt des Universums umkreisten. Aristoteles war auch einer der ersten, der sich konkrete Gedanken über die Größe der Erde und der Gestirne machte. Durch verschiedene Beobachtungen kam er zu der Auffassung, die Erde sei viel kleiner als bis dahin angenommen, und er gab einen erstaunlich guten Erddurchmesser von 20 000 km (tatsächlich 12 800 km) an. Es bleibt allerdings unklar, woher er diesen konkreten Wert hatte, vermutlich von einem seiner philosophischen Zeitgenossen. Vom Mond nahm er an, er sei kleiner als die Erde und selbst die Sterne hielt er für kleiner als die Erde.

Die Pythagoräer, eine mathematische Schule, die davon überzeugt waren, daß sich alle Naturgesetze aus gedanklichen Überlegungen herleiten ließen, verbanden die vier Grundelemente des Aristoteles mit den ihnen wichtigen platonischen Körpern. Es gibt zwar unendlich viele regelmäßige Vielecke aber nur fünf – nämlich die platonischen Körper –, die sich zu einem regelmäßigen Körper anordnen lassen: Tetraeder, Würfel, Oktaeder, Ikosaeder und Dodekaeder. Der Dodekaeder, der komplizierteste dieser fünf, hatte für sie allerdings etwas mystisches, weshalb sie seine Existenz genauso wie die von ihnen entdeckte und ihnen unheimliche Irrationalität der Wurzel aus der Zahl 2 ihren Mitmenschen verschwiegen. Weil sie nur vier Körper zahlenmäßig den Grundelementen zuordnen konnten, nicht jedoch den Dodekaeder, vermuteten sie, daß es irgendwo im Kosmos noch einen fünften, ihnen unbekannten Grund weltlicher Existenz gäbe. Aus dieser mystischen Verknüpfung des Dodekaeders mit einer fünften kosmischen Ursache entspringt im übrigen unser heutiges Wort »Quintessenz«. Durch die Übereinstimmung zwischen den vier platonischen Körpern und den vier Grundelementen sahen sie übrigens die von ihnen propagierte mathematische und daher reine Harmonie des Universums bestätigt. Das pythagoräische Weltbild eines Universums, dessen Harmonie den menschlichen Sinnen verborgen bleibt, war für die noch folgenden abendländischen Kulturen ein überaus faszinierender Gedanke und wurde insbesondere vom Christentum bereitwillig aufgenommen und als Zeichen göttlichen Schaffens gedeutet.

Philolaos von Kroton (530 – 428 v. Chr.) war der erste Grieche, bei dem die Erde nicht mehr im Mittelpunkt des Universums stand, sondern sich zusammen mit einer Gegen-Erde, *Antichton*, um ein gemeinsames »Zentralfeuer« bewegte, das man angeblich nicht sehen konnte, weil entweder die Erde selbst oder die Gegen-Erde es stets verdeckten. Obwohl er hiermit offensichtlich nicht die Sonne meinen konnte, sind in dieser Denkweise Ansätze eines heliozentrischen Weltbildes zu entdecken, das die bis dahin Jahrhunderte alte, starre Vorstellung von einer Erde als Weltmittelpunkt durchbrach. Diese Auffassung stand jedoch im Widerspruch zu nahezu allen bis dahin wirkenden philosophischen Schulen, nach denen die Erde einzigartig war und der Mittelpunkt eines Universums, in dem die Sterne ätherische Eigenschaften besaßen.

Die Mondkugel bei Vollmond. Ob der Mond wie die Erde bewohnt ist oder nicht, interessierte die griechischen Philosophen weniger. Lediglich Anaxagoras und einige Pythagoräer wie Xenophanes widmeten sich diesem Thema. Ansonsten galten ihre naturphilosophischen Betrachtungen über den Kosmos mehr der Frage, ob es neben unserem noch andere Universen gibt.

Ebenso vermutete auch Heraklit (540 – 480 v. Chr.), daß die Erde nicht ausschließlicher zentraler Punkt aller Bewegungen in unserer Welt sei, sondern wie Merkur und Venus um die Sonne kreiste. Aber es war erst Aristarch von Samos (310 – 230 v. Chr.), der das Denken seiner Zeit radikal änderte und die Sonne, um die alle anderen Planeten, einschließlich der Erde kreisten, in das Zentrum des Weltalls stellte. Dieser Paradigmenwechsel war notwendig geworden, da aufgrund der anscheinend gewundenen Bahnen der äußeren Planeten die zu ihrer Erklärung angenommenen Sphärenordnungen des Aristoteles der Planeten um die Erde immer kompliziertere und skurilere Formen annahmen. Im ersten heliozentrischen Weltbild des Aristarch fanden diese eigentümlichen Planetenbewegungen schließlich eine natürliche optische Erklärung.

Die Erde hatte erstmals ihre Stellung als Mittelpunkt der Welt und damit des gelehrten Denkens verloren. Aber vielleicht gerade weil dieses Weltbild ein radikales Umdenken erforderte, konnte es sich bei den folgenden Philosophen nicht durchsetzen. Der große Mathematiker und Philosoph Archimedes (287 – 212 v. Chr.), der Aristarch und sein heliozentrisches Weltbild gut kannte und oft zitierte, stand dem ablehnend gegenüber, weil, so sein Gegenargument, dann die Positionen näherer Fixsterne vor dem Hintergrund weiter entfernter Sterne im jährlichen Rhythmus schwanken würden. Dies ist zwar richtig, aber ein immens großes Universum, bei dem die riesigen Abstände der Sterne diese Schwankungen so herabsetzen, daß sie unbeobachtbar klein würden, überstieg die Vorstellungskraft selbst eines Archimedes.

Erst in der nun folgenden Zeit beschäftigte man sich genauer mit der Größe der Erde, den Abständen zwischen den Gestirnen und der Größe des Universums. Hipparch (ca. 190 – 125 v. Chr.) bestimmte durch eigene astronomische Beobachtungen die mittlere Entfernung der Erde zum Mond ziemlich zutreffend auf 400 000 km (exakt 384 400 km), hingegen unterschätzte er den Abstand zur Sonne um das 18fache. Von der Sonne nahm er an, sie habe den zehnfachen Durchmesser der Erde (tatsächlich 109fachen), und der Mond sei im Durchmesser nur 0,29mal so groß wie die Erde (tatsächlich 0,272mal). Die Abstände zu den äußeren Planeten werden von Cicero (106 – 43 v. Chr.) als »unendlich und immens« angegeben, und Seneca (4 v. Chr. – 65 n. Chr.) spricht von der »gewaltigen, obgleich endlichen Ausdehnung« der Sphäre, in seiner Vorstellung kein tiefer Raum, sondern in der Tradition platonischer Schule eine Art dünne Grenzschale, in der die Fixsterne befestigt sind.

Die Auseinandersetzungen zwischen den Atomisten und den Anhängern des Aristotelischen Systems über die Existenz mehrerer Welten, das Ringen um den wahren Mittelpunkt unserer Welt und der Drang zu seiner exakten Vermessung mögen zu der Annahme verleiten, das Denken über außerirdisches Leben sei den Griechen fremd gewesen. Dies ist jedoch falsch. Deren Vorstellungen über außerirdisches Leben konzentrierten sich vielmehr auf den Mond. Daß der Mond erdähnlich sei, erwähnten vor Anaxagoras bereits Orpheus und Thales im 6. Jahrhundert v. Chr. Die detaillierten Vorstellungen Anaxagoras vom Mond als erdnahen und sie umkreisenden Himmelskörper gerieten bei seinen Nachfolgern zwar weitgehend in Vergessenheit, der bereits erwähnte Philolaos von Kroton aus der pythagoräischen Schule und mit ihm einige wenige andere Pythagoräer wie Xenophanes nahmen jedoch seine Ideen auf und vertraten darüber hinaus die Meinung, der Mond sei wie die Erde bewohnt, und es gäbe auf ihm Tiere und Pflanzen, die größer und schöner seien als ihre irdischen Gegenstücke. Eine späte griechische Quelle, bekannt als *Pseudo-Plutarch*, bezieht sich auf die pythagoräische Annahme, daß

»...der Mond terraner Natur ist, bewohnt ist wie unsere Erde und größere Tiere und Pflanzen mit seltenerer Schönheit beheimatet als unsere Erde es sich leisten kann. Die Tiere in ihrer Art und Stärke sind uns um 15 Grade überlegen, geben keine Exkremente von sich, und die Tage sind fünfzehn mal länger.«

Und in einem Bruchstück der Orphischen Gesänge, das Proklos überliefert, wird gesagt, auf dem Mond erhöben sich Berge, Städte und mächtige Bauten.

Im nachhinein ließe sich diese, allen griechischen Denkschulen gemeinsame Vermutung über die Ähnlichkeit zwischen Erde und Mond und der daraus abgeleiteten Belebtheit des Mondes als ein Kompromiß zwischen dem atomistischen und dem aristotelischen Weltbild deuten: Es gibt nicht eine einzige oder unendlich viele Welten, sondern zwei Welten – die Erde und der Mond – in einem einzigen Kosmos.

In nachchristlichen Zeiten wuchs das Interesse der Griechen am Mond noch weiter und damit ihre Spekulationen über außerirdische Lebewesen auf diesem Erdbegleiter. In seinem Buch *De facie in orbe lunae* (»Vom Gesicht in der Mondscheibe«, Plutarch, übers. v. Görgemann, H., 1968) mutmaßt der griechische Priester Plutarch (46 – 120 n. Chr.), ausgehend vom

Was selbst Lukian nur als Phantasiegespinst beschrieb, ist heute Wirklichkeit: Der Flug mit einem »Schiff« zum Mond. Nur daß Raumschiffe keine Segel haben und das Shuttle dafür nicht geeignet ist. Es fliegt nur bis in die Erdumlaufbahn. Der Flug zum Mond und zurück gelingt nur mit mehrstufigen Raketen wie der Saturn-V-Rakete aus der Apollo-Ära.

zufälligen Erscheinungsbild der Mondoberfläche als Mondgesicht, ob ein Leben auf dem Mond überhaupt möglich sei. In der für Platoniker üblichen Aussageform eines Dialogs kommt er zu der Überzeugung, daß dem so sein müsste, weil sonst der Mond ohne Sinn und Zweck geschaffen worden sei, wenn er nicht Früchte wie ein irdisches Leben hervorbringt. Andererseits, so wiegelt er wenig später ab, sei dieses Argument nicht zwingend, da selbst die Erde dürre und öde Flecken hervorbringe. Abschließend stellt er fest, daß die Mondbewohner, die Seleniten – wenn es sie denn gäbe – wahrscheinlich einen zarten Körper hätten und mit jeder beliebigen Nahrung auskämen. Darüber hinaus sei der Mond eine Station der Menschenseelen auf ihrem Weg durch die verschiedenen Stadien des Lebens. Es ist interessant zu sehen, wie dieser noch heute oft geäußerte und wahrscheinlich tief verwurzelte Gedanke, das Weltall sei unter anderem auch Sitz der Seelen, bereits hier, abseits der christlichen Religionen, erstmals auftritt.

Dieses Buch von Plutarch scheint offensichtlich Auslöser für den ersten Raumfahrtroman *Vera historia* (Lukian, 1967) des griechischen Satirikers Lukian von Samosate (120 – 180 n. Chr.) in der Geschichte der Menschheit gewesen zu sein. Lukian erzählt in seinem Buch[3] die phantastische Geschichte einer Schiffsreise zum Mond, wohin er zusammen mit vielen weiteren Helden gelangt, als sein Schiff am Ende der Welt von einem mächtigen Orkan ergriffen wird. Dieser hebt das Schiff 3 000 Stadien empor und das Schiff beginnt, in den Weltraum hinauszusegeln. Nach acht Tagen ziel- und planlosen Umherfahrens treffen sie zufällig auf eine große, leuchtende Insel, die, wie sich später herausstellt, der Mond ist. Die irdischen Reisenden werden dort gleich von seinen menschenartigen Bewohnern, den Hippogyphen, menschlichen Fabelwesen, die auf geflügelten dreiköpfigen Geiern reiten, gepackt und zu ihrem König geschleppt, der sich als Endymion, der berühmte Hirte der griechischen Mythologie entpuppt. In der folgenden Erzählung beschreibt Lukian sehr detailreich die Armee des Endymion, deren Fußvolk sich allein auf 60 Millionen Mann beläuft und in Anlehnung an die griechische Fabelwelt als Pferdegeier, Kohlvogelreiter, Flohschützen, Windläufer und so weiter beschrieben wird. Diese Armee führt einen bitteren Krieg mit Phaethon, dem Beherrscher der Sonne. Plutarch weiß aber neben diesem kriegerischen Treiben auch andere Merkwürdigkeiten zu berichten: Auf dem Mond gibt es keine Frauen, junge Männer werden an der Wade schwanger und andere entstehen aus dem Erdboden wie Pflanzen. Die Wesen dort sterben auch nicht nach Erdenart,

[3] Vera historia bedeutet übersetzt »Wahre Geschichte«, wenngleich er im Vorwort ausdrücklich darauf hinweist, daß der Leser die Geschichte nicht für wahr halten solle.

»Jetzt weiß ich, warum ich hier bin. Nicht um den Mond genauer zu betrachten, sondern um zurückzuschauen auf unser Zuhause – die Erde!« Alfred Worden, USA, Apollo 15, Juli 1971

sondern »sauber«. Sie lösen sich ganz einfach in Rauch auf. Dieser erste Raumfahrtroman sollte sich als »Bestseller« und als Ausgangsbasis für alle Raumfahrtutopien des 17. Jahrhunderts erweisen.

In einem zweiten Roman namens *Ikaromenippus* (1967) läßt Lukian seinen Helden Menippus, nach dem Vorbild von Ikaros, mit angeschnallten Adler- und Lämmergeierflügeln zum Mond fliegen und schließlich im Auftrag der Mondgöttin Luna noch darüber hinaus bis in das Reich des obersten Gottes Jupiter. Lukian läßt in diesem Roman auch den Grund für diese Erzählungen durchblicken. Er schrieb sie als Persiflage auf die im Widerstreit stehenden Meinungen diverser philosophischer Schulen, wobei er sich nicht scheut, in seinem Roman Physikern die Köpfe zerschmettern zu lassen, Dialektikern den Mund stopfen, die Stoa (die ehrwürdige Philosophenschule der Stoiker) zerstören und den Verhandlungen im Peripatus (dem Wandelgang, in dem bei den Schülern des Aristoteles die Vorträge gehalten wurden) ein Ende machen zu lassen.

1.2 Die Horizonte öffnen sich

Mit dem 2. Jahrhundert erlosch der Glanz des griechischen Reiches und mit ihm die Fülle philosophischen Denkens. Vom aufkommenden Christentum wurde alles, was aus vorchristlicher Zeit kam, abgelehnt und als Ketzerei angesehen. Was sich als astronomische Erkenntnis der Griechen in die Spätantike und in das Mittelalter hinüberrettete, war einzig das geozentrische Weltbild des Apollonius von Perge (3. Jahrhundert v. Chr.) mit seiner Epizyklen-Theorie, die später von Claudius Ptolemäus (etwa 100 – 160 n. Chr.) in seinem mathematischen Werk *Synthaxis mathematike* durch seine Exzenter-Theorie erweitert wurde. Diesem geschlossenen Weltbild, in dem die Erde das Zentrum ist, umkreist von allen bis dahin bekannten Gestirnen, gab man dann auch dessen Namen, Ptolemäisches Weltbild.

Jedoch nicht Ptolemäus' Werk *Syntaxis mathematike* selbst, das später auch *Megiste syntaxis* genannt wurde, sondern die lateinische Übersetzung *Almagest* des arabischen Astronomiewerkes *al-majisti*, das wiederum auf Ptolemäus' Werk *Megiste syntaxis* zurückgeht, und deren Titel alle eine Verballhornung der jeweiligen Vorlage darstellen, überlebte die Wirren der folgenden Jahrhunderte und wurde bis zur Zeit des Kopernikus, also bis zur Mitte des 16. Jahrhunderts das allgemeine, verbindliche Lehrbuch der Astronomie.

Eine historistische Darstellung des aristotelischen Weltbildes aus dem Jahr 1888. Eine Kristallsphäre mit den Sternen trennt die irdische Welt, zu der auch der Mond gehört, von der himmlischen Sphäre. In diesem Weltbild stießen die flache Erde und die Himmelssphäre an einem bedeutsamen Ort zusammen: Der Mensch mußte, um zu himmlischen Wahrheiten zu gelangen, sozusagen die Sphäre durchbrechen, die Himmel und Erde trennt.

Derweil gingen im aufkeimenden Christentum die revolutionierenden Ideen eines heliozentrischen Weltbildes des griechischen Philosophen Aristarch von Samos verloren. Die Vorstellung einer auf ewig unveränderlichen Welt, in der der Himmel eine Wölbung über der flachen Erde bildete, gewann im ausgehenden Altertum wieder festeren Boden, vertreten zum Beispiel durch den Schriftsteller Lactantius, der so mit den »törichten Philosophen, die sich die Erde rund vorstellen«, abrechnete. Und gestützt wurde diese urtümliche Vorstellung von Pilgern und Mönchen, die angeblich dorthin gelangt waren, wo Himmel und Erde zusammenstoßen.

Der Vorstellung einer Vielzahl bewohnter Welten stand das ältere Christentum zunächst jedoch nicht ganz ablehnend gegenüber. Hier ist in erster Linie der Kirchenvater Origines (ca. 185 – 254 n. Chr.) zu nennen. Nach seiner Vorstellung sind nicht nur gleichzeitig viele Welten vorhanden, sondern auch vor und nach unserem Dasein gab und wird es eine unermeßliche Zahl aufeinanderfolgender Weltensysteme geben:

»Wenn das Weltall einen Anfang hatte, was tat dann wohl Gott, ehe es entstand? Es ist ein ebenso gottloser wie törichter Gedanke, Gott sei träge oder untätig gewesen, oder es hätte eine Zeit gegeben, in der seine Güte keine Wesen gefunden hätte, an denen sie sich betätigen konnte, oder daß seine Allmacht sich hätte offenbaren können.«

Ihm folgend hebt der Kirchenvater und Heilige Athanasius (ca. 293 – 373) hervor, daß die Einheit Gottes keineswegs die Einheit der Welt beweise.

»Der, der Ursprung aller Dinge ist, sollte doch wohl auch andere Welten erschaffen können als die, die wir bewohnen.«

Die Hauptpunkte seiner Lehre wurden jedoch auf dem Kirchenkonzil von Chalzedon und ebenso später vom fünften Konzil zu Konstantinopel verdammt.

Die christlichen Gelehrten standen den griechischen Atomisten und ihrer chaotischen Lehre eines zufallsgesteuerten, immer neuen Entstehens und Vergehens der Welt und einer womöglich unendlichen Vielzahl von Welten mit womöglich erdähnlich bewohnten Planeten ablehnend gegenüber. Eine einzige, immerwährende Welt mit der Erde und ihren auserwählten Menschen als Mittelpunkt göttlicher Schöpfung, die die anderen Planeten einschließlich der Sonne und den Sphären ehrer-

bietend umkreisten, entsprach eher ihren theologischen Vorstellungen eines vollkommenen Schöpfungswerkes Gottes. Daher wurde das Ptolemäische Weltbild basierend auf den Aristotelischen Prinzipien von der Kirche zur wahren Lehre erhoben und tatsächlich wurde die Wechselwirkung der Aristotelischen Gedanken mit denen der Theologie ein Eckstein der Scholastik und der Philosophie des Mittelalters.

Daß dieses Weltbild nicht in sich konsistent sein konnte, hätte jedem unvoreingenommenen Gelehrten auffallen müssen, der die Bahn des Mondes im Ptolemäischen Uhrwerk der Gestirne genauer betrachtete. Denn zur präzisen Bestimmung der Planeten mußte man von der Voraussetzung ausgehen, der Mond beschriebe eine stark exzentrische Bahn, deren erdnächster Punkt nur halb so weit von der Erde entfernt wäre als der erdfernste. Wäre dies richtig, dann würde der Mond stetig seine scheinbare Größe ändern und im erdnächsten Punkt flächenmäßig viermal größer wirken als im erdfernsten, was offensichtlich weder damals noch heute nicht der Fall war beziehungsweise ist. Selbst Ptolemäus war sich dieses Widerspruchs durchaus bewußt. Doch für ihn wie für die meist kirchlichen Gelehrten war die Erde als Mittelpunkt des Kosmos ein naturgegebenes und gottgewolltes Faktum, das keiner weiteren Überlegung bedurfte und außerdem durch die tägliche Beobachtung ganz offensichtlich und eindeutig bestätigt wurde: Die Sonne kreist um die Erde und nicht umgekehrt!

Diese eindeutigen und vorherrschenden Denkvorstellungen wurden im 3. Jahrhundert von Hippolytus, im 4. Jahrhundert von Eusebius, Bischof von Cäsarea, und im 5. Jahrhundert von Theodoret, Bischof von Zypern, vertreten. Im darauffolgenden Mittelalter gab es kein großes Interesse an der Frage nach »vielen Welten«. Nichtsdestotrotz war auch weiterhin das aristotelische Denken vorherrschend und mit ihm der Glaube an nur eine Welt, getragen durch Michael Scot (gestorben ca. 1240) in Spanien, William von Auvergne (ca. 1180 – 1249) in Paris, dem deutschen Dominikaner Albertus Magnus (1193 – 1280), auf den auch der bekannte Ausspruch zurückgeht:

»Da es eine der wunderbarsten und edelsten Fragen der Natur ist, ob es eine oder mehrere Welten gibt, ...erscheint es uns wünschenswert, sie zu untersuchen«,

seinem Schüler Thomas von Aquin (1224 – 1274) und Roger Bacon (1214 – 1292) in Oxford. Bacon brachte zudem über Aristoteles hinaus ein geometrisches Argument gegen die Existenz vieler Welten vor:

»Wenn es andere Welten gäbe, hätten sie die Form einer Kugel, wie die unsere, und es kann keinen Abstand zwischen ihnen geben, weil dann leerer Raum ohne Körper zwischen ihnen wäre, was falsch ist. Daher müssen sie sich berühren. Aber wie schon durch Kreise im zwölften Lehrsatz des dritten Buches der Elemente gezeigt wurde, können sie sich außer in einem Punkt nicht gegenseitig berühren. Daher muß es bis auf diesen Punkt leeren Raum zwischen ihnen geben.«

Doch etwas störte diese Harmonie zwischen dem Aristotelischen Weltkonzept und kirchlicher Vorstellung eines allmächtigen Gottes. Wenn es in Gottes Macht stand, alles zu schaffen, was ihm notwendig erschien, wäre es dann nicht angesichts der Allmacht Gottes angemessener, daß er viele Welten und nicht nur eine einzige geschaffen hätte? Diese Frage blieb tatsächlich über die folgenden Jahrhunderte ein Stachel im Fleisch des ansonsten perfekten Weltbildes der Kirche. Thomas von Aquin erkannte erstmals die Bedeutung dieser Frage. In seinem Werk *Summa Theologica* fand er darauf zwei Entgegnungen. In der einen bezieht er sich auf die Heilige Schrift, die da sagt: »Die Welt ist durch Ihn groß gemacht« (Joh., 1,10)[4]. Hier sei bewußt die Einzahl gesetzt, so Aquin, um anzudeuten, daß es nur eine einzige Welt gibt. Und der Grund für die Gestirne sei nicht etwa, andere Welten zu schaffen, sondern, wie Moses es bereits sagte, dem Menschen von Nutzen zu sein, ihm als Zeichen zur Bestimmung der Stunden, Tage, Jahre und Jahreszeiten zu dienen und den Menschen das Licht bei ihrer Arbeit zu spenden. Seine zweite Entgegnung war, daß eine einzige Welt nicht die Omnipotenz Gottes in Frage stelle. Im Gegenteil, Aquin sah, analog zu Plato, die Perfektion der Schöpfung verwirklicht in der Einzigartigkeit unserer Welt: Eine Welt, die alles umfaßt, was existiert, ist perfekt. Gäbe es viele Welten, so würde jede einzelne nicht alle wesentlichen Teile beinhalten und daher wäre jede dieser Welten für sich nicht perfekt. Teilen bedeute also einen Verlust an Göttlichkeit, weshalb die Größe des Schöpfungswerkes Gottes nur in einer Welt gewürdigt werden könne.

[4] Eine ähnliche Entgegnung, die ebenfalls auf der Bibel basierte, wurde erst viel später in der Mitte des 16. Jahrhunderts von dem Protestanten Philip Melanchthon angeführt. In der Schöpfungsgeschichte heißt es: Am sechsten Tag beendete Gott sein Werk und Er ruhte am 7. Tage von der Arbeit, die er getan hatte. Diese Worte zeigten, so Melanchthon, daß Gott nach Sonne, Mond und Sternen in unserem Kosmos nichts Weiteres mehr schuf; insbesondere keinen anderen Kosmos.

Diese Antworten von Aquin waren allerdings den Hardlinern unter den Theologen, die die Größe Gottes mit vielen Welten gleichsetzten, ein Dorn im Auge. Der Konflikt zwischen diesen beiden Lagern, ob der Allmacht Gottes nur eine Welt oder viele Welten besser anstehe, eskalierte stetig, so daß Aquin im Jahre 1256 seine Inaugural-Vorlesung als Magister der Theologie nur durch päpstliche Intervention abhalten konnte. Im Jahre 1277 schließlich, nur drei Jahre nach Aquins Tod, kam

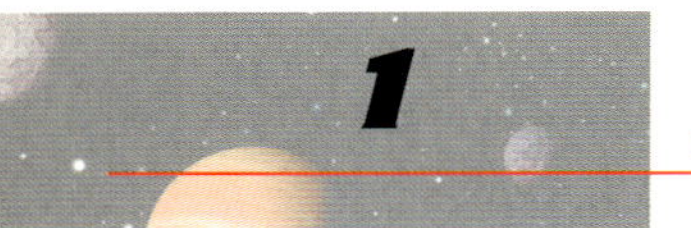

es zu einer kirchlichen Entscheidung durch den Bischof von Paris, Etienne Tempier, als er 219 an Universitäten verbreitete Vorstellungen als häretisch verdammte, unter ihnen auch die von Aquin, »daß der Erste Grund (Gott) nicht viele Welten schaffen könne«.

Diese Verdammung hatte im nachhinein gesehen einen entscheidenden Einfluß auf das Denken und das Weltbild der folgenden Jahrhunderte. Sie änderte das Denkmilieu sowohl abrupt als auch nachhaltig. Sie wird heute von vielen Historikern als der Wendepunkt zum Übergang zur wissenschaftlichen Aufklärung betrachtet. Nachweislich fand danach eine kritische Beurteilung des aristotelischen Gedankengebäudes statt und im Zuge dessen eine Neubewertung alternativer griechischer Philosophien, wie der der Atomisten, und mit ihr eine zunehmende Akzeptanz vieler Welten.

Zunächst wurde Aristoteles' natürliche Bewegung von Körpern in unserer Welt auch anderen, vielleicht möglichen Welten zugestanden. Diese Innovation in Aristoteles' Theorie wurde später zusammengefaßt von John Buridan (1295 – 1358), dem Rektor der Pariser Universität, der auch zaghaft verkündete, wenn eine andere Welt auch aus natürlichen Gründen nicht möglich sei, so sei es doch Gott zuzubilligen, daß er andere Welten schuf, so wie die unsere. Wesentlich schärfer wurde die Neuorientierung vom einflußreichsten Philosophen des 14. Jahrhunderts, dem Franziskaner William von Ockham (1280 – 1347), vertreten: Ist unsere Welt mit all ihren Sünden etwa perfekt? Entspräche es daher nicht der wahren Größe Gottes, wenn er eine weitere, bessere, wirklich perfekte Welt geschaffen hätte, auf der Menschen frei von Sünde und dem Wunsch zu sündigen lebten? Und daraus schloß er, daß es solche ideale Wesen in mindestens einer anderen, besseren Welt geben müsse. Gleichzeitig und in Erweiterung zu Buridans Neuerungen verwarf er die aristotelische Physik, nach der sich alle Körper nur auf einen einzigen, einheitlichen Punkt, nämlich die Erde, zu bewegen könnten, sondern billigte auch den Körpern außerhalb der irdischen Position zu, sich auf einen ihnen natürlichen Ort zu zu bewegen. Dieses Zugeständnis öffnete auch vom physikalischen Verständnis her die Tür zu einem ganz anderen Weltbild. Diese Gedanken hinterließen ihre Spuren im Denken der Gelehrten der folgenden Jahrhunderte.

Wie etwa bei dem deutschen Theologen und Philosophen Nikolaus von Cues (1401 – 1464), der später als katholischer Kardinal auch unter dem Namen Cusanus bekannt wurde. Getragen von seinen höchsten kirchlichen Würden durfte er unangefochten Ansichten aussprechen, die im Gegensatz zum noch vorherrschenden kirchlichen Zeitgeist waren. Er vereinigte Ockhams Gedanken mit der zu Aristoteles entgegengesetzten Überzeugung des Bischofs Nicole Oresme: Zwei Welten, die existierten, hätten keinen Einfluß aufeinander, solange sie nur genügend weit voneinander entfernt wären. Daraus schloß Cues, daß es nicht nur unendlich viele Welten geben müsse, sondern weil es daher grenzenlos sei, das gesamte Universum auch kein absolutes Zentrum besäße. Dies gipfelte in seinem bekannten Ausspruch über das Universum: »Sein Zentrum ist überall und seine Grenzen nirgendwo.« Die damit verbundene Gleichstellung der Welten implizierte für ihn aber auch eine Gleichheit aller in ihnen enthaltener Himmelskörper, Sonnen wie Planeten. Dies verleitete ihn zu der Ansicht, die Sonne sei wie die Erde bewohnbar, weil sie aus einem dunklen, erdartigen Kern bestehe mit einer reinen Atmosphäre, in der undurchsichtige Wolken schweben, die den Kern vor der Glut der wie Feuer strahlenden Außenhülle schütze. Von allen Weltenbewohnern seien die der Sonne allen anderen überlegen; sie seien schöner, klüger und vergeistigter als die des Mondes und diese wiederum uns Menschen überlegen. In seiner Schrift *De docta ignorantia* vollzog er aber auch den denkwürdigen Gedankenschritt zur Bewohntheit anderer Welten:

»Leben, wie es hier auf der Erde in Form von Menschen, Tieren und Pflanzen existiert, gibt es, so sollte man annehmen, in einer höheren Form auch in den Sonnen und Sternenregionen. Statt zu glauben, daß so viele Sterne und Teile des Himmels unbewohnt seien und daß einzig unsere Erde bevölkert ist – und das möglicherweise mit Wesen untergeordneter Art – nehmen wir an, daß es in jeder Region Bewohner gibt, unterschiedlich in ihrer Art und im Rang, aber alle gezeugt von Gott, der zugleich Mittelpunkt ist und alle Sternenregionen umfaßt.«

Bei dieser Vielzahl belebter Sonnen und Planeten hielt er allerdings die Erde für den nobelsten und perfektesten der Himmelskörper.

Mit dieser zur Kirche und zu Aristoteles radikal konträren Meinung vollzog Cues einen Wandel im Verständnis von anderen Welten. Galt bis dahin das griechische Verständnis einer Welt bestehend aus einer bewohnten Erde im Mittelpunkt, einer Sonne, eines Mondes, vieler Planeten und der Sternensphären um sie herum und die Frage, ob es in dieser Gesamtheit noch andere Welten (*plures mundi* = viele Welten) gab, so erhielt die Frage nach einer »Vielzahl von Welten« die neue Bedeutung nach einer Vielzahl von erdähnlichen Himmelskörpern.

Man könnte Nikolaus von Cues zwar als den geistigen Urvater der neuzeitlichen Vorstellung, die Erde sei nicht mehr der Mittelpunkt des Universums, bezeichnen. Aber weil er zu seinem mittelpunktslosen

Universum kein alternatives Weltbild anbieten konnte, blieb seine Idee ohne Resonanz. Zu radikal war seine Vorstellung. Der fällige Wandel mußte sich in kleineren Schritten vollziehen. Es war Nikolaus Kopernikus (1473 – 1543), der die Schriften von Aristarch sehr wohl kannte, wie er indirekt in einem Brief an Papst Paul III. zugab, und dessen heliozentrisches Weltbild mit exakt kreisförmigen Umlaufbahnen der Planeten um die Sonne nach fast 1 800 Jahren mit seinem Buch *De revolutionibus orbium coelestium* einer breiten Öffentlichkeit erneut präsentierte. Zwar fand das Werk bei Fachleuten einhellige Zustimmung, aber es hatte zwei gravierende Makel. Erstens basierte es auf der Annahme kreisförmiger Umlaufbahnen der Planeten um die Sonne. Da dies nur annähernd richtig ist, stimmten die Vorhersagen des Kopernikanischen Systems nicht mit den wahren Positionen der Planeten überein, zweitens paßte es nicht in die Weltanschauung der katholischen und evangelischen Kirche (Luther soll über ihn gesagt haben: »Der Narr will die ganze Kunst Astronomiae umkehren«) und wurde von Rom 1616 auf die Liste der verbotenen Bücher gesetzt, wo es erst 1835 wieder bedingungslos verschwand.

Es sollte aber auch erwähnt werden, daß das rabbinische Werk *Zohar*, das wohl aus einem der ersten Jahrhunderte n. Chr. stammt, also lange vor Kopernikus veröffentlicht wurde, bereits die Bewegung der Erde um die Sonne lehrt, wie auch die Vielzahl von Welten. Mit Bezug auf die Schrift des Chamuna des Älteren weist das Werk ausdrücklich darauf hin, daß die Erde sich in einer sphärischen Bahn um die Sonne bewege und sich dabei um die eigene Achse drehe. »So ist auch immer ein Teil der Erde erleuchtet, so daß da Tag ist, während der andere Teil sich im Schatten befindet und Nacht hat.« Es ist nicht ganz klar, ob die damaligen Rabbiner das Dasein vieler *bewohnter* Welten annahmen, aber man findet im *Zohar* oft Aussprüche wie: »Gott aller Welten, der bekannten wie der unbekannten.«

Der Durchbruch des heliozentrischen Systems zum allgemein akzeptierten Weltbild vollzog sich erst durch die beiden Zeitgenossen Johannes Kepler (1571 – 1630) und Galileo Galilei (1564 – 1642). Kepler gelang es[5], basierend auf den sehr genauen Sternenbeobachtungen des Dänen Tycho Brahe (1546 – 1601), die geringen Abweichungen zwischen den kreisförmigen Planetenbewegungen des Kopernikanischen Weltbildes und den astronomischen Beobachtungen durch leicht elliptische Planetenbahnen zu erklären. Die Ergebnisse dieser neuen Himmelsmechanik in Form von drei Bahngesetzen (Keplersche Gesetze, wie sie heute genannt werden) veröffentlichte er in seinen Büchern *Astronomia novea* im Jahre 1609 und *Harmonice mundi* (1619). Wie schwer ganz besonders ihm diese Erklärung mit gestreckten und damit

5) Kepler selbst war kein Astronom, sondern Mathematiker und benutzte ausschließlich Brahes Niederschriften. Brahe bestimmte die erstaunlich genauen Planetenpositionen, ohne sich eines Fernrohres bedienen zu können. Erst Galilei stand die moderne Errungenschaft eines Fernrohres zur Verfügung.

unvollkommenen Planetenbahnen gefallen sein muß, zeigt sich in seiner Auffassung einer strengen Harmonielehre des Alls, die auf die pythagoräische Weltanschauung aus dem 6. Jahrhundert v. Chr. zurückgeht, mit der er durch seine christliche Bildung wohl vertraut war. Diese Harmonie offenbarte sich ihm erneut, indem er glaubte, eine Analogie zwischen den fünf Zwischenräumen der bis dahin bekannten sechs Planeten (Merkur, Venus, Erde, Mars, Jupiter und Saturn) und den ineinander verschachtelten fünf regelmäßigen Platonischen Körpern (Tetraeder, Würfel, Oktaeder, Ikosaeder und Dodekaeder) herstellen und zugleich ihren Bahngeschwindigkeiten die lateinischen Notenskalen do, re, mi, fa, sol, la, ti, do zuordnen zu können. Seitdem spricht man auch von Sphärenklängen. In dieser Harmonie der Sphären, so Kepler weiter, summe die Erde angeblich fortwährend die Töne fa und mi, weshalb die Erde am besten mit dem lateinischen Wort »famine« beschrieben werden könne. Solch himmlische Harmonien, die er in einem Buch mit dem Titel *Die Harmonien der Welt* als kosmische Mystik verherrlichte, hielt er für göttlich, mußte sie aber später aufgeben, weil in dieser Harmonie der Sphären kein Platz für den irdischen Mond und für die kurze Zeit später von Galilei gefundenen Jupitermonde war. Mit der Entdeckung weiterer Planeten (Uranus, Neptun und Pluto), deren Zwischenräume keinen weiteren Platonischen Körpern zugeordnet werden konnten (es gibt nur diese fünf), brach diese Harmonie später vollends zusammen. Trotzdem blieb Kepler Zeit seines Lebens vom Harmoniegedanken erfüllt und in einem solchen harmonischen Planetensystem machten nach pythagoräischer Tradition nur vollkommene Kreisbahnen einen Sinn, was sich auch im Kopernikanischen Weltsystem widerspiegelt. Daß er dennoch zu den »unordentlichen« elliptischen Planetenbahnen fand, verdankte er seiner pragmatischen Ader: Wenn die Erde nicht das Zentrum des Universums war, wie Kopernikus behauptete, sondern nur einer unter vielen Planeten, und dieser zudem noch mit Kriegen, Krankheiten und Sünden erfüllt war, dann konnte die Erde offenbar kein perfekter Planet sein. Und wenn die Planeten unvollkommen sind, warum dann nicht auch ihre Bahnen um die Sonne?

Direkt nach der Entdeckung seiner umwälzenden astronomischen Gesetze widerfuhren Kepler tragische Schicksalsschläge. Im Zusammenhang mit dem Ausbruch des Dreißigjährigen Krieges verlor er Frau und Sohn, und seine 74jährige Mutter wurde der Hexerei angeklagt. Die Hexerei war zu jener Zeit in katholischen wie protestantischen Kreisen noch ein Vergehen, das mit dem Tode bestraft wurde. In Keplers kleiner Heimatstadt Weil der Stadt wurden in den Jahren 1615 bis 1629 im Mittel jährlich drei Frauen als Hexen angeklagt, gefoltert und getötet. Kepler eilte nach Württemberg und fand seine Mutter in einem protestantischen Kerker vor, durch Folter verängstigt. Es gelang ihm aber, ihre Peiniger davon zu überzeugen, daß es sich bei seiner Mutter mit ihren teuflischen Reden vielmehr um physische als um teuflische Eigenschaften handelte und sie aus dem Kerker zu befreien – unter der Auflage, bei Todesstrafe Württemberg nie mehr zu betreten.

Bis dahin basierten die Argumente für ein Universum, in dem die Erde nicht im Zentrum stand, nur auf mathematischer Einsicht; dies reichte nicht aus, um eine Mehrheit zu überzeugen. Das schaffte erst Galilei, der mit dem damals neu erfundenen Fernrohr die ersten Monde des Jupiter entdeckte. Man hätte deren Bahnen zwar auch als äußerst komplizierte Bewegung direkt um die Erde interpretieren können, aber die offensichtlich enge räumliche Anordnung zum Jupiter strafte diese Lügen. Und wenn es dort draußen irgendwo Gestirne gab, die nicht die Erde umkreisten, dann lag es nahe, daß all die anderen Gestirne auch nicht zwingend die Erde umkreisten. Diese Öffnung des geistigen Horizonts durch die Jupitermonde zusammen mit den nachweislich elliptischen Bahnen der Planeten im heliozentrischen Weltsystem brachte schließlich dessen endgültigen Anerkennung.

Angeregt durch die Mondflecken und Plutarchs Mutmaßungen über Leben auf dem Mond in seinem Roman *Vom Gesicht in der Mondscheibe* glaubte auch Kepler, trotz seines wissenschaftlichen Denkens, an Leben auf dem Mond. Ein weiterer wichtiger Grund war für ihn wieder einmal sein Harmoniebewußtsein. Die exakt kreisrunde Formen der Mondkrater konnten für ihn nicht zufälliger Natur sein, sondern nur das Produkt intelligenter Wesen:

»...und nehme ich an, daß der Körper des Mondes von der Art der Erde ist, ein Globus, der Wasser und Land umfaßt... Daher gibt es auf dem Mond Lebewesen mit sicherlich viel größeren Körpern und einer größeren Duldsamkeit als der unsrigen.«

Er argumentierte dann weiter: »Denn wenn es solche Lebewesen gibt, dann entspricht deren Tag fünfzehn der unseren, und sie müssen die unerträgliche Hitze und die senkrechten Sonnenstrahlen aushalten. Und nicht ungerechtfertigterweise will es der Aberglaube, daß der Mond der Ort ist, wo die Seelen gereinigt werden«, und er ließ sich in einem Sendschreiben an Galilei im Jahre 1611 zu gewagten Vermutungen über

die Seleniten hinreißen: »...und da sie unerträgliche Hitze auszustehen haben, wahrscheinlich aber keine Steine da sind, um Schutzwehren gegen die Sonnenglut zu errichten... bauen sie wahrscheinlich in folgender Weise: Sie tiefen mächtige Felder aus, führen das Erdreich ringsherum weg und schütten es im Kreise in Dämmen auf, vielleicht schon um die Feuchtigkeit der Erde zu gewinnen. ...Das ganze dient ihnen sozusagen als Talstadt; in den kreisrunden Damm haben sie ihre Häuser (die vielen kleinen Höhlungen) eingeschnitten. Ackerland und Viehweide liegen in der Mitte, und so können sie während der Flucht vor der Sonne unfern ihrer Landgüter verweilen.«

Galileis Zeichnung des Mondes aus dem »Sidereus nuncius«, der 1610 veröffentlicht wurde. In diesem »Sternenboten« beschreibt Galilei Beobachtungen mit dem Fernrohr, mit dem er auf dem Mond hohe Berge entdeckte. Es zeigt deutlich eine kreisförmige Struktur, die Kepler als Beweis für Leben auf dem Mond hielt.

Angestoßen durch die Entdeckung der Monde des Jupiter durch Galilei machte Kepler sich in seinem eher schöngeistigen Roman »Traum« Gedanken über den Sinn deren Existenz:

»Wenn vier Monde den Jupiter in ungleichen Abständen und Umlaufzeiten umkreisen, dann muß man sich fragen, wem das wohl nützen mag, wenn es keine Wesen auf dem Jupiterballe gibt, die diesen wundersamen Wechsel mit ihren Augen schauen können.«

Also vermutete er genauso wie Galilei, daß der Jupiter bewohnt ist:

»Der Schluß ist offensichtlich. Unser Mond existiert für uns auf der Erde, nicht für die anderen Planeten. Jene vier kleinen Monde existieren für den Jupiter, nicht für uns. Und so hat jeder Planet mit seinen Bewohnern seine eigenen Monde. Aus dieser Begründung heraus schließen wir mit größter Sicherheit, daß der Jupiter bewohnt ist.«

Darüber hinaus konnte es für ihn aber keine bewohnten Welten geben. Denn Kepler, wie die meisten seiner Zeitgenossen, hielt die Fixsterne nicht für Sonnen – verteilt in einem tiefen Weltraum –, sondern vermutete sie nach alter Aristotelischer Tradition alle in einer Sphäre von nur etwa 15 Kilometer Stärke am Rande des Universums. Und auch die Ursache, warum sich die Planeten genau nach den von ihm gefundenen Gesetzen bewegten, blieb ihm unklar, obwohl er sich durchaus Gedanken darüber machte. Erst der Engländer Isaac Newton fand 1687 mit dem Gravitationsgesetz in seinem Buch *Philosophiae naturalis principia mathematica* (»Mathematische Grundlagen der Naturphilosophie«) die richtige Antwort darauf.

Mondlandschaft. Kepler, wie viele andere vor und nach ihm, nahm an, der Mond sei bewohnt. Seit den sechs bemannten Mondlandungen in den siebziger Jahren wissen wir definitiv, daß dies nicht stimmt. Selbst kleinste, primitivste Lebensformen existieren dort nicht – der Mond ist völlig öde und leer. Das erste Lebewesen auf dem Mond war der Mensch am 20. Juli 1969.

Das Kopernikanische Weltbild war selbst mit Keplers Präzisierung also noch nicht perfekt. Es war an dem dominikanischen Mönch Giordano Bruno (1548 – 1600), die fehlenden Mosaiksteinchen zu ergänzen. So erkannte er ganz richtig, daß die Fixsterne leuchtende Sonnen gleich unserer eigenen Sonne seien, und er lehnte das *»Primum mobile«*, das rotierende Himmelsgewölbe, ab und verstand statt dessen die Drehung des Firmaments als eine Vorspiegelung, hervorgerufen durch Drehung der Erde um ihre eigene Achse. Für ihn war das Universum unendlich groß – was vor ihm schon viele annahmen –, denn »sonst würde alles auf den Boden des Universums fallen!« und weil »ein endliches Universum ein begrenztes Universum bedeutete, und das würde nicht der wahren Allmächtigkeit des göttlichen Schöpfers entsprechen«. Er wiederholte im Sinne Nikolaus von Cues' auch den denkwürdigen geistigen Schritt zu dem noch heute gültigen Weltbild, in dem die Sonne nicht im Zentrum des Universums stehe, weil das unendliche Universum eben keine Grenzen und somit auch kein Zentrum besäße:

»Haben nicht alle Planeten gleichen Rang innerhalb des mächtigen Sonnenbereichs? Sind sie nicht gleichartige Welten von einerlei Bestimmung? Und welchen Unterschied will man zwischen der Sonne und den übrigen Sternen machen? Das ganze Universum ist nur ein einziges ungeheures organisches Wesen, die verschiedenen Welten sind seine Glieder, und sein Lebensprinzip ist Gott.«

Bruno betrachtet dieses »organische Wesen« als »unendliche Form des unendlichen Gedankens«. Mit der Unendlichkeit des Weltalls ging bei ihm ganz selbstverständlich die Vorstellung einher, die Sterne seien wie der Mond und die Planeten erdähnlich beschaffen, und sie trügen eine Vielzahl bewohnter Welten:

»Gott hat viele Sonnensysteme mit Planeten erschaffen, die alle Leben mit Seele tragen können. Daher gibt es nicht nur eine Welt, eine Erde, eine Sonne, sondern so viele Welten, wie wir Sternenlichter sehen!«

Für ihn war ein mit vielen Zivilisationen angefülltes Universum ein Zeichen der Großartigkeit des Schöpfers und er wurde bei seinen Reisen zu den gelehrten Stätten Europas nicht müde zu betonen, daß der Glaube an andere bewohnte Gestirne kein Abbau der Religion, sondern eine Lobpreisung Gottes und seiner Allmächtigkeit sei (Bruno, G., 1993).

Diese Interpretation fand jedoch nicht die Zustimmung einer katholischen Kirche, die wegen der Probleme eines erwachenden Protestantismus und der damit verbundenen Abkehr von einigen ihrer wichtigen Lehren darauf bedacht war, der bis dahin gewährten Geistesfreiheit verstärkt Einhalt zu gebieten. Als Zeichen eines wieder zunehmenden kirchlichen Dogmatismus mußte sich Bruno wegen seiner angeblich häretischen Äußerungen, insbesondere auch weil er das Kirchendogma der Trinität, der Heiligen Dreieinigkeit, leugnete, vor der römischen Inquisition verantworten, die ihn schließlich zum Tod auf dem Scheiterhaufen verurteilte. Aber anders als vormals der Grieche Anaxagoras, der bereits im 5. Jahrhundert v. Chr. mit seiner entmythologisierenden Vorstellung eines erdähnlichen Mondes mit »Gebirgen, Hügeln, Schluchten und Häusern« den Zorn seiner Mitmenschen und damit ein Todesurteil auf sich zog, konnte Bruno sich seinem Schicksal nicht entziehen und wurde am 17. Februar 1600 auf dem Scheiterhaufen verbrannt. Die Brandasche wurde in den Tiber gestreut, um jede Spur des »furchtbaren Ketzers« zu tilgen.

Der französische Priester und Wissenschaftler Pierre Gassendi versuchte das Leben auf anderen Planeten unter strengeren wissenschaftlichen Gesichtspunkten zu verstehen. In seinem Werk *Sind die Sterne bewohnbar?* wies er zunächst alle Einwände gegen diese Vorstellung zurück. So entkräftete er Einwände bezüglich der wohl sehr unterschiedlichen Temperaturen, des Klimas und der atmosphärischen Verhältnisse auf den benachbarten Planeten mit dem Argument, daß deren Bewohner in ihrer Natur sehr stark von uns Menschen abweichen können. Aufgrund der Tatsache, daß sie mit den Stoffen und der Wärme der anderen Planeten in Einklang stehen müssen und sehr unterschiedlich vom »herrlichen Strahlenglanz« durchdrungen werden, müsse man sich die Merkurbewohner kleiner und vollkommener als die Venusbewohner vorstellen, diese ihrerseits kleiner und vollkommener als die Erdbewohner und so weiter. Und ganz im Sinne von Cues:

»Die Sonne muß wohl als Wohnplatz der Erde und den anderen Planeten ebenso überlegen sein, wie sie sie an Größe und Erhabenheit übertrifft.«

Die Bewohner der Sonne müssen, so Gassendi,

»...Wesen sein, die für jenes glühende und leuchtende Reich geschaffen sind. Für diese Verhältnisse ausgestattet, würden sie vor Kälte vergehen, wenn man sie auf die Erde oder die anderen Planeten brächte.«

Gassendi wies also erstmals ausdrücklich auf die eventuell völlig andersartigen Formen von Leben hin, die in anderen Welten auftreten könnten. Ebenso, wie Kopernikus die Erde als den einzig möglichen Mittelpunkt des Weltalls aufgab, so ebnete Gassendi also die Wege des Denkens, weg vom Menschen als Krönung der Schöpfung, hin zu anderen möglichen höheren Wesen in Gottes Schöpfung.

Ausgelöst durch die neuen Vorstellungen von Kopernikus, Kepler, Bruno, Galilei und Newton und zusammen mit der Erkenntnis Kopernikus', daß mit einem heliozentrischen Weltbild riesige Entfernungen zu den Planeten verbunden sind, »die ihrerseits jedoch gleich nichts sind, wenn man sie mit der Sphäre der Fixsterne vergleicht«, und mit dem Glauben Keplers, daß die Planeten, wie der Mond, erdartig und bewohnt seien, fand eine Kehrtwendung im Denken des 17. Jahrhunderts über die Möglichkeiten entfernter bewohnter Welten und Reisen zu ihnen statt; und zusammen mit dem Beginn der exakten Wissenschaften öffnete sie den Phantasien neue Welten, die zum Erscheinen neuer Raumfahrtromane über entfernte bewohnte Welten führten.

1.3 Phantasie kennt keine Grenzen

Schwerelosigkeit auf dem Weg zum Mond, wie sie Jules Verne 1867 in der Erstausgabe von »Reise um den Mond« veranschaulicht. Genauso wie Kepler nahm Verne fälschlicherweise an, es gäbe nur einen Punkt zwischen Erde und Mond, an dem man durch die exakte Aufhebung der Schwerkräfte schwerelos wäre. An diesem Punkt angekommen, heben die Mondreisenden in diesem Bild gerade ab. Seit Newton wissen wir, daß man, verursacht durch die Trägheit der Körper, bei abgeschalteten Antrieben überall im Weltraum schwerelos ist.

Den Auftakt bildete ein Buch aus dem Jahre 1634 mit dem Titel *Somnium seu astronomia Lunaris* (»Der Mondtraum« oder »Die Astronomie des Mondes«), das von keinem geringeren als Kepler selbst stammte und an dem er bis zu seinem Tode arbeitet. Kepler, der das *Vera historia* des Griechen Lukian nicht nur kannte, sondern auch selbst in das Lateinische übersetzte und so zu dessen Verbreitung beitrug, versuchte in seinem Roman erstmals bekannte Tatbestände und sachliche Hypothesen einzubringen und nicht nur phantastische Geschichten zu erzählen. So läßt er seine Raumreisenden nicht zum Mond »fliegen«, da ja zwischen Erde und Mond luftleerer Raum liegen müsse. Andererseits glaubte er, daß es irgendwann »Himmelsschiffe« geben »müsse, deren Segel den himmlischen Winden« angepaßt sind, und die mit Welterkundlern besetzt sind, die den Himmel befahren und dabei die Unendlichkeit des Alls nicht fürchten. Zur Erleichterung der Himmelsnavigation vermutete er zwischen je zwei Himmelskörpern einen Punkt, wo sich die »magnetischen Einflüsse« beider Körper aufheben müßten (dieser tatsächlich existierende Punkt wird heute Librationspunkt genannt), so daß der Körper sich dort zusammen ziehen würde »wie eine Spinne sich zusammenschnurrt« (was allerdings nicht der Realität entspricht). Ihm war jedoch klar, daß dies kein Antriebssystem sein konnte, um die Erde zu verlassen und zum Mond zu gelangen. In Ermangelung irgendeines rationalen Antriebssystems (das Raketenprinzip war damals noch nicht bekannt), kleidete er die Geschichte des Romans *Somnium* und mit ihr die Fahrt in einen Traum. Auf dem Mond angekommen, beschreibt er die Umgebung ausführlich als Sümpfe, gegen die sich die Seleniten, die Mondbewohner, durch die von der Erde aus beobachtbaren Mondkrater als Wälle schützen. Die Seleniten, die er in Anlehnung an Lukians Roman Endymioniden nennt, schildert er als schlangenförmige, schuppenbesetzte Wesen, die sich während des 14tägigen Mondtages in den Höhlen des Mondes verstecken müssen, damit sie nicht von den Sonnenstrahlen ausgedörrt werden. Je eine Gruppe von Wesen bewohnen einen Krater, dessen Rand sie aufgeschüttet haben und der durch die vielen miteinander verbundenen Höhlen nahezu porös ist. Als Gegenargument zu der Meinung seiner Kritiker, daß solche großen Konstruktionen unmöglich seien, verwies er auf die ägyptischen Pyramiden und die Chinesische Mauer.

Die über dem Mond aufgehende Erde während der Apollo-12-Mission, aufgenommen aus dem Kommandomodul, das während der gesamten Zeit um den Mond kreiste.

Die Phantasie eines bewohnten Mondes in Lukians *Vera historia* beflügelte aber auch weitere Schriftsteller. 1638 erschien das Buch *The Man in the Moon: or a Discourse of a Voyage Thither* (»Der Mann im Mond oder ein Diskurs über eine Reise dorthin«) des englischen Bischofs Francis Godwin, das 1652 im Deutschen unter dem Titel *Der fliegende Wandersmann* herauskam und durch weitere Übersetzungen als *Der Mann im Mond* einen nachhaltigen Einfluß auf die spätere Literatur hatte. Ähnlich wie Kepler schildert er eine Flugreise zum Mond, wobei er sich aber über die Keplersche Erkenntnis, zwischen Erde und Monde befände sich keine Luft, freizügig hinwegsetzt und als Gefährt ein von Vögeln gezogenes Gerüst annimmt. Die Möglichkeiten, zum Mond zu gelangen, ging Bischof John Wilkens in seinem Buch *The Discovery of a World in the Moon* (»Die Entdeckung einer Welt auf dem Mond«) systematischer an und fand die folgenden vier prinzipiellen Möglichkeiten: mit Geistern und Engeln, mit Vögeln, mit Flügeln und mit einem »fliegenden Wagen«.

Johannes Kepler und Galileo Galilei hatten sehr präzise Vorstellungen über die Bewohner des Mondes. Die Mondkrater, von denen wir heute wissen, daß sie durch Asteroideneinschläge entstanden, waren angeblich das Werk der Seleniten, die Erde zu hohen Dämmen aufschütteten, innerhalb derer sie in Höhlen lebten und sich so gegen die Sonnenhitze eines 340stündigen Mondtages schützten. Die zentralen flachen Kraterebenen nutzten sie zur Bewirtschaftung.

Der Wahrheit näher kam erst der Satiriker und Schriftsteller Cyrano de Bergerac in zwei Raumfahrtromanen aus den Jahren 1649 und 1652. In seinem zweiten Buch *Histoire des Etats et Empires du Soleil* (»Geschichte der Staaten und Reiche der Sonne«) läßt er von Soldaten an einem einfachen Kasten Raketen anbringen. Cyrano springt in die Flugmaschine und wird von den brennenden Raketen in die Höhe transportiert. Als die Raketen ausgebrannt sind, fällt die Flugmaschine zurück. Er hingegen steigt weiter in Richtung Mond auf, denn er hat die Abschürfungen seiner Haut, die er beim vorangegangenen Flugversuch erlitten hatte, mit Knochenmark eingeschmiert, welches der Mond »an sich zieht, wie man weiß«. Obwohl Cyrano die Möglichkeiten einer Rakete für Raumflugzwecke hiermit als erster richtig verstand, mußte er

Die Saturn-V-Rakete vor dem Start. Von den vier prinzipiellen Möglichkeiten, zum Mond zu fliegen, die der Bischof Francis Godwin im Jahre 1638 aufzählte (mit Geistern und Engeln, mit Vögeln, mit Flügeln und mit einem »fliegenden Wagen«), hat sich nur die letzte als wirksam erwiesen. Daß die Räder des »fliegenden Wagens« durch Düsenantriebe ersetzt werden würden, konnte Godwin damals noch nicht ahnen.

Der Mensch im All. Schweben bei Raumspaziergängen auch heutzutage noch Astronauten und russische Kosmonauten über mindestens eine Leine verbunden am Shuttle oder an der Raumstation, so konnten Robert L. Stewart, (hier am 7. Februar 1984), und kurz vor ihm Bruce McCandless sich erstmals frei im Weltall bewegen und manövrieren. Ermöglicht wurde dies durch eine besondere Manövriereinrichtung (Manned Maneuvering Unit, MMU) auf dem Rücken der Astronauten.

dennoch zu dem augenzwinkernden Kniff einer vom Mond angezogenen Knochenmarksalbe greifen, da ihm die nur kurze Brenndauer der bis dahin für militärische Zwecke benutzten Raketen durchaus bekannt war.

Einen neuen Durchbruch im Glauben an eine Vielzahl von Welten brachte die vom Philosophen Descartes (1596 – 1650) im Jahre 1644 erschienene Veröffentlichung *Principia philosophiae* (»Prinzipien der Philosophie«). In ihr stellte Descartes 2 000 Jahre nach Aristoteles das erste geschlossene physikalische Weltsystem vor, das er »Cartesisches System« nannte. Demzufolge war der Raum des Weltalls und damit das All selbst unendlich ausgedehnt und überall mit Partikeln dicht ausgefüllt. In ihm unterschied er lichterzeugende Körper, zu denen er neben unserer Sonne auch die Fixsterne zählte – eine Vorstellung, die von Bruno vorgebracht und von Kepler unterstützt wurde –, von lichtreflektierenden Körpern: der Erde, dem Mond und den Planeten. Diese richtige Annahme verband er allerdings mit der falschen Vorstellung, jeden dieser Körper umgebe ein Bewegungswirbel – Vortexfeld wie er es nannte –, in dem sich die Partikel des Universums kreisend um ihn drehten. Jeder Fixstern hatte ähnliche Vortexstrukturen, und da unser Sonnensystem ein solches typisches System war, bedeutete dies, daß alle Vortexsysteme nicht nur eine zentrale Sonne, sondern auch Planeten und sicherlich auch wie die Erde belebte Planeten auf kreisförmigen Bahnen um die Zentralsonne beinhalteten.

Die irrige Hypothese eines Vortexfeldes war notwendig geworden, weil für Descartes das Konzept der griechischen Atomisten von einem leeren All undenkbar war. Für Descartes mußte das Weltall mit etwas ausgefüllt sein. Überall gab es Partikel. Sollte aber eine Bewegung eines Partikels möglich sein, dann mußte zugleich ein Partikel vor ihm Platz machen und ein Partikel nach ihm folgen. Die Bewegung eines Partikels zog also automatisch die koordinierte Bewegung aller umgebenden Partikel nach sich. Dieser kontinuierliche Prozeß erzeugte um jeden Zentralkörper herum genau einen besagten Wirbel oder Vortex, wie Descartes ihn nannte. Aufbauend auf diesem Weltbild präsentierte er in seiner *Principia philosophiae* eine Fülle detaillierter Erklärungen, wie zum Beispiel für die Sonnenflecken, neue Sterne und die Bewegung der Planeten. Wichtig für die weiteren Diskussionen um ferne Welten war nur das Verständnis, daß jeder Fixstern mit seinem ihn umgebenden Vortex eine eigene, unserem Sonnensystem vergleichbare Welt (Kosmos) darstellte und daß das so ausgefüllte Universum unendlich groß sei. Und das war das Entscheidende. Insofern war der Wahrheitsgehalt der Vortices, die wenig später von seinem Widersacher Newton durch das allgemein akzeptierte Gravitationsprinzip widerlegt wurden, nur von untergeordneter Bedeutung. Dieses Cartesische System, das eine Vielzahl erdähnlicher Planeten in entfernten Fixsternsystemen impliziert, wird oft als die Ursache für die Ausbreitung des Gedankens einer Vielzahl von Welten zu Beginn des 17. Jahrhunderts angesehen.

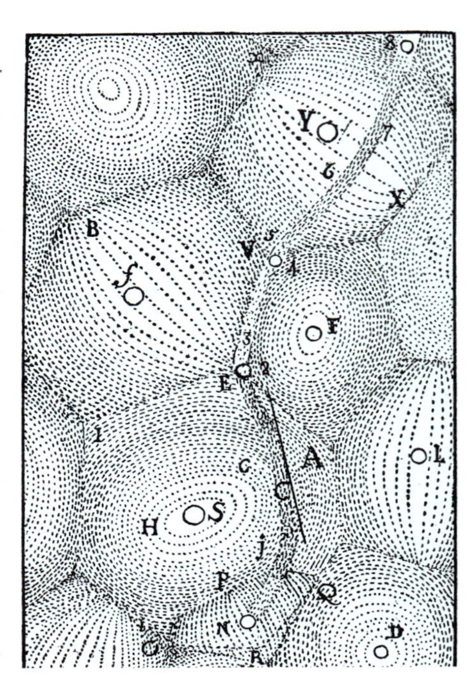

Descartes' Zeichnung der Wirbel aus kosmischen Teilchen aus seinem 1644 erschienenen Buch »Principia philosophiae«. Diese Vortices umgaben angeblich jeden Stern und stellten somit jeweils ein eigenes Sternensystem, eine eigene Welt, dar. Die Vortices konnten offensichtlich nicht rund sein, sondern wurden für Vielecke gehalten, da sie sonst den Raum nicht vollständig ausgefüllt hätten.

Angestoßen durch Descartes' Vorstellungen wurde in Deutschland der Glaube an eine Vielzahl von Welten besonders durch den Jesuiten Athanasius Kircher im Jahre 1656 und durch Otto von Guericke in seiner Schrift *Neue Experimente* (1672) ausgeweitet. Kircher charakterisierte die Fixsterne explizit als von Planeten umkreiste Sonnen, obwohl er Bewohner auf jeglichen Planeten, einschließlich derer unseres Sonnensystems und selbst auf dem Mond, ausschloß. Hingegen betonte von Guericke, daß der Mond und alle Planeten durchaus bewohnt sein könnten, wobei die Bewohner allerdings Kreaturen jenseits unseres Vorstellungsvermögens seien und in keiner Weise dem Menschen ähnelten.

Aufbauend auf Descartes' Cartesischem System schrieb der Franzose und Populärwissenschaftler Bernard le Bovier de Fontenelle (1657 –

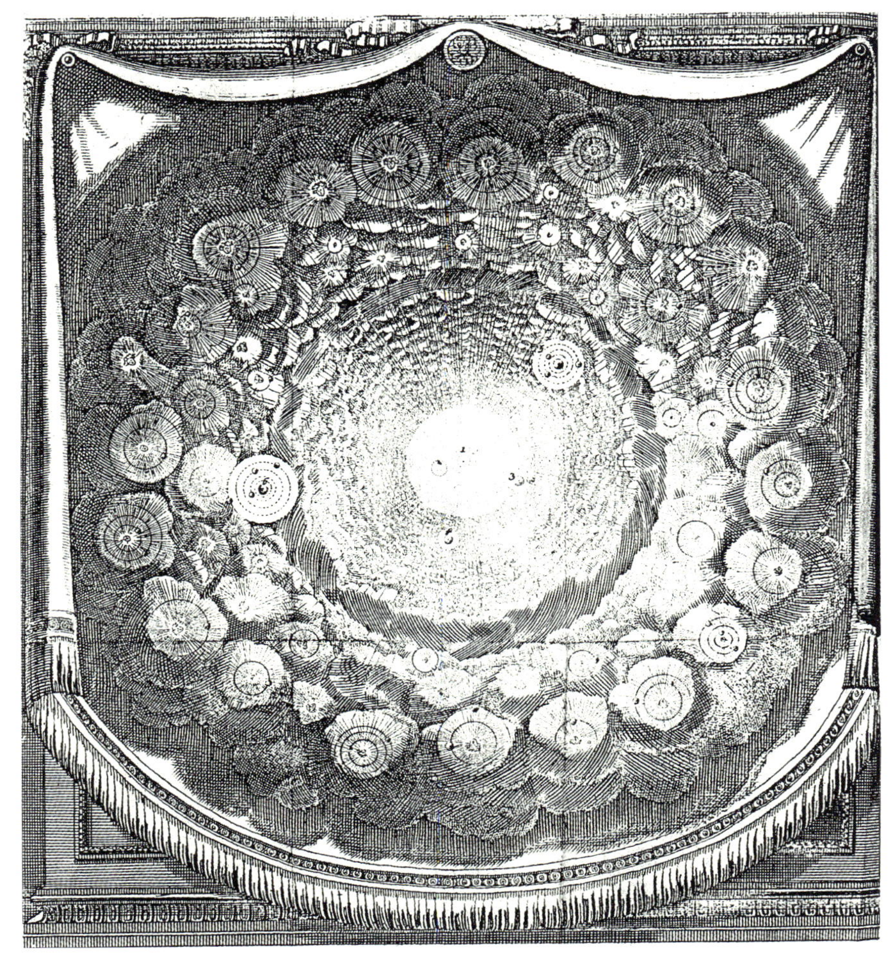

Das Frontispiz von Fontenelles »Entretiens sur la pluralité des mondes« in der Erstausgabe von 1686 ist ein Weltmodell, das Descartes' Wirbelmodell mit der Vorstellung von Planetensystemen verknüpft. In der Bildmitte befindet sich der innerste Planet des Sonnensystems, Merkur, gefolgt von Venus, Erde, Mars, Jupiter, Saturn (Uranus, Neptun und Pluto waren noch nicht entdeckt). Das entscheidend Neue war Fontenelles Annahme, daß Planeten nicht nur um unsere Sonne, sondern auch um die Fixsterne kreisen.

1757) mit *Entretiens sur la Pluralité des Mondes* (»Gespräche über die Vielzahl der Welten«) im Jahre 1686 einen ersten wissenschaftlich fundierten Roman über außerirdische Welten. Ausgangspunkt seiner Überlegungen war ein Universum angefüllt mit Fixsternen, die von anderen Planeten umlaufen wurden. Dies stellte er auf dem Frontispiz seiner ersten und aller folgenden Ausgaben demonstrativ und deutlich dar. Dabei stand das Sonnensystem mit seinen bis dahin acht bekannten Planeten jedoch immer noch im Zentrum des Universums. In seinem Roman nahm er an, nicht nur der Mond sei bewohnt, sondern darüber hinaus auch die Planeten unseres Sonnensystems und gar das gesamte Universum, wobei die zugrundeliegende falsche Vortex-Theorie seinen im Prinzip richtigen Gedankenentwicklungen keinen Abbruch tat. So berichtete er von Kulturen auf Merkur, Venus und Saturn, wohingegen er Bewohner auf dem Mond wegen »des dort herrschenden Luftmangels« ausschloß. Seiner Meinung nach mußte die Mondatmosphäre von ganz anderer Art sein als die der Erde, da sie offensichtlich keine Wolken, also keinen Wasserdampf enthielt. Er wagte auch eine Interpretation der Milchstraße als eine Anhäufung von Welten. Dieser Roman

erlangte mit seinen nach damaligem Verständnis gewagten Vermutungen und seinen außergewöhnlich vielen Auflagen und Übersetzungen in verschiedenste Sprachen bis zum Ende des 18. Jahrhunderts hinein eine große Verbreitung in ganz Europa und insbesondere in der französischen Öffentlichkeit, die sich in Zeiten der Aufklärung allen neuen Gedanken offen gegenüber zeigte.

Diese Vorstellung über entfernte, bewohnte Welten wurde noch weiter ausgebaut durch Christiaan Huygens (1629 – 1695), ein weit mehr wissenschaftlich orientierter Zeitgenosse von Fontenelle. Er entdeckte die Ringe des Saturn und baute die erste verläßliche Pendeluhr. Er beschrieb auch erstmals die sich verändernden Flecken auf dem Jupiter und ähnliche Flecken auf dem Mars, woraus er schloß, daß es Wolken und Wasser auf diesen Planeten gäbe. Unter gleichzeitiger Anwendung von Analogieschlüssen, wobei er sich mehr von seinen astronomischen Beobachtungen und allgemeinen vermeintlichen Naturprinzipien leiten ließ als von der Vortex-Theorie, gelangte er zu der Überzeugung, alle Planeten unseres Sonnensystems, nicht jedoch der irdische Mond, seien der Art nach der Erde gleich und müßten also Pflanzen, Tiere und natürlich auch intelligentes Leben tragen. Zwar war er von einer außergewöhnlichen Form dieser Kreaturen überzeugt, für ihn stand aber fest, daß die intelligenten Wesen wie wir Menschen Hände und Füße hätten, aufrecht gingen und daß sie schreiben konnten und mit der mathematischen Geometrie vertraut seien. Und ebenso wie Kepler und Galilei dienten seiner Ansicht nach die Jovianischen Monde den Bewohnern des Jupiters als Navigationshilfe auf den dortigen Meeren. Wie sehr er von diesen Analogien überzeugt war, zeigen die Schlußworte seines wissenschaftlich gestalteten Buches *Kosmotheoros oder Ansichten über die himmlischen Erden und ihre Bewohner* (1698):

»Obwohl wir mit ziemlich überzeugenden Gründen den Beweis führten, daß es auf anderen Planeten vernünftige Individuen gibt, Mathematiker, Musiker und so weiter, daß sie gesellig leben und ihre Güter untereinander tauschen, daß ihre Leiber Hände und Füße haben, daß sie sich Behausungen zum Schutz vor Wetterunbilden geschaffen haben – so darf man doch ebensowenig daran zweifeln, daß es für uns ein wunderliches und befremdendes Schauspiel sein müßte, ihre Gestalten und Gebaren zu sehen, wenn uns irgendein Genius dorthin führen würde.«

Er ließ also keinen Zweifel daran, daß wir trotz vieler sozialer Ähnlichkeiten Wesen antreffen würden, die sich in ihrer Gestalt stark von der unseren unterscheiden würde. Huygens glaubte auch an die Existenz und Bewohntheit von Planeten anderer Fixsterne. Dies jedoch nur zögerlich, da diese Planeten durch ihre sehr großen Entfernungen ihm unbeobachtbar blieben, ihre Existenz aber durch die naheliegende Ähnlichkeit von Sonnensystem und Fixsternen sehr wahrscheinlich wäre. Auch Huygens' *Kosmotheoros* gewann eine große Verbreitung und somit einen meinungsbildenden Einfluß in Europa, jedoch bei weitem nicht so sehr wie Fontenelles Werk.

Die Erkenntnis Newtons im Jahre 1687 von einer gravitativen Kraft zwischen den Himmelskörpern war für ein korrektes physikalisches Verständnis unseres Universums zwar ausschlaggebend, auf die von den Werken Fontenelles und Huygens' ausgehende und durch die Aufklärung getragene um sich greifende Vorstellung von vielen, wenn nicht unendlich vielen bewohnten Welten im Universum hatte sie jedoch kaum einen Einfluß.

Nachdem im ausgehenden 17. Jahrhundert und zu Beginn des 18. Jahrhunderts die Frage nach außerirdischen Welten und damit außerirdischen Intelligenzen zunehmend Verbreitung in allen Bevölkerungskreisen gefunden hatte, war die Zeit reif für den ersten modernen Science-fiction-Roman. Im Jahre 1752 erschien der Roman *Mikromegas* des Franzosen Voltaire. In diesem Roman besucht ein gigantischer Außerirdischer namens Mikromegas von einer Größe von fast 40 Kilometern vom Planetensystem Sirius kommend, wo Wesen seinesgleichen zehn Millionen Erdenjahre alt werden, das Sonnensystem und beehrt zunächst die Lebewesen auf dem Saturn mit seinem Besuch, um in rein freundschaftlicher Absicht mit ihnen zu plaudern. Wie Huygens war es Voltaires Ansinnen, deutlich zu machen, daß außerirdisches Leben im Vergleich zu irdischem Leben ganz unterschiedlich und deutlich überlegen sein könnte. Ein Gespräch zwischen Mikromegas und einem ihm unterlegenen Saturnbewohner macht dies deutlich:

Saturn, der »Herr der Ringe«.

» ›Wie viele Sinne haben die Saturnbewohner?‹ – ›Wir haben ihrer 72‹, sagte der vom Saturn, ›aber wir beklagen täglich, daß es so wenige sind. Unsere Einbildungskraft eilt fortwährend unserer materiellen Organisation voraus; mit unseren 72 Sinnen finden wir, daß unser Raumbereich und unsere fünf Monde ein allzu beschränktes Feld für uns sind.‹ – ›Das glaube ich wohl‹, sagte Mikromegas, ›wir haben ungefähr 1 000 Sinne, aber gleichwohl empfinden wir stets eine gewisse Sehnsucht, eine Unruhe, die uns dauernd daran erinnert, daß wir nur ganz unbedeutende Wesen sind.‹

Mikromegas fuhr fort: ›Wie lange lebt ihr?‹ – ›Ganz kurze Zeit‹, antwortete der Saturnmann, ›nur 15 000 Jahre; es ist nicht viel anders, als wenn man, kaum geboren, sogleich wieder stirbt.‹ «

Im Laufe der Geschichte reisen die beiden ins Innere unseres Planetensystems und gelangen nach Jupiter und Mars zu einem »Schmutzhäufchen« von dem der Saturnmann zunächst annimmt, daß es wohl kaum bewohnt sein könne. Später glückt es ihnen, dessen Bewohner, das Erdenvolk zu entdecken und sich mit ihm zu verständigen. Im folgenden Ausschnitt ersinnt Voltaire ein Gespräch zwischen den Reisenden und den Erdlingen, um die Überheblichkeit der Philosophen zu karikieren:

»Es waren Philosophen, die alle auf einmal redeten, aber alle verschiedener Meinung waren. Ein alter Peripatetiker äußerte voller Selbstbewußtsein: ›Die Seele ist ein Grundwesen und eine Ursache, wodurch sie fähig ist, das zu sein was sie ist. Das wird von Aristoteles, S. 633 der Louvre-Ausgabe, bestimmt erklärt.‹ Er zitierte den Abschnitt. ›Ich kann nicht besonders gut griechisch‹, sagte der Riese. ›Ich auch nicht‹, erwiderte der Philosoph. ›Aber weshalb‹, wandte der Riese ein, ›zitiert ihr dann einen, den ihr Aristoteles nennt, auf Griechisch?‹ – ›Man muß doch wohl‹, antwortete der Gelehrte, ›das was man durchaus nicht begreift, in der Sprache sagen, die man am wenigsten von allen versteht.‹ ... Mikromegas unterhielt sich noch lange mit dem winzigen Geziefer, aber es betrübte sein Herz, bei den unendlich Kleinen einen Hochmut von unendlicher Größe zu finden.«

Die Vorstellungen Voltaires von fernen Welteninseln auf Sternen wurden unterstützt von Ideen Immanuel Kants in seiner *Naturgeschichte und Theorie des Himmels* aus dem Jahre 1755. In dieser Schrift nahm er an, die vielen Sterne des Firmaments einschließlich der Milchstraße und der Sonne mit ihren Planeten, also auch der Erde, seien Teil eines Sternensystems, einer »Weltinsel«. Dazu gäbe es fremde Welteninseln in unvorstellbar großen Entfernungen, die in den Beobachtungen mit dem Fernrohr als Nebelflecken erschienen und bald darauf ganze Kataloge füllten. So schlug er erstmals ganz richtig vor, daß der Nebelfleck in der Konstellation Andromeda, heute bekannt als Galaxis M 31, eine Sternenansammlung wie unsere Milchstraße sei. Er spekulierte auch über die Zusammensetzung jener Welten und der auf unseren benachbarten Planeten. Ausgehend von der Vorstellung, die Planeten hätten ein um so höheres spezifisches Gewicht, je näher sie der Sonne seien, entwickelte er die Annahme, nicht nur die Bewohner, sondern auch Tiere und Pflanzen seien aus leichterem und feinerem Stoff gebaut, je weiter sie von der Sonne entfernt seien. Damit einher ginge auch eine Zunahme des Denkvermögens, der Schnelligkeit der Auffassung, der Raschheit des Handelns, kurz, die Vollkommenheit ihrer Begabung und zwar mit wachsendem Abstand zur Sonne, weil, so Kant, die Grobheit des Baustoffes eine Trägheit des Denkens und der Fähigkeiten und damit Unzulänglichkeiten und Laster zur Folge habe. Daher nehme die Vollkommenheit anderer Welten vom Merkur bis zum Saturn und zu den weiteren Planeten mit noch geringerer Massendichte zu. Selbst über die sittlichen Eigenschaften der Bewohnter spekulierte Kant:

»Gehört nicht ein gewisser Mittelstand zwischen der Weisheit und Unvernunft zu der unglücklichen Fähigkeit sündigen zu können? Wer weiss, sind also die Bewohner jener entfernten Weltkörper nicht zu erhaben und zu weise, um sich bis zu der Thorheit, die in der Sünde steckt, herabzulassen, diejenigen aber, die in den unteren Planeten wohnen, zu fest an die Materie geheftet und mit gar zu geringen Fähigkeiten des Geistes versehen, um die Verantwortung ihrer Handlungen vor dem Richterstuhle der Gerechtigkeit tragen zu dürfen?... In der That sind die beyden Planeten, die Erde und der Mars, die mittelsten Glieder des planetarischen Systems, und es lässt sich von ihren Bewohnern vielleicht nicht mit Unwahrscheinlichkeit ein mittlerer Stand der physischen sowohl, als moralischen Beschaffenheit zwischen zwey Endpunkten vermuten,...«

Als Bestätigung all dieser Aussagen sah Kant die Ringe und vielen Monde der äußeren Planeten, »...die deren glücklichen Gefilden des nachts sattsam das ungenügende Tageslicht ersetzen sollten. Die innersten Planeten dagegen, Merkur und Venus, ermangeln solcher nächtlichen Lichtquellen ganz; bei ihren fast vernunftlosen Bewohnern wären ja derartige Naturgaben zwecklos vergeudet.«

Damit stimmt Kant in den Reigen der damals üblichen Auffassungen ein, die ja bereits Kepler und Galilei äußerten, alles in der Natur habe einen vernünftigen Zweck, alles sei also dazu bestimmt, vernunftbegabten Wesen zu dienen. »Und umgekehrt«, so Emanuel Swedenborg, ein Zeitgenosse Kants, »wie könnte ein vernünftig Denkender, der die-

se Tatsachen kennt, behaupten wollen, solche Weltkörper seien unbewohnt!« Nach diesen gängigen Vorstellungen des 18. Jahrhunderts war es also undenkbar, daß andere Planeten unbewohnt seien, auch wenn deren Wesen vollkommen anderer Art sein konnten.

Aber nicht nur wissenschaftlich unbedarfte Schriftsteller und Philosophen gaben sich im 18. Jahrhundert ungehemmt einem Pluralismus außerirdischer Welten hin, sondern auch die Wissenschaftler selbst, allen voran bedeutende Astronomen wie Lambert, Herschel, Schröter, Bode, Laplace und Lalande. Zu nennen ist Bodes Schrift *Allgemeine Betrachtungen über den Weltbau*, das eine weite Verbreitung fand. Aber auch das wissenschaftliche Debüt von Sir William Herschel (1738–1822) sollte nicht mit seiner Entdeckung des Planeten Uranus im Jahre 1781 gleichgesetzt werden, sondern mit der Veröffentlichung zweier Schriften bereits ein Jahr vorher an der Royal Society, wovon sich eine mit den *Astronomischen Beobachtungen bezüglich der Berge auf dem Mond* beschäftigte. Wie aus späteren unveröffentlichten Manuskripten Herschels hervorgeht, betrachtete er die in diesen beiden Artikeln beschriebenen Beobachtungen revolutionärer als seine Uranus-Entdeckung, weil

»...das Wissen um den Aufbau des Mondes uns gezwungenermaßen zu mehreren Schlußfolgerungen verleitet ...wie etwa die große Wahrscheinlichkeit, um nicht zu sagen nahezu absolute Gewißheit, daß er bewohnt ist.«

Und das, obwohl ihm zu dieser Zeit durchaus bekannt war, daß der Mond wohl kaum eine Atmosphäre besitzen konnte, was aus der Schärfe des Übergangs folgt, mit der der Mond Sterne verdeckt. Nach der Betrachtung des Mondes mit seinem neuen Teleskop im Mai 1776 ging er mit folgender Aussage sogar noch einen Schritt weiter:

»Ich glaubte etwas beobachtet zu haben, das ich sofort als ›wachsende Substanzen‹ ansah. Ich möchte diese nicht als Bäume bezeichnen, weil sie allein wegen ihrer Größe kaum unter diese Bezeichnung fallen können. Oder wenn ich das dennoch tue, dann muß man das in einer Erweiterung dieses Begriffes sehen, in die jede Abmessung, wie groß auch immer, fallen müßte. ...Meine Aufmerksamkeit richtete sich hauptsächlich auf das Mare humorum und das ist, wie ich heute annehme, ein Wald, wobei man dieses Wort ebenfalls in einer entsprechenden Erweiterung des Begriffes verstehen muß, in dem Sinne als es sich um große wachsende Substanzen handelt.«

In seinem Notizbuch für die Mondbeobachtung skizzierte er sogar die von ihm beobachteten »Wälder«. Zwei Jahre danach erwähnte er in diesen Notizbüchern »Großstädte, Städte und Dörfer«, die er später einschränkend »runde Plätze« nannte. Im Eintrag vom 17. Juni 1779 notierte er einen Stich oder Kanal, der offensichtlich eher künstlichen als natürlichen Ursprungs sei. In den späteren Jahren beschrieb er Vegetationen, Straßen, die wir heute mit Autobahnen vergleichen würden, und nochmals »große runde Plätze«. Kein Wunder, daß Herschel überzeugt davon war, daß Leben existierte, nicht nur auf unserem Mond, sondern auch auf den Planeten und deren Monde, und er war ebenso überzeugt davon, daß andere Sterne ebenfalls von bewohnten Planeten umkreist werden.

Mit seinen astronomischen Beobachtungen stellte er eine genaue Sternenkarte auf und fand dabei eine gleichmäßige Sternenverteilung innerhalb der Milchstraße, woraus er schloß, daß wir genau im Zentrum positioniert sind. Wie wir heute wissen, trifft dies nicht zu (wir befinden uns mit unserer Sonne auf etwa zwei Drittel der Strecke zum Rand der Milchstraße), weil riesige Staubmengen die Sicht in Richtung des Milchstraßenzentrums einschränken. Da zu damaliger Zeit die Milchstraße das bekannte Universum darstellte und diese Vorstellung bis weit in das 20. Jahrhundert vorherrschte, folgerte so mancher aus dieser privilegierten Stellung der Erde nicht nur, daß wir also doch im Zentrum des Kosmos stehen, sondern daß wir zudem die einzige Intelligenz im All seien.

Einen Schritt weiter als Herschel in Sachen bewohnter Planeten ging der später zum Professor für Astronomie in München ernannte Deutsche Franz von Paula Gruithuisen (1774 – 1852). Obwohl von Hause aus Mediziner, widmete er sich später voll und ganz der Astronomie. In seinem recht langen dreiteiligen Artikel *Entdeckung vieler deutlicher Spuren der Mondbewohner, besonders eines collosalen Kunstgebäudes derselben* (Gruithuisen, F. v. P., 1824) berichtet er im ersten Teil von seinen Beobachtungen verschiedener Schattierungen auf der Mondoberfläche, aus denen er auf unterschiedliche klimatische Zonen und damit verbunden entsprechende Vegetationsformen schloß. Im zweiten Teil führt er »Wege« an, die er zwischen den Breitengraden 37 Grad Nord und 47 Grad Süd gesehen habe und die seiner Meinung nach von Mondtieren stammen. Und schließlich enthält der dritte Teil Beobachtungen verschiedener geometrischer Oberflächenformen, die er als Straßen, Wälle, Befestigungsbauten und Städte interpretiert. Aus der vermeintlichen Beobachtung einer sternenförmigen Struktur mutmaßt er gar über die Gläubigkeit der Seleniten. Seine Vorstellungen außerirdischer Wesen weitete er aber später auch auf Merkur, Venus und die Kometen aus. Gruithuisen schreibt über »... allgemeine Feuerfeste der Venutier, die viel leichter durchgeführt werden können, weil auf der Venus der Baumwuchs sehr viel üppiger sein muß als in den unberührten Wäldern Brasiliens. ...Solche Feste werden gefeiert, um entweder Wechsel der Regierungen oder religiöser Zeiträume anzudeuten. Die Zeitdauer ... ist 76 Venusjahre oder 47 Erdjahre. Wenn die Zeiten religiösen Ursprungs sind, dann können wir uns keinen Grund für diese Vielzahl von Jahren vorstellen. Wenn sie jedoch Zeiten entsprechen, in denen ein anderer Alexander oder Napoleon die Herrschaft der Venus übernimmt, dann werden sie verständlicher. Wenn wir die übliche Lebensspanne eines Venutiers mit 130 Jahre annehmen ..., dann könnte die Herrschaftszeit eines absoluten Monarchen leicht 76 Jahre betragen.«

Seine ungewöhnlichen Beschreibungen fanden schließlich europaweite Verbreitung in verschiedenen Zeitschriften. Obwohl seine Äußerungen von vielen seiner Fachkollegen, wie etwa dem großen Astronomen und zugleich Mathematiker seiner Zeit, Carl Friedrich Gauß, oder von Wilhelm Olbers und Johann Joseph von Littrow, als Übertreibungen mit wenig Sinn verurteilt wurden, schwammen auch diese im Fahrwasser des damaligen Zeitgeistes und waren anerkannte Pluralisten und sogar Verfechter von Leben auf dem Mond. So soll von Gauß und von Littrow der Vorschlag stammen, in Sibirien ein großes Kornfeld in Form eines rechtwinkeligen Dreieckes mit quadratischen Pinienwäldern an jede der drei Seiten zu pflanzen, um mit solchen mathematischen Signalen die Bewohner auf dem Mond und dem Mars auf menschliche Existenz auf der Erde aufmerksam zu machen. Von Littrow soll als eine Variante einen großen Kreis oder ein Quadrat in der Sahara vorgeschlagen haben. Daß auch Gauß von der Existenz intelligenter Wesen auf dem Mond überzeugt war, zeigt sein Brief vom 25. März 1822 an Olbers, in dem er vorschlug: »Mit dem Zusammenschluß von 100 einzelnen Spiegeln, jeder einzelne mit einer Fläche von 2 Quadratmetern, ließe sich gutes heliotropes Licht zum Mond schicken.« Und er wurde später zitiert: »Das wäre sogar eine größere Entdeckung als die von Amerika, wenn wir mit unseren Nachbarn auf dem Mond in Kontakt treten könnten.«

Als einer der wenigen Wissenschaftler, die sich strikt gegen den allseits verbreiteten Pluralismus wandten, ist der deutsche Astronom Friedrich Wilhelm Bessel (1784 – 1846) der Universität Königsberg zu nennen. Seiner Meinung waren auch fast alle zeitgenössischen deutschen Philosophen. G. W. F. Hegel attackierte mit seinem philosophischen System, das er in seinem Buch *Enzyklopädie der philosophischen Wissenschaften* darlegte, aufs heftigste die Vorstellung von extraterrestrischem Leben. Diese zum allgemeinen Zeitgeist konträre Auffassung war weder wissenschaftlicher noch religiöser Natur, sondern erwuchs in den meisten Fällen aus der unerschütterlichen Vorstellung der Vorherrschaft des Menschen im Universum.

Einer der heftigsten, versiertesten und profundesten Streiter gegen den sich ausbreitenden Pluralismus war der Wissenschaftler William Whewell (1794 – 1866) am ehrwürdigen Trinity College in London. Neben seiner Professur in Mineralogie war er aber auch in astronomischen und allgemein wissenschaftlichen Dingen bewandert, wovon seine zahlreichen Bücher Zeugnis geben, insbesondere sein anonym gehaltenes Buch *Essay* aus dem Jahre 1853. Obwohl angetrieben aus religiösen Überzeugungen, waren seine Argumente hauptsächlich philosophischer und wissenschaftlicher Natur. Durch seine wissenschaftliche Reputation und seine klare Argumentation gelang ihm der erste harte Schlag gegen die einheitliche und dominierende Front der Pluralisten. Er zielte mit seiner Attacke jedoch weniger auf die Wissenschaftler und Materialisten unter ihnen, als vielmehr auf die Theologen, die den Pluralismus bereits tief in sich aufgesogen hatten und ihn nahezu als Doktrin verstanden. Über viele Dekaden hinweg war der Pluralismus bis dahin in Schulen unterrichtet und von Kanzeln gepredigt worden und Gemeingut in einer Vielzahl von astronomischen bis religiösen Büchern geworden.

Sein Buch *Essay* löste eine ungeahnt heftige Diskussion in Fachkreisen aus, die erst durch Darwins *Ursprung der Arten* im Jahre 1859 übertroffen und abgelöst wurde. 20 Bücher und mehr als 50 Artikel erschienen im Zuge dieses Streites, wovon etwa zwei Drittel den Pluralismus verteidigten, unter den Wissenschaftlern sogar 83 Prozent. Dies zeigt, wie tief die Überzeugung, es gäbe außerirdisches Leben, bereits Einzug in die Wissenschaften und die breite Öffentlichkeit gefunden hatte. Obwohl keiner der Streiter, welcher Seite auch immer, sich durch die Diskussionen konvertieren ließ, so bleibt doch festzuhalten, daß diese heftige und breitgefächerte Diskussion verhinderte, daß, wie Herschel es ausdrückte, »in den folgenden Jahren die Doktrin Pluralismus nicht zum Dogma kristallisierte«. Der Grund für diesen enormen Erfolg Whewells lag wohl darin (wie Michael Crowe 1986 in seinem zeitgeschichtlichen Werk zu diesem Thema bemerkt), daß die Menschen mit dem aufklärerischen Denken und im speziellen mit dem erfolgreichen Verständnis der natürlichen Evolution durch Darwins Theorie mehr und mehr zu der Einsicht gelangten, daß theologische Ansätze zur Erklärung unserer Fragen an die Natur allein nicht ausreichen und daß Gottes Absichten, warum er die Welt so und nicht anders geschaffen habe, nur sehr schwer, wenn nicht gar unmöglich ergründbar sind.

1.4 Die Legende von den Mond- und Marsmenschen

Mit der Zeit wurde das Thema »außerirdisches Leben« auch in der Astronomie salonfähig, nicht nur in wissenschaftlichen Zeitschriften, sondern auch in Universitätsvorlesungen. Während im 17. Jahrhundert noch solcherlei Themen als Spekulationen am Rande seriöser Wissenschaft galten, vollzog sich im Laufe des 18. Jahrhunderts und zunehmend im 19. Jahrhundert eine zunehmende Popularisierung dieser Vorstellungen in der breiten Öffentlichkeit und den Wissenschaften. Diese Popularisierung erfaßte selbst Vertreter der Kirche. Einer der prominentesten Vertreter zu Beginn des 19. Jahrhunderts war sicherlich Thomas Dick (1774 – 1857), Pfarrer einer kleinen Kirche in Schottland. Sowohl von der Wissenschaft als auch vom Glauben angetan schrieb er mehrere Bücher, die alle den Pluralismus zum Thema hatten. In seinem Buch *Philosophy of a Future State* (»Philosophie über einen zukünftigen Staat«) macht er als erster genaue Angaben über die Anzahl bewohnter Welten in unserem Universum: Weil wir 80 Millionen Sterne sehen können, so seine Argumentation, und jeden wenigstens 30 Planeten und Monde umkreisen, muß es 2 400 000 000 bewohnte Welten geben. In *Celestial Scenery* (»Himmlische Landschaften«) widmete er das achte Kapitel vollständig einer Beschreibung des Himmels vom Mars, von den Asteroiden, vom Jupiter und anderen Planeten aus betrachtet. Ausgehend von der Bevölkerungsdichte Englands und der Vernachlässigung

Merkur	8 960 000 000
Venus	53 500 000 000
Mars	15 500 000 000
Vesta	64 000 000
Juno	1 786 000 000
Ceres	2 319 962 400
Pallas	4 000 000 000
Jupiter	6 967 520 000 000
Saturn	5 488 000 000 000
Saturns äußerer Ring Saturns innerer Ring Ränder der Ringe	8 141 963 826 080
Uranus	1 077 568 800 000
Mond	4 200 000 000
Jupiters Monde	26 673 000 000
Saturns Monde	55 417 824 000
Uranus' Monde	47 500 992 000
Insgesamt	21 891 974 404 480

möglicher Meere erstellte er erstmals eine Tabelle, in der er die Bevölkerungszahlen all dieser Körper des Sonnensystems angab (siehe Tabelle S. 38).

Damit vermutete er auf allen Körpern des Sonnensystems (außer auf dem Asteroiden Vesta) eine größere Bevölkerung als auf der Erde. Die gesamte Bevölkerung des sichtbaren Universums gab er als 60 573 000 000 000 000 000 000 = 60,573 Trilliarden Wesen an.

Der Höhepunkt im öffentlichen Interesse am vermeintlichen Leben auf dem Mond war erreicht, als im Jahre 1835 in den Vereinigten Staaten in der angesehenen New York Sun in mehreren aufeinanderfolgenden Ausgaben in breiten Artikeln von der »größten Entdeckung« berichtet wurde. Die täglichen Auflagen mit über 19 000 Exemplaren waren innerhalb kürzester Zeit ausverkauft und auch spätere Nachdrucke der Artikelserie mit nochmals 60 000 Kopien fanden ihre Leser.

Die Berichte waren in der Tat sensationell. Zitiert wurde eine Fachveröffentlichung von Sir John Herschel, dem damals ebenso berühmten Sohn des großen Astronomen Sir William Herschel, und seinen Kollegen, die über Beobachtungen von seinem Observatorium vom Kap der Guten Hoffnung berichtete. Mit angeblich völlig neuen Teleskopen und Methoden wollte Herschel endgültig die Frage nach Leben auf dem Mond geklärt haben. In der Ausgabe vom 25. August las man von einem Wesen ähnlich dem irdischen Bison, das jedoch »... ein sehr besonderes Merkmal aufweist, das sich später als ganz gewöhnlich unter allen von uns entdeckten Vierfüßlern des Mondes herausstellte, nämlich eine bemerkenswerte fleischige, lappenartige Ausstülpung über dem Auge, quer über die gesamte Stirn in die Ohren übergehend. Wir konnten diesen haarigen Vorhang ganz eindeutig erkennen, ... Dr. Herschel kam es sofort in den Sinn, daß dies eine sinnvolle Einrichtung sei, um die Augen der Tiere vor den Extremen zwischen starkem Sonnenlicht und der Dunkelheit, denen alle Bewohner diesseits des Mondes regelmäßig ausgesetzt sind, zu schützen.«

Die Verwunderung der Leser nahm zu, als sie von einem bärtigen, ziegenähnlichen Wesen mit nur einem Horn vernahmen. Und bevor der Bericht mit einem untergehenden Mond endete, konnten bemerkenswerte Vögel und Fische beobachtet werden. Endlich in der Ausgabe vom 28. August erschienen Berichte über die lange erhofften intelligenten Wesen auf dem Mond. Herschel und seine Kollegen sahen Gruppen von Kreaturen, die

»...im Mittel 4 Fuß (etwa 120 cm) groß waren, bedeckt außer im Gesicht mit kurzem, glänzendem, kupferfarbenem Haar und ausgestattet mit Flügeln, bestehend aus einer dünnen Membran, ohne Haare, die dicht auf ihrem Rücken auflagen, von der Spitze ihrer Schultern bis hinunter zu den Gelenken ihrer Beine. Das Gesicht, das gelblich fleischfarben war, war ein leichter Fortschritt im Vergleich zum Orang-Utan, offener und intelligenter in seinem Ausdruck und mit einer weiter hervorstehenden Stirn. ...Im allgemeinen war die Symmetrie des Körpers und der Gliedmaßen denen des Orang-Utan unendlich überlegen.«

Die Autoren ließen an deren Intelligenz keinen Zweifel, weil beobachtet wurde, wie sie »... offensichtlich in Gesprächen vertieft waren; ihre Gesten, insbesondere die verschiedenartigen Bewegungen ihrer Hände und Arme schienen leidenschaftlich und emphatisch. Daraus schlossen wir, daß es sich um rationale Wesen handelte und, obwohl nicht von so hoher biologischer Entwicklung wie die, die wir im folgenden Monat an den Küsten der Bucht der Regenbogen entdeckten, vermochten sie Kunstwerke herzustellen und Erfindungen zu machen.«

»Wir gaben ihnen den wissenschaftlichen Namen ›Vespertilio-homo‹ oder ›Menschenfledermaus‹, und sie sind zweifelsfrei unschuldige und fröhliche Wesen, trotz ihres Zeitvertreibs, der nur schlecht unserer Vorstellung von schicklichem Benehmen entspricht.«

In der letzten Ausgabe vom 29. August wurde von noch höheren Wesen berichtet und einem »universellen Zustand von Freundschaft zwischen allen Klassen von Kreaturen des Mondes«. Am Ende des Artikels erblickten sie schließlich die höchste Stufe der Menschenfledermäuse:

»Von ihrer Statur her überragen sie zwar nicht die zuvor beschriebenen, aber sie strahlen eine unendlich größere Schönheit aus und erschienen uns kaum weniger liebenswert als die üblichen Darstellungen von Engeln der mehr phantasiebegabten Maler.«

Diese erstaunlichen Beschreibungen wurde landesweit in vielen anderen Zeitungen nachgedruckt, die New York Times hielt die Entdeckungen für »möglich und wahrscheinlich« und die Zeitschrift New Yorker würdigte sie als »neue Ära in der Astronomie und den Wissenschaften im allgemeinen«. Die Öffentlichkeit war davon ganz einfach hingerissen. Ein Bericht aus der Stadt New Haven an der Ostküste, dem Heimatort der berühmten Yale-Universität, beschreibt die Situation so:

»Yale war erfüllt mit überzeugten Verfechtern. Die gelehrten Studenten und Professoren, Doktoren der Theologie und Rechtswissenschaften – und alle anderen der belesenen Gemeinde – erwarteten täglich mit beispielloser Gier und unbedingtem Vertrauen die Ankunft der New Yorker Post.«

Der berühmte Schriftsteller Edgar Allan Poe berichtete später:

»Nicht eine Person unter Zehnen bezweifelte es, und (am seltsamsten von allem!) die Zweifler waren hauptsächlich solche, die zweifelten, ohne sagen zu können warum – die Ignoranten, die teilnahmslosen aus der Astronomie, Leute, die nicht glaubten, weil die Sache so neu war, so vollkommen anders als bisher. Ein ehrwürdiger Professor der Mathematik aus einem College in Virginia erzählte mir ernsthaft, daß er keinen Zweifel an der Richtigkeit der ganzen Angelegenheit habe.«

Und gemäß eines Zeitberichts soll ein Geistlicher eine Gemeindeversammlung davor gewarnt haben, daß er sie möglicherweise um Gelder angehen müsse für Bibeln für die Mondbewohner.

Der große Knall kam dann schließlich doch. Ein Reporter der Zeitung, Richard Adams Locke, ein Nachfahre des bekannten Philosophen John Locke, entpuppte sich als reuiger Autor. Er gestand zwar, die Artikel erfunden zu haben, aber – und daran bestand später kein Zweifel – ausschließlich als Satire. Er hatte nämlich im Sommer des Jahres 1835 in einer Fachzeitschrift einen Artikel des Pfarrers Thomas Dick gelesen, in dem Dick Gauß' Idee von einer immens großen geometrischen Struktur als Signal für Seleniten und Martier (Marsbewohner) zitierte. Die Absurdität dieser Idee veranlaßte ihn, so Locke, diese Satire zu schreiben. Als Herschel die fälschlicherweise ihm zugeschriebene Artikelserie gezeigt wurde, soll er angeblich gelacht haben, obwohl er sich später über die Belästigung durch die vielen ernstgemeinten Anfragen aus Europa beklagt haben soll.

Giovanni Schiaparelli, der »Entdecker« der Marskanäle.

Wie schon so oft zuvor in der menschlichen Geschichte und, wie wir noch sehen werden, auch später noch, wurde eine Satire über außerirdische Wesen als solche nicht erkannt. Den Grund faßte ein Autor, der im Jahre 1852 den Vorfall resümierte, folgendermaßen treffend zusammen: »Der Boden war in den Köpfen unserer weiseren Mitmenschen gründlich gepflügt, geeggt und gedüngt, und der Samen des Bauern Locke brachte hundertfache Früchte.«

Bis in die Mitte des 19. Jahrhunderts waren die astronomischen Beobachtungen William Herschels und die überzogenen Beschreibungen Gruithuisens die einzigen »harten Fakten« für die Existenz Außerirdischer. Mit der Zeit wurden diese »Fakten« aber durch die Feststellung einer fehlenden Mondatmosphäre überaus unglaubwürdig, und die Verfechter eines belebten Mondes gerieten in die Minderheit. Darüber hinaus basierten Vorstellungen über Leben auf anderen Planeten bis in die Mitte des 19. Jahrhunderts entweder auf reinen Phantasien, insbesondere in der belletristischen Literatur, oder auf mehr oder weniger wissenschaftlich begründeten Annahmen, jedoch nicht auf harten Fakten. Dies änderte sich schlagartig durch die Entdeckung der berühmten Marskanäle durch den Italiener Giovanni Virginio Schiaparelli (1835 – 1910). Bei der Marsopposition (bei der Mars und Erde besonders nahe zusammenkommen und bei der der Mars am besten beobachtet werden kann) im Jahre 1877 war Schiaparelli der einzige, der mit seinem Fernrohr den Mars genauer beobachtete und angeblich merkwürdige linienförmige Strukturen entdeckte, die die bis dahin bekannten »Mare« (wörtlich:

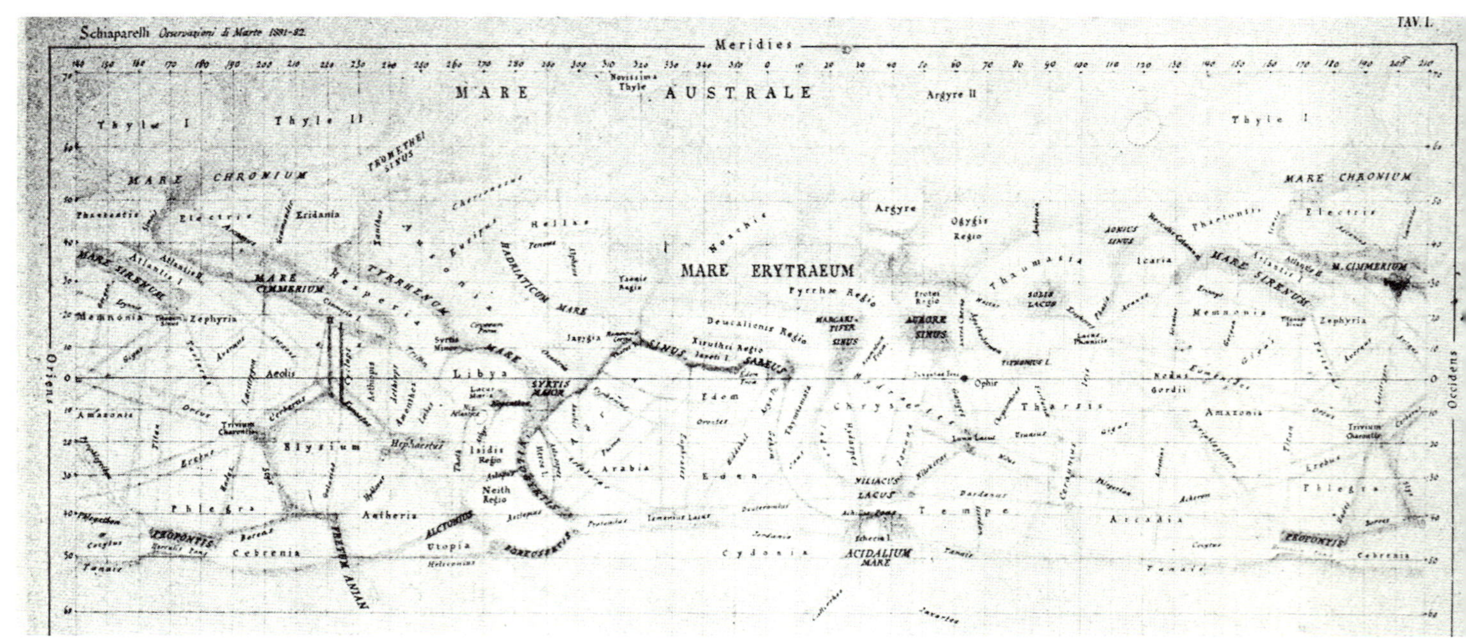

Schiaparellis »areographische« Marskarte, datiert 1881 – 1882, verzeichnet die verschiedenen Flächenstrukturen als Meere und Kanäle. Obwohl er die Kanäle zuerst als natürliche Wasserwege und Meerengen verstand, nahm auch er später an, seine »canali« seien von Marsmenschen gebaute Kanäle.

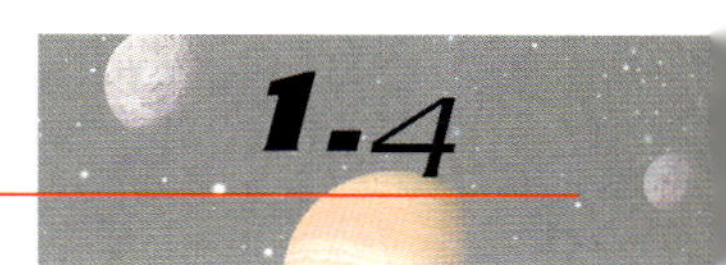

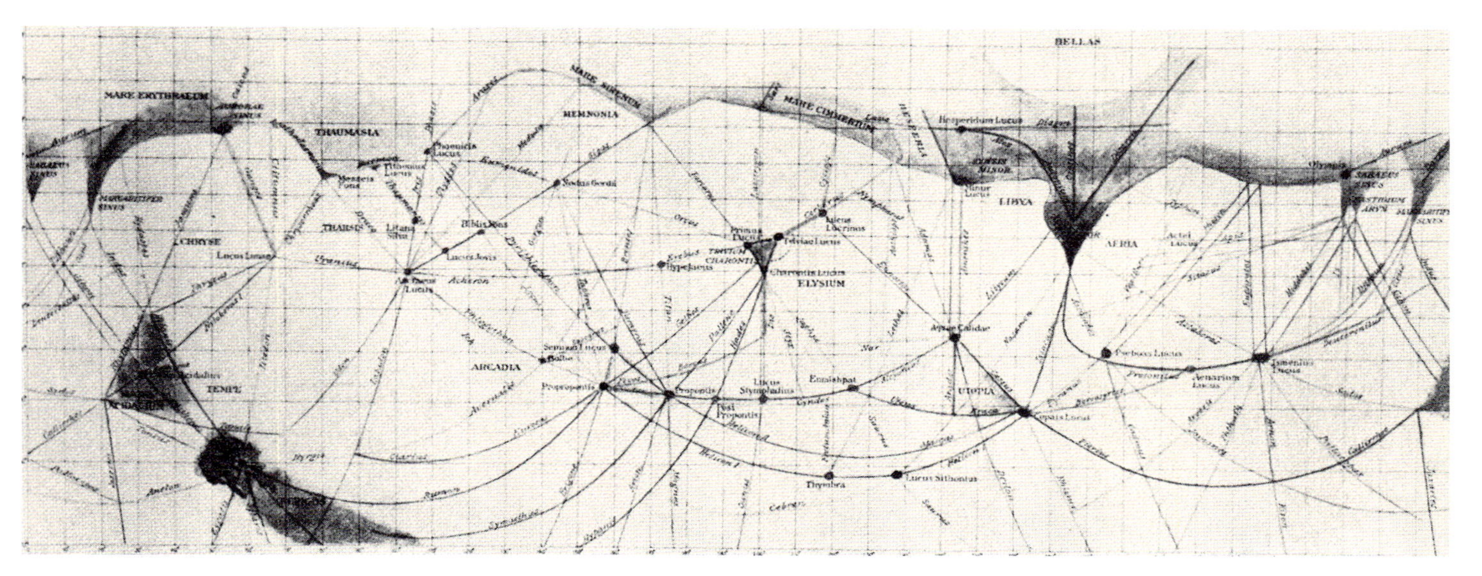

Lowells Karte vom Mars, nach Beobachtungen aus dem Jahr 1901. Lowell, von Beginn an ein Verfechter der künstlichen Marskanäle, interpretierte alle beobachteten Marsstrukturen gezielt in diese Richtung und dokumentierte so ein dichtes Netz von Kanälen.

»Meere«, obwohl sie meistenteils große Einschlagkrater sind, wie wir heute wissen, und nichts mit großen Wasserflächen gemeinsam haben) miteinander verbanden. Er hielt diese dunklen Strukturen zunächst für natürliche Objekte auf dem Mars und in der Vorstellung, daß es sich um natürliche Wasserwege oder Meeresengen zwischen den Meeren handelte, nannte er sie *»canali«*, was im Italienischen genau dies bedeutet.

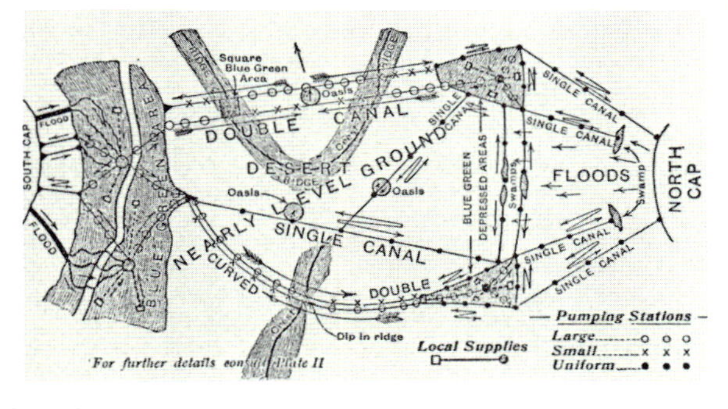

Verschiedene Zeitgenossen Lowells wurden nicht müde, die Marskarten mit den Kanälen phantasievoll auszuschmücken. Hier eine Darstellung von C. E. Housden zum »Wassertransport auf dem Mars« zwischen Nordpol (rechts) und Südpol (links). Verzeichnet sind einfache und doppelte Kanäle, große und kleine Pumpstationen, lokale Quellen und sogar einzelne Oasen.

Mit dieser Namensgebung begann die Legende von intelligenten Marsbewohnern, den Marsmenschen, auch Martier genannt. Das Wort »canali« wurde in den anderen Ländern als »Kanäle«, im Sinne künstlicher Wasserwege, übersetzt. Diese Darstellung traf den Geist der Zeit. Im Jahre 1869, also nur wenige Jahre vorher, war der Suezkanal mit einer Länge von 171 km und einem Aufwand von nach heutigem Wert umgerechnet etwa 500 Millionen DM fertiggestellt worden – die bis dahin größte Ingenieursleistung der damaligen Welt. Als Schiaparelli bei der nächsten Marsopposition im Jahre 1879 schließlich verkündete, die Kanäle würden ein ganzes Netzwerk feiner Linien bilden, war vermeintlich klar, daß es sich hierbei nur um riesige, mehrere 1 000 km lange und mindestens 70 km breite, künstliche Kanäle zwischen den Meeren handeln konnte, die in ihrer Größe den Suezkanal bei weitem übertrafen und daher nur von Martiern gebaut sein konnten, deren technische Möglichkeiten die der Erdbevölkerung entsprechend weit übertrafen. Selbst Schiaparelli, der sich bis dahin gegen eine solche Interpretation gewehrt hatte, sah aufgrund der vermeintlich strengen Kanalgeometrien keine andere Erklärung.

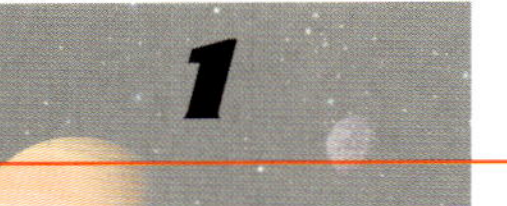

Angesteckt von der Hysterie über die Marskanäle baute der amerikanische Diplomat Percival Lowell im Jahre 1894 in Flagstaff in Arizona eigens für diesen Zweck ein Observatorium mit einem größeren Fernrohr. In der Folgezeit erschienen von seinen Mitarbeitern Tausende von Marszeichnungen mit immer genaueren Details der Kanäle. Die schließlich im Jahre 1908 dokumentierten 437 Kanäle waren alle genauestens registriert und mit Namen belegt (Lowell, P., 1908). Obwohl diese Beobachtungen von einzelnen Astronomen unterstützt wurden, stießen sie bei der Mehrheit der Wissenschaftler auf Ablehnung, da sie sich nur als vage Strukturen erkennen und sich nicht systematisch rekonstruieren ließen.

Initiiert von diesen aufregenden Neuigkeiten, von denen alle Zeitungen der zivilisierten Welt angeblich immer wieder berichteten, erschien im Jahre 1880 vom Engländer Percy Greg erstmals ein Raumfahrtroman zu diesem Thema. Das mehrbändige Werk namens *Across the Zodiac* erzählt zeitgemäß von einem Ingenieur, der einen Stoff »Apergie« erfand, welcher die Schwerkraft aufhebt und das Raumschiff so zum Mars bringt – womit das größte Problem auf seine Weise gelöst war. Nach seiner Landung auf dem Mars trifft der Ingenieur und Raumfahrer Martier, die, natürlich und ganz wie erwartet, über intelligentere Techniken als die Erdlinge verfügen, ansonsten aber dem Menschen sehr ähnlich sind, abgesehen von ihrer etwas geringeren Größe.

In den folgenden Jahren erschien eine ganze Reihe ähnlicher Romane. Mit demselben Sujet aber genau umgekehrter Erzählung errang im Jahre 1897 der deutsche Mathematikprofessor, Philosoph und Schriftsteller Kurd Laßwitz (1848 – 1910) mit seinem zweibändigen Werk *Auf zwei Planeten* (1969) Weltruhm. Auch in seinem Roman gibt es Martier, genannt Numen, die den Erdlingen sehr ähnlich sind, nur daß ihr Blut etwas wärmer ist und ihre Augen etwas stärker glänzen. Sie sind als überzeugte Kantianer uns Menschen sowohl moralisch als auch technisch überlegen. Freie Selbstbestimmung ist auf dem Mars oberste Richtlinie. Politisches Handeln ist Bürgerpflicht, Eifersucht gibt es nicht, und jeder Martier soll täglich zwei Zeitungen unterschiedlicher politischer Richtung lesen. Der Gedanke, die Martier seien den Menschen in jeder Hinsicht überlegen, war zu jener Zeit nicht gerade neu. Neu hingegen ist, daß nicht die Erdbewohner den Mars, sondern die Martier die Erde in nicht friedvoller Absicht besuchen. Sie bemächtigen sich dreier Männer auf Ballonfahrt, woraus sich eine Geschichte entspinnt, an deren Ende die Unterwerfung der Erde unter das sonnenenergiehungrige Marsvolk steht. Der Mythos einer erschreckenden Invasion vom Mars war geboren. Das Werk verkaufte sich innerhalb nur weniger Wochen 20 000mal, und bald darauf waren mehrere Hunderttausend Exemplare abgesetzt – selbst nach heutigen Maßstäben ein Bestseller.

Nur ein Jahr nach dem Erscheinen dieses »Thrillers« kam im Jahre 1898 ein ähnliches Buch des Amerikaners Herbert George Wells in London auf den Markt, das den Überfall von Martiern auf die Erde beschreibt. Sein Titel: *The War of the Worlds* (»Der Krieg der Welten«). In diesem Roman geht Wells einen Schritt weiter als Laßwitz. Ein martianisches Raumschiff landet auf der Erde zum Frontalangriff auf die Menschheit. Zwei Tage später durchbrechen ohrenbetäubende Donnerschläge, die ohne Unterbrechung mit schrecklichem Krachen aufeinanderfolgen, die Stille der Nacht. Monströse Dreifüßler, mobile Maschinen aus glitzerndem Metall, größer als mehrere Häuser, schreiten durch junge Tannen und fegen sie dabei weg. Gegliederte Stahlseile hängen ihnen an den Seiten herunter und ihre Arme sind gleich langen, flexiblen und glänzenden Tentakeln. Der ohrenbetäubende Lärm ihres Ganges mischt sich mit dem Dröhnen des Donners. Sie bewegen sich in wilden Sprüngen vorwärts, indem sie, sich um sich selbst drehend, ein Bein vor das andere setzen. Diese brachialische Invasion untermalt mit detaillierten Bildern machte Wells' Roman erfolgreich und genauso wie Laßwitz' Roman erlebte er viele Auflagen.

In der Zeit von 1900 bis 1914 blühte das Thema Mars in der Science-fiction-Literatur weiter auf. Aus dieser Zeit stammen auch die unvergeßlichen grünen Marsmännchen, die erstmals im elf Bände umfassenden Marszyklus von Edgar Rice Burroughs die Bühne des Mars betraten. Burroughs' Martier sind fünf Meter groß, haben Antennen statt Ohren, einen Spalt statt einer Nase, Augen an der Seite des Schädels – und eben eine grüne Haut.

Vor dem Zweiten Weltkrieg erschienen in Wellsscher Tradition die Martier oftmals brutaler, unmenschlicher und eroberungswütiger als die Menschen. Diese Vorstellung erhielt eine neue Dimension durch ein Hörspiel des für seine Späße bekannten und späteren Regisseurs Orson Welles. Das Hörspiel, dem der Roman *Der Krieg der Welten* von Wells als Vorlage diente, wurde am Sonntag, den 30. Oktober 1938, dem Vorabend des amerikanischen Festes *Halloween* (Geisternacht), ohne Vorankündigung inszeniert und ausgestrahlt. In dem Hörspiel, das er in einer Art Live-Dokumentation verfaßte, gab er vor, daß Marsmenschen auf der Erde in Grovers Mill, einem kleinen Ort im amerikanischen Bundesstaat New Jersey, gelandet und sie nicht mehr aufzuhalten wären. In Anlehnung an Wells' Roman steckten die widerlich fremden Wesen in gepanzerten Kammern hoch über dem Boden auf stelzenartigen, stählernen Beinen. Einheiten der Armee, die sie mit Geschützen vernichten wollten, fanden in einem Feuerstrahl ein jähes Ende. Die Bewohner ganzer Ortschaften starben in giftigen, schwarzen, von den Martiern abgefeuerten Rauchschwaden. Diese Kriegsmaschinen mit ihren Vernichtungswaffen bewegten sich angeblich so rasch wie ein

Eilzug. In Anlehnung an eine fesselnde Reportage über die Menschenpanik, die ein Jahr zuvor in Lakehurst ausgebrochen war, als der deutsche Zeppelin bei der Landung in Flammen aufging und in deren Verlauf die Tränen des Reporters seine Stimme erstickten, beschrieb und »interviewte« Orson Welles Menschen, die daraufhin in Hysterie ihre Wohnungen verließen. Dies wiederum führte in der amerikanischen Bevölkerung an der Ostküste, von denen 32 Millionen vor dem Rundfunkgerät saßen, zu einer Panik. Tausende von Hörern nahmen diesen Bericht für bare Münze und flüchteten mit Autos, zu Fuß und auf Fahrrädern, mißachteten Verkehrsregeln und rauften sich um die öffentlichen Telefone, um die Polizei, Zeitungen und Rundfunkstationen anzurufen. Ein Mann in Pittsburgh fand seine Frau im Badezimmer mit einer Flasche Gift und den Worten »lieber sterbe ich«. Erst als die Martier angeblich an für uns harmlosen, für sie aber tödlichen Bakterien massenweise starben, dämmerte es vielen, daß sie einem Hörspiel aufgesessen waren.

Wenn es noch eines Beweises bedurfte, daß die Menschen an Außerirdische glaubten – und ebenso noch heute glauben , dann war er hiermit ein für allemal erbracht. Diese Zuspitzung der Ereignisse, die ja auf die unglückliche Übersetzung der *»canali«* des Astronomen Schiaparelli im Jahre 1877 und den daraus erwachsenen Visionen von überlegenen Martiern zurückgingen, ist um so tragischer, als die angeblichen Marskanäle, die über all die Jahrzehnte von Schiaparelli und im weit größeren Maße noch von Lowell akribisch beschrieben und dokumentiert wurden, sich später als Hirngespinste herausstellten. Es waren optische Illusionen, gerade Linien erzeugt durch menschliche Vorstellungskraft, mit der man versucht, schwächste Strukturen durch gerade Linien zu verbinden, geradeso wie wenn man bei Nacht Schattenumrisse als unheimliche Tiere oder Wesen interpretiert. Dieser Tücke menschlicher Denkleistung erlag später noch manch anderer Wissenschaftler bei der vermeintlichen Beobachtung neuer Naturvorgänge (Langmuir, I., 1989).

1.5 ...und die Moral von der Geschicht´?

Zusammenfassend läßt sich also feststellen, daß im 19. Jahrhundert die Vorstellung bewohnter Planeten und »vieler Welten«, also des Pluralismus, sowohl in fachlichen Kreisen als auch innerhalb der Bevölkerung eine weite gesellschaftliche Verbreitung fand, wahrscheinlich weit mehr als heute. Jedoch relativierte sich dabei Voltaires frühere radikale Denkweise bezüglich vollkommen anders gearteter Wesen auf anderen Sternen. Mit neuen chemischen Erkenntnissen, nach denen alle Planeten unseres Sonnensystems aus genau denselben chemischen Zusammensetzungen bestehen sollten wie unsere Erde, und auch die Venus eine der Erde vergleichbare Atmosphäre trägt, verbreitete sich die Meinung, daß die Erde ein absolut typischer Planet im Universum ist, der um einen ebenso typischen Zentralstern, unsere Sonne, kreist. Und wenn dieser so typische Planet Leben trägt, dann muß es anderswo im Universum ein der Biologie der Erde und insbesondere dem Menschen ähnliches Leben im Überfluß geben. Die Verbreitung dieses Gedankengutes spiegelte sich nicht nur in den bisher besprochenen Fällen und der mit ihnen einhergehenden belletristischen Literatur wider, wie in Flammarions *Bewohnte Welten*, welches ungeheure Verbreitung fand, oder die viel gelesenen Romane von Jules Verne wie *Reise um den Mond* (1969), sondern auch in vielen Tausenden (Crowe, M., 1986, S. xiii) von Veröffentlichungen in Streitschriften, Groschenblättern und gediegenen Zeitschriften, in Predigten und Bibelkommentaren, in Gedichten und Dramen, ja sogar in einem Kirchenlied und auf Grabsteinen. Selbst Schriften großer Literaten wie Herder, Goethe und Chambers hatten dieses Thema zum Inhalt. Aber auch vor dieser Zeit waren die Spekulationen über dieses Thema stets Gegenstand der Literatur. Der Historiker Michael Crowe wies nach, daß zwischen der griechischen Antike und dem Jahre 1917 mehr als 140 Bücher zu diesem Thema erschienen sind (1986, S. xiii, S. 547).

Camille Flammarion (links) und Percival Lowell (rechts), zwei berühmte Astronomen, die an bewohnte Welten glaubten. Das Foto entstand im Jahre 1908.

Die christliche Kirche und insbesondere später die katholische Kirche standen den optimistischen Vorstellungen über andere bewohnte Welten im allgemeinen abwehrend gegenüber (Davis, P., 1996). Selbst der Protestant Kepler wies früh auf die theologischen Gefahren der Idee fremder Welten hin: »Wenn es Himmelskörper ähnlich der Erde gibt ..., wie können dann alle Dinge nur für den Menschen da sein? Wie kann uns die Natur untertan sein?« Andererseits, so möchte man nach damaligem Denken entgegnen, wenn das Universum ausschließlich für uns Menschen erschaffen wäre, was wäre dann der Sinne der unermeßlichen Anzahl von Sternen im Universum?

Die Verdammung der These »... der Erste Grund (Gott) könne nicht viele Welten schaffen« durch den Bischof Etienne Tempier im Jahre 1277 und die sich auch in theologischen Kreisen daran anschließende Wende zur Annahme vieler Welten führte an anderer Stelle zu einem Konflikt, der erstmals im 15. Jahrhundert vom französischen Scholastiker William Vorilong angesprochen wurde:

»Wenn man sich fragt, ob Menschen auf jenen Welten existieren und ob sie gesündigt haben wie Adam sündigte, so antworte ich ›Nein‹. Denn sie würden nicht in Sünde leben, (weil sie) nicht von Adam abstammen. ...Hinsichtlich der Frage, ob Christus durch seinen Tod auf Erden die Einwohner anderer Welten erlösen könnte, antworte ich, daß er das zwar tun könnte, selbst wenn es unendlich viele Welten gäbe, aber es wäre Ihm nicht angemessen, auf einer anderen Welt zu erscheinen, auf daß er dort erneut sterbe.«

Der Kosmologe E. A. Milne beschrieb in seinem 1952 veröffentlichten Buch *Modern Cosmology and the Christian Idea of God* (»Moderne Kosmologie und die christliche Idee von Gott«) die gesamte Tragweite dieses ernsten Problems für die Christen, wenn es denn außerirdische Welten gäbe. Die Menschwerdung Gottes durch Christus und dessen schmerzlicher Tod am Kreuze sind für alle Christen einzigartige Zeichen, daß Gott die von ihm geschaffenen Menschen liebt und deren Sünden auf sich nimmt – eben bis hin zum Tod am Kreuze. Was aber ist, wenn es viele Welten mit Wesen gäbe, die ohne Zweifel auch seiner Schöpfung entsprängen? Müßte er dieses Kreuz dafür mehrmals auf sich nehmen? Und was wäre, wenn – wie es die gängige Kosmologie für möglich hält – unser Universum unendlich groß wäre und unendlich viele Planeten und dann sicherlich auch unendlich viele Welten besäße? Würde Gottes Sohn ständig und überall den Stellvertretertod erleiden? Und als weltlich und faßlich gewordene Gestalt, müßte es dann statt nur eines Christus nicht dessen viele geben? Wäre das Dogma der Dreifaltigkeit Gottes gar unzutreffend oder wenigstens unzureichend bei so vielen Verkörperungen Gottes? Dieser gnadenlosen Logik folgend ließ sich einer von ihnen, den wir als Jesus kennen, vor nunmehr 2 000 Jahren auf unsere Erde hinab, während in dessen 30jähriger Schaffenszeit andere Söhne Gottes in anderen Welten den unabänderlich vorgezeichneten Weg gleichfalls gingen – nicht nur damals, sondern auch heute und in aller denkbaren Zukunft.

Dieser Gedanke erfüllt alle Christen mit Grausen. Die Alternative, man könne mit moderner Kommunikationstechnologie in Zukunft das Wissen einer Inkarnation auf Erden zu den benachbarten Welten übermitteln und so die Einzigartigkeit der Menschwerdung Gottes auf Erden erhalten, stößt bei der konservativen Kirche verständlicherweise nicht auf viel Gegenliebe. Aber ist sich die Kirche im klaren, welche Komplikationen sich ergäben, wenn das Christentum die Vorstellung einer vielfachen Inkarnation Gottes und seines Stellvertretertodes, mit welcher Begründung auch immer, akzeptieren würde? Wenn, wie die kommenden Kapitel dieses Buches zeigen werden, in ferner oder auch nicht

mehr so ferner Zukunft wir Menschen unsere Milchstraße besiedeln werden und dabei auf andere Welten träfen, denen sich Gott noch nicht in seiner Menschwerdung offenbart hätte, dann könnten und würden wir diese von den genauen Einzelheiten des zukünftigen Wirkens Jesu natürlich unterrichten. Sollte sich dann aber Gott durch die Niederkunft seines Sohnes irgendwann tatsächlich dieser Welt annehmen, wie sollten die nun Wissenden reagieren? Können sie wissenden und sehenden Auges dieses Leid an ihm vollziehen? Nicht nur einer, sie alle wären Judas! Aber umgekehrt, würden sie ihm den Tod ersparen, dann könnte Gott nie sein Heil an dieser Welt vollbringen. Gibt es einen Ausweg aus dieser hoffnungslosen Situation? Jeder, der glaubt, diese Situation sei unwirklich, weil es niemals intergalaktische Raumflüge geben wird, sei darauf verwiesen, daß für dieses Szenario allein die Information über das Wirken Jesu auf Erden genügt. Was hindert zukünftige Generationen daran, das neutestamentliche Wissen in die Tiefen des Alls hinauszuposaunen? Würde Gott dann ausnahmsweise in die freie Willkür des Menschen eingreifen, um das daraus sich entwickelnde und von ihm sicherlich unerwünschte Paradox zu unterbinden?

Fragen über Fragen, die der Antwort harren und denen sich der Vatikan wohl bewußt ist. Inzwischen läßt man dort untersuchen, welche Bedeutung die Entdeckung außerirdischer Intelligenzen und der Kontakt mit ihnen für das Christentum hätte.

Nach diesem Diskurs über die religiösen Konsequenzen außerirdischen Lebens wenden wir uns nun einigen logischen Überlegungen zu den Argumenten der ETI-Pluralisten zu. Die Frage, ob und wie auf einem anderen Planeten, wie dem Mars, andere Lebewesen entstehen konnten, stellte sich bei der Hysterie um Marsmenschen noch nicht. Es gab Menschen auf der Erde, weshalb sollte es keine menschenähnlichen Lebewesen auf dem Mars geben? Und wenn es welche auf dem Mars geben könnte, warum sollten dann nicht überall im Universum auf den nahezu unendlich vielen Sternen menschenähnliche Zivilisationen auf erdähnlichen Planeten leben?

Gerade eben dieses Argument hat die Menschen bisher am meisten dazu verleitet, einen pluralistischen Standpunkt zur Frage nach ETIs einzunehmen. Denn seit den ersten Tagen der wissenschaftlichen Aufklärung, die im 13. Jahrhundert mit der Wiederentdeckung des atomistischen Gedankengutes der frühzeitlichen Griechen begann, herrschte die Auffassung eines Universums mit vielen Zivilisationen vor. So eingängig dieses Argument auch sein mag, es kann schlichtweg falsch sein. Denn die Existenz einer sehr, sehr großen Anzahl von erdähnlichen Planeten allein reicht nicht, eine Vielzahl von ETIs zu begründen. Tendiert nämlich die Wahrscheinlichkeit des Auftretens einer Zivilisation zu-

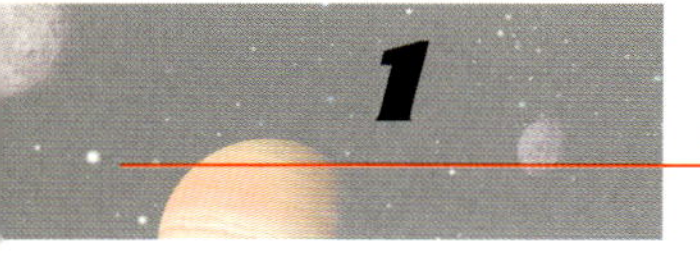

gleich gegen Null – und gerade dafür spricht zur Zeit vieles – dann bleibt nach wie vor alles offen oder kann gar zum gegenteiligen Ergebnis führen. Frank W. Cousins veranschaulichte den logischen Makel dieses pluralistischen Arguments an einem bekannt gewordenen Beispiel (Cousins, F. W., 1972): Ließe man einen Affen nur lange genug an einer Schreibmaschine schreiben, dann würde er nach sehr, sehr langer Zeit, um genau zu sein nach ungefähr $10^{460\,000}$ Sekunden, einmal Shakespeares *Hamlet* verfaßt haben. Mit anderen Worten, wenn man nur lange genug wartet, werden alle möglichen großen literarischen Werke irgendwann einmal geschrieben und das überall im Universum, wo eine Schreibmaschine existiert. Man wird sich jedoch schnell davon überzeugen, daß dies zwar im Prinzip möglich ist, jedoch praktisch nie passieren wird. Denn würde man auf den 10^{22} Sternen des für uns sichtbaren Universums jeweils etwa zehn erdähnliche Planeten, bewohnt mit jeweils zehn Milliarden (entspricht der Erdbevölkerung) schreibenden Affen, annehmen und sie seit der Entstehung unseres Universums vor 15 Milliarden Jahren ununterbrochen Maschine schreiben lassen, dann wären seitdem lediglich $5 \cdot 10^{50}$ Schreibsekunden zusammengekommen, unvergleichlich wenig zu den notwendigen $10^{460\,000}$ Sekunden. Hamlet würde also in unserem Universum praktisch nirgendwo jemals geschrieben.

Was jedoch unserer Erfahrung, daß es nämlich auf der Erde dennoch geschrieben wurde, nicht im geringsten widerspricht. Denn jedermann wird zustimmen, daß die Zeit, ein großes literarisches Werk zu verfassen, sich drastisch reduziert, wenn man einen Affen durch einen geistig vermögenden Schriftsteller ersetzt, und zweitens wird es sehr, sehr viele große Werke geben, von denen bis heute nur sehr wenige, darunter auch *Hamlet*, geschrieben wurden, und von denen in den kommenden Jahrmilliarden sicherlich noch sehr viele verfaßt werden. Mit anderen Worten, *Hamlet* wird aller Voraussicht nach in der Historie des Universums nur einmal verfaßt werden, dafür werden aber hier und da andere große Werke aus der schier unerschöpflich großen Anzahl großartiger Werke entstehen, die wiederum einmalig sein werden. Die Unwahrscheinlichkeit der Schaffung eines großen Werkes widerspricht also keineswegs der Tatsache, daß es wenigstens einmal (jedoch auch nicht öfter) geschaffen wird. Und genau diese Erkenntnis könnte der Grund dafür sein, warum es trotz der enorm großen Zahl von Sternen in unserem Universum das große Schöpfungswerk Leben einmal und genau nur einmal gibt.

Andere geläufige Irrtümer betreffen das falsche Verständnis der Bedeutung einer notwendigen und einer hinreichenden Bedingung. So ist die beobachtete Existenz einer Atmosphäre auf der Venus lediglich eine *notwendige* Bedingung für ein organisches Leben dort, was bedeutet, mit der Atmosphäre kann dort Leben entstehen[6]. Weil aber für Leben noch viele andere Bedingungen erfüllt sein müssen – zum Beispiel darf die Temperatur in der Atmosphäre nicht über 100 °C liegen (was auf der Venus nicht der Fall ist), weil sonst das Wasser vollständig verdampft – ist die Existenz der Atmosphäre allein keine hinreichende Bedingung, was bedeutet, daß aus der Anwesenheit von Atmosphäre nicht organisches Leben entstehen muß. Zu oft ist aber in der Vergangenheit von der Beobachtung lebensnotwendiger Bedingungen fälschlicherweise auf die unumgängliche Existenz von Leben geschlossen worden.

[6] Die Begriffe »notwendige Bedingung« und »hinreichende Bedingung« sind der mathematischen Logik entlehnt und sind umgangssprachlich etwas irreführend. Angenommen, es gibt zwei Aussagen A und B, wobei aus Aussage A die Aussage B folgt (Beispiel. Aussage A: Ich habe Fieber. Aussage B: Ich bin krank). Dann sagt man, A ist eine »hinreichende« Bedingung für B. Also: Wenn A gilt, dann muß notwendig auch B gelten. Umgekehrt folgt aber aus B nicht unbedingt A: Wenn B gilt, dann kann auch A gelten, muß aber nicht (wenn ich krank bin, folgt daraus nicht unbedingt, daß ich Fieber habe). Man sagt dann, B ist eine »notwendige« Bedingung für A.

Eine besonders beliebte, jedoch unzulässige Argumentation, die auch anderswo in unserem Leben oft anzutreffen ist, betrifft den unzulässigen Umkehrschluß. Ein Beispiel: Aus der Existenz von intelligentem Leben auf dem Mars folgt, daß man von der Erde aus ungewöhnliche Lichterscheinungen auf dem Mars sehen könnte. Der Umkehrschluß, aus der Beobachtung von ungewöhnlichen Lichterscheinungen sei auf die Existenz von Martiern zu schließen, ist jedoch im allgemeinen nicht richtig. Es könnten nämlich auch andere Ursachen für die Lichterscheinungen verantwortlich sein.

Unzulässige, weil oft ideologisch geprägte Umkehrschlüsse findet man aber auch heute zuhauf. Aus der Beobachtung auch noch so ungewöhnlicher Lichterscheinungen am irdischen Himmel folgt nicht unbedingt die Existenz außerirdischer Wesen, obwohl heutzutage UFOs (unbekannte Flugobjekte, mehr bedeutet dies nicht) eigentlich immer mit ETIs gleichgesetzt werden. Tatsächlich wird eine Analyse von UFO-Fällen in Kapitel 3 zeigen, daß weniger als fünf Prozent aller berichteten UFOs *vielleicht* ETIs *sein könnten*. Nicht viel anders steht es mit übersinnlichen Erscheinungen oder astrologischen Erkenntnissen. Stimmen die Charaktereigenschaften eines Menschen mit den astrologischen Aussagen überein, dann bedeutet das nicht zwangsläufig, daß unsere Charaktere von kosmischen Einflüssen geprägt sind. (Das Gegenteil kann aber auch nicht bewiesen werden.) Bekanntermaßen hat unter anderem das familiäre oder allgemein das soziale Umfeld darauf einen starken Einfluß.

Die Erfahrung im Leben und ebenso das Verhalten der ETI-Pluralisten (und übrigens auch die der honorigen Verfechter wissenschaftlicher Theorien) zeigen aber, daß solcherart Gegenbeispiele nicht dazu führen, daß eine Theorie oder Meinung deswegen verworfen wird, sondern entweder ignorieren die Befürworter diese Fälle oder sie versuchen bestenfalls, ihre Argumente so lange zu verbiegen, bis sie vielleicht doch irgendwie passen. Der große Physiker und Nobelpreisträger Max

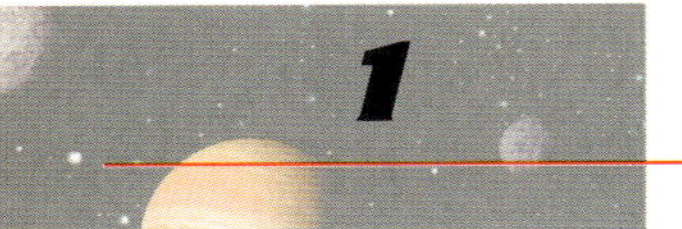

Planck faßte diese Erkenntnis einmal treffend zusammen: »Anhänger falscher Theorien werden nicht überzeugt, sondern das Problem findet eine ganz natürliche Lösung – sie sterben einfach aus.«

Diese Beispiele mögen für einige wichtige der insgesamt sieben oder vielleicht noch mehr grundsätzlichen Trugschlüsse stehen, denen die ETI-Pluralisten in der Vergangenheit erlegen und die alle in einem Artikel von Ernan McMullin (1980) systematisch aufgeschlüsselt und analysiert worden sind.

Solche Einsichten liegen jedoch nicht einfach und offensichtlich auf der Hand, sondern im Gegenteil, sie widersprechen üblicherweise menschlicher Intuition. Dies hat dazu geführt, daß sich über die Jahrhunderte an den falschen Argumenten und Schlußfolgerungen nichts geändert hat und aller Voraussicht nach auch nichts ändern wird. Nur so ist zu verstehen, daß gemäß einer Umfrage auch heute 52 Prozent aller Deutschen an außerirdische Lebewesen und UFOs glauben. In den Vereinigten Staaten glauben sogar 57 Prozent der Bevölkerung, an UFOs (womit sie ETIs meinen) sei etwas dran (Sheaffer, R., 1981). Bei den unter 30jährigen waren es sogar 70 Prozent. Diese Zahlen spiegeln die ungebrochene populäre Meinung wider, das Universum sei so enorm groß, daß es doch unwahrscheinlich wäre, wenn wir Menschen die einzigen Wesen im Universum wären. Dies gebiete allein der gesunde Menschenverstand. Wir haben gesehen, daß die Logik der Argumentation falsch ist, aber die Aussage richtig wie falsch sein kann. Die weiteren Kapitel werden zeigen, ob diese populäre Meinung trotz allem recht behält.

2 Was ist intelligentes Leben?

2 Was ist intelligentes Leben?

»Was also ist Leben?
Wenn mich niemand danach fragt, weiß ich es.
Will ich es einem Fragenden erklären,
weiß ich es nicht mehr.«

Kirchenvater Augustinus (354 – 430) über die Zeit,
hier abgewandelt auf die Frage des Lebens

Intelligentes Leben. Was ist Leben? Was ist Intelligenz? Bevor wir uns Gedanken über die mögliche Existenz außerirdischer intelligenter Lebensformen machen, sollten diese beiden Fragen hinreichend beantwortet sein. Ohne befriedigende Antworten, ohne eine präzise Vorstellung von dem, was wir unter Leben und Intelligenz verstehen, können wir schließlich keine genaue Aussage darüber machen, *ob* es solche gibt. Und auch dabei gilt es erst einen Schritt vor den logisch nächsten zu tun. Also zunächst: Was ist Leben?

2.1 Was ist Leben?

Eine eingehende, multidisziplinäre Beantwortung der Frage »Was ist Leben?« begann 1943 mit einer aufsehenerregenden Vortragsreihe des überragenden Physikers Schrödinger am Trinity College in Dublin und wurde dort genau 50 Jahre später zu Schrödingers Ehren von Naturwissenschaftlern jeder Couleur im Lichte weitergehender Erkenntnisse neu erörtert. Aber so einfach die Frage im ersten Moment, in dem sie gestellt wird, klingt, um so schwieriger wird es im zweiten, detailliert zu erläutern, was Leben wirklich ausmacht. In der Tat, je mehr man darüber nachdenkt, um so diffuser wird das Bild vom Leben, und tatsächlich gibt es bis heute keine allgemein akzeptierte Definition von Leben. Selbst unter Wissenschaftlern gibt es viele verschiedene Arbeitshypothesen, die sich in ihrem Denkansatz teilweise sehr kraß unterscheiden. Hier einige der verbreitetsten Ansichten:

- **Leben ist alles das, was Nahrung aufnimmt, verdaut und wieder ausscheidet.**
  Dies war die erste Definition der Biologen früherer Jahrhunderte, noch bevor die molekulare Basis organischen Lebens bekannt war. Aber gemäß dieser Definition wären ein Auto oder eine Kerzenflamme ebenfalls Lebewesen. Ein Auto nimmt Benzin auf, verdaut, genauer, verbrennt es und scheidet die Endprodukte über den Auspuff wieder aus. Nicht viel anders eine Kerze.

- **Leben ist ein System, das autonom operiert, das mit einer Absicht konstruiert ist und in diesem Sinne zielgerichtet tätig wird, und das durch Reproduktion keine wesentlichen Veränderungen eingeht (Monod, J., 1971).**
  Diese mehr mechanistisch orientierte Definition des Biochemikers Monod leidet darunter, daß sich Autonomie und zielgerichtetes Handeln nicht genug präzisieren lassen. Ist ein Mensch, der lebenswichtige Aminosäuren und Vitamine nicht selbst erzeugen kann, autonom im Gegensatz zu einem Bakterium, das dies kann? Ist damit ein Bakterium ein Lebewesen und demgegenüber ein Mensch nicht?

- **Leben ist ein potentiell selbstwährendes offenes System mit gegenseitig abhängigen organischen Reaktionen, die schrittweise und nahezu isotherm durch komplexe und spezifisch organische Katalysatoren ablaufen, die ihrerseits vom System produziert werden (Bernal, J. D., 1965).**
  Dies ist eine ausgeklügelte Definition von Biologen aus der ersten Hälfte unseres Jahrhunderts. Das Wort potentiell wurde später hinzugefügt, um auch Samen und Sporen als Formen des Lebens einzuschließen, obwohl bei ihnen keinerlei organische Reaktionen ablaufen müssen. Definitionen wie diese sind später wieder verworfen worden, weil sie offensichtlich zu stark auf irdische Lebensformen abzielen und dabei andere denkbare Formen außer acht lassen, also nicht allgemein genug gehalten sind.

- **Leben ist ein offenes System, das ständig thermodynamische Ungleichgewichtszustände durchläuft.**
  Dies ist eine indirekte Beschreibung von Leben auf der Basis physikalischer Erkenntnisse. Es durchlaufen aber viele physikalische Systeme thermodynamische Ungleichgewichtszustände, obwohl sie nicht das geringste mit organischem Leben zu tun haben. So befinden sich Lichtblitze oder die Ozonschicht außerhalb eines thermodynamischen Gleichgewichts, und trotzdem käme es uns nicht in den Sinn, Gewitterblitze als eine Form des Lebens zu verstehen, erst recht keine passive Ozonschicht bestehend aus voneinander unabhängigen Ozonmolekülen.

- **Leben ist die Eigenschaft eines Systems von Materieeinheiten, das in geeigneter Umwelt einen pro Zeiteinheit reduzierten Zuwachs an Entropie verursacht, also die allgemeine Entropiezunahme in der Welt verlangsamt (Laskowski, W., 1974, S. 149).**

  Diese biophysikalische Definition bezieht sich auf das Zweite Thermodynamische Gesetz der Physik, das besagt, daß in jedem in sich abgeschlossenen System die Entropie (Unordnung) monoton zunimmt. Wenn Leben eine gezielte Organisation von ansonsten ungeordneter Materie darstellt, dann erniedrigt Leben die lokale Entropie, dies aber auf Kosten der Umgebung und so im Einklang mit dem Thermodynamischen Gesetz. Der große Vorteil dieser sehr allgemein gehaltenen Definition, ist, daß sie alle denkbar möglichen Formen des Lebens zuläßt. Andererseits ist die Definition stark skalen- und prozeßabhängig. Trifft sie noch gut für das Wachstum biologischer Körper zu, so versagt sie bei ausgereiften Lebewesen. Ein erwachsener Mensch erzeugt durch seinen Metabolismus im Mittel genausoviel, wenn nicht mehr Entropie als die unbelebte Umwelt. Als weiteres Manko umfaßt die Definition, wie auch manch andere hier vorgestellte Definition, Strukturen, die man üblicherweise nicht als Lebensform einstufen würde. So wäre nach dieser Definition ein zufrierender winterlicher See (Abnahme der Entropie durch kristalline Eisbildung) auch ein Lebewesen. Die inzwischen verbreitetste Definition von Leben, die sich im wissenschaftlichen Alltag am besten bewährt hat, bislang am wenigsten Widersprüche hervorruft und auch unseren intuitiven Vorstellungen am nächsten kommt, und der wir uns aus all diesen Gründen anschließen wollen, lautet:

Ein Lebewesen ist ein System geordneter Strukturen oder eine Summe von solchen, das beziehungsweise die metabolisiert (stoffwechselt) und sich selbst endlos reproduzieren kann, einschließlich eventuell auftretender Mutationen[1].

Obwohl bewährt, ist auch sie nicht ohne Widersprüche. Nach dieser Definition wäre selbst ein einfacher Bergkristall ein Lebewesen, da er durch Kristallwachstum immer neue Atome aufnimmt und dadurch seine wohlgeordnete Kristallstruktur beliebig reproduziert. Selbst Mutationen, sogenannte Kristalldefekte, wie etwa Versetzungen, werden bekanntermaßen hier und da im Kristallgitter eingebaut und beliebig oft reproduziert, wodurch sich die Versetzungen quer über einen Kristall ausbreiten können. Aber nach unserem natürlichen intuitiven Empfinden ist ein Bergkristall kein Lebewesen. Umgekehrt gibt es uns geläufige Lebensformen, die nicht unter diese Definition fallen.

[1] Genaugenommen wäre nach dieser Definition selbst der einzelne Mensch kein Lebewesen, da er sich nicht selbst reproduzieren kann. Gemeint ist natürlich die Reproduktionsfähigkeit der Gemeinschaft einer Lebensform, zum Beispiel der Menschen, die aus vielen nicht einzeln reproduzierbaren Individuen bestehen kann.

Maulesel und Maultiere können sich nicht reproduzieren, obwohl sie sogar und zweifelsfrei höhere Lebewesen darstellen.

Oftmals wird als zusätzliches Kriterium des Lebens die Selbstheilungsmöglichkeit des Systems genannt. Bei genaueren Überlegungen scheint dies aber nur eine notwendige, keine hinreichende Bedingung (siehe Anmerkung auf S. 51) für Leben zu sein, denn einer biologischen Zelle, selbst wenn sie über keine Selbstheilungsmöglichkeiten verfügte, würden wir Leben bescheinigen bis zu dem Punkt, an dem eine irreparable Verletzung ihrem Leben ein Ende setzt. Es klingt zwar überzeugend, daß ein Organismus ohne jegliche Selbstheilungsmechanismen im täglichen Überlebenskampf sein Leben aushauchen würde, noch bevor er sich selbst reproduzieren könnte, aber im Prinzip wäre Leben auch ohne diesen Mechanismus vorstellbar.

Darüber hinaus besitzt selbst unser Bergkristall Selbstheilungseigenschaften, wenn nämlich bei erhöhten Temperaturen Kristalldefekte ausheilen können. In vielen Labors werden beim sogenannten Tempern solche kristallinen Selbstheilungseffekte genutzt, um bessere Kristalle herzustellen. Aber auch bei Systemen, die nach unserer Definition offensichtlich keine Lebewesen sind, kann das Phänomen Selbstheilung auftreten. So gibt es elektronische Bauteile, sogenannte selbstheilende Kondensatoren, die durch von Spannungsüberschlägen hervorgerufene Kurzschlüsse kurzzeitig unbrauchbar werden, bei denen aber diese Kurzschlüsse im weiteren Verlauf wieder selbst ausheilen. Die Selbstheilung scheint demnach kein Prinzip zu sein, das in unserer Natur ausschließlich auf Lebensformen beschränkt ist.

Trotzdem scheint eine selbstorganisierte, gezielt ablaufende Selbstheilung – und die gibt es beim Bergkristall eben nicht –, ein wichtiger Bestandteil jeglicher voll funktionsfähiger Lebensform zu sein. Bei genauerer Betrachtung sind Selbstheilung und Selbstreproduktion auch gar nicht so unterschiedliche Prozesse, wie man im ersten Moment annehmen könnte. Ein Organismus mit Selbstheilungsfähigkeiten muß irgendwie die Teile, die beschädigt wurden, durch die Bereitstellung neuer »Originalteile« ersetzen können und sei es, daß eine teilweise beschädigte Zelle komplett ersetzt wird, also durch Teilung benachbarter Zellen reproduziert wird. Durch diese Möglichkeit der Selbstheilung können auch extreme Mutationen, die instantan zur Lebensunfähigkeit führen würden, wie etwa die durch radioaktive Strahlung verursachten Brüche einer DNA, überspielt werden. Die Selbstheilung stellt daher eine wesentliche Lebensfunktion dar. Angesichts dieser entscheidenden Funktion der Selbstheilung in Verbindung mit Reproduktionsmechanismen könnte man Leben auch beschreiben als ein selbstreproduzierendes System mit der Fähigkeit, lebensbedrohliche Fehler zu korrigieren und unkritische Fehler zu tolerieren, von denen sich im darwinistischen Überlebenskampf nur die gutartigen fortpflanzen.

2.2 Was ist Intelligenz?

Wenn es schon schwierig genug ist festzulegen, was Leben ist, so ist die Beantwortung der Frage, was eigentlich Intelligenz ist und was noch nicht, noch problematischer. Sind heutige Computer etwa intelligent? Der moderne Zweig der Informatik, die Künstliche Intelligenz, auch KI abgekürzt, mag dies zwar suggerieren, geht aber am Verständnis wahrer Intelligenz vorbei. Bei der Künstlichen Intelligenz wird das umfangreiche Expertenwissen eines Wissensgebiets, über das oft nicht eine einzige Person allein verfügt, sondern das über viele, mitunter Tausende von Personen verstreut ist, an einer Stelle zusammengefaßt und zur Fehlerdiagnose benutzt. Ein typisches Beispiel sind medizinische Expertensysteme, wie zum Beispiel MYCIN, ein Programm zur Diagnose von bakteriellen Blutinfektionen, entwickelt an der Stanford University in Kalifornien. MYCIN analysiert alle eingegebenen Krankheitssymptome, um zu entscheiden, welches von vielen Bakterien eine bestimmte Infektion verursacht haben könnte. Das Wissen vieler Generationen von Ärzten, aber auch das Spezialwissen über seltene tropische Krankheiten, die durch Fernreisen drastisch zunehmen, kann auf diese Weise effizient verwaltet und jedem Arzt zugänglich gemacht werden.

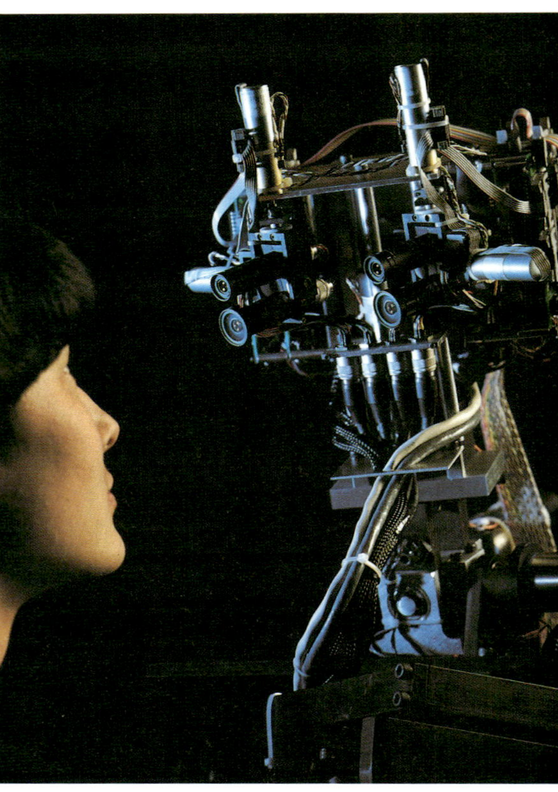

Mensch und Roboter. Kameras als Augen, Mikrofone als Ohren, Lautsprecher als Sprechorgan und ein bißchen intelligente Steuerungselektronik machen aus einem Roboter noch lange kein intelligentes Wesen. Was genau sind die Eigenschaften, die dem Menschen zum Denken und obendrein zum Bewußtsein verhelfen?

Selbst wenn sich derartige medizinischen Expertensysteme als äußerst hilfreich erweisen und bereits manchem Menschen das Leben gerettet haben, würden wir uns dennoch scheuen, einem solchen Computersystem, auch wenn es noch so detailliert und raffiniert aufgebaut wäre, eine eigene Intelligenz zuzugestehen. Es tut nämlich nur stur das, was der Programmierer ihm vorgeschrieben hat, nämlich festzustellen, welche Krankheiten mit den meisten Symptomen in Übereinstimmung zu bringen sind. Das mag zwar sehr umfangreich ausfallen, ist aber im Prinzip nichts anderes als ein schematisches Vergleichen von Symptomen.

Sind Schachcomputer vielleicht intelligent? Es ist Legende, daß Anfang Mai 1997 erstmals eine Maschine, der IBM-Computer »Deep Blue«, einen amtierenden Weltmeister, Garri Kasparow, mit 3,5 zu 2,5 Punkten in einigen aufsehenerregenden Spielen in der Königsdisziplin Schach schlug. Eine Disziplin, so glaubte man bisher, wie geschaffen für die Überlegenheit menschlichen Denkvermögens und Verstandes. Ist Deep Blue deswegen intelligent? Nein. Ein Schachcomputer ist nichts anderes als ein schneller Rechner verknüpft mit einer großen Schachbibliothek. In der Schacheröffnung werden zunächst die bekannten erfolgreichen Eröffnungszüge (die auch Großmeister im Gedächtnis haben) in einem Speicher nachgeschlagen und im weiteren Verlauf eventuell variiert. Deep Blue, wie jeder andere Schachcomputer auch, rechnet ansonsten ganz konsequent jede folgende Zugmöglichkeit in Vor- und Nachteile um, gibt in jeder Sekunde für 50 Milliarden mögliche Positionen vorausschauend eine Wertung ab und sieht so bis zu sechs Züge voraus. Selbst gewisse Strategien, die besonders aussichtsreiche Stellungen gezielt weiter vorausberechnen und weniger aussichtsreiche bereits früh verwerfen, basieren auf Bewertungen, die von Programmierern »aus Erfahrung« den Stellungen zugeordnet werden. Der Computer tut also nicht anderes, als mit großer Rechenleistung so weit wie möglich in die Zukunft zu sehen und festzustellen, welche Züge gemäß dieser Bewertung langfristig die besten Aussichten auf Gewinn bieten. Anders ein Großmeister. Neben Bewertungen detaillierter Züge entwickelt und variiert er Strategien. Er hat es »im Blick«, wenn eine Stellung eine günstige Entwicklung verspricht. Oftmals reichen ihm allein optische Konstellationen für eine Zugentscheidung. Diese tiefere Auffassungsgabe kennt ein Computer nicht.

Wenn Rechenleistung und eine vorgegebene Instruktionsliste (das Computerprogramm) allein noch keine Intelligenz ausmachen, was ist dann Intelligenz? Die Beantwortung dieser Frage ist in der Tat sehr schwierig. Es gibt bis heute keinen absoluten Test auf Intelligenz, allein deswegen nicht, weil es keinen allgemeinen Konsens gibt, was die Eigenschaft »Intelligenz« eigentlich umfaßt und was sie ausmacht (Lenat, D. B., 1984; Calvin, W. H., 1994; Calvin, W. H., 1996). Im Jahre 1950 veröffentlichte Alan Turing eine inzwischen anerkannte Testprozedur, um wenigstens festzustellen, ob etwas, beispielsweise ein Computer, von mindestens vergleichbarer Intelligenz ist wie der Mensch (Turing, A., 1950). Dazu nehme man zwei vollkommen isolierte Räume und plaziere in den einen einen Menschen und in den anderen das zu testende Objekt. Eine Testperson sei in einem dritten Raum nur über eine Tastatur und einen Ausgabebildschirm mit dem Menschen und dem Testobjekt verbunden, wobei die Testperson nicht weiß, in welchem Raum sich wer oder was befindet. Die Testperson kann nun beliebige intelligente Fragen an beide stellen. Ist nach einer langen Testzeit die

Testperson nicht in der Lage zu sagen, in welchem Raum sich der Mensch und wo sich das Testobjekt befindet oder identifiziert er gar den Menschen als Testobjekt, dann muß dem Testobjekt ein Intelligenzlevel mindestens wie das des Menschen zugestanden werden.

Da wir die Intelligenz von Menschen hinreichend zu kennen glauben, reichte in einer vereinfachten Version des Turingschen Intelligenztestes auch eine Konversation zwischen der Testperson und dem zu testenden Objekt, dessen Antworten die Testperson mit seinem Erfahrungswert menschlicher Intelligenz vergleicht. Dieser Test ist zwar nicht ganz so objektiv wie der Doppelblindtest, aber für die weiteren Überlegungen vollkommen ausreichend. Damit nähern wir uns der in heutigen Zeiten interessanten Frage, ob man Computern eine Intelligenz zugestehen kann.

Computer oder vielmehr Programme, die eine Art Intelligenz vorgeben, müssen nach den Turingschen Erwartungen zunächst erst einmal zu einer Konversation fähig sein. Solche Programme gibt es tatsächlich. Eines der ersten, das eigens für solche Anwendungen entwickelt wurde, war das von K. M. Colby aus der Mitte der sechziger Jahre, das einen Psychotherapeuten ersetzen sollte. Tatsächlich war das Programm so erfolgreich, daß einige Patienten bevorzugten, sich lieber mit dem Programm als mit einem menschlichen Therapeuten zu unterhalten. Hören wir uns eine Konversation zwischen einem Patienten und dem Computertherapeuten an, die sich über einen Bildschirm mit Tastatur einmal so zugetragen hat (Delbrück, M., 1986):

Therapeut: Kann ich Ihnen helfen?
Patient: Ich weiß nicht.
Therapeut: Erzählen Sie mir etwas über sich!
Patient: Nein.
Therapeut: Können Sie das ausführen?
Patient: Ich bin heute müde und krank.
Therapeut: Wissen Sie vielleicht warum?
Patient: Ja, ich werde alt.
Therapeut: Bitte erzählen Sie weiter.
Patient: Ich scheine die Lust an allem verloren zu haben.
Therapeut: Erzählen Sie mir mehr über diese Gefühle.
Patient: Ich glaube, ich weiß warum ich mich so fühle.
Therapeut: Wirklich?
Patient: Ich glaube, ich vermisse eine Familie.
Therapeut: Wieso glauben Sie, daß Sie eine Familie vermissen?
Patient: Eine Familie ist eine Herausforderung.
Therapeut: Warum ist das für Sie wichtig?

Man könnte geneigt sein, dem Computertherapeuten nach diesem kurzen Wortwechsel eine gewisse Intelligenz zuzugestehen. Dennoch ist diese Beurteilung unbefriedigend. Die Fragen des »Therapeuten« scheinen sehr allgemein und beliebig, daß man vermuten könnte, das Programm sage zwar etwas, es verstehe aber nicht, was es sagt. Tatsächlich versteht das Programm rein gar nichts von dem, was der Patient sagt, und auch nichts von dem, was es selbst fragt. Die Ausführungen des »Therapeuten« folgen vielmehr einfachen schematischen vorprogrammierten Regeln, die nichts mit Sprach- oder Inhaltsverständnis zu tun haben. Ein intelligenter Mensch würde nach relativ kurzer Zeit diese vorgespielte Intelligenz durch geschickte Fragen schnell ergründen und daher den Computertherapeuten bald entlarven.

Nicht Intelligenz, sondern Verstehen scheint also der zentrale Punkt höherer Intelligenz zu sein. Es gibt aber bereits Programme, die versuchen, intelligent gestellte Fragen auch zu »verstehen« und entsprechend gute und richtige Antworten geben. Das Computerprogramm von Roger Schank (1977) ist ein solches. Man beschreibt ihm beispielsweise diese Situationen:

Ein Mann ging in einen Imbiß und bestellte einen Hamburger. Als er ihn bekam, war der zu einem braunen Klumpen verbrannt. Der Mann verließ wütend den Imbiß, ohne zu zahlen.

Oder:
Ein Mann ging in einen Imbiß und bestellte einen Hamburger. Als er ihn bekam war er sehr zufrieden mit ihm. Beim Verlassen des Imbisses gab er der Bedienung mit der Bezahlung ein großes Trinkgeld.

Nun fragt man den Computer, ob der Gast in beiden Fällen den Hamburger gegessen habe oder nicht – wovon in beiden Geschichten nicht die geringste Rede ist – so antwortet der Computer korrekt mit »Nein« im ersten Fall und mit »Ja« im zweiten. Bei diesen speziellen Fragen würde das Schank-Programm wirklich den Turing-Test bestehen, es könnte als intelligent bezeichnet werden. Hat aber das Programm den Inhalt der Geschichten wirklich verstanden?

Gibt es ein Verstehen, das tiefer geht als das »Verständnis« des Schank-Programms? Einer, der das behauptet und es an einem Beispiel darlegt, ist J. Searle (1980). Das Beispiel ist ein sogenannter »Chinesischer Raum«, in dem er, Searle, tätig ist und nur mit Hilfe einer englischen Instruktionsliste genau die Tätigkeiten durchführt, die auch das Schank-Programm erledigt. Die oben genannten Geschichten sollen in diesem Beispiel in chinesischer Sprache auf Zetteln festgehalten und

über ein kleines Ein- und Ausgabefenster in diesen Raum eingegeben werden. Searle macht keinen Hehl daraus, daß er Chinesisch nicht im geringsten versteht, weshalb er gerade diese Sprache als Eingabesprache wählt. Searle benutzt nun ein Regelbuch in seiner englischen Muttersprache, das auf Basis des Schank-Programms angibt, welche Schritte er zur Erledigung der Arbeiten durchzuführen hat. Er arbeitet also nur stur die einzelnen Programmschritte ab und hat, wie jedem klar ist, von dem Sinn dessen, was er tut, und insbesondere vom Sinn der Geschichten nicht die geringste Vorstellung. So könnte ein Programmschritt lauten:

»Vergleiche das zweite chinesische Zeichen auf dem Eingabezettel mit dem 1324. Zeichen in der Sammlung aller chinesischen Zeichen. Stimmen sie nicht überein, gehe zum nächsten Zeichen in der Sammlung. Stimmt das Zeichen auf dem Zettel mit dem 1325. Zeichen der Sammlung überein, dann schaue, ob das dritte Zettelzeichen mit dem 144. Sammlungszeichen übereinstimmt. Ist das der Fall, dann notiere diese Koinzidenz als Zwischenergebnis auf einem Merkzettel.«

Obwohl Searle den Sinn dieser Schritte nicht versteht, liefert er am Ende einer wahrscheinlich überaus langen Tätigkeit die richtigen Antworten ab, nämlich ein »Nein« und ein »Ja«, ganz so wie es der Computer getan hätte. Er hätte also die richtigen Antworten gegeben, wie eine intelligente Person, die die Geschichten wirklich verstanden hätte, ohne auch nur ein einziges Wort der Geschichten zu verstehen! In der Computerfachsprache wäre die Instruktionsliste das Computerprogramm, ihr Autor der Programmierer und Searle der Computer. Der Kernpunkt dieses Gedankenexperiments ist der: Das bloße, wenn auch gekonnte Manipulieren von Symbolen, seien es nun Menschen mit chinesischen Zeichen oder Computer mit einzelnen Bytes, bietet keine Gewähr dafür, daß auch die Bedeutung der Symbole verstanden und damit ein wirkliches Verständnis der Aufgabe erlangt wird. Gemäß Searle gewinnt ein Mensch beim Umgang mit ihm bekannten Symbolen nur dadurch Verständnis, daß er mit den Symbolen automatisch Vorstellungen, also geistige Inhalte (Searle spricht von der Semantik des Tuns), verbindet, die er wiederum mit entsprechenden anderen Symbolen assoziiert. Searle stellt auch klar, daß es unerheblich ist, ob der Computer ein klassischer Von-Neumann-Computer ist, der alle Instruktionen Schritt für Schritt nacheinander durchführt oder ein Parallelrechner, der viele Instruktionen parallel abarbeiten kann und dessen Prozessierungseinheiten unter Umständen untereinander nach gewissen Regeln interagieren. Wird ein Programm nämlich auf dem einen oder auf dem anderen Computer laufen gelassen, dann kommt unabhängig vom Typ des Computers immer exakt dasselbe Ergebnis heraus.

Turing-Test im Chinesischen Zimmer.

Es gab frühe Einwände, daß dieses Beispiel unwirklich sei, da Searle mit seinen Arbeiten nicht nur Wochen und Monate, sondern vielleicht Jahre oder gar länger als ein Mensch in seinem Leben mit der Durchführung der komplizierten Instruktionsliste des Programms brauchen würde. Dies ist jedoch kein haltbarer Einwand. Es geht hier weniger darum, ob Searle die Aufgabe in seinem Leben tatsächlich schaffen würde, sondern nur darum, ob er sie *im Prinzip* schafft, und darüber besteht kein Zweifel. Er selbst schlug sogar auf diesen Einwand hin vor, statt seiner Person alle Einwohner Indiens (die nicht des Chinesischen mächtig sind) als Arbeiter im »Chinesenraum« einzusetzen, was nach heutigem Fachterminus einer massiven Parallelverarbeitung entspräche und wodurch die Aufgabe in wesentlich kürzerer Zeit gelöst würde, ohne seinem Einwand eines fehlenden tiefergehenden Verständnisses der Arbeiter Abbruch zu tun.

Aber genau hier beginnt der Begriff des Verständnisses der Geschichten aufzuweichen. Arbeitet ein menschliches Gehirn mit seinen etwa 100 Milliarden Neuronen, von denen jedes im Mittel 1 000 Verbindungen zu andern Neuronen hat, nicht ähnlich wie ein Chinesenraum mit vielen Millionen Indern? Jedes einzelne Neuron hat genauso wenig ein Verständnis von den Aktivitäten, an denen es beteiligt ist, wie jeder einzelne Inder. Erst die Gesamtheit aller Tätigkeiten aller Neuronen und ihre komplexen Verbindungen untereinander führen auf bisher unverstandene Weise zu einem tieferen Verständnis. Man ist sich heute darüber einig, daß menschliches Verständnis etwas mit umfangreichem Wissen über Zusammenhänge zu tun hat, in denen ein Text steht, und mit Wissen über die Welt im allgemeinen. Dieses Wissen ist normalerweise auch nicht genau und vollständig. Es entzieht sich den vielen präzisen, logischen Formalismen, die heutzutage noch in Computerprogrammen eingesetzt werden. Es hat seine Entsprechung vielmehr in der *Fuzzy Logic*, der ungenauen Aussagenlogik der neueren Mathematik, die auf eine Antwort nicht nur ein »Ja« oder »Nein« kennt, sondern auch ein »wahrscheinlich ja«, ein »vielleicht ja« und gar auch ein »man weiß nicht«. Das Wissen, das sich über die vielen Jahrzehnte täglicher menschlicher Erfahrungen anreichert, ist geprägt von Heuristiken, also nicht streng logischen Schlüssen, von vielen Faustformeln der Wenn-dann-Form, die sich oft in eingehenden Sprüchen widerspiegeln: »Bier auf Wein, das laß' sein; Wein auf Bier, das rat' ich dir.« Dieses Wissen ist wie gesagt auch nicht von Geburt an vorhanden, sondern wird erst durch die Fülle der einlaufenden Informationen, also bei der Auseinandersetzung mit der Umgebung erwor-

ben. Dabei adaptieren sich Kontaktstellen und die Kontaktintensitäten zwischen den Neuronen, je nachdem, wie intensiv und wie oft eine Information oder eine Erfahrung eintrifft. Im Laufe der Zeit bildet sich so, nahezu aus dem Nichts, das »menschliche Programm«, das den Menschen in angemessener Weise auf seine Umgebung reagieren läßt und mit ihm das Wissen um die Zusammenhänge und damit auch ein tieferes Verständnis in das, was er tut. Und genau diese spezifische menschliche Eigenart ist es, was Searle mit seinem »Chinesischen Zimmer« propagiert und das er Systemeinwand nennt. Der Systemeinwand wird vielleicht etwas verständlicher, wenn man einen Schritt weiter geht und sich vorstellte, Searle hätte die gesamte Instruktionsliste auswendig gelernt und würde alle Instruktionen im Kopf ausführen. Rein äußerlich würde Searle mit seinen richtigen Antworten objektiv nichts, aber auch gar nichts von einem verstehenden Menschen unterscheiden, obwohl er, so Searles Argumentation, nicht das geringste verstanden hat. Doch ist dem wirklich so?

Interessanterweise finden die im menschlichen Gehirn ablaufenden Adaptionen, also das eigentliche Lernen, zwar nicht in den üblichen Computern statt, aber eine neue Computergeneration, die der sogenannten neuronalen Netze, tut genau das. In ihnen wird die Art und Intensität zwischen verschiedenen Verarbeitungseinheiten genauso wie beim menschlichen Gehirn durch Rückkopplung der Übereinstimmungen zwischen berechnetem Ergebnis und Tatsachen adaptiert. Das Programm bildet sich sozusagen erst mit der Zeit durch diese Anpassung durch Rückkopplung und manifestiert sich damit nicht in einem einzulesenden Programmcode, sondern in der genauen Art und Intensität zwischen den Verarbeitungseinheiten. Es wäre im Prinzip aber auch denkbar, daß man in einem sehr komplexen herkömmlichen Computer die zugehörigen Verflechtungen direkt programmiert.

Wenn das oben ausgeführte abstrakte Bild der modernen Neurophysiologie über das menschliche Denken und die Einsicht darüber richtig ist, dann wäre es durchaus möglich, daß auf einer gehobenen Komplexitätsebene *irgendwelcher* Information verarbeitender Systeme, seien es das menschliche Gehirn oder auch komplexe neuronale Netze oder gar das Heer der Inder, mit der *Gesamtheit* der miteinander kommunizierenden Subsysteme irgendwie Sinnhaftigkeit, eben Verständnis entsteht. Übertragen auf Searles auswendig gelernte Instruktionsliste bedeutet das, daß die Aussage »Searle versteht, was er tut« dabei an Sinnhaftigkeit verliert, weil, obwohl Searle ein Verständnis zwar subjektiv verneint, die Komplexitätsebene, die das Verständnis ausmacht, sich einfach nur auf eine andere Wahrnehmungsebene verschoben hätte. Womit man Searle ein falsches Selbstverständnis von Verständnis vorwerfen könnte. Ein wichtiges Faktum bei diesem falschen Selbstverständnis und generell bei Searles Systemeinwand ist der Punkt, daß nicht die Hardware allein den Sinn des Tuns versteht oder nicht versteht, also Searle oder das Heer der Inder im Chinesischen Zimmer oder die Chips des Computers, sondern diese plus das ablaufende Programm, eben die komplexe Gesamtheit des vollständigen, interagierenden Systems, das nur in dieser Gesamtheit ein Verständnis erlangen kann.

Vielleicht ist Verständnis aber auch nichts anderes als das Vermögen, über die rein deterministischen internen Abläufe auf eine bestimmte Weise reflektieren zu können und somit eine andere »Bewußtseinsstufe« zu erlangen. Aber auch das ist im Prinzip bei zukünftigen Computern nicht auszuschließen. Wie auch immer, ob tieferes Verständnis, also Intelligenz, von komplexen Sinnzusammenhängen ausgeht oder von der Erlangung höherer Bewußtseinsstufen, nur einem sehr, sehr komplexen Computer, der natürlich unter anderen den Turing-Test bestehen müßte, wäre wirklich Intelligenz zuzugestehen. Daß dies aber irgendwann so kommen wird, daran ist eigentlich kaum zu zweifeln. Diese Kröte ist um so schwieriger zu schlucken, als daß Joseph Weizenbaum vom renommierten Massachusetts Institute of Technology in Cambridge/USA zeigte, wie man einen – wenn auch sehr langsamen – Computer auch aus Toilettenpapier und Steinchen bauen kann. Demnach könnte selbst dieses Gebilde aus Toilettenpapier und Steinchen, wenn auch in einer ungeheuer aufwendigen Version, ein intelligentes System sein, genauso wie ein Denker ein Denker bleibt, auch wenn er etwas langsam denkt!

Wie auch immer, nicht komplexes Wissen allein macht intelligent, eine unabdingbare Zutat ist das Verständnis der Kommunikation mit der Außenwelt und einer spezifischen Reaktion darauf. Solange also Computer dieses tiefere Verständnis, das wir Menschen vorerst nur uns selbst zugestehen, nicht erlangen, werden Übersetzungsprogramme Sinnzusammenhänge wie die des Satzes: »Es ist die Kuh, die die Magd melkt« nicht richtig erfassen und stur so übersetzen als würde die Magd von der Kuh gemolken. Von solchem grundlegenden Sinnverständnis ist bei Computern heute aber weit und breit noch keine Spur zu erkennen.

Für unsere Frage, ob wir die einzigen Intelligenzen im Weltraum sind, sind diese tieferen Einsichten darüber, was Intelligenz ausmacht, von untergeordneter Bedeutung, weshalb wir im Einklang mit den hier vorgebrachten und den in der Einleitung genannten Merkmalen Intelligenz ganz pragmatisch und analog zu Barrow und Tipler (Barrow, J. D. & Tipler, F. J., 1986, S. 523) folgendermaßen definieren:

Lebewesen, oder allgemeiner Systeme, sind intelligent, wenn sie sich solche Fragen zur Intelligenz überhaupt stellen können.

Wir implizieren damit, daß derartige Intelligenz auch automatisch den Turing-Test besteht.

Der Zwergschimpanse Kanzi wurde darauf trainiert, bei bestimmten Wünschen Symbole zu drücken, die Verben und Substantive repräsentieren. Damit besitzt er das Sprachverständnis eines zweieinhalbjährigen Kindes. Damit ist ihm zumindest eine gewisse Intelligenz sprachlicher Syntax zu eigen, die man bisher nur bei Menschen vermutete.

2.3 Woraus besteht Leben?

Wenn sich auch die Begriffe von Leben und Intelligenz nicht so präzise fassen lassen, wie man sich das wünschte, so lassen sich andererseits heute definitive Antworten darauf geben, woraus Leben bestehen muß. Jegliche Materie im Universum besteht aus nur 92 stabilen Elementen, angefangen von Wasserstoff bis hin zu Uran. Alle maßgeblichen Theorien wie auch ausgefeilte Untersuchungen haben gezeigt, daß es darüber hinaus keine weiteren stabilen Elemente geben kann. Nicht nur unsere Erde, sondern alle bisher gefundenen Sterne und primordialen Gaswolken bestehen ausschließlich hieraus[2]. Das haben Spektralanalysen des Lichtes aus dem Universum gezeigt. Wenn zudem unser Universum aus einem Urknall entstanden sein soll, wie die Kosmologie heute behauptet, dann müssen an diesem singulären, beziehungsweise nahezu singulären Punkt, wie Wissenschaftler heute vermuten, aus dem alles Sein entsprang, auch die uns bekannten Naturgesetze ihren Anfang genommen haben und im gesamten Universum einheitlich gültig sein und mit ihr die einheitliche Materieform der uns bekannten 92 Elemente. Es wäre zwar denk-

2) Möglicherweise auch aus Antimaterie. Weil sich diese von unserer Materie aber praktisch nur durch umgekehrte Ladungsvorzeichen unterscheidet, läßt sich zeigen, daß eine Welt aus Antimaterie exakt und bis ins kleinste Detail dieselben Eigenschaften hätte wie die unsere. Nur bei einem direkten Kontakt würden sich Materie und Antimaterie in einem gigantischen Energieblitz zu reiner Strahlung vernichten.

bar, daß die uns vertrauten Naturkonstanten der universellen Naturgesetze von einem Teil des Universums zum anderen variieren. Das könnte vielleicht dadurch zustande gekommen sein (was die Wissenschaft aber nicht vermutet), daß verschiedene Raumgebiete in der frühen Inflationsphase des Universums unterschiedlich stark expandiert sind, so daß die das Universum durchdringenden Felder dort andere Werte angenommen haben. Wie wir aber im Kapitel über das Anthropische Prinzip sehen werden, ist die Existenz von Sternen und Planeten so enorm sensibel auf kleinste Änderungen der Naturkonstanten, daß ein Leben in solchen Raumbereichen mit auch nur geringfügig anderen Werten der Naturkonstanten unmöglich wäre.

Obwohl unser Universum Milliarden von Lichtjahren groß ist, mit einer unüberschaubaren Anzahl von kosmischen Gebilden wie dieser Spiralgalaxie M 83, so ist sie doch nur aus 92 stabilen Elementen aufgebaut, die überall denselben Naturgesetzen gehorchen. Sollten die Naturkonstanten dieser Gesetze irgendwo in unserem Universum auch nur geringfügig anders sein als die uns bekannten, dann könnten dort keine Sterne in Galaxien existieren und somit definitiv kein intelligentes Leben.

Alles materielle Sein muß daher eine, wie auch immer geartete Kombination der 92 Elemente sein. Komplexes, sich selbst reproduzierendes und organisierendes Leben, ausgestattet für den täglichen Überlebenskampf mit der zusätzlichen Fähigkeit der Selbstheilung, verlangt darüber hinaus überaus komplexe chemische Strukturen, die die notwendigen Lebensinformationen speichern und im Sinne der Reproduktion in neue selbständige biologische Materie umsetzen. Nachdem die chemischen Eigenschaften der 92 Elemente seit längerem ausreichend bekannt sind, weiß man, daß praktisch nur das Element Kohlenstoff die dazu notwendigen Voraussetzungen mit sich bringt.

Kohlenstoff ist zusammen mit Wasserstoff und Sauerstoff eines der drei häufigsten Elemente auf festen Planeten. Nur Elemente in der ersten Reihe der Periodischen Tabelle, wozu Kohlenstoff gehört, bilden neben den üblichen Einfachbindungen[3] auch Mehrfachbindungen mit anderen Elementen aus. So bildet Kohlenstoff zusammen mit Sauerstoff das Molekül Kohlendioxid, O = C = O, oder Kohlenmonoxid, C = O, die wegen ihrer geringen Affinität zu weiteren Molekülen beides Gase sind. CO_2 ist in der organisch geprägten Biologie für Lebewesen aber die grundlegende Quelle von Kohlenstoff. Außerdem besitzt es wie CO die besondere Eigenschaft, sich gleichermaßen konzentriert und leicht in Wasser und Luft aufzulösen und darüber hinaus dort reichhaltige chemische Folgereaktionen auslösen zu können. Das ermöglicht CO_2 einen ungehemmten Übergang zwischen diesen beiden Substanzen und somit zwischen notwendigerweise (siehe unten) wäßrigen Organismen und ihrer Umgebung. Aus diesen beiden Gründen ist CO_2 der ultimative Austauschstoff zwischen CO_2-erzeugenden tierischen Zellen und den CO_2-aufnehmenden Pflanzen. Die tierischen Zellen können das beim Stoffwechsel anfallende CO_2 aus der Luft leicht in den wäßrigen Blutkreislauf überführen, und die Lungenbläschen können dieses blutgebundene CO_2 ohne große Probleme in die gasförmige Atmosphäre in der Lunge übertragen, von wo es ausgeatmet werden kann. Umgekehrt kann CO_2 ungehemmt aus der Luft in die wäßrigen Pflanzenzellen eintreten und dort durch Sonnenenergie gespalten werden. Wir werden später noch sehen, daß sowohl ein Lungensystem als auch ein zirkulierendes Versorgungssystem der Art eines Blutkreislaufs essentiell für jegliche Art stoffwechselnden Lebens ist. In diesem lebensnotwendigen Verbund von zwei Stoffaustauschsystemen zwischen den Leben tragenden Zellen und der Außenwelt nimmt CO_2 also eine zentrale Rolle ein.

[3] Kohlenstoff bildet zudem und eigentümlicherweise auch ungewöhnlich stabile Einfachbindungen mit anderen Kohlenstoffatomen.

In der organischen Chemie verlaufen chemische Reaktionen durch Änderungen der räumlichen Koordination von Makromolekülen. Sollen Makromoleküle über lange Zeit, zum Beispiel als Enzym, ihre Funktion erfüllen, dann müssen sie relativ stabil sein. Kohlenstoffverbindungen leisten genau dies. Selbst wenn organische Verbindungen instabil oder metastabil sind, behalten sie über lange Zeit ihre Koordination bei, weil sie so schnell keinen Reaktionsweg finden, der den Zerfall ermöglicht.

Silizium wird oft als potentieller Kandidat einer Basis für entsprechendes siliziumbasiertes Leben angeführt. Silizium hat zwar ebenfalls eine vielfältige Chemie durch Ketten- und Ringbildungen, im Gegensatz zu Kohlenstoff kann Silizium aber nur energetisch schwache Si-Si-Eigenverbindungen eingehen. Gerade letzteres ermöglicht Kohlenstoff die Formation von organischen Makromolekülen mit langen C-C-Ketten, sowohl zur Informationsspeicherung als auch für Produktionsmechanismen. Darüber hinaus ist Silizium in der Lithosphäre, dem äußeren Erdmantel, zehnfach seltener vorhanden als Kohlenstoff, kann keine Mehrfachbindungen eingehen und bildet mit SiO_2 einen relativ inerten wasserunlöslichen Feststoff, nämlich Sand, der weitere chemische Reaktionen verhindert. Darüber hinaus zeigen komplexe Siliziumverbindungen nicht die notwendige zeitliche Stabilität thermodynamisch instabiler Koordinationen, wie Kohlenstoff dies aufweist. Ein Vorteil von Silizium aber ist, daß die Silikatstrukturen auch bei höheren Temperaturen erhalten bleiben. Es gibt daher Vorstellungen (Cairns-Smith, A. G., 1982), nach denen Silikatleben als primitive Lebensform noch vor den ersten organischen Lebensformen auf unserer heißen, durch Vulkane geprägten Erde existierte.

Mondgestein. Insgesamt 382 kg Mondgestein von sechs verschiedenen Landeplätzen brachten Apollo-Astronauten zur Erde. Die chemische Zusammensetzung des Mondgesteins erlaubt Rückschlüsse auf den Ursprung des Erdtrabanten: Der Mond wurde vermutlich vor langer Zeit durch einen Einschlag eines großen urzeitlichen Planeten aus der Erde herausgeschlagen.

Ein ganz wesentlicher Vorteil von Kohlenstoff in der Evolutionsgeschichte zu komplexem Leben ist die einzigartige Möglichkeit, daß sich viele organische Verbindungen spontan bilden, weil die dazu notwendige Formationsenergie meist sehr gering ist. Wie wir im Abschnitt »Das Lebensparadox« sehen werden, könnte allein dieser Vorteil entscheidend dafür gewesen sein, daß sich nur auf der Grundlage von Kohlenstoff komplexes Leben bilden kann. Kohlenstoff ist also eine unabdingbare Basis sowohl für die reaktionssteuernden Bestandteile, als auch als Baustein eines Informationsspeichers eines Organismus.

Wäre der Informationsspeicher die maßgebliche Evolutionshürde, dann könnte man sich noch folgende andere Informationsspeicher, die nicht auf organischen Makromolekülen basieren und theoretisch in der Natur vorkommen könnten, vorstellen (Zuckerman, B. & Hart, M. H., 1995; Feinberg, G. & Shapiro, R., 1980): Die Ordnung von Teilchen aufgrund der Wechselwirkung zwischen geladenen Teilchen und Magnetfeldern; die Ordnung zwischen Ortho- und Para-Wasserstoff in festem Wasserstoff bei tiefsten Temperaturen; oder polymere Atome in Neutronensternen, die wie Nukleinsäuren lange Ketten bilden und Information speichern können (Ruderman, M., 1974). Es ist aber kein Weg denkbar, wie sich auf natürliche Weise aus solch exotischen Grundlagen reproduzierendes Leben mit Intelligenz entwickelt haben könnte.

Die Basis evolutionären Lebens muß also die Kohlenstoffchemie, die organische Chemie, wie sie auch genannt wird, sein[4]. Nach den Erfahrungen der Kohlenstoffchemie werden die vielfältigsten organi-

schen Strukturen aus den vier Grundbausteinen Kohlenstoff, Wasserstoff, Sauerstoff und Stickstoff geformt. Es ist daher sehr wahrscheinlich, daß sich jegliche Art von Leben im wesentlichen aus H, C, N und O zusammensetzt. Damit kann sich eventuell vorhandenes extraterrestrisches Leben, was seine Grundbausteine betrifft, prinzipiell nicht von irdischem Leben unterscheiden. Wie sich das Leben bis hinunter zu den lebensnotwendigen komplexen Molekülen schließlich tatsächlich ausformt, ob zum Beispiel nur die 24 Elemente – H, C, N, O, F, Na, Mg, Si, P, S, Cl, K, Ca, V, Cr, Mn, Fe, Co, Cu, Zn, Se, Mo, Sn, I – (Dickerson, R., 1978), die auf der Erde lebensnotwendig sind, auch woanders unabdingbar sind oder andere Atome oder mehr als 24, das mag vielleicht sehr unterschiedlich ausfallen.

[4] Leben auf der Basis von Silizium selbst in Form höchstentwickelter elektronischer Schaltkreise, die nicht auf Kohlenstoffketten basieren, oder eine Kombination aus organischen Strukturen und anorganisch-elektronischen Strukturen wäre zwar auch denkbar. Voraussetzungen für die Reproduktion solchen Lebens sind jedoch eine wie immer geartete Selbstorganisation und Selbstreparatur der Schaltkreise, die bisher selbst im Ansatz nicht beobachtet werden konnten. Die Schaltkreise könnten daher nur eine artifiziell erzeugte und keine ursprüngliche Form des Lebens sein, die sich erst in noch höheren Entwicklungsformen als bisher bekannt intrinsische Reproduktionsmechanismen aneignen kann.

Die tatsächlich ausgeformten Strukturen – angepaßt an die jeweiligen Gegebenheiten – betreffen natürlich insbesondere die äußeren Formen eines Lebewesens. Organische Chemie benötigt flüssiges Wasser als Lösungsmittel, das neutrale Medium, in dem die chemischen Reaktionen ablaufen. Bei näherer Betrachtung stellt sich Wasser in dieser Funktion als eine ganz besonders wichtige Grundlage mit besonders glücklichen Eigenschaften für die Existenz und Entstehung des Lebens heraus. Wasserstoff und Sauerstoff zählen neben Stickstoff und Kohlenstoff zu den am meisten vorkommenden Elementen auf den Planeten. Wasser bildet im festen und flüssigen Zustand besonders starke Wasserstoffbrücken-Bindungen zwischen den Wassermolekülen aus. Deswegen hat Wasser nicht nur besonders hohe Schmelz- und Verdampfungstemperaturen, zwischen denen zufälligerweise der optimale Temperaturbereich für thermisch getriebene Kohlenstoffreaktionen liegt, sondern Wasser hat auch einen der höchsten spezifischen Wärmewerte, den man bei Flüssigkeiten kennt. Eine große spezifische Wärme bedeutet, daß große Wärmemengen notwendig sind, um die Temperatur nur wenig zu verändern. Diese Eigenschaft stabilisiert die globalen Temperaturen der Umgebung. Große Strahlungswechsel wie bei Tag/Nacht und Sommer/Winter werden optimal abgepuffert. Ideale Voraussetzungen für eine konstante Entwicklung von Leben. Wegen der starken Wasserstoffbrücken bleibt die tetraedrische Verknüpfungsstruktur von Wasser, die sich unterhalb des Gefrierpunktes zu Eiskristallen auswächst, auch noch lange oberhalb des Gefrierpunktes in großräumigen Bereichen als »flüssige Kristalle« erhalten. Zusammen mit der nicht ganz idealen Tetraederstruktur ermöglicht dies weiteren Wassermolekülen, Zwischengitterplätze in diesen »flüssigen Kristallen« zu besetzen, die bei der strengen Kristallstruktur im Eis nicht zugänglich sind. Daher ist Wasser im Temperaturbereich 0–4 °C schwerer als Eis. Oder anders herum, Eis schwimmt auf Wasser! Dies ist eine der

Element	Symbol	Ordnungs-zahl	Gesamtes Universum	Gesamte Erde	Erd-mantel	Meeres-wasser	menschl. Körper
Wasserstoff	H	1	92 714	120	2 882	66 200	60 563
Helium	He	2	7 185	–	–	–	–
Lithium	Li	3	–	–	9	–	–
Beryllium	Be	4	–	–	–	–	–
Bor	B	5	–	–	–	–	–
Kohlenstoff	C	6	8	99	56	1,4	10 680
Stickstoff	N	7	15	0,3	7	–	2 440
Sauerstoff	O	8	50	48 880	60 425	33 100	25 670
Fluor	F	9	–	3,8	77	–	–
Neon	Ne	10	20	–	–	–	–
Natrium	Na	11	0,1	640	2 554	290	75
Magnesium	Mg	12	2,1	12 500	1 784	34	11
Aluminium	Al	13	0,2	1 300	6 251	–	–
Silizium	Si	14	2,3	14 000	20 475	–	–
Phosphor	P	15	–	140	79	–	130
Schwefel	S	16	0,9	1 400	33	17	130
Chlor	Cl	17	–	45	11	340	33
Argon	Ar	18	0,3	–	–	–	–
Kalium	K	19	–	58	1 374	6	37
Kalzium	Ca	20	0,1	460	1 878	6	230
Scandium	Sc	21	–	–	–	–	–
Titan	Ti	22	–	28	191	–	–
Vanadium	V	23	–	–	4	–	–
Chrom	Cr	24	–	–	8	–	–
Mangan	Mn	25	–	56	37	–	–
Eisen	Fe	26	1,4	18 870	1 858	–	–
Kobalt	Co	27	–	–	1	–	–
Nickel	Ni	28	0,1	1 400	3	–	–
Kupfer	Cu	29	–	–	1	–	–
Zink	Zn	30	–	–	2	–	–
			99 999,5	99 998,1	99 999	99 994,4	99 999

Die Häufigkeiten der ersten 30 chemischen Elemente im Kosmos und auf der Erde in Einheiten tausendstel Prozent. Wasserstoff und Helium machen zusammen etwa 99.999 Prozent der kosmischen Atome aus, im menschlichen Körper dagegen nur 60.563 Prozent und auf der Erde im Mittel gerade noch 0.120 Prozent. Die chemische Zusammensetzung des menschlichen Körpers entspricht ziemlich genau der aller anderen Lebewesen. Heute sind 24 lebenswichtige Elemente bekannt (violett unterlegt). Striche bedeuten Häufigkeiten unter 0.0001 Prozent.

merkwürdigsten Eigenschaften von Wasser überhaupt und dadurch konträr zu allen anderen mehrelementigen Molekülen, bei denen die feste Form schwerer ist als die flüssige Phase. Aber gerade diese Eigenschaft ist essentiell für alle biologischen Lebensformen. Denn würde das Eis zu Boden sinken, würde sich See- oder Meereseis auf dem Boden ansammeln und den Platz an der Oberfläche freigeben für ein weiteres Gefrieren des leichteren, flüssigen Wassers. Dieses würde

wiederum als Eis absinken und könnte am Boden weitab von der warmen Oberfläche in der Sommerzeit nicht auftauen, bis schließlich alles Wasser auf den Planeten durch und durch bis auf eine dünne Oberflächenschicht gefroren wäre, die im Jahreszeitenwechsel schmelzen und gefrieren würde. Die großen Weiten der Meere stünden daher als erster und wichtigster Lebensraum archaischen Lebens nicht zur Verfügung.

Die starken Wasserstoffbrücken sind auch verantwortlich für die höchste bekannte Verdampfungswärme aller bekannten Verbindungen. Daher eignet sich Wasser hervorragend als Kühlungsmittel durch Verdampfung. Jedes irdische Lebewesen macht davon durch die Abgabe von Wasser in Form von Schwitzen Gebrauch. Damit stabilisieren die Lebewesen ihre optimale »Betriebstemperatur«.

Neben Cyanwasserstoff und Formanid hat Wasser die höchste Dielektrizitätskonstante aller reinen Flüssigkeiten. Diese Eigenschaft ist begründet in dem starken polaren Charakter der H_2O-Moleküle. Das bedeutet, es kann andere polare Substanzen wie Kochsalz oder die meisten Kohlenstoffverbindungen spalten und in sich aufnehmen – Wasser ist eben ein universelles Lösungsmittel gerade auch für Kohlenstoffverbindungen. Die hohe Dielektrische Konstante bedingt auch eine hohe Eigendissoziierung der Wassermoleküle. In reinem Wasser sind 100 von einer Milliarde Moleküle dissoziiert, die in Form von H_2OH^+ und OH^- Ionen im Wasser existieren. Die können sich besonders schnell über große Strecken entlang von perkolierenden »Flüssigkristallnetzwerken« bewegen und somit chemische Reaktionen schneller als in anderen Lösungsmitteln antreiben.

Genau umgekehrt wie zu polaren Molekülen verhält sich Wasser zu nichtpolaren Molekülen, beziehungsweise solchen mit nichtpolaren Abschnitten. Das »Flüssigkristallnetzwerk« arrangiert sich so um, daß es möglichst wenig gestört wird, aber diesem fremdartigen Molekül trotzdem einen möglichst großen Platz einräumt. Das Netzwerk bildet regelrecht einen Käfig um diese nichtpolaren Moleküle herum. Die Käfige besitzen wiederum die Eigenschaft, mehrere dieser Fremdmoleküle in größere Käfige zusammenzuführen. Im Endeffekt zeigen nichtpolare Moleküle einen ausgeprägten hydrophobischen Effekt. Dieser Effekt ist aber ein wesentlicher Bestandteil biologischer Vorgänge. Denn Enzyme als wichtigste Steuerungselemente biologisch-chemischer Prozesse müssen eine spezifische räumliche Form haben und vor allen Dingen über lange Zeit auch bewahren, um ihre Funktion ausüben zu können. Diese Form wird aber gerade durch die nichtpolaren Bestandteile und ihre hydrophobische Wirkung in Wasser stabilisiert. Ohne Wasser wären die Enzymstrukturen nicht nur lockerer, sondern wahrscheinlich gar nicht so genau definiert. Eine zweite wichtige Auswirkung des hydrophobischen Effekts ist die Bildung von großen Zellmembranen und Zellwänden durch den nichtpolaren Charakter von Lipiden. Ohne solcherart geformte Zellen, die die biochemischen Reaktionen von den biologisch ungerichteten Reaktionen der Außenwelt isolieren, gäbe es aber keine kleinste Lebenseinheit, die biologische Zelle, und ohne sie natürlich auch keine komplexeren biologischen Strukturen aus vielen Millionen Zellen und damit auch kein intelligentes Leben auf unserer Erde.

Wasser ist nicht nur auf der Erde ein unabdingbares Lebenselixier, sondern der flüssige Zustand des Wassers gibt auch allen Lebensformen ihre Konsistenz vor. Sie sind unweigerlich weich und verletzlich, weil sie viel Wasser enthalten müssen. (Der menschliche Körper besteht zu etwa 60 Prozent aus Wasser.) Ab einer gewissen Körpergröße genügt dann nicht mehr die Festigkeit einer Außenhaut, sondern es ist ein körpertragendes Skelett notwendig.

2.4 Wie sehen Außerirdische aus?

Marswesen nach Zeichnungen in George Wells' Roman »Der Krieg der Welten«. Die Vorstellung der Menschen, wie Martier aussehen könnten, änderte sich über die Zeit. Die bekannte Darstellung von Martiern mit Antennen statt Ohren, Augen an der Schädelseite und einer grünen Haut, eben die grünen Marsmännchen, stammen vom Schriftsteller Edgar Rice Burroughs, beschrieben in seinem elfbändigen Marszyklus aus dem Anfang des 20. Jahrhunderts.

Die Figur »Zentrifaal« von Stefan Lechner steht beispielhaft für die zahllosen Visionen von möglichen außerirdischen Kreaturen.

Wie groß oder wie klein kann überhaupt ein intelligentes Wesen sein? Gibt es irgendwelche Körpereigenschaften, die man aus grundsätzlichen Erwägungen ableiten kann? Das ist sehr wohl möglich (Haldane, J. B. S., 1981; Pöppe, C., 1997). Mit der Frage, wie sich die Eigenschaften von Dingen verhalten, die wesentlich andere Abmessungen besitzen, befaßt sich das Wissenschaftsgebiet der Allometrie (griech.: *allo metron* = anderes Maß). Ein typisches Beispiel sind Modellflugzeuge. Sie verhalten sich, obwohl sie maßstabgetreu verkleinert sein mögen, in der Luft vollkommen anders als das Original. Meist können sie überhaupt nicht fliegen. Modellflugzeuge bedürfen daher einer vollkommen anderen Konstruktion als ihre großen Vorbilder und umgekehrt gäbe kein großes Flugzeug, das gebaut wäre, wie die in den Schulpausen bewährten Papierflieger, eine gute Flugfigur ab. Der Grund liegt darin, daß sich das Verhältnis von Flugkörpergröße zur Luftzähigkeit, die sogenannte Reynoldszahl – und genau die bestimmt das Flugverhalten – bei den verschiedenen Flugzeugmaßstäben drastisch ändert. Kleinere Flugmodelle modellieren ihre großen Vorbilder in besonderen Windkanälen nur deshalb so realistisch, weil man dort die Zähigkeit der Luft durch Abkühlung auf die Temperatur nahe des flüssigen Stickstoffes, also etwa -200 °C, herabsetzen kann und damit dieselbe Reynoldszahl, also dasselbe Flugverhalten, erhält wie das Originalflugzeug bei Raumtemperatur.

Jeder Körper hat also in bezug auf seine Umwelt normalerweise ganz besondere und angepaßte Eigenschaften. Dies ist nicht anders bei Lebewesen mit verschiedenen Körpergrößen. Hierbei ist für die Abmessungen hochentwickelter Wesen die Größe der Schwerkraft, der sie unterliegen, von grundlegendem Einfluß. Wie im Abschnitt »Planeten – Wiege des Lebens« detailliert beschrieben, darf ein Planet eine Masse von nicht weniger als 85 Prozent und nicht mehr als 133 Prozent der Erde besitzen, damit er über einen Zeitraum von zwei Milliarden Jahren, die für eine Entwicklung zu einem intelligenten Wesen notwendig erscheinen, moderate Oberflächentemperaturen erhalten kann. Bei diesen sehr erdähnlichen Schwerebedingungen können intelligente Wesen keine wesentlich anderen Eigenschaften besitzen als wir Menschen. Ein Beispiel soll dies für die Körpergröße verdeutlichen. Wäre ETI ein riesiges Landlebewesen[5], zehnmal größer als der Mensch, aber mit identischer Zusammensetzung, dann würde er 1 000mal soviel wiegen, also etwa 80 t. Die Querschnittsfläche seiner Knochen, da zweidimensional, wäre aber nur 100mal so groß, so daß seine Knochen zehnmal stärker belastet würden als die unseren. Bei dieser Belastung aber würden bei unserem Riesen-ETI unweigerlich nach dem ersten Schritt die Schenkelknochen brechen. Ein Riese könnte zwar wie ein Elefant oder früher die großen

[5] Natürlich ist im Prinzip vorstellbar, daß sich intelligentes Leben im Wasser als Lebensraum entwickelt und damit wesentlich größer als der Mensch werden kann. Es ist allerdings fraglich, ob solche Wesen letztendlich jemals interstellare Kommunikation oder Raumfahrt betreiben könnten. Ein entsprechendes Raumschiff wäre praktisch nichts anderes als ein riesiges Aquarium, das nicht auf dem Land, sondern im Meer landen müßte. Hat man jemals solche UFO-Landungen beobachtet?

Dinosaurier überproportional größere Knochen bilden, aber das hat seine Grenzen, weil dann irgendwann einmal der Körper nur noch aus Knochen bestände, die gerade nur sich selber tragen würden.

Auf der anderen Seite können Lebewesen nicht beliebig klein werden. Die kleinste vorstellbare Informations- und Speichereinheit ist die Basis selbst, ein komplexes organisches Molekül, mit entsprechender »Infrastruktur«. Ein hochentwickeltes, intelligentes Wesen wie der Mensch braucht ein System mit ca. 100 Milliarden Basiselementen (beim Menschen sind dies die Nervenzellen), die miteinander verknüpft die Intelligenz ausmachen. Diese Anzahl scheint eine Mindestgröße zu sein. Denn geschickte Affen mit dem gleichen stereoskopischen Blick wie dem eines Menschen und Hand-Augen-Koordination haben trotz ihrer langen Entwicklungszeit von etwa 25 Millionen Jahren keine höhere Intelligenz hervorgebracht. Ihre absolute Gehirnmasse von weniger als 100 Gramm bei einigen wenigen Kilogramm Körpergewicht und die damit wesentlich geringere Anzahl von Verknüpfungen ist offensichtlich nicht ausreichend dafür. Erst die 1 400 Gramm Gehirnmasse des Menschen scheinen die kritische Schwelle zu höherer Intelligenz überschritten zu haben. Da Moleküle eine naturgemäß vorgegebene Größe haben, muß auch die Steuerzentrale (Gehirn) eines intelligenten Lebewesens eine Mindestgröße haben. Die Informationen über Körperfunktionen und die Intelligenzinformation ließen sich theoretisch vielleicht auf ein Volumen von einigen Kubikzentimetern optimieren, womit das gesamte Wesen »mit allem Drumherum« mindestens 10 cm groß wäre.

Zu diesem »Drumherum« gehört ein Energieversorgungssystem. Wenn ETI ein Landlebewesen ist und wie wir durch Luftsauerstoff metabolisiert, dann braucht es eine Lunge. Nur kleine Insekten von weniger als einem Zentimeter Durchmesser können nämlich über ihre Köroberfläche Sauerstoff per Diffusion direkt in ihre Körperzellen befördern. Bei größeren Tieren, deren meiste Zellen weiter als einige Millimeter unter der Oberfläche liegen, funktioniert das nicht mehr, oder man hätte ein Wesen, das nur 1 cm dick wäre und entsprechend flächig, was offensichtlich unpraktisch wäre. Nur mit einer Lunge wie der des Menschen mit einer internen Oberfläche von 100 m², und mit einem weitverzweigten Blutgefäßsystem läßt sich für alle Zellen eines über 10 cm großen Wesens genügend Sauerstoff bereitstellen. Insekten, obwohl als zahlreichste Art äußerst erfolgreich in der erdgeschichtlichen Evolution, bilden somit eine entwicklungsphysiologische Sackgasse zu intelligentem Leben. Ohne Ansätze zu einem Lungen- und Knochensystem besteht für sie keine Chance, ihre Größe in einem Maße zu steigern, daß ihr Gehirn einen ausreichenden Umfang annimmt, um Intelligenz hervorzubringen.

Analoges gilt natürlich für die Nahrungszufuhr (Stoffwechsel). Daher können größere Lebewesen nicht wie die ganz kleinen über ihre Körperoberfläche stoffwechseln, sondern müssen »essen« und haben dazu einen irgendwie gearteten Körpereinlaß (Mund), einen großflächigen Verdauungstrakt (Darm mit vielen Zotten), durch den die Nahrungsstoffe in den Körper übergehen und schließlich einen Auslaß (...). ETIs wären also, wie wir, nicht größer als die niederen Lebewesen, weil sie komplizierter sind, sondern sie wären komplizierter, weil sie größer sein müssen.

Augen sind das wichtigste Organ, um sich bei Anwesenheit des lebensnotwendigen Sonnenlichtes in der Umwelt zurechtzufinden. Daher ist das Auge im Laufe der Erdgeschichte von der Natur wenigstens 40mal neu erfunden worden (Flügel hingegen nur drei-, vielleicht viermal), und es liegt somit nahe, daß organische ETIs ebenfalls Augen aufweisen (jedoch nicht unbedingt Flügel). Wegen dieser besonderen Bedeutung für die Orientierung in der Umwelt besitzt jedes höhere Lebewesen meist zwei Augen. Optimal ausgelegte Augen müssen aber eine Größe haben, wie die von uns Menschen. Denn bei der für unsere Körpergröße notwendigen Auflösung und dem Gesichtsfeldbereich haben unsere lichtempfindlichen Sehstäbchen eine gewisse Mindestanzahl und Abmessungen, die ziemlich genau der Lichtwellenlänge entsprechen. Kleinere Augen sehen also nur wesentlich unschärfer, und größere Augen machen aus diesen Gründen keinen Sinn. Tatsächlich gibt es kein Erdlebewesen mit wesentlich größeren Augen. Selbst ein Elefant besitzt ziemlich kleine Augen, was bei seiner ansonsten recht stattlichen Größe immer ein wenig merkwürdig aussieht. Es gibt zwar Säugetiere mit kleineren Augen, wie zum Beispiel Mäuse, diese können jedoch wegen der schlechteren Auflösung in einem Abstand von zwei Metern ein menschliches Gesicht von einem anderen nicht mehr unterscheiden, was für solche Lebewesen jedoch auch noch vollkommen irrelevant ist.

Nimmt man alle Eigenschaften zusammen, dann bestünden aus einer natürlichen Evolution hervorgegangene ETIs wie wir aus »Fleisch« (Agglomerat reproduzierender wäßriger Zellen) und »Blut« (einer Flüssigkeit, die den Sauerstoff und die Nahrung zu allen Körperzellen transportiert), wären zwischen 0,1 und 10 m groß, wahrscheinlich wie wir so etwa einen Meter groß, hätten ein entsprechend dimensioniertes körpertragendes Skelett, wahrscheinlich auch Augen und eine Lunge, einen Mund und ein funktionelles Gegenstück dazu. Was offen bleibt, ist lediglich, wie das alles zueinander angeordnet ist. Und das, und nur das, überlassen wir der Phantasie von Science-fiction-Autoren und Fantasy-Malern.

3 Sind wir allein?

3 Sind wir allein?

»Wenn es sie gibt,
dann müßten sie hier sein.
Wo sind sie?«

Enrico Fermi, Nobelpreisträger Physik 1938

Die Begriffe sind geklärt. Wir haben ein prinzipielles Verständnis dessen erarbeitet, was Intelligenz ist und an welche Lebensformen sie geknüpft ist, ohne allzusehr in die Details gegangen zu sein, die für unsere Belange ohnehin nicht notwendig sind. Im Gegenteil, wir wollen die Möglichkeiten des Lebens nicht durch die zu subjektive Brille irdischer Verhältnisse unnötigerweise einschränken und dadurch womöglich exotischere Formen des Lebens ausschließen. Wenn wir nun also eine erste Vorstellung davon haben, was die Grundvoraussetzungen sind, um Intelligenz hervorzubringen, können wir uns der zentralen Frage, wie oft solch eine Entwicklung im Kosmos stattfinden könnte oder womöglich bisher stattgefunden hat, zuwenden: »Gibt es neben uns noch weiteres intelligentes Leben im Universum?« Um es vorwegzusagen: Die Wissenschaft ist nicht fähig, eine definitive Antwort auf diese drängende Frage zu geben. Um das tun zu können, müßten alle Planeten aller Sterne, aller Galaxien besucht und die Antworten wieder zusammengetragen werden. Dies ist unmöglich und wird es auch in Zukunft sein. Was die Wissenschaft allerdings leisten kann, ist beispielsweise eine Analyse universeller Gesetzmäßigkeiten und eine Bewertung der Wahrscheinlichkeiten aller einzelnen Schritte, die zu intelligentem Leben führen. Daraus resultiert letztlich wiederum eine Angabe einer Wahrscheinlichkeit, mit der extraterrestrische Intelligenz in unserer Milchstraße oder unserem Universum existiert. Über diesen direkten Zugang hinaus existieren aber noch andere logische Denkansätze, die ebenfalls qualitative und grobe quantitative Aussagen zulassen. Auch mit diesen werden wir uns in diesem Kapitel beschäftigen.

3.1 Grundlegende Postulate

Allen diesen Denkansätzen ist aber eines gemeinsam: Sie basieren wie jede wissenschaftliche Forschung auf Prämissen oder Prinzipien, wie sie allgemein genannt werden, in der Mathematik spricht man auch von Axiomen und in den Naturwissenschaften von Postulaten. Praktisch jede wissenschaftliche Argumentation geht stillschweigend von Postulaten aus, und es lohnt sich, diese Postulate hin und wieder ins Gedächtnis zurückzurufen, insbesondere dann, wenn man wie im folgenden grundlegende Fragen an die Natur richtet. Postulate sind nach dem Stand der jeweiligen Naturwissenschaft nicht tiefer beweisbare Wahrheiten. Ein grundlegendes Postulat ist zum Beispiel die Aussage, daß unsere Welt tatsächlich ist, also wahrhaft existiert, und nicht nur ein Traum oder Schein ist, der verfliegt, wenn wir vielleicht nach unserem Tode »aufwachen« und in höhere Erkenntnissphären eintreten, so als würden wir nach einem nächtlichen Schlaf unsere Träume als Phantasiegespinste entlarven, die in eine höhere Daseinsform, nämlich unsere existierende Welt, eingebettet sind. Dieses Seinspostulat wird üblicherweise nirgendwo erwähnt, weil es einfach zu trivial scheint. Es ist nach heutigem Stand der Wissenschaft auch nicht tiefer begründbar, aber dennoch eine essentielle Grundlage jeglicher Wissenschaft. Wenn das Seinspostulat nicht zuträfe, könnten wir uns jedes tiefere Nachdenken über unsere Welt eigentlich sparen. Es wäre vielmehr angemessener, dieses wie jedes andere Buch, das nach Erkenntnis sucht, auf der Stelle zuzuklappen und den sofortigen Freitod zu suchen, um unserer Scheinwelt zu entrinnen und zur wahren Erkenntnis zu gelangen. Jeder, der sich auf dieses Denken einläßt, das Seinspostulat also ernstlich anzweifelt und solch drastische Konsequenzen erwägt, sei jedoch gewarnt. Er läuft Gefahr, nach dem gewaltsamen Akt in einer Welt zu landen, in der er sich wiederum die Frage stellen müßte, ob diese wirklich ist oder auch nur eine Scheinwelt, der er sich zwar wiederum durch ähnlich drastische Maßnahmen entziehen könnte, was ihm aber nicht helfen würde, da er in einer weiteren Scheinwelt landen könnte, er also in einen Prozeß ad infinitum geriete, der ihm letztlich keinen höheren Erkenntnisgewinn verschaffen könnte, als wenn er es bei seinem jetzigen Leben mit einem vielleicht unbefriedigenden Seinspostulat beließe[1].

[1] Einmal abgesehen von der ziemlich blöden Situation, daß er mit der Ausführung dieses Schrittes zu der Erkenntnis gelangt, daß das Seinspostulat zutrifft.

Auf der anderen Seite ist gegenüber einer bedenkenlosen Akzeptanz von Postulaten Vorsicht geboten. Denn Postulate machen Annahmen, die nicht notwendigerweise richtig sein müssen. Ein Gläubiger, der die »Wahrheit der Bibel in jedem Wort« zu seinem Postulat erhebt, wird Denkansätze von vornherein ausschließen, die sich später viel-

leicht als wahr herausstellen könnten, und er wird sich schwer tun, sie überhaupt zu akzeptieren, so wie sich die katholische Kirche über Hunderte von Jahren hinweg schwertat, die Aussagen Galileis oder Darwins zu akzeptieren. Erst in jüngster Vergangenheit hat sie sich offiziell zu einem Eingeständnis des Galileischen Weltbildes durchringen können. Das vorschnelle Akzeptieren eines Postulats könnte also die Breite möglicher Erkenntnisse unnötig einschränken oder gar falsche Erkenntnisse liefern.

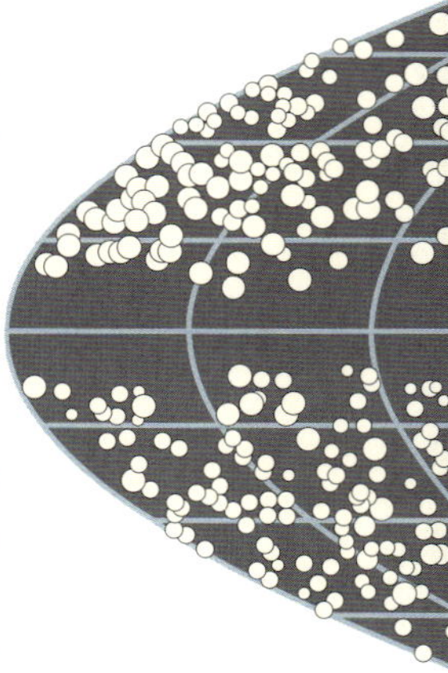

Wenn wir im folgenden die Postulate und Prinzipien einzeln darstellen, dann soll dies nicht kritiklos geschehen. Wir werden vielmehr zweifelhafte Postulate auf ihre Seriosität hin abklopfen und schließlich einen Satz von nichttrivialen Postulaten (also einschneidender als das Seinspostulat) erhalten; diese sind von den ernsten Wissenschaften heute allgemein akzeptiert. Diese Postulate, die wir nach der Tradition kosmologischer Wissenschaft Prinzipien nennen werden, werden wir durch Hervorhebung als solche kenntlich machen und einzeln durchnumerieren.

Das erste ist das *Isotropiepostulat:*

1. *Das* ***Isotropiepostulat*** *besagt, daß das Universum im ganzen in allen Richtungen gleich ist (abgesehen von statistischen Ungleichförmigkeiten), also der Anblick in jeder Richtung für einen Beobachter im großen gesehen der gleiche ist wie in jeder anderen Richtung.*
   Die Isotropie bezieht sich auf die Gleichartigkeit der Materie, der Strahlung und der Strukturen, in denen die Materie uns entgegentritt, und der Gleichartigkeit ihrer Bewegungen. Das Isotropiepostulat läßt sich vom Standpunkt des irdischen Beobachters aus bestätigen. Nach allen bisherigen Beobachtungen der Astronomen ist das Universum bezüglich der Erde lokal isotrop, die beobachteten mittleren Materiendichten schwanken tatsächlich um weniger als ein Promille. Insbesondere die neueren genauen Messungen der sphärischen Verteilung der kosmischen Hintergrundstrahlung mit dem COBE-Satelliten ergaben, daß die richtungsabhängigen Abweichungen der kosmischen Hintergrundstrahlung vom gemessenen Mittelwert nur ein Hunderttausendstel, also 0,01 Promille betragen (Peebles, P. J. E., 1994). An dieser Stelle ist es interessant zu wissen, daß das Universum nur dann stetig isotroper wird, die Isotropie also auf immer kleineren Raumskalen zutrifft und damit unser Universum in diesem Sinne immer idealere Züge annimmt, wenn die kinetische Energie der Explosion des Urknalls gerade ausreicht, um den Rekollaps des Alls zu verhindern, wenn also die universelle Gesamtenergie Null ist (potentielle Energie der Gravitation = kinetische Energie der Expansion), und somit die raumartige Struktur des Universums euklidisch, also vollkommen glatt ist. Nach allem, was wir heute über unser Universum und dessen Strukturen wis-

sen, ist das Universum nicht nur isotrop, sondern scheint auch homogen, also in allen Raumbereichen im Mittel gleich zu sein. Diese Vermutung läßt sich von der Position der Erde aus allein nicht verifizieren. Nach einem mathematischen Satz von Walker impliziert jedoch die Isotropie an jedem Punkt im Universum die Homogenität des gesamten Universums. Daher hat das *Kopernikanische Prinzip* eine zentrale Bedeutung:

2. *Das* ***Kopernikanische Prinzip*** *besagt, daß kein Teil des Universums dem anderen gegenüber bevorteilt ist, also die Erde keinen ausgezeichneten Platz, insbesondere nicht die Mitte unseres Universums, einnimmt.*

Galaxien sind im Universum nahezu perfekt gleichmäßig verteilt: Die Dichte der Galaxien ist in allen Raumrichtungen nahezu gleich – oder anders ausgedrückt: Die Galaxienverteilung ist isotrop. Die weißen Punkte stellen einzelne Galaxien in einer Entfernung zwischen 300 und 1000 Millionen Lichtjahren aufgenommen durch IRAS im Infraroten dar. Staubwolken decken in einem schmalen Streifen die Sicht in der Ebene unserer Milchstraße ab (Mitte).

Denn zusammen mit dem Isotropiepostulat zieht das *Kopernikanische Prinzip* über den Satz von Walker die Homogenität des Universums nach sich, weswegen es von den Kosmologen manchmal nicht ganz zutreffend als Homogenitätsprinzip bezeichnet wird. Das Homogenitätsprinzip des Universums stellt die höchste Anforderung an die Symmetrieeigenschaften unseres Universums, weswegen es auch als *Kosmologisches Prinzip* bezeichnet wird:

3. *Das* ***Kosmologische Prinzip*** *(Homogenitätsprinzip) umfaßt die Gültigkeit des* ***Isotropiepostulats*** *und des* ***Kopernikanischen Prinzips*** *und impliziert damit die Homogenität des Universums.*

In dieser Allgemeinheit bedeutet das *Kosmologische Prinzip*, daß jeder Beobachter, der sich relativ zur Materie in seiner Umgebung in Ruhe befindet, den gleichen Anblick der Welt hat, in all ihren Eigenschaften, wie jeder andere ruhende Beobachter zur gleichen Zeit an einem beliebigen Ort im Weltall. Das bedeutet auch implizit, daß es keinen Mittelpunkt im Weltall geben kann, wie Giordano Bruno bereits vermutete. Offensichtlich beinhaltet das *Kosmologische Prinzip* auch die universelle Gültigkeit der Naturgesetze und die Einheitlichkeit der darin vorkommenden Naturkonstanten. Insbesondere genügt die Theorie über die Entstehung unseres Universums in einem Urknall, die Big-Bang-Theorie, diesem *Kosmologischen Prinzip*. Das *Kopernikanische Prinzip* scheint, wie gesagt und nach allem, was wir heute wissen, richtig zu sein. Es ist, wie wir im

Eingangskapitel über die Geschichte der Kosmologie gelernt haben, jedoch relativ neu und hat seinen Ursprung im Kopernikanischen Weltbild des 16. Jahrhunderts, das die Erde aus dem Mittelpunkt des bis dahin bekannten Universums rückte. Das *Kopernikanische Prinzip* löste das Aristotelische Prinzip der Kontinuität ab, das auf den Vorstellungen des Altertums beruhte, die Natur schreite vom unordentlichsten Zustand der verschmutzten und unsauberen Erde, in deren Zentrum der übelste Zustand überhaupt, die Hölle, stand, nach oben zum perfektesten Zustand, nämlich Gott in den Himmelsphären, vor. Dazwischen lagen die Planeten, die sich nach der griechischen Epizyklentheorie von Apollonius und später der Excentertheorie von Ptolemäus auf mathematisch regelmäßigen, jedoch nicht ideal kreisrunden Bahnen bewegten. Das *Kopernikanische Prinzip* ist also ein Kind der rationalen Denkweise der Aufklärung und, was die physikalischen Eigenschaften unseres Universums betrifft, akzeptiertes Gemeingut in der heutigen Kosmologie, der Lehre über die Entstehung und den Zustand des Weltalls. Ein Spezialfall des *Kopernikanischen Prinzips* ist das in der Literatur öfter zitierte *Prinzip der Mittelmäßigkeit*:

4. *Das* ***Prinzip der Mittelmäßigkeit*** *besagt, daß das Leben auf der Erde kein Sonderfall ist. Leben, insbesondere das uns bekannte irdische, biologische Leben und die Evolution zu diesem Leben, kann im Prinzip überall im Universum stattfinden.*
   Ein wichtiger Zusatz sind die Worte »im Prinzip«, denn mit der prinzipiellen Möglichkeit ist noch nicht gesagt, ob überhaupt und in welcher Vielfalt Leben anderswo existiert, obwohl die Befürworter extraterrestrischen Lebens mit der Berufung auf das Prinzip der Mittelmäßigkeit auch stets implizieren, daß es tatsächlich viele außerirdische Lebensformen gibt. Diese letztere Schlußfolgerung, die insbesondere gerne für die Verteidigung interstellarer Kommunikationstechniken ins Feld geführt wird (wie etwa von Sagan, C., 1983), ist also nicht a priori richtig. Wir sehen und verstehen heute die vielen Himmelssterne als Milliarden von Sonnen, viele mit Planetensystemen, die eingelagert sind in abermals viele Milliarden von Galaxien, von denen unsere Milchstraße nur eine ist, und all diese haben nach allem, was wir wissen, identische physikalische Eigenschaften. Dies gibt ausreichend Anlaß, das *Kopernikanische Prinzip* anzuerkennen und mit ihm eine Mittelmäßigkeit der physikalischen Voraussetzungen für Leben, insbesondere für biologisches Leben. Solange wir aber keinen konkreten Hinweis auf tatsächlich überschäumendes Leben anderswo haben, ist im Prinzip nicht auszuschließen, daß die potentielle Lebensmöglichkeit sich nicht oder nur in extrem wenigen außerirdischen Lebensformen niedergeschlagen hat. Das *Prinzip der Mittelmäßigkeit* bedeutet eben nicht, daß die mittelmäßige Möglichkeit auch unbedingt eine vielfältige Lebensumsetzung nach sich zieht. Genauso wenig bedeutet die stets vor-

handene Möglichkeit, daß ein riesiger Komet alles höhere Leben auf der Erde auslöschen könnte, daß dies des öfteren auch passiert wäre. Im Gegenteil, seitdem die Spezies Homo existiert, ist es, zum Glück, noch nie eingetreten. Wir wissen aber aus der Erdgeschichte, daß dies sehr wohl mindestens einmal passiert ist: die Auslöschung der Dinosaurier und aller anderen höheren Lebensformen vor 65 Millionen Jahren.

Das »Prinzip der Mittelmäßigkeit« besagt, daß das Leben auf der Erde kein Sonderfall sein muß. Leben, insbesondere das uns bekannte irdische, biologische Leben und die Evolution zu diesem Leben, könnten im Prinzip überall im Universum stattfinden. Ob sich dies dann tatsächlich so ereignet, ist jedoch eine ganz andere Frage.

Doch zurück zum übergeordneten *Kosmologischen Prinzip*. Manche Kosmologen postulieren sogar das *Perfekte Kosmologische Prinzip*, wonach das Universum auch zu allen Zeiten dieselbe Form und Struktur hatte und haben wird. Dieses Prinzip widerspricht allerdings der Beobachtung, daß die Galaxien sich mit teilweise sehr großer Geschwindigkeit voneinander fortbewegen. Nur die sogenannte *Steady-State*-Theorie, die dabei auch das stetig neue Entstehen von Materie und mit ihr neuer Galaxien vorhersagt, wäre sowohl im Einklang mit dem *Perfekten Kosmologischen Prinzip* als auch mit dieser Beobachtung. Dafür gibt es andere Beobachtungen, die im Widerspruch zur *Steady-State*-Theorie stehen (sie kann zum Beispiel die Hintergrundstrahlung nicht auf natürliche Weise erklären), weswegen sie zusammen mit dem *Perfekten Kosmologischen Prinzip* allgemein und daher auch im folgenden nicht akzeptiert ist.

Basierend auf dem *Kosmologischen Prinzip* und dem daraus folgenden *Prinzip der Mittelmäßigkeit*, wollen wir nun nach der tatsächlichen Vielfalt von Leben in unserem Universum fragen, also: Gibt es neben uns noch weiteres intelligentes Leben im Universum?

3.2 Die Drake-Gleichung

Wie viele Zivilisationen gibt es zu einem Zeitpunkt? Unter Anwendung des Prinzips der Mittelmäßigkeit und der plausiblen Annahme, daß Zivilisationen beinahe überall mit der gleichen Rate entstehen und eventuell vergehen, ist diese Frage äquivalent zur eingeschränkteren aber uns interessierenden Frage: »Sind wir zum jetzigen Zeitpunkt allein?« Ein direkter Zugang zur Beantwortung dieser Frage wurde erstmals von Carl Sagan im Jahre 1973 präsentiert. Er schlug vor, alle kritischen Voraussetzungen für Leben ab initio im Universum aufzulisten und sie quantitativ möglichst genau zu bewerten. Daraus sollte sich die Antwort zahlenmäßig ergeben. Gleichzeitig legte er eine Gleichung vor, die heute als Drake-Gleichung weithin bekannt ist[2], in der er alle geforderten Voraussetzungen einheitlich zusammenfaßte und die in leicht erweiterter Form (siehe auch Hart, M., 1995) lautet:

[2] Erste Überlegungen in diese Richtung gehen auf den berühmten Astronomen Drake zurück.

$$N_{heute} = R_* \, f_h \, f_p \, n_e \, f_l \, f_i \, f_c \, L \qquad (1)$$

Dabei ist

- N_{heute} – die Anzahl intelligenter Zivilisationen, die heute existieren,
- R_* – die Sternentstehungsrate einer Galaxie gemittelt über deren Lebensdauer,
- f_h – der Anteil der Sterne, die eine Ökosphäre (habitable Zone) haben,
- f_p – der Anteil der Sterne, die ein Planetensystem besitzen,
- n_e – die mittlere Anzahl von Planeten in einem Planetensystem, die in die Ökosphäre fallen, also geeignet sind, biologisches Leben hervorzubringen,
- f_l – die mittlere Anzahl solcher geeigneter Planeten, die tatsächlich Leben hervorbringen,
- f_i – der Anteil solcher Biosphären, auf denen sich intelligentes Leben bildet,
- f_c – der Anteil solcher Zivilisationen, die fortgeschrittene Techniken zur Kommunikation entwickeln,
- L – die mittlere Lebensdauer solcher technisch hochentwickelter Zivilisationen.

Üblicherweise wird die Gleichung auf eine Galaxie, meistens unsere Milchstraße, angewandt, um die Anzahl der ETIs in ihr zu berechnen. Die Gleichung hat aber im wahrsten Sinne des Wortes universelle Geltung und kann daher auf das gesamte Universum übertragen werden.

War die vollständige Aufstellung dieser Drake-Gleichung noch einigermaßen einfach, so stellte sich schnell heraus, daß die Bewertung der einzelnen Faktoren ungemein schwer ist, wenn nicht, wie der Faktor L, unmöglich. Mehr als zwei Jahrzehnte intensiven Forschens sind seitdem vergangen, ohne eine definitive Antwort erbracht zu haben. Selbst von einer ungefähren Größenordnung von ETIs ist man noch weit entfernt. Trotzdem ist die Gleichung sehr hilfreich: zum einen, um genau zu verstehen, wie viele schwierige Hürden die Entwicklung zu Intelligenz nehmen muß, und zum anderen, um wenigstens Abschätzungen dafür zu bekommen, in welchen Größenordnungen sich die Wahrscheinlichkeiten für das Überwinden der einzelnen Hürden bewegen.

Anhand des uns heute bekannten Wissens über die Entstehung von Sternensystemen und ihrer Planetensysteme und unserer Erkenntnis, daß alle hochentwickelten Lebensformen zumindest aus den uns bekannten biologischen Makromolekülen bestehen müssen, wollen wir im folgenden die möglichen Entwicklungen der kosmologischen Urmaterie zu intelligenten Wesen nachvollziehen und dabei Abschätzungen für die einzelnen Faktoren der Drake-Gleichung gewinnen.

3.2.1 Planeten – Wiege des Lebens

Der Geiernebel M 16 im Sternbild Serpens (Schlange) beherbergt einen Sternhaufen, der vor etwa zwei Millionen Jahren aus einer kollabierenden Gas- und Staubwolke entstand. Diese Sterne beleuchten die verbliebenen Reste von Gas und Staub, wobei in den dunklen Regionen genug Materie vorhanden ist, um neue Sterne entstehen zu lassen. Da der Staub, aus dem Sterne und Planeten entstehen, von erloschenen Sternen einer früheren Generation stammt, gibt es ein kosmisches Materie-Recycling.

Diese Gassäulen im Geiernebel M 16 (vergleiche vorherige Abbildung, zentraler Teil) aufgenommen mit dem Hubble-Teleskop, sind Gebiete aus kaltem interstellarem Wasserstoffgas und Staubteilen, in denen zur Zeit neue Sterne mit Planeten entstehen.

In den vergangenen zehn Jahren sind die Prozesse, die zur Sternentstehung und mit ihr zur Entstehung von Planetensystemen führen, modellmäßig wesentlich besser verstanden (Adams, F. C. & Lin, D. N. C., 1993; Stahler, S.W., 1991; Boss, A.P., 1996). Sterne entstehen, wenn sich in der ausgebreiteten Urmaterie, bestehend aus Gasmolekülen (H_2 und He) und Staubteilchen schwerer Elemente, zufälligerweise irgendwo eine leicht höhere Ansammlung ihrer Bestandteile bildet. Ein schönes Beispiel für solch einen protosolaren Urnebel ist heute das Gebilde W 49A, das in 50 000 Lichtjahren Entfernung zwar sehr weit von uns entfernt liegt und im sichtbaren Bereich vollständig vom Staub der Milchstraße verdeckt ist, aber durch seine ungeheuren Abmessungen gut mit Radioteleskopen beobachtbar ist. Die Ionen dieses Gas/Staub-Nebels erzeugen magnetische Felder, die andere ionisierte Partikel zwingen, auf Schraubenlinien um die Feldlinien zu laufen und sie so daran hindern, seitlich abzuwandern und

Vergrößerung der Spitze der linken Gassäule im oberen Bild. Die Sternentstehungsgebiete in M 16 erscheinen in dieser Aufnahme als fingerartige Spitzen an der Oberseite der leuchtenden Molekülwolke. Tatsächlich sind diese Gebiete jeweils größer als unser Sonnensystem und beinhalten jeweils einen neugeborenen Stern, der wegen der ihn noch umgebenden Staubhülle für uns unsichtbar bleibt.

den Nebel zu verlassen (Heidman, J., 1994, S. 25). Unterstützt durch diesen Effekt verdichtet sich zunächst der Nebel, und im fortgeschrittenen Zustand unter der eigenen Schwerkraft kollabiert schließlich die im Nebel eingeschlossene Masse zu einem dichten Haufen – ein Protostern ist geboren. Seit Beginn unseres Universums vor ungefähr 10^{10} (zehn Milliarden) Jahren sind in unserer Milchstraße auf diese Weise circa $2 \cdot 10^{11}$ (200 Milliarden) Sterne entstanden (siehe zum Beispiel Zinnecker, H. et al., 1993). Die mittlere Sternentstehungsrate läßt sich damit ziemlich genau abschätzen zu

$$R_* \simeq 20/\text{Jahr}.$$

In diesem intermediären Stadium formt sich unter dem Einfluß der gerichteten Feldlinien zunehmend eine Scheibe um das Zentralgestirn heraus, die sich radial zusammenzieht und zunehmend schneller und flacher rotiert. Die überschüssige Energie des jugendlich aktiven Sternes bläst überschüssige Materie des Nebels längs des Feldes, also senkrecht zur entstehenden Scheibe in zwei entgegengesetzten Fontänen weit weg. Die Summe dieser Vorgänge läßt sich sehr schön im Gebilde L1551 verfolgen, bei dem man gleichzeitig den Gasjet, die scheibenförmige Akkretionsscheibe und die Gashülle des jungen Sternes beobachten kann. Etwa die Hälfte aller Protosterne entwickelt bei ihrer Entstehung aus dem Urmaterial eine Scheibe von 1 Prozent oder mehr von ihrer eigenen zentralen Sternenmasse um sich herum, so wie wir heute eine Scheibe um den Stern »β-Pictoris« beobachten können. Die Zusammensetzung der Scheibe ist dabei hauptsächlich der Urstaub mit Teilchendurchmesser von typischerweise 1 μm und mit wenig oder fast gar keinem Urgas. Der Grund für diese ausladende Scheibe, die sich um den zentralen Protostern herum dreht, ist die Drehimpulserhaltung. Der Drehimpuls des Urnebels muß nach den Gesetzen der Physik erhalten bleiben und äußert sich gerade durch diese flache Scheibe. So beinhaltet unsere Sonne zwar 99,9 Prozent der gesamten Masse, jedoch nur 3 Prozent des Gesamtdrehimpulses des Sonnensystems. Der weitaus größte Teil des Drehimpulses steckt in den äußeren Planeten, Kometen und Asteroiden.

Durch kleine Stoßprozesse innerhalb dieser Scheibe lagern sich die Staubpartikel zu Vorläufern von Planeten, sogenannten »Planetesimalen«, mit etwa einem Kilometer Durchmesser an. Innerhalb von nur zehn Millionen Jahren ziehen sich die Planetesimale unter ihrer eigenen Gravitationswirkung gegenseitig an und verschmelzen letztendlich zu den Planeten. Der gesamte Prozeß vom Zusammenstürzen des protosolaren Nebels bis zur Agglomeration eines Planeten dauert, so wird vermutet, nur 100 Millionen Jahre, vernachlässigbar wenig im Vergleich zu kosmischen Maßstäben.

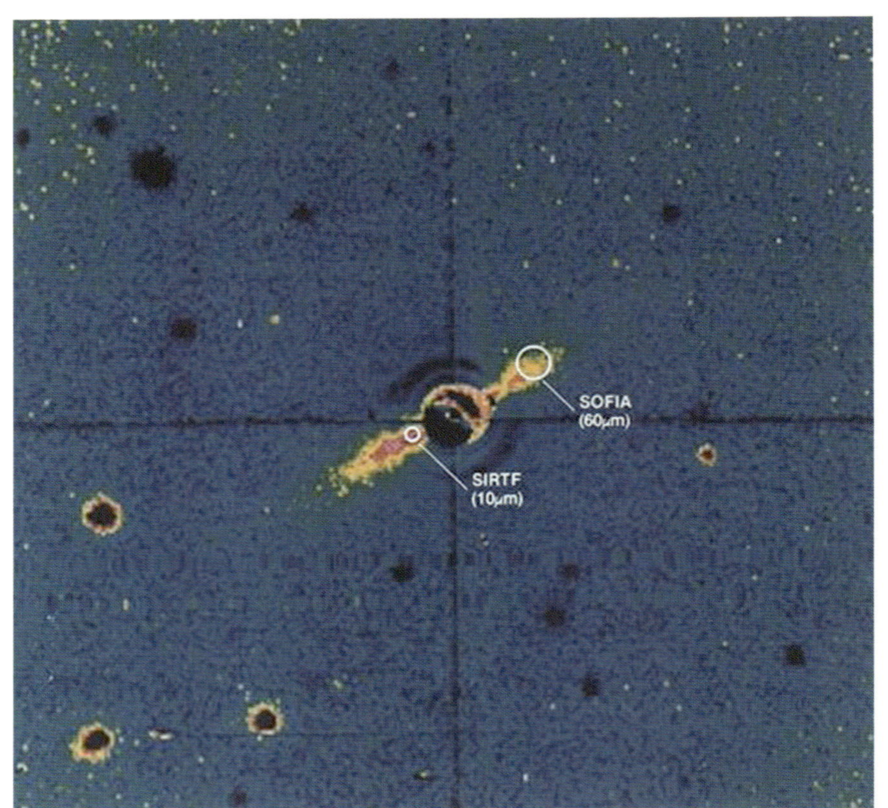

Im Sternbild Pictor (Maler) gibt es einen Stern, der von Gas und Staub umgeben ist. Die Aufnahme des Hubble-Teleskops zeigt die flache Scheibe um den Stern β-Pictoris, der selbst ausgeblendet wurde, um die lichtschwache Scheibe erkennbar zu machen. Die Scheibe mißt 100 Erdbahnradien und läßt eine leichte Asymmetrie des inneren (roten) Bereichs bezüglich der mittleren Ebene erkennen, die dem Einfluß eines Planeten oder eines kleinen Sterns zugeschrieben wird.

Genau diesen Übergang entdeckten im März 1998 unabhängig voneinander NASA-Astronomen mit dem Keck-II-Teleskop auf Mauna Kea/Hawaii und Wissenschaftler der Universität von Cambridge und Florida/Gainsville mit dem Blanco Teleskop in La Serena/Chile. Sie fanden einen sehr jungen Stern, HR 4796A benannt, von nur zehn Millionen Jahren, aber 20mal lichtstärker als unsere Sonne, in etwa 220 Lichtjahren Abstand zur Erde in der Konstellation Centaurus. Aufnahmen mit einer Infrarotkamera zeigten, daß der Stern von einer leuchtenen Staubscheibe mit einem Durchmesser von etwa 200 AE[3] umgeben ist, deren innerer Bereich mit Durchmesser 100 AE, also etwas mehr als dem Durchmesser unseres Sonnensystems, durch Planetenformungsprozesse bereits vom Staub leergefegt wurde.

[3] AE bedeutet Astronomische Einheit (engl.: astronomical unit, AU). Ein AE entspricht der Entfernung Sonne–Erde und beträgt etwa 150 Millionen km.

Die Zusammenballung und die weitere Ansammlung von Staub aus der Scheibe, dämpft die Exzentrizität der sich bildenden Planeten und führt zu fast kreisförmigen Umlaufbahnen. Es wird geschätzt, daß etwa ein Viertel aller sonnenähnlichen Sterne auf diese Weise ein Planetensystem entwickeln, also:

$$f_p \simeq 1/4.$$

Wenn die Masse der Rotationsscheibe zehn Prozent der Gesamtmasse des Urnebels überschreitet, entwickeln sich andererseits fast ausschließlich binäre Sternensysteme, also Doppelsterne ohne nennenswerte Akkreditionsscheibe, die auf stark exzentrischen Bahnen umeinander laufen. Das uns nächstgelegene Sonnensystem Alpha Centauri ist zum Beispiel ein solches binäres System, das zudem noch von einem dritten Stern, Proxima Centauri, in gebührendem Abstand umlaufen wird. Sowohl binäre Sternensysteme als auch Sterne mit Planetensystemen sind demnach also die üblichen Endstadien von Sternentstehungsprozessen, wobei der Übergang vom einen zum anderen durch die involvierten Exzentrizitäten charakterisiert wird. Binäre Sternensysteme und einzelne Sterne mit Planetensystemen scheinen sich gegenseitig jedoch nicht ganz auszuschließen. Interessanterweise ist das erst kürzlich entdeckte Sternsystem HR 4796 mit seinen sehr jungen Planeten ein binäres Sternsystem. Der Stern HR 4796A mit der beobachteten Staubscheibe und sein Kompagnon HR 4796B umkreisen einander in circa 500 AE Abstand.

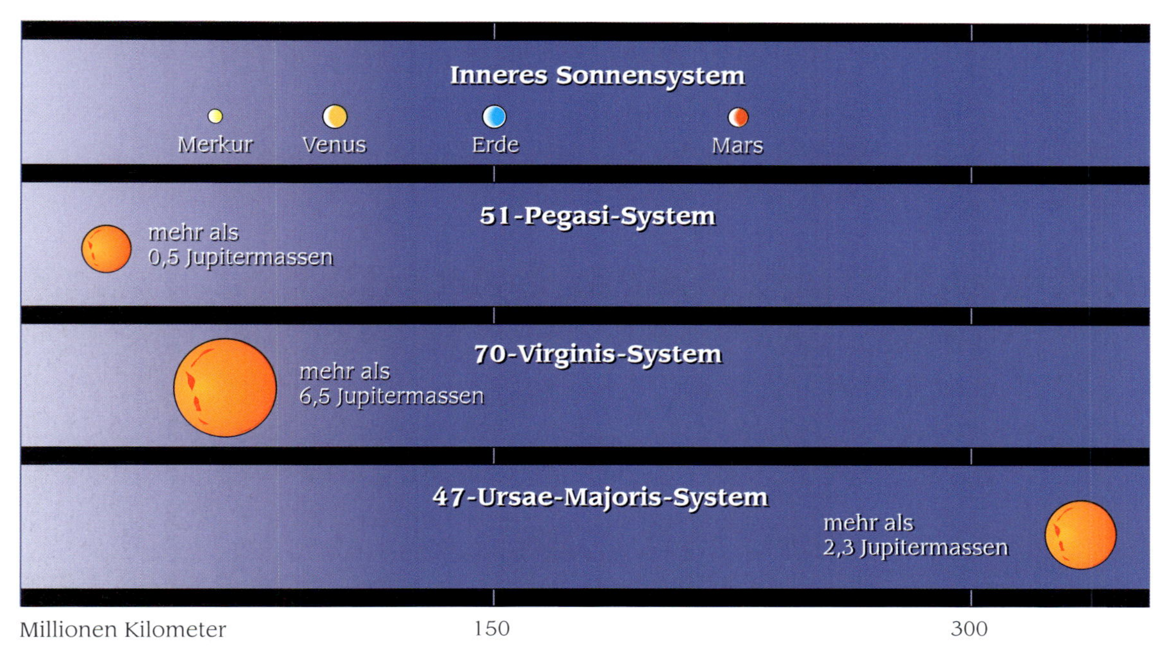

Planeten von Sternen weisen unterschiedliche Größen und Bahnabstände auf, die sich bei Sternen jenseits des Sonnensystems anhand des Gravitationseinflusses der unsichtbaren Begleiter abschätzen läßt. Hier ist dies für Sterne in den Sternbildern Pegasus, Virgo (Jungfrau) und Ursa Major (Großer Bär) dargestellt, bei denen man Planeten vermutet.

In den Jahren 1995 und 1996 sind die ersten Planeten außerhalb des Sonnensystems gefunden worden. Weil massive Planeten mit ihrem Stern um einen gemeinsamen Schwerpunkt kreisen, der nicht mit dem Mittelpunkt des Zentralsterns zusammenfällt, erkennt man solche Maxi-Planeten am schwachen, aber periodischen Schlingern im Spektrum des leuchtenden Sternes. So konnten auf bisher zehn verschiedenen Sternen, darunter 51 Pegasi (Pegasus), 70 Virginis (Jungfrau), 47 Ursae Majoris (Großer Wagen) und Upsilon Andromeda Planeten von einer halben Jupitermasse und mehr nachgewiesen werden (Boss, A. P., 1996). Am interessantesten ist der Fall Lalande 21185, bei dem ein Planetensystem, also ein System mit mehr als einem Trabanten, nämlich zwei von der Größe Jupiters, mit geringen Exzentrizitäten nachgewiesen werden konnte. Dies ist ein starker Hinweis darauf, daß Planetensysteme vergleichbar zu unserem auch woanders existieren. Seit 1997 läuft eine konzentrierte Suchaktion, die herausfinden will, wie viele Planeten es wirklich im All gibt und ob sie Leben tragen können. Bis zum Jahre 2010 sollen bei dieser Aktion alle rund 2 500 Sterne in unserer kosmischen Nachbarschaft in bis zu 200 Lichtjahren Entfernung untersucht werden. Dabei setzen die Planetenjäger die leistungsstärksten Teleskope der Welt ein, darunter das Keck-Teleskop auf Hawaii, das neue Hobby-Ebberly-Teleskop in Texas sowie ab 2000 das in Bau befindliche Interferometer der Europäischen Südsternwarte (ESO) in Chile.

Die Planeten unseres Sonnensystems mit ihrem typischen Erscheinungsbild und in größenrichtiger Darstellung.

Es besteht aber wenig Anlaß, über Organismen auf den bisher gefundenen Planeten zu spekulieren. Vermutlich haben diese Trabanten die Zusammensetzung wie Jupiter, bestehen also größtenteils aus den Gasen H_2 und He, und sind daher eher der Klasse verhinderter Sterne (Braune Zwerge) zuzuordnen als soliden Planeten. Mit ihrer Existenz geben sie aber zumindest einen Hinweis auf mögliche kleinere, erdgroße Planeten in diesen Sternensystemen, die bisher auf diese Weise im Prinzip noch nicht ausgemacht werden können. Leben indirekt auf erdähnlichen Planeten nachzuweisen, wäre erst mit einem großen Interferenz-Teleskop für Infrarot-Spektroskopie (Angel, J. R. P. & Woolf, N. J., 1996) möglich, das im Weltraum oder besser noch auf der Rückseite des Mondes stationiert sein müßte und die Existenz von Sauerstoff und Ozon, also der eindeutigen Produkte von photosynthetisierendem Leben, nachweisen könnte. Diese einzigartige Möglichkeit, außerirdisches Leben im Prinzip nachweisen zu können, ist für mich ein wesentlicher Grund, nach mehr als 25 Jahren wieder den Fuß auf unseren Erdtrabanten zu setzen und ihn unter anderem so für die Menschheit zu nutzen.

Nach allem, was man heute weiß, scheint die Konstellation unseres Sonnensystems mit einem zentralen Stern und einem großen Jupiter-Planeten, der ebenfalls große Gasmassen beinhaltet, eher untypisch zu sein. Man schätzt, daß vielleicht nur jeder zehnte Stern bei seiner Entstehung einen solchen massiven Begleiter hervorbrachte. Die Existenz eines jupiterähnlichen Planeten scheint aber notwendig für die Entwicklung von höheren Lebensformen in einem Sternensystem (Wetherill, G. W., 1993). Wegen der großen Schwerkraft, die der Jupiter auf seine Umgebung ausübt, hat er wohl sehr frühzeitig einen Großteil der umherschwirrenden Kometen aus dem Kuiper-Gürtel[4] eingefangen und so die Frequenz ihrer katastrophalen Kollisionen mit der Erde, bei der alle höheren Lebensformen ausgelöscht werden, auf nur etwa alle 100 Millionen Jahre begrenzt. Man schätzt, daß ohne den Einfluß des Jupiters diese Katastrophen ungefähr alle 100 000 Jahre eingetreten wäre. Diese Zeitspanne wäre vermutlich zu kurz, um nachhaltig höhere Lebensformen und somit intelligentes Leben zu entwickeln. Allein das Ausbleiben eines jupiterähnlichen Planeten könnte den Drake-Faktor f_i auf unter 1/10 drücken.

4) Der Kuiper-Gürtel ist ein Asteroidengürtel, der sich jenseits von Neptun erstreckt und vermutlich alle regelmäßig wiederkehrenden Kometen speist.

Ähnlich wichtig ist der Einfluß eines sehr großen Mondes auf einen Planeten. Die Erde besitzt als einziger Planet in unserem Sonnensystem einen relativ großen Mond. Wegen der sehr großen Ähnlichkeit des Mondgesteins (Apollo-Proben) mit dem Erdgestein und des sehr geringen Anteils von Eisen im Mondkern nimmt man heute an, daß in der Frühzeit der Erdentstehung, also vor etwa 4,5 Milliarden Jahren, der Mond durch eine mächtige Kollision eines großen, urzeitlichen Kometen von der Größe des Mars aus der Erde entstand. Wie neuere Computersimulationen zeigen (Ida, S. et al., 1997), wurden bei diesem Inferno gewaltige Mengen an Silikaten ins All geschleudert. Diese Materie – so die aus diesen Simulationen abgeleitete These – sammelte sich zunächst in einer Scheibe um die Erde an. Während im weiteren Verlauf etwa zwei Drittel wieder als Meteoriten auf die Erde »zurückregneten«, formte sich angeblich aus dem verbleibenden Rest und innerhalb nur weniger Monate unser Mond innerhalb der irdischen Rocheschen Zone, also im Abstand von etwa 20 000 km vom Erdmittelpunkt. Erst über die vielen Milliarden Jahre und verursacht durch die Gezeitenkräfte entfernte sich unser Mond immer weiter von der Erde bis zum heutigen mittleren Abstand von 384 400 km.

Die Existenz unseres Mondes, die auf diese ungewöhnliche und mächtige Kollision zurückgeht, stabilisierte aber nachweislich die Erdachse. Die Erdachse taumelte über die Jahrmillionen nicht wie bei anderen Planeten frei herum, sondern behielt wegen unseres Mondes ihre anfängliche nahezu vertikale Ausrichtung bezüglich der Umlaufebene bei. Dies führte auf unserer Erde zu gleichbleibenden Klimazonen mit nur leichten saisonalen Schwankungen (Laskar, J., 1993). Diese Klimakonstanz war sicherlich eine der wesentlichen Voraussetzungen zur Entwicklung höherer Lebensformen. Es ist schwer abzuschätzen, wie groß der Anteil der Planeten ist, die einen solchen stabilisierenden Mond besitzen. Innerhalb unseres Sonnensystems ist dies jedoch ein einmaliger Fall. So ist die Marsachse etwa alle zehn Millionen Jahre nachweislich und teilweise sehr abrupt um bis zu 60 Grad gekippt. Solche kosmischen Sonderfälle lassen den Anteil belebter Planeten mit höher entwickelten Lebensformen auf höchstens zehn Prozent, wahrscheinlich eher auf ein Prozent schrumpfen.

Allein die Anwesenheit des Jupiters und unseres Mondes scheint also eine wichtige Voraussetzung für die Entstehung unserer Zivilisation gewesen zu sein. Zu der Drake-Gleichung würden allein diese beiden Effekte über f_i mit einem Faktor 1/1 000 beitragen. Vermutlich gibt es noch manch andere spezifische Konstellation in unserem Sonnensystem, deren lebensnotwendigen Einflüsse wir noch nicht über-

Die Spiralgalaxie NGC 2997 ähnelt unserer Milchstraßengalaxie: Sie besteht aus etwa 100 000 Millionen Sternen in einer flachen Scheibe, die einen Durchmesser von etwa 100 000 Lichtjahren hat und innen schneller rotiert als außen. Innen dauert eine Umdrehung etwa eine Million Jahre, außen ungefähr 1 000mal länger. Der leuchtende Kern kollabiert etwa alle 100 Millionen Jahre und stößt dabei Gas und Staub ab, was in den Spiralarmen neue Sterne entstehen läßt.

blicken, die aber die Entstehung höherer Lebensformen oder gar die Entstehung allererster biologischer Strukturen förderte oder sie gar erst möglich machte. Dazu zählt auch die Erkenntnis, daß in der erdarchaischen Zeit vor 4,6 bis 2,5 Milliarden Jahren die abgestrahlte Sonnenenergie nur 75 Prozent des heutigen Wertes betrug, was wahrscheinlich aber durch einen Treibhauseffekt, hervorgerufen durch den damaligen hohen CO_2-, Methan- und Ammoniak-Anteil in der Erdatmosphäre, gerade kompensiert wurde.

Aber auch intragalaktische Konstellationen können einen wesentlichen Einfluß auf die Bewohnbarkeit von Planeten haben. L. S. Marochnik und L. M. Mukin vom Institut für Weltraumforschung in Moskau fiel auf, daß die Umdrehungsgeschwindigkeit unseres Sonnensystems um das galaktische Zentrum bis auf wenige Prozent genau mit der Umdrehungsrate der Spiralarme unserer Milchstraße übereinstimmt. Diese Übereinstimmung ist ungewöhnlich, da die Spiralarme, bestehend aus Gas und Staub, als Ganzes, also ohne sich zu deformieren, mit einer Rate von 200 Millionen Jahren rotieren, während die Umdrehungsrate der einzelnen Sterne stark von ihrer Entfernung zum galaktischen Zentrum abhängt. Genauso wie unsere Planeten im Sonnensystem laufen die Sterne um so langsamer, je weiter sie vom Zentrum entfernt sind. Bei einer Entfernung von 30 000 Lichtjahren und fast mit der Einheitsgeschwindigkeit laufend bewegt sich unsere Sonne relativ langsam zwischen zwei verschiedenen Spiralarmen. Vor 4,6 Milliarden Jahren im Spiralarm des Schützen entstanden, befindet sie sich gerade auf der Hälfte der Strecke zum Arm des Perseus, den sie in etwa 3,3 Milliarden Jahren erreichen wird. Die Arme sind jedoch Bereiche mit starken Sternentstehungsaktivitäten. Dabei entstehen nicht nur Sterne vom Typ unserer Sonne, sondern auch wesentlich massivere Sterne, die nur kurz, dafür aber heftig strahlen. Sie sind bereits wieder nach wenigen Millionen Jahren verbrannt und erlöschen mit einem Paukenschlag, einer Supernovaexplosion. Wenn in ferner Zukunft die Sonne in den Arm des Perseus eintritt, wird sie sich mit großer Sicherheit solchen kosmischen Handgranaten bis auf weniger als 30 Lichtjahre nähern. Dabei wird aber die kosmische Strahlung, die von diesen Granaten ausgeht, auf der Erde um das mindestens 100fache zunehmen, was die Krebssterbefälle, verursacht durch die damit verbundenen Zellschädigungen, so stark ansteigen ließe, daß die Menschheit bei fast null Prozent Wachstumsrate (die Erde wäre maximal bevölkert) innerhalb von 10 000 Jahre aussterben ließe. Immerhin hätte die Menschheit aber als Intelligenz im Universum jemals existiert.

Wenn es also umgekehrt zur Entwicklung von Intelligenzen kommen soll, darf die Relativgeschwindigkeit der Sterne zu den Spiralarmen nicht allzu groß sein. Rechnungen zeigen, daß man sich dazu in

einer erstaunlich engen bewohnten galaktischen Zone, einem 1 500 Lichtjahre breiten Ring in 30 000 Lichtjahren Entfernung zum Zentrum befinden muß. Diese »Straße der fortgeschrittenen Zivilisation« enthält aber nur etwa eine Milliarde Sterne, also nur ein Hundertstel aller in unserer Milchstraße vorhandenen Sterne. Nur auf diesen auserwählten Sternen wären also die Strahlungsbedingungen langfristig so günstig, daß sich über mehrere Milliarden Jahre intelligentes Leben entwickeln könnte.

Aus diesen Überlegungen wird ersichtlich, wie durch das allmähliche Verständnis der Bedingungen für die Entstehung intelligenten Lebens die Obergrenzen der Drake-Faktoren stetig weiter nach unten korrigiert werden müssen[5].

[5] Es ist jedoch andersherum auch nicht auszuschließen, daß es in unserem Sonnensystem hier und da sonnensystemtypische Konstellationen gibt, die eher hemmend auf die biologische Entwicklung eingewirkt haben.

Ein weiterer wichtiger Mosaikstein im Gesamtverständnis lebensnotwendiger Bedingungen ist die detaillierte Erkenntnis über den notwendigen Abstand eines Leben tragenden Planeten vom Zentralgestirn und dessen Größe (Hart, M. H., 1978; 1979). Mit Computermodellen wurde die klimatische Erdentwicklung über Jahrmilliarden von Jahren simuliert, für die Fälle, daß die Erde größer oder kleiner wäre und die Sonne in einem größeren oder kleineren Abstand umkreiste. Auch der Einfluß größerer und auch kleinerer zentraler Sonnen wurde untersucht. Die fast unglaublichen Ergebnisse lauten, daß ein nur fünf Prozent geringerer Erd-Sonne-Abstand in den frühen Jahren der Erdzeit zu einem instabilen Treibhauseffekt geführt hätte, der das gesamte Wasser der Erde bis auf den heutigen Tag verdunstet hätte. Es wird allgemein vermutet, daß genau dies bei unserer Venus eingetreten ist, die sich 28 Prozent näher an der Sonne befindet und deswegen bei konstanten 450 °C Oberflächentemperatur jegliches organisches Leben unmöglich macht. Umgekehrt hätte ein nur ein Prozent größerer Abstand der Erde von der Sonne[6] vor etwa zwei Milliarden Jahren das gesamte vorhandene Wasser vergletschert, das somit nicht mehr als Lösungsmittel für die biologischen Reaktionen zur Verfügung gestanden hätte. Also nur in dieser sehr dünnen Schale von sechs beziehungsweise 20 Prozent des Erd-Sonnen-Abstands, der sogenannten Ökosphäre, war die Entstehung und der Fortbestand biologischen Lebens möglich. Darüber hinaus konnte gezeigt werden, daß eine Sonne, die eine nur um 17 Prozent geringere oder 20 Prozent größere Masse hätte, überhaupt keine Ökosphäre mehr besäße. Genauso könnte ein Planet in einer Ökosphäre, wäre er nur 15 Prozent kleiner oder 33 Prozent größer als unsere Erde, keine moderaten Oberflächentemperaturen über einen Zeitraum von zwei Milliarden Jahren, den man für die stetige Entwicklung zu höheren Lebensformen als notwendig erachtet, erhalten.

[6] Neuere Klimamodelle tolerieren wegen des Treibhauseffekts einen bis zu 15 Prozent größeren Abstand, denn der Treibhauseffekt bewirkt einen deutlichen Temperaturanstieg. Ohne Treibhauseffekt wäre die Erde um 35 °C kälter, und damit wären weite Teile der Erde vereist.

Eis auf Europa, einem der schon Galilei bekannten Monde des Jupiter. Deutlich erkennbar sind auseinandergebrochene Eisschollen, die die ansonsten durchgehenden Linienstrukturen verschoben haben. Von Eis unbedeckte Flächen erscheinen wegen der Bodenmineralien bräunlich-rot. Die Mondkruste besitzt eine relativ hohe Temperatur, so daß man unter den Eisschollen sogar Wasser vermutet, in dem vielleicht primitives Leben existieren könnte.

Der Mars ist das umgekehrte Beispiel zur Venus. Mit einem Abstand von 1,524 AE bewegt er sich um 52 Prozent weiter von der Sonne entfernt als die Erde und sein eigener Durchmesser ist zudem nur 53 Prozent von dem der Erde. Damit hat er nur ein Achtel des Volumens der Erde, und er sollte, wenn er exakt dieselbe Zusammensetzung hätte wie die Erde, auf der Oberfläche genau die Hälfte der Schwereanziehung haben wie sie. Er hat aber nur 40 Prozent, was darauf hindeutet, daß er einen relativ kleineren Eisenkern besitzt als die Erde. Sein Größennachteil bewirkte in der Urgeschichte des Mars eine schnellere Abstrahlung der Hitze in den Weltraum, die bei der Zusammenballung der schweren Materie entstand. Obwohl er früher also sicherlich einen flüssigen Eisenkern besaß – und damit auch ein starkes Magnetfeld, wie heute noch die Erde –, ist er inzwischen stark ausgekühlt und es gibt kaum mehr flüssiges Eisen, das per Dynamoeffekt ein Magnetfeld hervorrufen könnte. Man hat nicht nur kein Magnetfeld nachweisen können, sondern es fehlten auch die typischen Spuren von Plattentektonik auf dem Mars. Ein Magnetfeld ist jedoch für die langfristige Existenz einer Atmosphäre unerläßlich. Das zeigt die Entwicklungsgeschichte des Mars. In Urzeiten hat es mit großer Sicherheit große Wasserflächen, wahrscheinlich sogar Meere, unter einer relativ dichten Atmosphäre gegeben. Wasser und Atmosphäre entstanden genauso wie auf der Erde durch Ausgasung der planetaren Urmaterie und durch die vielen Einschläge wassertragender Kometen, die auch jetzt noch sehr häufig vorkommen, wie zum Beispiel der Halleysche Komet. Eine neuere Studie kommt zu der Annahme, daß während der ersten zwei Milliarden Jahre allein aus den Urvulkanen rund 6,7 Millionen Kubikkilometer Wasser abgedampft wurden, ausreichend, um die gesamte Marsoberfläche mit einer 46 m hohen Wasserschicht zu bedecken. Die Marsatmosphäre bestand damals wahrscheinlich fast ausschließlich aus Methan und Kohlendioxid, die beide starke Treibhausgase sind und die die durch geringe Menge an Sonnenlicht entstehende Wärme gut zurückhielten. Deswegen konnte trotz des großen Abstands zur Sonne praktisch die gesamte Planetenoberfläche auf über null Grad erwärmt werden. Der Mars konnte also in seiner Urzeit ein feucht-warmes Klima ausbilden und somit riesige Ozeane aus Wasser.

Aber der in die Atmosphäre entweichende Wasserdampf sowie auch alle anderen Bestandteile der Atmosphäre wurden wie auch heute noch auf der Erde durch die ultraviolette Sonnenstrahlung in einen geringen Anteil ionisierter Moleküle zerlegt. Wegen der relativ geringen Anziehungskraft reicht diese ionisierte Atmosphäre des Mars aber sehr weit in den Weltraum hinaus. Im Gegensatz zum stets schützenden Magnetfeld der Erde ließ das mit der Zeit schnell abklingende Mars-Magnetfeld zu, daß der Sonnenwind (das sind hauptsächlich ionisierte Wasserstoffatome, die mit großer Geschwindigkeit von der Sonne abgestrahlt werden) ungehindert auf die obersten Atmosphärenschichten einwirken konnte und die Atmosphäre davontrug.

Die Südpolkappe des Mars mit einem Durchmesser von 300 km, aufgenommen von der Marssonde Viking 2 im Jahre 1977. Sie besteht größtenteils aus gefrorenem Kohlendioxid CO_2, mit 95 Prozent dem weitaus größten Bestandteil der Marsatmosphäre. Im Gegensatz zur Nordpolkappe ist die Südpolkappe ständig vorhanden, selbst wenn auf der Südhalbkugel Sommer ist.

Der Marsrover Sojourner bei der chemischen Analyse des Yogi genannten Gesteinsbrocken auf dem Mars, aufgenommen am 23.07.1997. Sojourner konnte sich mit seinen sechs Rädern, seinem Solardach, einer Batterie und einem aufwendigen Computerprogramm in einem Radius von etwa zehn Metern autonom bewegen. Nur die Signale, wohin er sich bewegen sollte und was er zu tun habe, wurden von der Erde aus kommandiert.

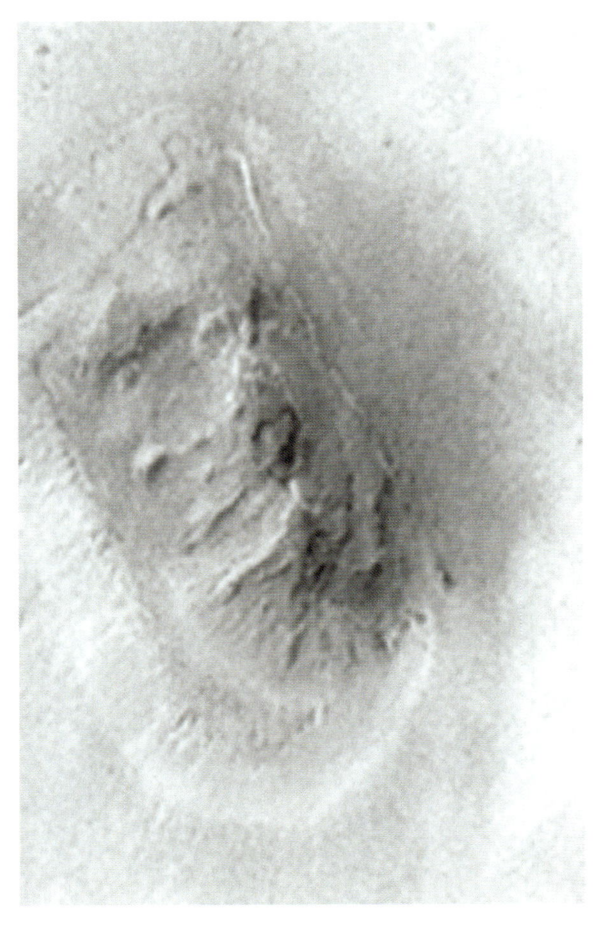

Das Gesicht im Mars. Nachdem die Marssonde Viking 1976 dieses Bild (mit Computern nachbearbeitet) von der Marsoberfläche der Cydonia-Region zur Erde gefunkt hatte, vermuteten viele, daß das Gesicht das Bauwerk Außerirdischer sei, die hier ihre künstlerischen Spuren hinterlassen hätten. Der amerikanische Astronom Carl Sagan deutete den 400 m langen Bergrücken sehr früh als ein Spiel aus Licht und Schatten, forderte jedoch kurz vor seinem Tod im Dezember 1996 eine genauere Untersuchung.

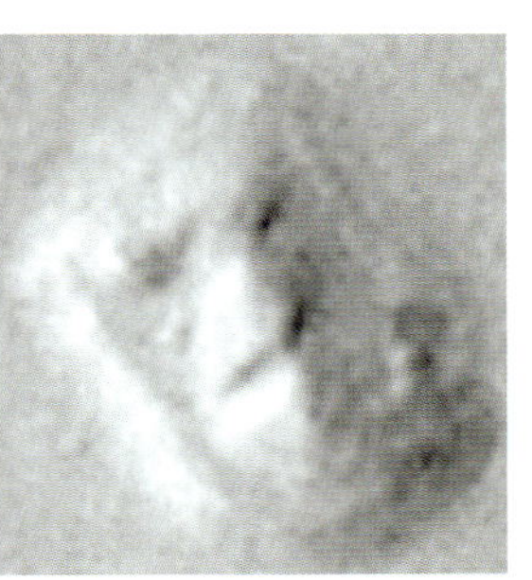

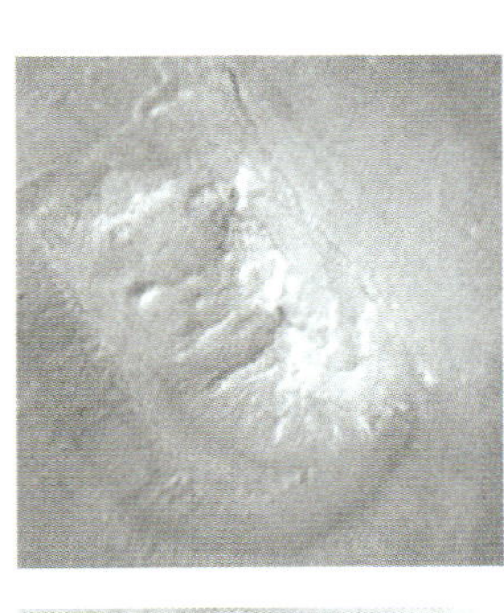

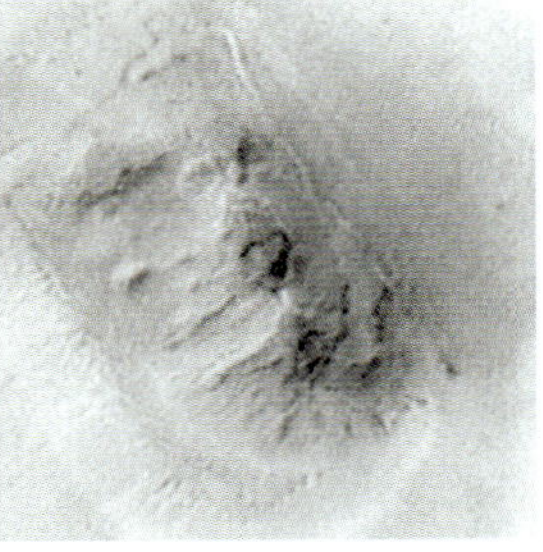

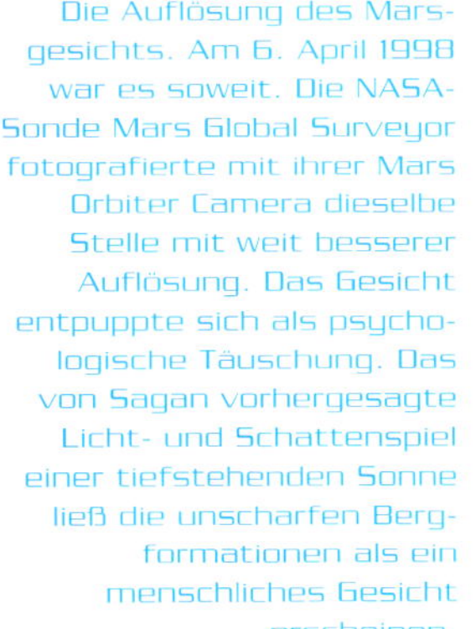

Die Auflösung des Marsgesichts. Am 6. April 1998 war es soweit. Die NASA-Sonde Mars Global Surveyor fotografierte mit ihrer Mars Orbiter Camera dieselbe Stelle mit weit besserer Auflösung. Das Gesicht entpuppte sich als psychologische Täuschung. Das von Sagan vorhergesagte Licht- und Schattenspiel einer tiefstehenden Sonne ließ die unscharfen Bergformationen als ein menschliches Gesicht erscheinen.

Das fehlende Magnetfeld des Mars zusammen mit seiner nur halb so großen Anziehungskraft an der Oberfläche führte also dazu, daß der Mars seine schützende Atmosphäre langsam verlor und sie heute mit einem Druck von 8 mbar, das ist etwa 100mal weniger als auf der Erde, praktisch kaum mehr existent ist. Da flüssiges Wasser aber einen Atmosphärendruck von mindestens 30 mbar benötigt, um nicht direkt und sofort zu verdampfen, verdunstete es spätestens dann vollständig, als der Atmosphärendruck diesen kritischen Wert unterschritt. Wasser kommt auf der Marsoberfläche heute also nur noch in Spuren und in fester Form an den Polkappen vor. Aber man vermutet, daß es mächtige Eisschichten von mehreren Kilometern Dicke wenige Meter unter der Oberfläche geben könnte, die die Reste der ehemaligen riesigen Marsmeere darstellen. Von flüssigem Wasser auf der Oberfläche ist aber weit und breit keine Spur. Damit kann sich heutzutage kein biologisches Leben mehr ausformen, selbst wenn es das in primitivster Form in den ersten Phasen der Marsgeschichte mit seinen Meeren vielleicht einmal gegeben hat.

Genau in diese Richtung zielen neueste Spekulationen, denen zufolge man im August 1996 in einem Meteoriten erstmals Spuren von archaischen Lebensformen gefunden zu haben glaubte. Es handelt sich um den sogenannten ALH 84001 Meteoriten, der, daher auch die Zahlenkodierung, als erster Meteorit des Jahres 1984 im Allen-Hills-Eisfeld in der Antarktis gefunden wurde. Seine Zugehörigkeit zu den sogenannten SNC-Meteoriten[7], die eine marstypische Zusammensetzung[8] und ebenso typische Edelgaseinschlüsse haben, weist eindeutig auf den Mars als dessen Ursprung hin. Nach der Vorstellung der Wissenschaftler soll sich das gefundene Stück Gestein vor 16 Millionen Jahren vom Mars gelöst haben, bevor es vor 13 000 Jahren als Meteorit in der Antarktis niederging.

[7] Diese Klasse von Meteoriten ist benannt nach den Anfangsbuchstaben der Fundorte Shergotty/Indien, Naklah/Ägypten und Chassigny/Frankreich, der ersten Meteoriten dieser Art, die gefunden wurden.

[8] Der Mars hat zum Beispiel einen relativ hohen Eisengehalt von 13 Prozent, aufgrund dessen das Marsgestein bei langsamer Verwitterung durch den Rostansatz die typische rötliche Farbe annimmt.

Es mag zunächst überraschen, wie Gestein sich vom Mars lösen und dann als Meteorit auf der Erde einschlagen kann. Wie Computersimulationen zeigen (Keefe, J. D. & Ahrens, T. J., 1986), ist es aber durchaus möglich, daß vor 16 Millionen Jahren ein Asteroid von mindestens 100 m Durchmesser auf dem Mars schräg einschlug und die dabei entstehende enorme Verdampfung des Marsgesteins einen Gasstrahl mit bis zu 20 km/s Strahlgeschwindigkeit erzeugte, der Teile des Kraterrandes so stark beschleunigte, daß Trümmerstücke von der Größe von etwa 1 m das Schwerefeld des Mars verließen. Als Meteorite zogen sie dann während vieler Mil-

Der Meteorit ALH 84001, der vor 13 000 Jahren auf die Antarktis fiel und erst 1984 dort gefunden wurde, soll vor 16 Millionen Jahren durch den Einschlag eines Asteroiden aus dem Mars gerissen worden sein – wie sich aus seiner chemischen Zusammensetzung schließen läßt. Er wird zur Zeit am Johnson Space Center Houston/USA aufbewahrt.

Diese kugelförmigen Karbonatablagerungen im Meteoriten ALH 84001 – hier orange hervorgehoben – wurden vielleicht vor mehr als 3,6 Milliarden Jahren auf dem Mars durch primitive, bakterienähnliche Lebensformen gebildet. In den Karbonatablagerungen fand man mineralische Strukturen, die nahezu identisch sind mit irdischen Fossilien. Die Pathfinder-Mission im Juni 1997 ergab allerdings keine Bestätigung für Lebensspuren auf dem Mars.

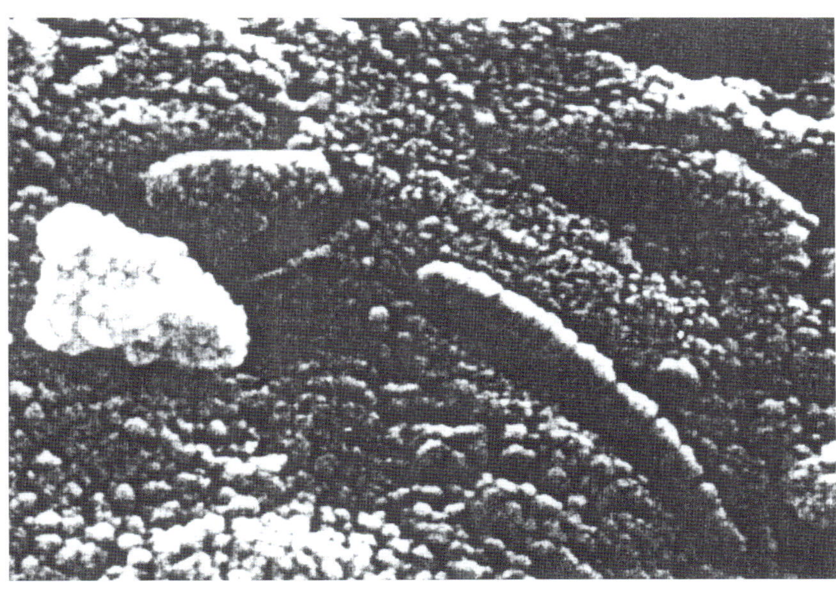

Die fadenförmigen Strukturen an Bruchflächen des Marsmeteoriten ALH 84001 ähneln fossilen Fadenbakterien auf der Erde, die jedoch zehnfach größer sind. Es ist daher sehr zweifelhaft, ob diese Strukturen wirklich biologischen Ursprungs sind.

lionen Jahre stark exzentrische Bahnen um die Sonne, bis schließlich der eine oder andere zufällig auf die Erde traf. Als Nachweis für diese Hypothese hat man auf den Fotografien der Marsorbiter nach länglichen Einschlagkratern gesucht. Acht solcher Gebilde wurden bisher gefunden, alle in der Vulkanregion von Tharsis. Die interessanteste Stelle befindet sich am Fuß der Nordflanke von Ceraunis Tharsis, wo ein länglicher Krater mit Abmessungen von 18 x 34 km zu finden ist.

Das besondere an dem 1,9 kg schweren ALH 84001 ist nun, daß er anders als die übrigen elf gefundenen SNC-Meteoriten auf dem Mars nicht vor etwa einer Milliarde Jahren, sondern bereits vor 4,5 Milliarden Jahren aus flüssiger Lava zu Gestein erstarrte. Das konnte man aus mikromineralogischen Untersuchungen herleiten. Als vor etwa 3,6 Milliarden Jahren Meere den Mars bedeckten, konnte Wasser, das mit dem CO_2 der Uratmosphäre gesättigt war, in feine Risse dieses Lavagesteins eindringen und dort Karbonate ablagern. Sollten damals bereits Mikroorganismen existiert haben, dann müßten, so die Wissenschaftler, diese Ablagerungen durch den Einfluß dieser Organismen eigentümliche Formen ausgebildet haben, die man unter dem Mikroskop nachweisen könnte. Diese Ablagerung würde man bei den anderen SNC-Meteoriten nicht erwarten, da sie erst vor einer Milliarde Jahren aus Lava erstarrten, also zu einer Zeit, als vermutlich kein flüssiges Wasser mehr auf dem Mars existierte.

Tatsächlich fand man nach einer gründlichen Untersuchung im ALH 84001 Hinweise (keine Beweise!) auf mögliche Formen zellularen Lebens. Es wurden winzige fadenförmige und globulare Strukturen von der Größe 1–250 µm gefunden, die mit Ausscheidungen oder gleichförmigen biologischen Zellen kompatibel wären und die bis dahin einzigartig unter den SNC-Meteoriten waren. Dazu fand man winzige Magnetit-Kristalle, die nahezu identisch mit den Fossilien von irdischen magnetischen Bakterien sind. Es ist aber nicht auszuschließen, so andere skeptische Wissenschaftler (Harvey, R. P., 1996), daß sich Karbonatkügelchen auch unter der Stoßhitze gebildet haben, als der Ge-

steinsbrocken vom Mars geschleudert wurde oder als er auf der Erde einschlug. Der naheliegenden Vermutung, die Karbonatablagerungen könnten auch während der 13 000 Jahre dauernden Ruhezeit in der Antarktis entstanden sein, widersprechen sowohl die Isotopenzusammensetzung der Minerale als auch die Effekte einer Stoßwellen-Metamorphose, die in ihrem Gefüge erkennbar sind.

Dieser neue, wenn auch schwache Hinweis auf mögliche archaische Lebensformen auf dem Mars, der durch weitere ähnliche Ergebnisse am Meteoriten EETA 79001 bestätigt wurde, und die kürzlichen Entdeckungen, daß selbst im Tiefengestein der Erde Mikroorganismen existieren, die völlig ohne Photosynthese auskommen und sich buchstäblich nur von Wasser und Stein ernähren, daß also die archaischen Lebensformen auf dem Mars unter ähnlichen Umständen bis auf den heutigen Tag überlebt haben könnten, beflügelte die Marsmission Pathfinder im Juli 1997. Sie hatte Meßinstrumente an Bord, um Gesteinsbrocken auf deren Zusammensetzungen hin zu analysieren und daraus auf biologisches Leben zurückzuschließen. Obwohl das auch nur ein indirekter Beweis gewesen wäre, fand man bei Pathfinder wie früher bei den Viking-Missionen im Jahre 1977 keinerlei Anzeichen von Leben auf dem Mars. Die kurze Phase der Meere auf dem Mars schien also tatsächlich nicht ausreichend, Urformen des Lebens entstehen zu lassen. Da wie gesagt auch in den späteren Marsphasen die Voraussetzungen fehlten, primitive Lebensformen zu höheren Lebewesen zu entwickeln, ist der Mars also ein typisches Beispiel dafür, wie durch einen zu großen Abstand und eine zu kleine Größe die langfristigen Bedingungen für die Entwicklung zu höheren Leben fehlen.

Diese stark einschränkenden Ergebnisse zusammengenommen implizieren (Hart, M., 1995) in Drakescher Notation:

$$f_h \simeq 1/10$$
$$n_e \simeq 1/100$$

Hierbei bleiben die speziellen günstigen astronomischen Einflüsse eines großen Mondes und eines Jupiter-Planeten sowie die kosmologischen Einflüsse einer »Straße der fortgeschrittenen Zivilisationen« noch unberücksichtigt; die angegebenen Abschätzungen wären also realistischerweise teils um Größenordnungen noch weiter nach unten zu korrigieren.

Es ist nun ein Punkt erreicht, an dem wir eine Zwischenbilanz ziehen können. Wenn wir fragen »Wie viele Planeten, die Leben ab initio (Lai-Planeten) ermöglichen, gibt es in unserer Galaxis?«, dann ist dies das Produkt:

Der Pferdekopfnebel im Sternbild Orion.

$$N_{Lai} = R_* \, f_{astro} \, 10^{10} \simeq 5 \cdot 10^7 \quad (2a)$$
$$f_{astro} = f_h \, f_p \, n_e \simeq 5 \cdot 10^{-4} \quad (2b)$$

wobei der Faktor f_{astro} alle astrophysikalischen und kosmologischen Selektionen, die zu einem Lai-Planeten führen, zusammenfaßt. Das Ergebnis von $5 \cdot 10^7$ Planeten entspricht einem pro 10 000 Sternensystemen, also ein Lai-Planet alle 100 Lichtjahre Abstand, und ist im Einklang mit neueren Schätzungen (Hart, M., 1995). Ältere, optimistischere Schätzungen, bei denen unter anderem die Wahrscheinlichkeit einer Ökosphäre unberücksichtigt blieb, gingen von 10^9 beziehungsweise einem Lai-Planeten pro 100 Sternensystemen aus (Hoerner, S. von, 1978; Bracewell, R. N., 1974). Da die Drake-Gleichung auch auf das gesamte Universum angewandt werden kann, muß mit 10^{18} Lai-Planeten in unserem sichtbaren Universum gerechnet werden.

Die Lai-Planeten einer Galaxie verteilen sich allerdings nicht gleichmäßig auf sie, sondern konzentrieren sich wegen der zunehmenden Dichte von schwereren Elementen auf den sternendichten Bereich, also auf die Hauptebene und den zentralen Wulst (Trimble, V., 1995). Daher hat der äußere Halo einer Galaxie wahrscheinlich so gut wie keine Lai-Planeten, während ein mittlerer sonnenähnlicher Stern im Wulst der Milchstraße etwa doppelt so viele Lai-Planeten besitzt wie unser Sonnensystem. Das alles deutet darauf hin, daß sich die Galaxien von innen nach außen zu formen scheinen. Aber auch benachbarte Sternensysteme können recht unterschiedliche Mengen schwerer Elemente und somit Lai-Planeten beinhalten. So besitzt einer der sonnennächsten Sternensysteme Tau Ceti nur etwa ein Viertel der schweren Elemente unseres Sonnensystems (Smith, G. in Edmunds, M. G. & Terlevich, R. J., 1992), während unser nächster Nachbar, das System Alpha Centauri, etwa doppelt so viele schwere Elemente (Neuforge, C., 1993) und daher vermutlich auch doppelt so viele Planeten wie die Sonne besitzt.

3.2.2 Das Lebensparadox

Unsere Erde begann sich vor 4,56 Milliarden Jahren zu formen. In den folgenden 150 Millionen Jahren blieb sie ein heißer, brodelnder Planet, der von Meteoriten und Planetesimalen ununterbrochen bombardiert wurde und von starken geologischen Aktivitäten geprägt war. Erst vor 4,43 Milliarden Jahren begann sie an der Oberfläche zu erstarren, ihren eisenhaltigen Kern zu bilden und die dabei ausströmenden Gase durch ihre stärker gewordene Schwerkraft als Atmosphäre festzuhalten. Der dabei ebenfalls in großen Mengen freiwerdende Wasserdampf kondensierte zum Wasser der Ozeane (Allegre, C. J. & Schneider, S. H., 1994). Die ältesten Stromatoliten – Sedimente, die auf Ausscheidungen von Mikroorganismen zurückgehen und daher auch als »Lebende Steine« bezeichnet werden und die ältesten Organismen der Erde überhaupt darstellen – stammen aus Westaustralien und sind 3,6 Milliarden Jahre alt. Die erhöhte Konzentration von ^{13}C, ein Zeichen für metabolisierendes Leben, in 3,76 Milliarden alten Gesteinsproben der Isua-Formationen in West-Grönland (Walters, C., 1981; Schidlowski, M., 1988) deuten auf ein reiches biologisches Leben von metabolisierenden Zellen zu dieser Zeit hin. Neuere Ergebnisse weisen sogar auf Leben vor dieser Zeit hin (Mojzsis, S. J., 1996). Mithin scheint Leben in Form von Zellen seit mindestens 3,8 Milliarden Jahren zu existieren. Die Entwicklung von den ersten wirtlichen Tagen der Erde bis zu den ersten Zellen hat also die erstaunlich kurze Zeitspanne von höchstens 600 Millionen Jahren benötigt. Vielleicht waren es auch nur 200 Millionen Jahre oder weniger, wenn man bedenkt, daß bis vor 3,8 Milliarden Jahren die Erde etwa alle 10–20 Millionen Jahre mit bis 100 km großen Objekten bombardiert wurde, von denen jedes in der Lage war, die gesamte belebbare Zone der Ozeane – also die ersten 200 m unterhalb der Oberfläche – zu verdampfen (Heidmann, J., 1994, S. 76).

Wir wollen nun versuchen zu verstehen, wie sich aus unbelebter Materie Leben entwickeln, wie es also zur Urzeugung, zur sogenannten primären Biogenese, kommen konnte. Wenn wir dies verstehen, könnten wir abschätzen, ob die präbiotischen Entwicklungsschritte regulär wirklich nur die wenigen hundert Millionen Jahre dauerten, wie auf unserer Erde geschehen, für uns also wirklich das Prinzip der Mittelmäßigkeit gilt, oder ob eine solche Entwicklung wesentlich länger dauern müßte und wir nur die beliebig unwahrscheinliche Ausnahme in unserem Universum darstellen. Die Frage nach dem Verständnis und Details der Biogenese zielt demnach auf die Bestimmung des nächsten Drake-Faktors, f_l, die mittlere Anzahl von Planeten in der Ökosphäre, die tatsächlich Leben hervorbringt. Bei dieser Vorgehensweise setzen wir wie selbstverständlich voraus, daß präbiotische Entwicklungen grundsätzlich vollkommen unabhängig von kosmologischen Entwicklungen und Zeitmaßstäben sind. Es gibt zwar heute keinen Hinweis auf eine wie auch immer geartete Kopplung zwischen Makrokosmos und Biokosmos – und es gibt zur Zeit auch keine naheliegenden Gründe, warum es solch eine Kopplung geben sollte. Es ist aber nicht auszuschließen, daß tiefere Gesetzmäßigkeiten des Mikrokosmos nicht nur den Makrokosmos maßgeblich beeinflussen, so wie wir es heute bei der Quantenkosmologie verstehen, sondern daß solche fundamentalen mikrokosmologischen Eigenschaften auch die Entwicklung des Biokosmos steuern. Das bedeutet konkret, daß bestimmte Eigenschaften auf der Ebene der Elementarteilchen unabdingbar eine präbiotische und darauf folgende biologische Entwicklung implizieren, sobald es die entsprechenden Umweltbedingungen zulassen. Die Entwicklung zu Leben wäre also indirekt in die Grundgesetzmäßigkeiten unseres Universums eingebaut, sei es rein zufällig, sei es aus Gründen, die wir noch nicht verstehen oder aus Gründen, die jenseits der Axiomatik und damit der Erkenntnismöglichkeiten der Naturwissenschaften lägen. Die biologische Entwicklung wäre also, genau so wie wir das von der kosmologischen Entwicklung vermuten, im wesentlichen vorgegeben, und nur die Ausprägung der Details – welche Sterne und Galaxien wann und wo entstehen, und auf welchen Planeten Intelligenzen mit welchen Körperformen entstehen – wären dem Zufall überlassen. Demnach gäbe es auf jedem geeigneten Planeten und innerhalb einer angemessenen Zeit, die vermutlich tatsächlich nur wenige hundert Millionen Jahre betrüge, mit an Sicherheit grenzender Wahrscheinlichkeit wie auch immer geartete Formen von Leben.

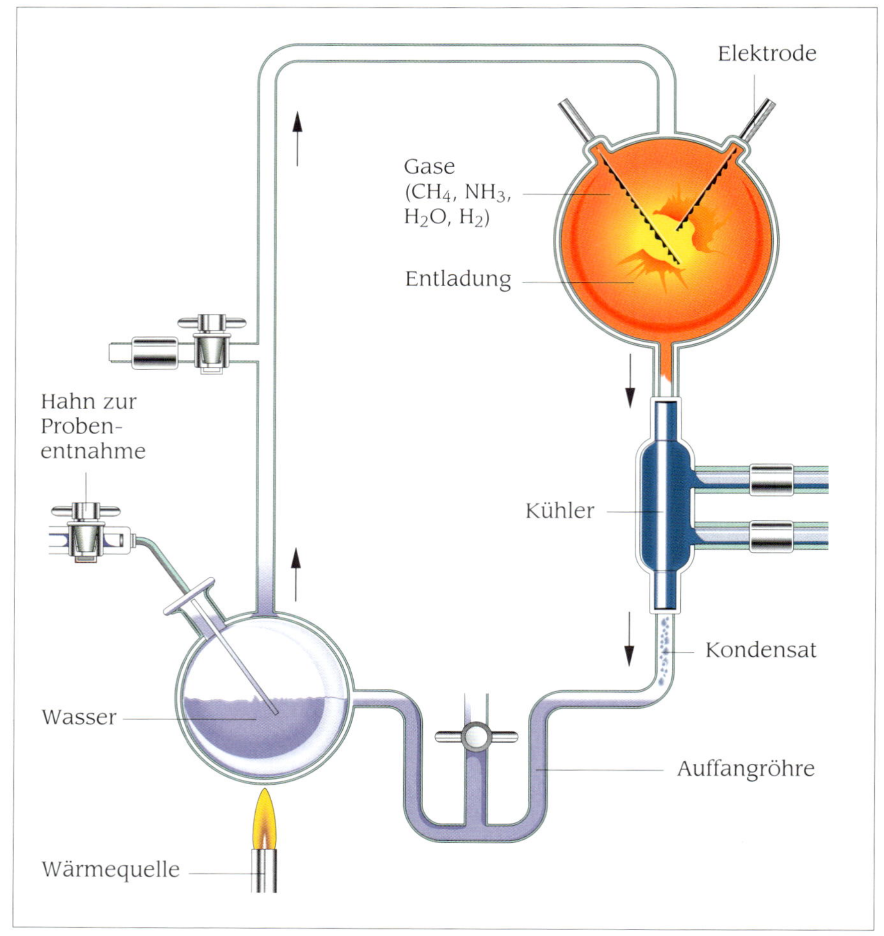

Das Experiment von Miller und Urey simuliert die Entstehung wichtiger biochemischer Moleküle aus der »Ursuppe« auf der frühen Erde: In einem Glaskolben, der urzeitlichen Atmosphäre, lassen elektronische Entladungsblitze neue Moleküle entstehen, die in einen wassergefüllten Kolben als urzeitlichen »Ozean« geleitet werden. Dort aufsteigende Gase strömen zurück in den Glaskolben, und der Kreislauf wird durch einen Gasbrenner als Wärmequelle in Gang gehalten. Aus der Laborsuppe entstehen so organische Moleküle, die für das Leben eine Schlüsselrolle spielen.

Die Frage, die sich unmittelbar daran anschließen würde, wäre, ob auch die Entstehung von Intelligenz derart urgesetzmäßig begründet sein könnte. Eine eineindeutige Kopplung zwischen mikrokosmologischen Gesetzmäßigkeiten und dem Auftreten von Intelligenz scheint um noch vieles vager, da es nach heutiger Kenntnis selbst eine biologisch begründete Gesetzmäßigkeit, die die Entwicklung von primitiven Lebensformen zu Intelligenz impliziert, nicht gibt. All diese Fragen um die Notwendigkeit zu höheren Entwicklungsformen sind vielleicht vergleichbar mit der Frage, ob es in der Natur der physikalischen Akustik begründet liegt, daß es irgendwann einmal orchestrale Musikstücke geben wird – was der Entstehung erster biologischer Lebensformen entspräche – und ob darüber hinaus und deswegen irgendwann einmal Verdis Oper *Aida* entstehen muß – was der Entstehung von Intelligenz entspräche. Obwohl man heute nicht davon ausgeht, daß die Entwicklung zu Musikstücken und musikalischen Kunststücken wie Opern notwendigerweise in den Gesetzmäßigkeiten der physikalischen Akustik begründet liegt, ist dies dennoch nicht auszuschließen. In Übereinstimmung mit dem heutigen Verständnis der Wissenschaft gehen wir in allem weiteren auch weder von Kopplungen zwischen Mikrokosmos und Biokosmos noch zwischen Biokosmos und Intelligenz, also von keinerlei Kopplungen zwischen diesen drei Seinsformen aus.

Nach diesem Exkurs in die Möglichkeit der mikrokosmologischen Gesetzmäßigkeit als teleologische Ursache für die Entwicklung alles Seins zurück zur Frage, wie sich nach heutigem Wissen Leben aus unbelebter Materie entwickeln konnte. Die Wissenschaft, die sich mit diesem Thema, also der abiotischen Entwicklung von ersten einfachen organischen Molekülen unter den Bedingungen der Erdfrühzeit über komplexere Makromoleküle (Polymere), weiter über die ersten Proteine und Information tragenden Nukleinsäuren verbunden mit der Selbstorganisation der Polymere, zu den ersten Genomen bis hin zur Entstehung erster primitiver biologischer Zellen, den Protobionten, beschäftigt, ist die Biogenetik.

Am Anfang dieser Entwicklungslinie steht die Frage, wie sich die ersten organischen Moleküle in den Anfängen der Erdgeschichte bilden konnten. Erste Hinweise auf eine Antwort gaben frühe Experimente in den Jahren 1938 (Groth, W. & Suess, H., 1938) und 1951 (Garrison, W. M. et al., 1951). Aber erst in ihren bahnbrechenden Versuchen in den fünfziger Jahren beantworteten S. L. Miller und Urey (1953; 1955) erstmals diese ursächliche Frage. Angeregt von einer ersten Hypothese über die Entstehung des Lebens auf der Erde von A. I. Oparin (1957) und J. B. S. Haldane (1929) ahmten sie in einem großen Glaskolben die urweltliche Atmosphärenmixtur aus CO_2, H_2, NH_4, so wie sie heute noch auf der Venus existiert, über einem »Ozean« aus H_2O nach und ließen Funken als Simulation von Blitzen durch diese Ursuppe fahren. Wie sich später auch in Experimenten mit Einstrahlung von ultraviolettem Licht, durch Teilchenstrahlen oder durch elektrische Entladungen herausstellte, bilden sich dabei viele, teilweise hoch komple-

Der Entladungs-Glaskolben in einer Variante des Miller-Urey-Experiments zur Simulation der Vorgänge in der Atmosphäre des Jupitermondes Titan. Der bräunliche Belag auf der Kolbeninnenseite ist ein teerartiges Gemisch aus komplexen organischen Molekülen.

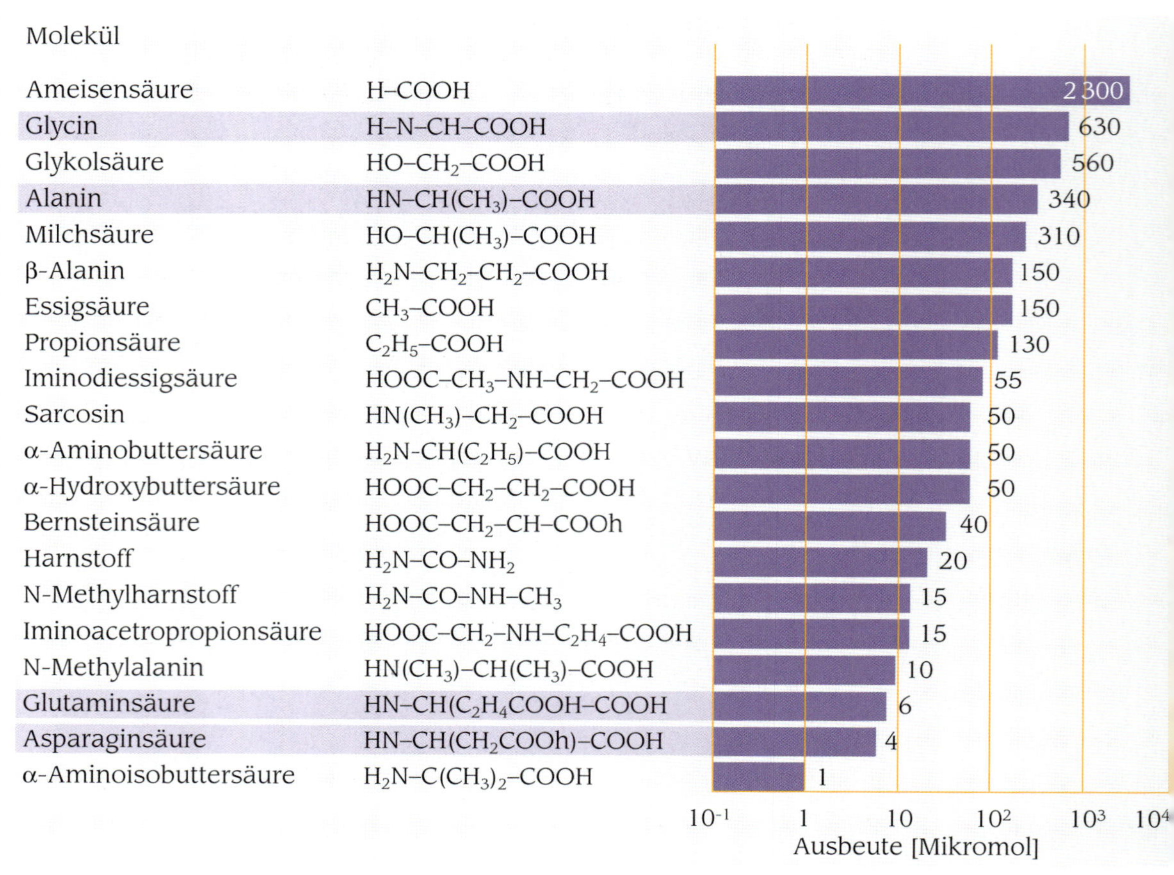

Ausbeute an organischen Molekülen bei einer Wiederholung des Miller-Urey-Experiments. Die Ausgangsursuppe enthielt 59 000 µMol Kohlenstoff in Form von Methan, von dem etwa 15 Prozent in die organischen Stoffe in der Tabelle umgesetzt wurden. Ein wesentlich größerer Anteil wurde in einen teerigen Rückstand umgesetzt, der nicht untersucht werden konnte. Dieses Experiment erzeugte vier der 20 in natürlichen Proteinen vorkommenden Aminosäuren (hier blau unterlegt).

xe organische Verbindungen. Zwei Prozent der im Miller-Urey-Experiment ursprünglich vorhandenen Kohlenstoffatome fand man sogar in Form von Aminosäuren wieder. Unter etwas anderen Laborbedingungen konnte auch Adenin, eine der vier Basen für RNA, identifiziert werden, so daß man mit leicht optimistischer Einstellung davon ausgehen könnte, daß in vorbiotischen Erdzeiten die Grundbausteine für Proteine und Nukleinsäuren (RNA, DNA) vorhanden waren (Org, L. E., 1994).

In Übereinstimmung hiermit sind in Meteoriten sehr viele verschiedene organische Verbindungen unterschiedlichster Klassen gefunden worden (Übersicht in Ponnamperuma, C., 1992): Hydrokarbonate, Alkohole, Ketone, Amine, Aminosäuren etc. Selbst in den unwirtlichen Weiten des interstellaren Raumes konnten etwa 100 verschiedene organische Verbindungen identifiziert werden (Ponnamperuma, C., 1992). Diese Grundbausteine sind also, wenn auch nur in relativ geringen Mengen, auch im sonstigen Universum nicht unüblich. Daher könnten wesentliche Mengen durch die vielen Kometeneinschläge und durch den Einfall interstellaren Staubes in der Erdgeschichte zur Basis irdischen Lebens beigetragen haben.

Aber Aminosäuren und Nukleinsäurebasen allein machen noch kein Leben aus. Vom informationstheoretischen Gesichtspunkt (Argyle, E., 1977) aus betrachtet begann Leben zu dem Zeitpunkt, als irgendeine komplexe Struktur ihre Information nicht durch Zufall unwiederbringlich verlor, sondern durch einen Selbstreproduktionsmechanismus vollständig oder wenigstens teilweise an mindestens eine, wenn nicht mehrere Folgestrukturen weitergab. Dieser Schritt öffnete die Tür für eine darwinistische Auslese, die eine drastisch schnelle Anhäufung von Informationen in einem Molekül und später in einer und dann in den vielen Millionen Zellen höherer Lebewesen ermöglichte. Es ist jedoch fraglich, wie diese ersten einfachen Reproduktionsstrukturen zum erstenmal zustande kamen. Sie mußten irgendwie aus den genannten Grundbausteinen entstanden sein. Dieses komplexe Problem endet in einem Paradox: Heute werden Nukleinsäuren ausschließlich mit Hilfe von Proteinen synthetisiert, und Proteine können nur synthetisiert werden, wenn die zugehörige Nukleotidsequenz vorliegt. Diese fein aufeinander abgestimmten Prozesse bedingen sich gegenseitig. Es ist schlicht unmöglich, daß dieser Zirkel mit einemmal aus dem Nichts entstand. Dieses Paradox ist auch unter dem Begriff *Lebensparadox* bekannt.

Das Problem liegt also im Informationssprung, den der Übergang von den einfachen Aminosäuren zu den komplexen Reproduktionsstrukturen ausmacht. Nehmen wir einen der einfachsten bekannten Reproduktionsmechanismen, das Bakterium Escherichia coli. Es enthält mit seinen etwa 2 500 Genen eine Informationsmenge von etwa sechs Millionen Bits. Um eine solche Informationsmenge durch Zufall aus Aminosäurenbasen der irdischen Ursuppe zusammenzubauen, wären etwa $10^{1\,800\,000}$ Jahre notwendig gewesen. Um sich diese unvorstellbar große Zahl zu vergegenwärtigen, nehmen wir an, dieser Prozeß wäre auf jeweils einem Planeten aller in unserem Universum enthaltener Sterne, das sind etwa 10^{22} Sterne, gleichzeitig abgelaufen. Dann würde es immer noch $10^{1\,799\,978}$ Jahre dauern, bis auf irgendeinem dieser Planeten durch Zufall ein Bakterium E. coli entstanden wäre. Mit anderen Worten, es ist praktisch ausgeschlossen, daß durch einen solchen Prozeß die DNA eines ersten primitiven, sich selbst reproduzierenden Bakteriums entstanden ist. Und falls es doch so war, dann können wir angesichts dieser überwältigenden Unwahrscheinlichkeit mit Gewißheit sagen, daß die Erde der einzige Planet im Universum ist, auf dem dieser Prozeß stattgefunden hat.

Auch der öfters vorgetragene Hinweis, die einfachsten existierenden Lebensformen seien Viren mit nur 50 Genen, ändert im Prinzip nichts an diesem Faktum. Denn erstens benötigt ein Virus die Reproduktionsmechanismen einer lebenden Zelle, um sich selbst zu reproduzieren, ist also auf sich selbst gestellt nicht lebensfähig[9], und selbst wenn man diesen Umstand unberücksichtigt läßt, brauchte unser Universum immer noch etwa $10^{36\,000}$ Jahre, um auf irgendeinem Planeten einen einzigen Virus durch Zufall aus Aminosäuren herzustellen. Versucht man umgekehrt, aus der bekannten irdischen Entwicklungszeit zum Einzeller die maximale durch Zufall gewonnene Informationsmenge zu bestimmen, dann zeigen Überschlagsrechnungen, daß innerhalb der etwa 800 Millionen Jahre bestenfalls ein einziges einfaches transfer-RNA-Molekül[10] mit einem Informationsgehalt von nur einem 13 000stel eines Virus hätte hergestellt werden können.

9) Es ist übrigens interessant zu sehen, daß Computerviren in diesem Punkt den natürlichen Viren sehr ähnlich sind. Auch sie benötigen einen Wirt, einen Rechner, um sich weiter zu vermehren. Bei dieser Ähnlichkeit zwischen natürlichen und Computerviren stellt sich auch die Frage, ob Computerviren gar eine Form des Lebens darstellen?

10) Transfer-RNA, kurz tRNA, sind Moleküle, die den genetischen Triplettcode der DNA in die ihm entsprechenden Aminosäuren umsetzen.

Die eigentliche Frage nach dem Ursprung des Lebens reduziert sich also auf die Frage, wie aus einem einzigen RNA-Molekül, das zufälligerweise, also abiotisch in der Ursuppe der Erde entstanden sein könnte, so etwas wie eine einfachste sich selbst reproduzierende Zelle, ein Protobiont, entstehen konnte. Entweder gibt es einen mehr ursächlich begründeten Auslesemechanismus, der gezielt diesen Übergang schaffte – dann gäbe es wahrscheinlich wirklich viele Lebensformen selbst in unserer Galaxie – oder es gibt ihn nicht, und dann wäre nach wie vor das Leben auf der Erde die unsäglich unwahrscheinliche Ausnahme von der Regel, daß es nirgendwo im Universum Leben gibt.

Dieser Auslesemechanismus müßte von der Art sein, daß ausgehend von der RNA jede komplexere Struktur irgendeinen Existenzvorteil verschafft, wenn also von diesem Punkt an nicht mehr der Zufall, sondern ein protodarwinistisches Ausleseverfahren einen Selektionsdruck erzeugt. Zudem müßte es in irgendeiner Weise die im Ausgangsmolekül gespeicherte Information reproduzieren oder an andere Moleküle weitergeben können. Dieses protodarwinistische Prinzip wäre sozusagen als dem Zufall weit überlegener, äußerst effizienter, gigantischer Information-Gewinnungsmechanismus zu verstehen. Dies ist aber unmöglich, solange der »Teufelskreis« von Nukleinsäure als Informationsspeicher und enzymatischen Proteinen als Synthesewerkzeuge die Grundlage eines Reproduktionsmechanismus ist.

An diesem Punkt kommt eine Erkenntnis der achtziger Jahre wie gerufen. Sie besagt[11], daß bestimmte RNAs, sogenannte Ribozyme, genetische Informationen tragen und sie gleichzeitig als enzymatisches Molekül auch in entsprechende andere Proteine umsetzen können. Ein Ribozym kann also gleichzeitig das genetische Informationslager sein und auch das Werkzeug, um diese Information umzusetzen. Eine solche RNA würde also die uns heute bekannte DNA als Informationspool und die messenger-RNA (mRNA) und

11) Für diese revolutionierende Erkenntnis erhielten Thomas Cech und Sidny Altman 1989 den Nobelpreis für Chemie.

tRNA als ihre Umsetzungswerkzeuge ersetzen. Der ansonsten so komplexe Reproduktionsmechanismus einer modernen Zelle reduziert auf ein einziges relativ primitives Molekül? Gibt es also ein ausschließliches RNA-Leben, eine RNA-Welt, ohne die bisher für notwendig erachtete DNA? Tatsächlich kennt man heute Viren, deren Genetik ausschließlich auf RNA basiert, und in »in vitro«-Experimenten können RNA-Moleküle zur Selbstreplikation gebracht werden. Viele Biochemiker gehen daher heute von der einer präbiologischen RNA-Welt aus (zum Beispiel Walter, G., 1986; Gesteland, R. F. & Atkins, J. F., 1993; Org, L. E., 1994).

Andererseits sind in der Natur bisher keine selbständigen, RNA-basierenden Organismen bekannt[12]. Außerdem sind RNA-Kopien intolerant gegen Mutationen. Mutationen sind aber gerade eine wesentliche Voraussetzung für eine protodarwinistische Entwicklung von solchen RNA-Urlebensformen zu der uns bekannten hochentwickelten DNA-Lebenswelt, die nach heutigem Wissen vor etwa 3,6 Milliarden Jahren entstand. Ein weiterer wichtiger, vielleicht entscheidender Punkt, der gegen die RNA als Urform des Lebens spricht, ist die Besonderheit von RNA, daß es zwei nahezu identische Formen gibt, sogenannte links- und rechtshändische RNA, die sich so stark ähneln, daß sie gegenseitig ihre Reproduktion verhindern (Joyce, G. F., 1984). Da aber in der unbelebten Materie zufallsbedingt beide Formen gleich wahrscheinlich und gleich häufig auftreten, würden sie ein RNA-Leben gegenseitig automatisch zunichte machen.

[12] Viren sind zwar RNA-basierte Organismen, benötigen aber stets eine Wirtszelle, um sich vermehren zu können.

Gerade aus dem letztgenannten Grund glauben viele Wissenschaftler, daß Leben nicht mit einer RNA-Welt begann, sondern daß es davor eine Lebensform ohne Links/Rechts-Händigkeit gegeben haben muß, die die Reproduktion und somit eine Evolution ermöglichte und irgendwie eine Vorauswahl zur uns heute bekannten rechtshändischen RNA- und später DNA-Welt traf. Es gibt heute jedoch keinen Hinweis darauf, wie diese Urlebensform ausgesehen haben könnte.

Ein archaischer Auslesemechanismus, der den Übergang von primitiver RNA zu sich selbst replizierenden komplexeren Strukturen schafft, könnte vielleicht der von Crick und Mitarbeitern im Jahre 1976 vorgeschlagene sein (Crick, F. H. C. & Orgel, L. E., 1976). In ihrem Schema produzieren vier tRNA- und ein mRNA-Molekül, die auf kleinstem Raum eingeschlossen sein müssen[13], innerhalb weniger Stunden nicht nur Aminosäuren, sondern reproduzieren auch sich selbst. In einem erweiterten Sinne könnte die Gesamtheit dieser fünf RNA-Moleküle daher als erste genetische Struktur angesehen werden. Und hier zeigt sich die enorme Durchschlagskraft eines solchen protodarwinistischen Mechanismus:

[13] Dieser Hohlraum muß nicht notwendigerweise eine biologische Zelle sein, sondern kann auch ein mineralogischer Hohlraum von nur wenigen Mikrometern Abmessung sein.

Was durch Zufall viele Millionen Jahre gedauert hatte, wäre so innerhalb von nur wenigen Stunden wiederholt.

Ein solcher Reproduktionsmechanismus ließe natürlich, wenn auch zunächst nur in kleinem Maße, Mutationen zu, die zu noch komplexeren Makromolekülen führen könnten. Es bleibt bei diesem protodarwinistischen Szenario jedoch offen, was der Selektionsdruck zu komplexeren Molekülen gewesen sein könnte (was sollte der Vorteil dieser größeren Moleküle gewesen sein?) und welcher Gestalt diese Mikroräume gewesen sein müssen, daß sie den unabdingbaren mRNA- und tRNA-Molekülen Zutritt ließen und zugleich über einen relativ großen Zeitraum von mehreren Stunden ihren Austritt verhinderten. Daß allein diese unerläßliche, in ihrer Geometrie vielleicht sehr komplizierte Reaktionskammer gerade durch ihre komplexe Struktur vielleicht sehr viel mehr Informationen beinhaltete als die der RNA selbst – was den Crickschen Auslesemechanismus auf den Kopf stellte – mag ein Hinweis darauf sein, wie äußerst unwahrscheinlich der elementare Übergang von einfachen, zufällig geformten RNA-Molekülen zu selbst reproduzierenden Strukturen gewesen oder zumindest, wie wenig verständlich er bis heute ist. Daran ändern auch neuere Mutmaßungen (Kauffman, S., 1993; 1995) basierend auf chemischer Selbstorganisation und Chaosrand-Phänomenen und Eigens autokatalytischen Zyklen, nach denen ein Netzwerk zusammenwirkender chemischer Reaktionen durch Selbstorganisation eine bestimmte Stufe der Evolution erreichte, lange bevor es Gene gab, im Prinzip nichts. Denn damit werden bisher weder die genauen präbiotischen Strukturabfolgen offengelegt, noch steht diese Mutmaßung, die im Endeffekt eine Art »Gesetz der wachsenden Komplexität« in der Natur prognostiziert, im Einklang mit dem heutigen Verständnis von der Evolution des Lebens (siehe unten), nach der Entwicklung lediglich alle vorhandenen Strukturen diversifiziert, wobei die Entwicklung zu einfacheren Strukturen genauso oft vorkommt wie die zu komplexeren. Es bleibt daher nach wie vor völlig offen, ob dieser essentielle Schritt zum reproduzierenden Leben hinlänglich wahrscheinlich oder vielleicht doch unsäglich unwahrscheinlich ist.

Die Existenz von Mikroräumen ist sogar von recht allgemeiner Bedeutung für die Reproduktion von Mikroorganismen und sicherlich auch für deren Vorläufer. Denn selbst wenn sich hier und da durch Zufall vorteilhafte Makromoleküle gebildet hätten, mitsamt der notwendigen Schar unterstützender Proteine, dann nützte das nichts, weil sich diese seltenen präbiotischen Verbindungen schnell in den Weiten der Urozeane oder auch nur Tümpeln verloren hätten, was ihre weiterführenden Reaktionen verhindert hätte. Man vermutet, daß solche existentiell notwendigen Mikroräume vielleicht *Coacervate* (Coacervation

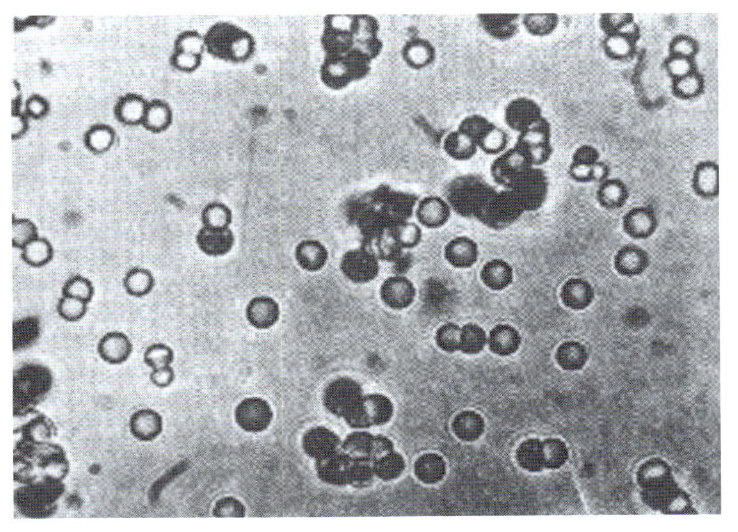

Mikrosphären aus Proteinoid, die vielleicht als erste primitive Zellenhüllen für Präbioten gedient haben.

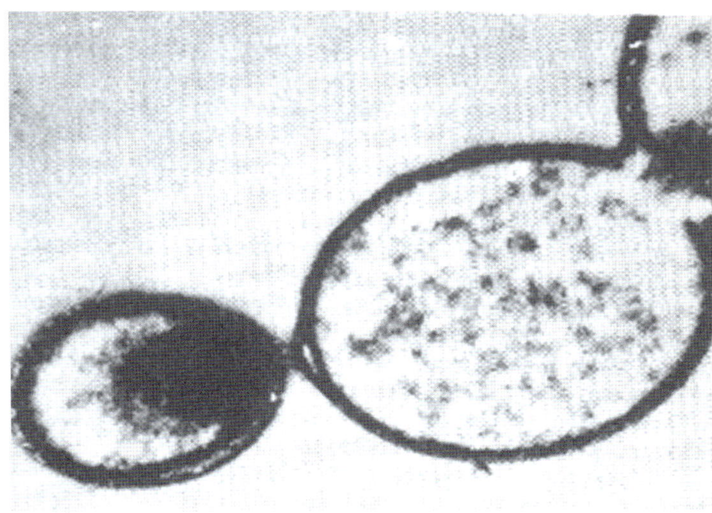

Die Fähigkeit der Ausknospung von Mikrosphären mag eine wichtige Voraussetzung für die Verbreitung von Präbioten gewesen sein.

= Ausfällung) gewesen sein könnten (Kaplan, R. W., 1972, S. 110; Oparin, A. I., 1968). Coacervate sind tröpfchenartige Ausscheidungen von Makromolekülen in wäßrigen Lösungen. Solche Ausscheidungen können in Anwesenheit gewisser gelöster Salze stattfinden, die die abstoßende elektrische Ladung der ionisierten Makromoleküle herabsetzen und so ihre Agglomeration bis hin zur Ausfällung bewirken können. Der große Nachteil von Coacervaten ist ihre Unbeständigkeit: Bei erhöhten Konzentrationen von Makromolekülen bilden sich viele kleinere Ausscheidungen, die bei Berührung allmählich ineinanderfließen. Es ist fraglich, ob dieses sich stetig ändernde Milieu agglomerierender Coacervate ein günstiges Umfeld für reproduzierende Inhalte bietet. Es ließ sich aber immerhin zeigen, daß ein Coacervat, bestehend aus Histon[14] und RNA, in dem sich das Enzym Polynucleotid-Phosphorylase und ADP befand, aus ADP eine Nukleotidsequenz, genannt Poly-A, erzeugte. Wenn Coacervate also schon nicht reproduzieren oder autokatalysieren können, so können sie doch wenigstens stoffwechseln. Da in erdgeschichtlicher Urzeit die Bedingungen zur Bildung von Coacervaten sicherlich in Tümpeln, Seen und so weiter gegeben waren, bildeten sie wahrscheinlich ein geeignetes Milieu zur Entstehung neuer Polymere, die für die Reproduktion notwendig waren.

[14] Histon ist ein DNA-bindendes Protein, das eine fortwährende Faltung der DNA bewirkt und so die meterlange DNA jeder Zelle auf weniger als ein Tausendstel Millimeter zusammenhängt.

Geeignetere Mikroräume für Reproduktionen könnten vielleicht Mikrosphären sein (Kaplan, R. W., 1972, S. 113). Mikrosphären sind doppelwandige Kügelchen mit einem Durchmesser von etwa 2 μm, die beim Abkühlen von in Seewasser gelöstem Proteinoid (eine Mischung aus verschieden langen Polyaminosäuren) entstehen (Fox, S. W., 1965; 1969). Sie sind stabiler als Coacervat-Tröpfchen, selbst bei wochenlangem Stehen fließen sie nicht zusammen. Interessanterweise bilden diese Mikrosphären innerhalb von ein bis zwei Wochen knospenartige

Auswüchse, die sich ab einer gewissen Größe abnabeln und so neue Mikrosphären bilden, die wiederum knospen und so weiter. Diese von ihrem Entdecker Fox auch »Protozellen« genannten Mikrosphären könnten vielleicht als die Hüllen der ersten primitiven lebenden Zellen, der Präbioten, angesehen werden. Was ihnen aber immer noch fehlt, sind die ausreichende und richtige Mischung von Proteinen und RNA, die, eingebettet in solchen Protozellen, die ersten Reproduktionen auslösten.

Aus heutiger Sicht absolut notwendig für eine metabolisierende und reproduzierende Zelle ist eine doppelwandige Zellhülle aus Lipiden, so wie sie alle heutigen Lebewesen aufweisen. Nur sie garantieren neben der Abgrenzung und dem Zusammenhalt aller für die Reproduktion notwendigen Bestandteile als Membran zugleich auch die semipermeable Durchlässigkeit der Ausgangsstoffe und Abfallprodukte für den gesamten Metabolismus innerhalb der Zelle. Die Phospholipide, die heutzutage in den meisten Zellen die kugelförmigen Zellhüllen, sogenannte Vesikel, ausmachen, sind aber nicht unbedingt notwendig. Fettsäuren allein im ionisierten Zustand (als Seifen) funktionieren auch. Es wurde vermutet, daß solche Vesikel bereits vor den ersten selbst reproduzierenden organischen Molekülen existiert und dem aufkeimenden Leben so den notwendigen Rahmen verliehen haben. Wenn man aber bedenkt, daß die für die Lipidmembranen notwendigen Fettsäuren heute von der lebenden Zelle selbst produziert werden, während in präbiotischer Umgebung für deren Bläschenbildung kaum erreichbare Temperaturen von 450 bis 500 °C notwendig gewesen wären, dann scheint diese Vermutung wenig plausibel. Aber selbst wenn die abiotische Bildung im Milieu der archaischen Ursuppe möglich gewesen wäre – was im ursprünglichen Zustand immer noch fehlt, sind die richtigen Transportproteine, die, eingelagert in die Zellmembranen, die richtigen Moleküle in geeigneter Menge und in richtiger Richtung durchlassen. Die Informationen für die Zusammensetzung solcher Transportproteine sind aber in der DNA gespeichert und benötigen die Ribosome als »Produktionsstätten«, was allerdings eine voll funktionsfähige Zelle mitsamt geeigneter Membran voraussetzt – womit wir bei einem weiteren »Henne-Ei-Problem« angekommen wären.

Offensichtlich stehen noch viele ungelöste Probleme im Weg zum allgemeinen Verständnis, wie sich die ersten selbst reproduzierenden Strukturen bildeten. Dies um so mehr, als daß gewisse Voraussetzungen der geschilderten Prozesse von anderen Wissenschaftlern stark angezweifelt werden. So kann die irdische Uratmosphäre, wie Oparin sie erstmals vorschlug und Miller sie für seine bahnbrechenden Versuche benutzte, zum einen kein Wasserstoff und Ammoniak enthalten haben, jedenfalls nicht in nennenswerten Mengen, weil das Molekül Ammoniak recht schnell von der ultravioletten Strahlung der Sonne zerstört wird, insbesondere, wenn es keine schützende Ozonschicht gibt; zum anderen, weil Wasserstoff ein sehr leichtes Gas ist, welches wie Helium nicht von der mäßigen Schwerkraft der Erde gehalten werden kann und schnell in den Weltraum entweicht.

Die Evolution hat nicht nur immer komplexere Lebensformen hervorgebracht, sondern auch immer mehr primitive Lebensformen entwickelt. Die Zunahme der Komplexität läßt sich mit einem langsam zerfließenden Tropfen vergleichen, der in alle Richtungen zerfließt, aber in Richtung zunehmender Komplexität ungehindert strömen kann. Deshalb bildeten sich immer komplexere Lebensformen aus, wobei die Evolution auf jeder Komplexitätsebene gleich stark in Richtung höherer wie niedrigerer Komplexität fortschreitet.

Ist der gordische Knoten des Übergangs von Aminosäuren und Nukleinsäurebasen zu primitivsten selbst replizierenden Strukturen auf einem Planeten erst einmal durchbrochen, dann ist es bis zu den ersten prokaryontischen Zellen zwar noch ein langer Weg. Aber dieser Weg ist nach heutigem Verständnis einigermaßen nachvollziehbar (Eigen, M., 1979; 1987), wenn nicht gar zwingend. Auch die weitere Entwicklung über eukaryontische Zellen zu höheren Lebewesen bis hin zu Säugetieren läßt sich unter dem allgegenwärtigen darwinistischen Selektionsdruck und den unendlichen Wiederholungen von Reproduktion und Mutation verstehen (siehe biologische Standardwerke oder etwa Gould, S. J., 1994). Es sei aber davor gewarnt zu glauben, die natürliche Entwicklung verliefe stetig vom Einfachen zum Komplexen mit dem Menschen als der Krone der Schöpfung, wie es uns die Schulbücher weismachen wollen. Zunächst einmal ist die Evolution geprägt

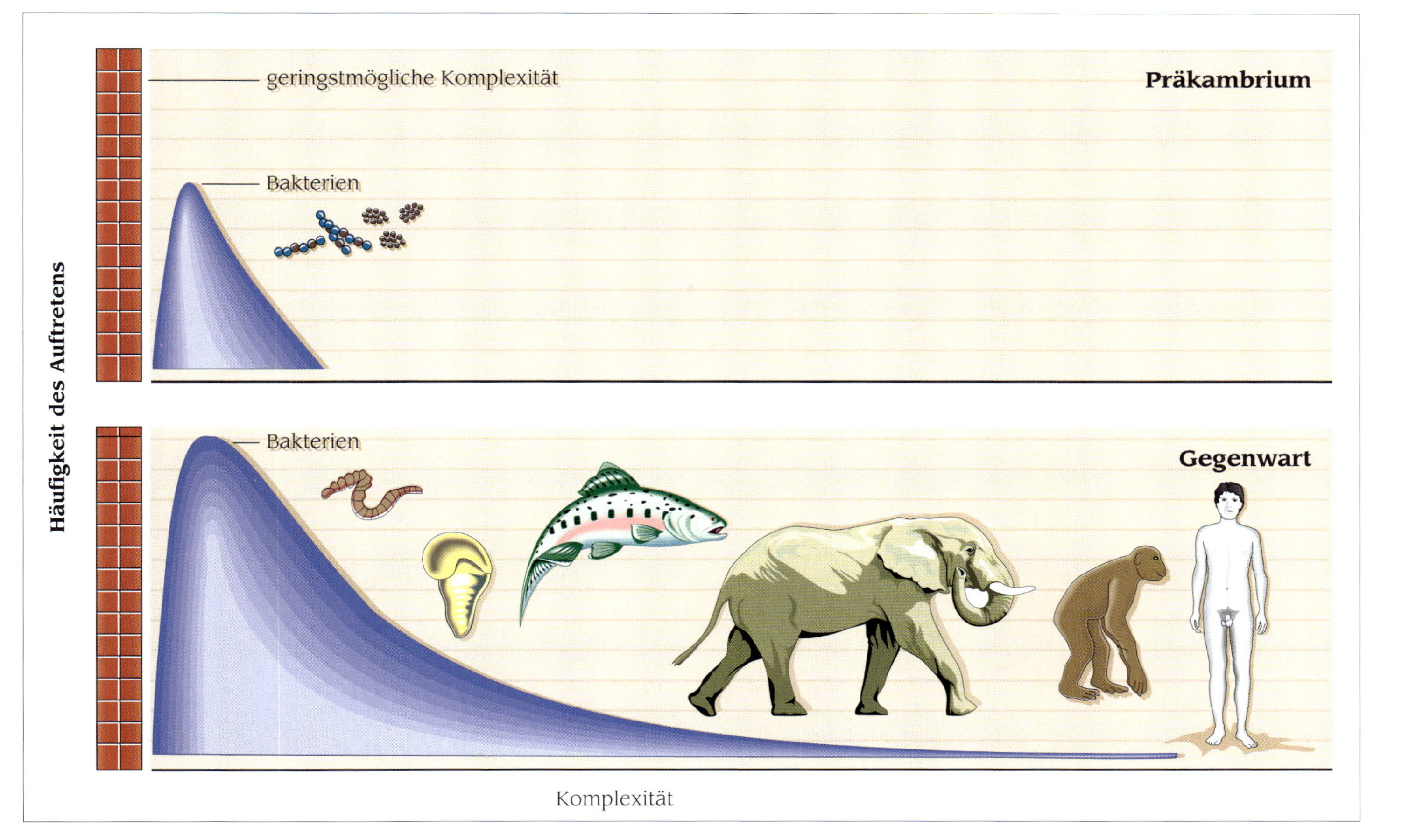

von weiten Phasen der Stagnation und nur wenigen und kurzen Phasen explosiver Veränderung. Abgesehen von der Entstehung der Eukaryonten vollzogen sich alle wichtigen Entwicklungsschritte vor 530 Millionen Jahren innerhalb der sogenannten kambrischen Explosion, die nur wenige Millionen Jahre währte. Davor spielte sich alles Leben in den Ozeanen ab und erst mit der kambrischen Explosion begann die Eroberung der Kontinente mit Leben, das durch die stark zunehmende Produktion von Sauerstoff auch die schützende Ozonschicht bildete.

Zudem hat sich der mittlere Komplexitätsgrad über die vielen Millionen oder gar Milliarden Jahren so gut wie nicht geändert. Heute wie damals dominieren die Einzeller, wie etwa die Bakterien, das Erdenleben. Ihre Ausbreitung ist die wirkliche Erfolgsgeschichte der Evolution (Gould, S. J., 1994). Allein im Darm eines jeden von uns hausen mehr Escherichiacoli-Bakterien, als es je Menschen gegeben hat. Natürlich haben sich bestimmte Gruppen von Lebewesen zu komplexeren entwickelt, aber genauso oft haben sich höher entwickelte Organismen zurück in Richtung abnehmender Komplexität bewegt, um sich entstehenden Nischen anzupassen. Es gibt also keine eingebaute Tendenz zu höherer Komplexität. Die Evolution des Lebens auf der Erde ist vielmehr eine Geschichte der Anpassung, die Komplexitätsänderungen gleich welcher Richtung bedingt. Was sich also vergrößert hat, ist die Variabilität, die Vielfalt der Komplexität – und bei diesem ungerichteten Hin und Her der Evolution entstanden an einem Extrem der Entwicklung die höher entwickelten Lebewesen. Drei Milliarden Jahre Einzelligkeit, dann fünf Millionen intensiver Kreativität und danach mehr als 500 Millionen Jahre Herumprobieren mit dem einmal vorgegebenen Grundmuster – das entspricht kaum einem natürlichen, zwangsläufigen Trend zu Fortschritt und zunehmender Komplexität.

Die nächste Wissenslücke, die hier aber nicht näher diskutiert werden soll, klafft beim Übergang von solchen Lebewesen zu intelligenten. Es gibt in der Natur anscheinend nicht nur keine eingebaute Entwicklung zu höherer Komplexität, sondern erst recht keine zur Intelligenz. Das Auftreten von Intelligenz erscheint vielmehr irgendwie wahllos. Unsere Erde könnte auch sehr gut ohne uns Menschen existieren (wobei sich trefflich darüber streiten ließe, ob die Menschen wirklich intelligent sind). Es gibt bis heute keinen Hinweis, unter welchen Bedingungen sich intelligente Wesen aus hochentwickelten Lebensformen bilden und ob sie es überhaupt müssen. Nimmt man die Entwicklung des Menschen als Paradebeispiel, dann setzt sich diese aus einer Vielzahl, Hunderten vielleicht Tausenden von kleinen Evolutionsschritten zusammen, wie etwa dem Übergang von Prokaryonten zu Eukaryonten, dem Auftreten von Wirbeltieren, dem aufrechten Gang, der Benutzung von Werkzeugen oder der Entstehung von Sprache. Sie alle können zwar eine einzelne Wahrscheinlichkeit von vielleicht nur etwas weniger als eins besitzen[15], aber bei der Vielzahl von Evolutionsschritten würden sie sich zu einer sehr geringen Gesamtwahrscheinlichkeit aufmultiplizieren. So betrüge sie bei 300 angenommenen Schritten zu je 90 Prozent Einzelwahrscheinlichkeit gerade einmal 10^{-14}. Die Wahrscheinlichkeit zur Evolution einer menschlichen Rasse mit genau diesen uns vertrauten Eigenschaften wäre demnach sehr klein.

[15] Manche vielleicht sogar auch viel weniger. Gerade die Entwicklung zu einer symbolischen Sprache, die viele als den Beginn von Intelligenz schlechthin ansehen, könnte sich bei fortgeschrittener Betrachtung als unüberwindliche Barriere mit einer Wahrscheinlichkeit unwesentlich mehr als Null erweisen und so auch in Analogie zum Lebensparadox die Entstehung von Intelligenz als ein Intelligenzparadox identifizieren.

Aber hochentwickelte Intelligenz kann im Prinzip beliebig viele Ausformungen haben, und es könnte sehr viele, recht unterschiedliche Wege zu ein und derselben Ausformung geben, was die Wahrscheinlichkeit für eine wie auch immer geartete Form von Intelligenz wieder stark nach oben drückt. Weil uns aber die unterschiedlichen Ausformungen und Wege zur Intelligenz nicht bekannt sind, läßt sich über ihre Entwicklungswahrscheinlichkeit nur sehr schwer spekulieren. Aber es gibt gewisse Hinweise. Delphine besitzen ein größeres Gehirn als wir Menschen und zeigen damit große Komplexität und Formbarkeit ihres Verhaltens, genauso wie die Fähigkeit zur Kommunikation durch Symbole. Sie haben bewiesen, auf neue Situationen reagieren zu können, vergangene Erfahrungen zu nutzen, Konzepte und Verallgemeinerungen zu bilden ohne Zuflucht zu einfachen *Trial-and-Error*-Verfahren, und dies ausgehend von Entwicklungswegen, die völlig verschieden sind von denen der Menschen. Mit diesen Überlegungen und Erkenntnissen und verglichen mit der scheinbar unüberbrückbaren Lücke von unbelebter Materie zum ersten selbstreproduzierenden Nukleinsäuremolekül scheint uns heute das Auftreten von Intelligenz noch wahrscheinlicher als jenes Lebensparadox.

All diese Unsicherheiten über die Wahrscheinlichkeiten, mit denen solche Entwicklungen stattfinden, nehmen sogar noch zu, wenn man annimmt, daß es verschiedene biologische Selbstreproduktionsmechanismen geben könnte und entsprechend viele Wege, vielleicht aber auch Sackgassen, zu intelligentem Leben in jeglicher Form. Wegen all dieser großen Unsicherheiten ist es in der Literatur üblich, alle biologischen Einflüsse zu einem Drake-Faktor

$$f_{life} = f_l \, f_i \, f_c = 10^{-15}? - 10^{-2} \qquad (3)$$

zusammenzufassen. Wie man sieht, äußern sich die erwähnten Unsicherheiten in einer enormen Spannbreite der in der Literatur geäußerten Vermutungen, wobei allein die bereits geäußerte Vermutung, daß unser Mond und Jupiter einen großen Einfluß auf unser Entstehen gehabt haben, mit einem Unsicherheitsfaktor von 1/1 000 beiträgt.

3.2.3 Die Ungewißheit bleibt

Wenden wir uns wieder der Ausgangsfrage zu: »Wie viele Zivilisationen gibt es zum heutigen Zeitpunkt?« und schränken sie wie gehabt zunächst auf unsere Milchstraße ein. Mit den bisherigen Definitionen (Gleichungen 2b und 3) läßt sich die Drake-Gleichung vereinfachen zu:

$$N_{heute} = R_{*} \, f_{astro} \, f_{life} \, L \quad (4)$$

Bis auf L, die mittlere Lebensdauer technisch hochentwickelter Zivilisationen, sind alle Faktoren bestimmt. Wie groß ist also L? Wäre L unendlich lang, dann gäbe es auch heute und zu allen Zeiten N_{heute} viele Zivilisationen. Tendiert ihre Lebensdauer hingegen nur zu wenigen tausend Jahren, dann würden Zivilisationen nach ihrem Entstehen praktisch sofort wieder vergehen und es gäbe nur zu sehr wenigen Zeitpunkten eine einzige Zivilisation im Universum. Leider gibt es bis heute keine anerkannte, allgemein gültige soziologische Theorie, die die Lebensdauer beliebiger Zivilisationen vorhersagt, und es darf mit Recht bezweifelt werden, ob es je eine solche, im wahrsten Sinne des Wortes universelle Theorie geben wird. Es ist also in das Belieben jedes Lesers gestellt, seine eigene Theorie zu entwerfen und daraus seine erwartete Lebensdauer L abzuleiten. Wir können aber den oberen und unteren Grenzwert von L angeben. Danach liegt L irgendwo zwischen $0{,}5 \cdot 10^{10}$ Jahren (Hälfte des Alters unserer Galaxie, was bedeutet, Zivilisationen sind so intelligent, sie vernichten sich nie) und L = 100 Jahre. (Zivilisationen vernichten sich, sobald sie die Kernwaffen entwickeln.) Das liefert uns die folgenden Grenzwerte für N_{heute}:

$$N_{heute} = 10^{-15}? - 10^{5}$$

Diese sehr große Bandbreite von etwa 20 Größenordnungen ist ein sicherer Indikator dafür, daß Abschätzungen mit der Drake-Gleichung bis heute unsicher sind und voraussichtlich auch lange noch bleiben. Jede konkrete Zahl, die aus ihr abgeleitet wird, wie groß sie auch immer sein mag, ist absolut unverläßlich. Die Gründe dafür sind die unklaren biologischen und sozialen Umstände, die sich in f_{life} und L widerspiegeln, während alle anderen Beiträge relativ gut bekannt sind.

Die Drake-Gleichung macht eine präzisere Aussage, wenn man eine Antwort auf die Frage »Wie viele ETIs existierten bisher insgesamt in unserer Milchstraße?«, also die Anzahl N_{total}, sucht. N_{total} ist das zeitliche Integral über N_{heute}, und unter der plausiblen Annahme, daß N_{heute} konstant ist, erhält man N_{total}, indem man für L = Alter der Milchstraße = 10^{10} Jahre setzt:

$$N_{total} = N_{heute}\ (L=10^{10}) = 10^{-7}? - 10^{6}$$

also irgendetwas zwischen praktisch 0, also keiner Intelligenz (ausgenommen uns selbst), und 1 000 000 (frühere Optimisten vermuteten sogar bis zu einer Milliarde). Die Unsicherheit beträgt zwar jetzt nur noch etwa 13 Größenordnungen, aber zur Beantwortung unserer ursprünglichen Frage »Sind wir allein?« ist das Ergebnis der Drake-Gleichung nach wie vor wertlos.

3.3 Panspermien

Im Gegensatz zu diesem Ursprung des Lebens ab initio schlug erstmals H. Richter (1865) und später der Schwede Svante Arrhenius (1903) einen völlig anderen Ursprung irdischen Lebens vor. Irdisches Leben entstand nach Arrhenius' Meinung nicht selbständig auf der Erde, sondern wurde von einem anderen Planeten eingeschleppt. Nach seinen Vorstellungen würde sich Leben, das irgendwo im Universum einmal entstand, durch eine Art Sporen, sogenannte Panspermien, angetrieben vom Strahlungsdruck der jeweiligen Sonne über alle lebensfähigen Planeten ausbreiten und somit auch unsere Erde vor Jahrmillionen mit Leben infiziert haben. Zwar wurde diese ursprüngliche Idee in den sechziger und siebziger Jahren von verschiedenen Wissenschaftlern als sehr unwahrscheinlich abgelehnt. Während ihrer Reise durch den interstellaren Weltraum wären die Sporen einer derart hohen Dosis kosmischer Strahlung ausgesetzt, daß jede heute bekannte Spore innerhalb kurzer Zeit abgestorben oder durch die enorme Wärmeentwicklung beim Eintritt in die Erdatmosphäre verglüht wäre.

Man weiß heute aber, daß gewisse Bakterien sehr wohl lange im freien Weltraum überleben können. Dies bewiesen *Streptococcus-mitis*-Bakterien, als sie am 20. April 1967 im Innern einer Videokamera an Bord der unbemannten Mondfähre *Surveyor 3* aus Versehen auf den Mond kamen. Sie wurden am 20. November 1969 vom Astronauten Pete Conrad auf Apollo 12 mit der Videokamera wieder »eingesammelt«. Bei einer Analyse auf der Erde fand die NASA die Bakterien lebend – nach 31 Monaten im Weltraum! Erstaunlicherweise konnten Bakterien durch eine besondere Austrocknungsstrategie auch über 4 800 Jahre in Ziegelmauern peruanischer Pyramiden und gar über 300 Millionen Jahre in Kohleflözen überleben. Aktive Bakteriensporen konnten selbst noch nach 30 Millionen Jahren aus Bernstein isoliert werden (Cano, R. J. & Borucki, M. K., 1995). Viele Bakterien können kosmische Strahlung wesentlich besser überleben als Menschen. Besonders das Bakterium *Deinococcus radiodurans* kann das 3 000fache der Strahlendosis überleben, die einen Menschen töten würde (Dal, M. J. & Minton, K. W., 1995). Aber diese Eigenschaft ist nicht unbedingt notwendig, weil erst kürzlich gezeigt wurde, daß eine nur 0,5 µm dicke Staubschicht, wie sie überall entstehen kann, ein Bakterium im Weltraum schützt (Parsons, P., 1996).

Die Funde und Untersuchungen der Meteoriten ALH 84001 (McKay, D. S. et al., 1996) und später EETA 79001 gaben nicht nur Hinweise auf mögliches primitives Leben auf dem Mars vor 4 Milliarden Jahren, sondern auch darauf, daß solche Strukturen den Aufprall eines Meteoriten auf die Erde überstehen können. Theoretische Untersuchungen stützen diese Ergebnisse (Chyba, C. F., 1996). Dazu sind die meisten Kometen, besonders Eiskometen und auch kohlenstoffhaltige Chondriten, nicht sehr solide und zerplatzen beim Eintritt in die Erde. Sie könnten so auf relativ sanfte Weise intakte Bakterien oder Sporen an die Erde freigeben, selbst wenn sie durch die hohe Geschwindigkeit zwischendurch kurzzeitig auf 700 °C aufgeheizt würden (Hoyle, F. & Wickramasinghe, C., 1993).

Aber es ginge auch anders. In einem 1973 erschienen Artikel (Crick, F. H. C. & Orgel, L. E., 1973) konnten zwei Biologen in einem Artikel zeigen, daß sich eine interstellare Infektion vielleicht durch sogenannte »gerichtete Panspermien« ereignet haben könnte, was bedeutet, die Sporen seien nicht zufällig, sondern von anderen, technologisch hoch entwickelten Zivilisationen durch entsprechend abgeschirmte Raumkapseln gerichtet ausgesandt worden, um deren Lebensform über die eigene Galaxie zu verbreiten. Wie realistisch diese Vorstellung ist, zeigt eine kurze Betrachtung unserer eigenen technologischen Möglichkeiten. Mit heutigen Raumfahrttechniken wären wir bereits jetzt in der Lage, unsere Galaxis, die Milchstraße, mit irdischem Leben zu infizieren: Die Raumsonde Pionier, die mit einer an der Außenseite angebrachten Plakette eventuellen Außerirdischen eine Botschaft über uns Menschen auf der Erde übermitteln soll, ist zur Zeit im Begriff, unser Sonnensystem zu verlassen. Hätte man Pionier mit einem Planetensuch- und Landesystem ausgestattet, so wie es für die gerade laufenden Marsmissionen eingesetzt wird, wäre sie ein geeignetes Vehikel für irdisches Panspermium gewesen.

So faszinierend die Idee von Panspermien ist, sie erklärt nicht, wie Leben irgendwo in unserem Universum *zum erstenmal* entstanden ist. Und wenn es einen üblichen Evolutionsweg gibt, auf dem es vor langer Zeit irgendwo einmal entstehen konnte, so liegt es nahe, daß es seither irgendwo anders im Universum immer wieder neu entstand[16].

[16] Wie wir im folgenden Kapitel »Von der Unwahrscheinlichkeit menschlicher Existenz« sehen werden, schließt diese Argumentation umgekehrt nicht aus, daß wir Menschen in unserem Universum einmalig sind.

Natürlich läßt sich auch für die Panspermien-Theorie nach einer ETI-Häufigkeit fragen. In ihr muß der bisher sehr unverläßliche Drake-Faktor f_l neu abgeschätzt werden. Dafür müssen wir die Theorie detaillieren, was wir zunächst für die Theorie »gerichteter Panspermien« tun wollen. In diesem Fall hinge f_l natürlich stark von der Anzahl der ETIs ab, die Sonden mit Panspermien aussenden könnten, $f_l = f_l\,(N)$, mit anderen Worten, der Faktor hinge von der Gesamtzahl der ETIs ab, die wir gerade mit f_l bestimmen wollen. Wegen des induktiven Charakters des Panspermien-Szenarios – eine Zivilisation infiziert im Mittel k benachbarte, die nach der mittleren Evolutionszeit t_E wiederum k benachbarte und so weiter – müßten wir die Drake-Gleichung zu einer Differentialgleichung mit starker Zeitabhängigkeit $N = N\,(t)$ umformulieren.

Dies ist aber gar nicht notwendig, da es bisher nur maximal zwei Infektionszyklen gegeben haben kann[17]. Aber selbst das scheint zuviel. Die Panspermientheorie basiert gerade auf der Annahme, daß die Entstehung des Lebens extrem unwahrscheinlich ist und bis heute nur ein einziges Mal in unserer Galaxie spontan auftrat. Warum sollte das ausgerechnet direkt nach dem Entstehen der ersten Planeten passiert sein? Wäre nicht umgekehrt ein relativ spätes erstes Auftreten wahrscheinlich?

[17] Die Evolutionszeit von primitiven Panspermien zu einer ETI-Kultur dauert, wie unsere eigene Menschwerdung zeigt (wobei wir mit Hilfe von Mond und Jupiter sicherlich eine relativ kurze Evolutionszeit hatten), etwa vier Milliarden Jahre. In Anbetracht eines 15 Milliarden alten Universums und einer ersten Generation Sterne, die durch »Auskochen« schwerer Elemente über etwa eine Milliarde Jahre die Basis zu ersten Planetensystemen legten, könnten wir höchstens die zweite Folgegeneration (1 + 3·4 = 13 Milliarden Jahre) der Urkultur sein, die erstmals Spermien aussandte.

Diese Überlegungen tragen nicht sehr zur Glaubwürdigkeit einer gerichteten Panspermien-Theorie bei. Wäre sie entgegen unseren Überlegungen dennoch richtig, dann wären wir mit großer Wahrscheinlichkeit erst die erste Folgegeneration und gehörten einem Cluster gerichtet infizierter Planetensysteme mit einem Durchmesser von ca. 100 Lichtjahren (aus deren Mittelpunkt die Urspermien stammten) an. Im Vergleich zum Gesamtdurchmesser unserer Milchstraße von 100 000 Lichtjahren würde es sich zur Zeit noch um eine sehr lokale Infektion mit sehr wenigen existenten ETIs handeln.

Die Umstände lägen bei der ursprünglichen Theorie der »ungerichteten Panspermien« etwas anders. Es brauchten nicht vier Milliarden Jahre zwischen der Infektion und der ihr folgenden Evolution zu einer ETI-Kultur vergehen, bis die Panspermien erneut in den Weltraum hinausgetragen werden können, sondern dies könnte bereits dann passieren, wenn sich die Panspermien auf dem neuen Planeten flächendeckend ausgebreitet haben, was höchstens wenige Millionen Jahre dauert. Daher wäre es möglich, daß bis heute viele Folgegenerationen der Urspermien über unsere Milchstraße verteilt leben. Als Verbreitungsmechanismus kämen zwei Szenarien in Frage. Als Arrhenius sein Panspermienmodell erstmals vorstellte, nahm er an, die Panspermien

Künstlerische Darstellung eines Asteroideneinschlags und Rekonstruktion des Ablaufs am Beispiel des Nördlinger Rieses. Der Einschlag erfolgt in sechs Phasen.

könnten durch den Sonnenwind verbreitet werden. Der Sonnenwind ist ein konstanter Strom ionisierter Wasserstoffmoleküle, die von der Sonne ausgehen und radial nach außen wegströmen. Bei ihrem Weg in die Tiefen des Weltraumes können sie natürlich auch auf einen der näheren Planeten treffen und die durch Eruptionen in die Atmosphäre gelangten Urzellen mit sich in den Weltraum reißen und immer weiter aus

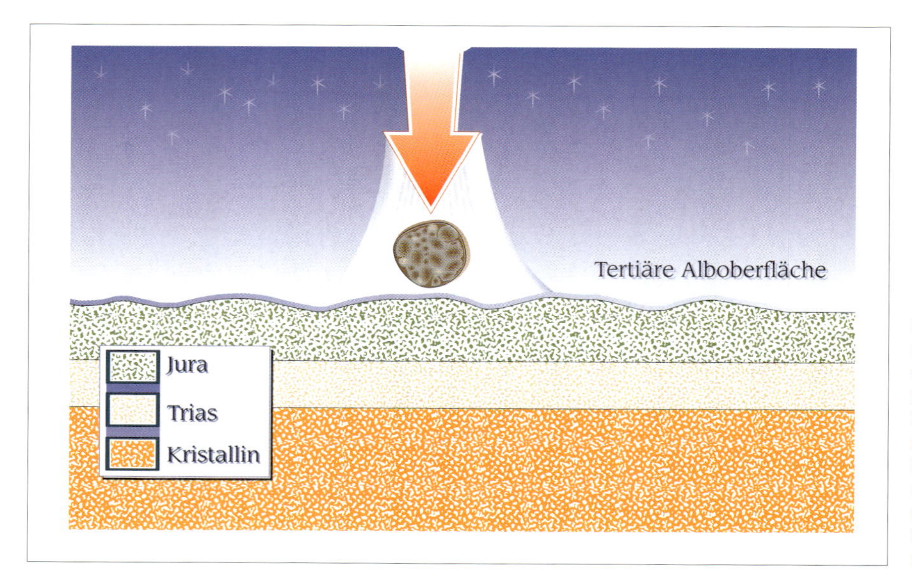

Phase 1: Der Anflug des Meteoriten. Ein Steinmeteorit von ca. 1 km Durchmesser und einer Dichte von 3,0 g/cm³ durchdringt in weniger als zwei Sekunden die Erdatmosphäre und schlägt mit mindestens 72 000 km/h, also 60facher Schallgeschwindigkeit, ein.

dem Sonnensystem hinaustreiben. Irgendwann, so Arrhenius, träfen diese mit Panspermien angereicherten Staubteilchen auf Planeten anderer Sonnensysteme, die sie dann infizierten. Trotz dieses eingängigen Szenarios ist die Wahrscheinlichkeit, daß dies so einmal passieren könnte, vernachlässigbar gering, da die eintretenden kleinen Partikel im Zielsonnensystem durch den dortigen Sonnenwind bald wieder hinausgetrieben würden und gar nicht erst zu den inneren, infizierbaren Planeten gelangen würden.

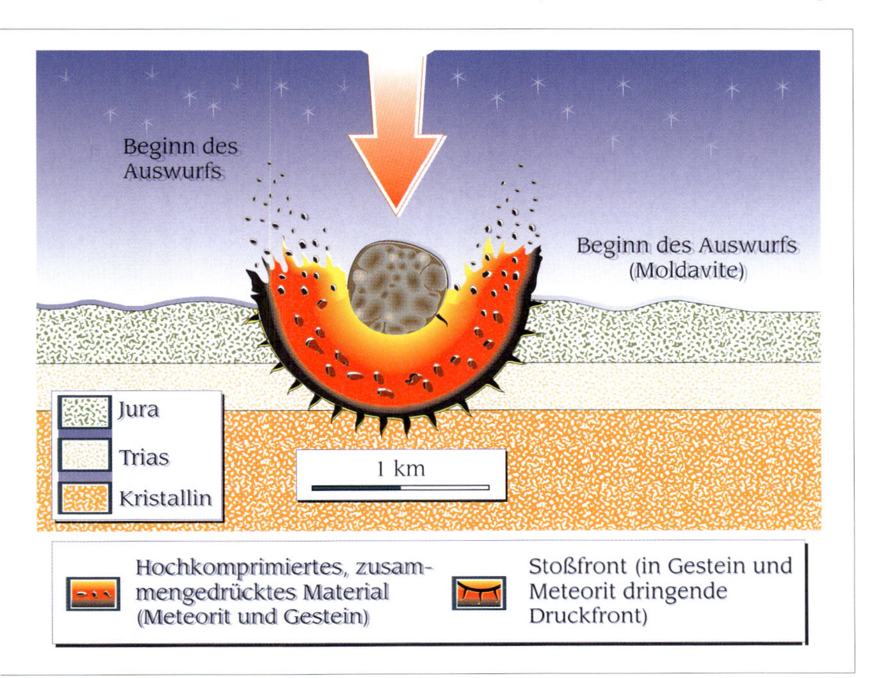

Phase 2: Der Aufschlag des Meteoriten. Der Meteorit wird extrem komprimiert und sprengt das 600 m dicke Deckgestein weg. Er dringt etwa 1000 m tief in den Boden ein und erzeugt dabei eine mächtige kugelförmige Druckwelle. Der Auswurf beginnt.

Nach einem neueren Szenario könnten die Panspermien auch verpackt in Meteoriten im Weltraum verteilt werden. Wie wir im Abschnitt über mögliche archaische Lebensformen auf dem Mars gesehen haben, können bei einem schrägen Asteroideneinschlag Gesteinsbrocken so stark beschleunigt werden, daß sie zwar das Schwerefeld eines Planeten verlassen können, aber die dabei entstehenden Beschleunigungswerte bis zu 30 km/s (Keefe, J.D. & Ahrens, T.J., 1986) reichen kaum zum Verlassen eines sonnenähnlichen Sterns aus der Ökosphäre: Der Mars hat eine solare Fluchtgeschwindigkeit von 35 km/s, die Erde von 44 km/s.

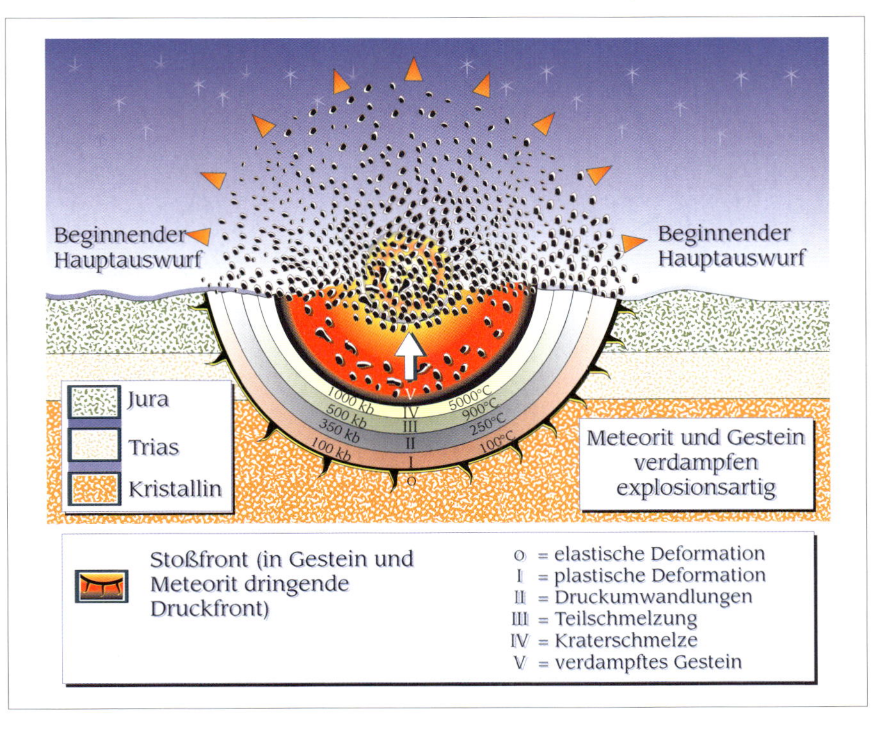

Phase 3: Stoßwellenmetamorphose – Gestein und Meteorit verdampfen. Wenige Millisekunden nach dem Aufschlag ist der Stoß aufgefangen und es kommt zu einer explosionsartigen Druckentlastung, die das Gestein und den Meteoriten teilweise verdampfen läßt. Das Gas schleudert den Kernbereich unter hohem Druck nach oben zurück. Damit beginnt der Hauptauswurf.

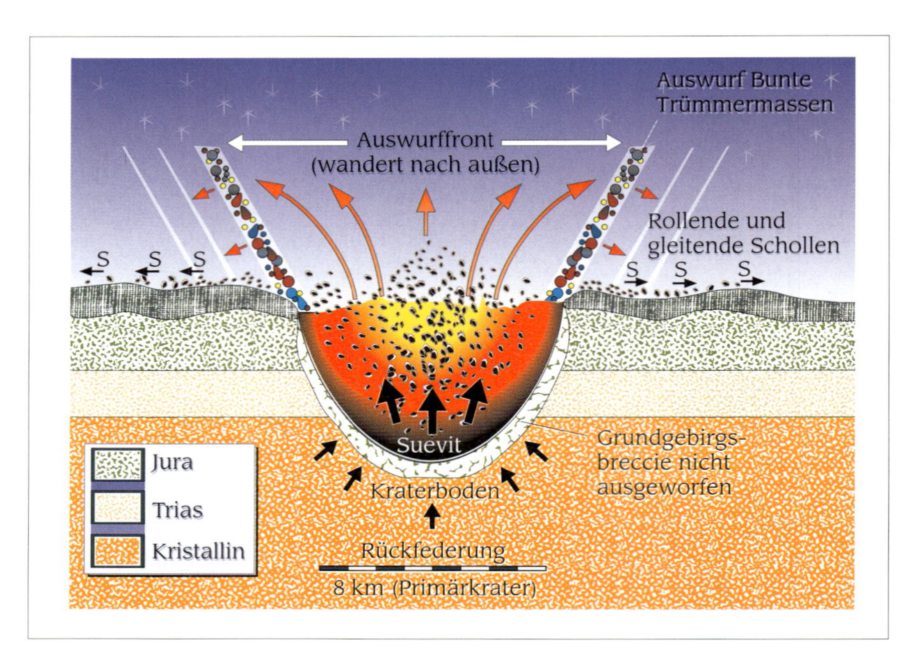

Phase 4: Einschlagmetamorphose und Hauptauswurf. Durch die Rückfederung der tieferen Bodenschichten werden die sogenannten bunten Trümmermassen, die durch Zertrümmerung und Aufschmelzung der Bodenschichten entstanden, herausgeschleudert. Sie bedecken in einem Umkreis von 20 km um den Einschlagkrater den Boden mit einer bis zu 100 m dicken Schicht. Im Kraterboden bleiben glasartige dunkle Schmelzfetzen, sogenannter Suevit, zurück.

Geht man von einer ungerichteten Panspermientheorie aus, dann wäre die naheliegende Frage, wie groß die mittlere Anzahl infizierter Planeten nach einem hinreichend heftigen Asteroideneinschlag ist. Diese wollen wir nun berechnen. Dazu muß man zunächst die Wahrscheinlichkeit kennen, mit der ein willkürlich in den Weltraum geschleuderter Gesteinsbrocken einen infizierbaren Planeten in den Tiefen unserer Milchstraße treffen würde. Dies entspricht der Aufgabe, die effektive Fläche der Zielscheibe (die Summe der Querschnittsflächen aller infizierbarer Planeten) zu berechnen, die man treffen müßte, wenn man mit einem Gewehr wahllos in alle möglichen Richtungen schießen würde. Im Anhang 1 wird gezeigt, daß der Treffwinkel, genauer, der Raumwinkel der effektiven Trefffläche infizierbarer Planeten σ_E in unserer Milchstraße, die Größe $\sigma_E \leq 2{,}6 \cdot 10^{-19}$ Steradian hat[18].

Phase 5: Ende der Kraterbildung. Die nachlassende Rückfederung wird langsamer, dafür führt sie durch eine Gesteinsrückbewegung zu einer Auffüllung der Kratermulde. Dabei entsteht ein kleiner Ringwall (IW) innerhalb des Kraterrandes (KR).

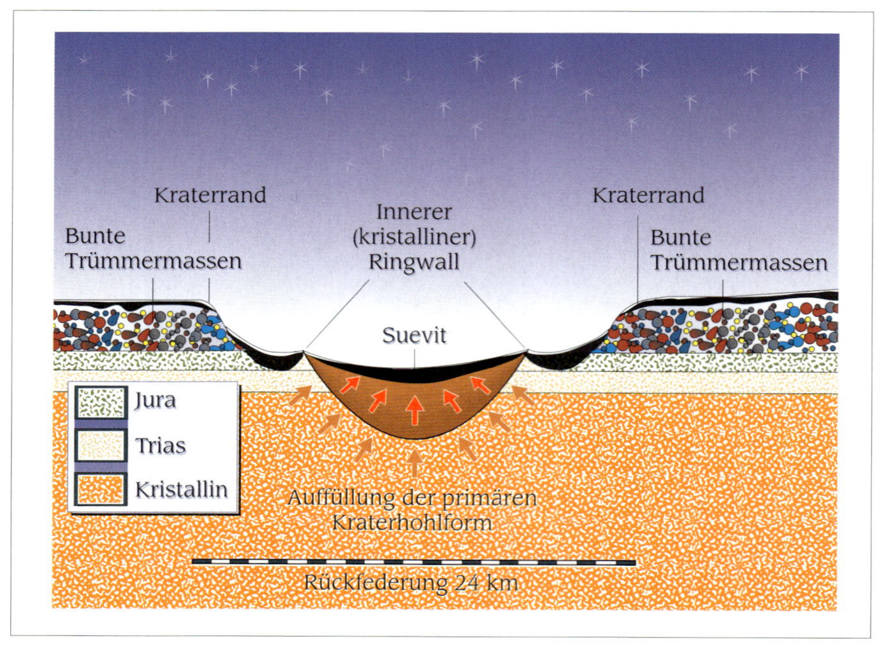

[18] Würde man also alle infizierbaren Planeten flächendeckend zu einer kreisrunden Scheibe vereinigen, dann betrüge der Treffwinkel weniger als 0,0001 Bogensekunden. Das entspricht einem 2 mm großen Stecknadelkopf in 3 500 km Entfernung!

Phase 6: Postriesische Kraterentwicklung. Über viele Tausende von Jahren bildet sich ein Kratersee, der zusammen mit tektonischen Tiefenerosionen die Strukturen weiter einebnet.

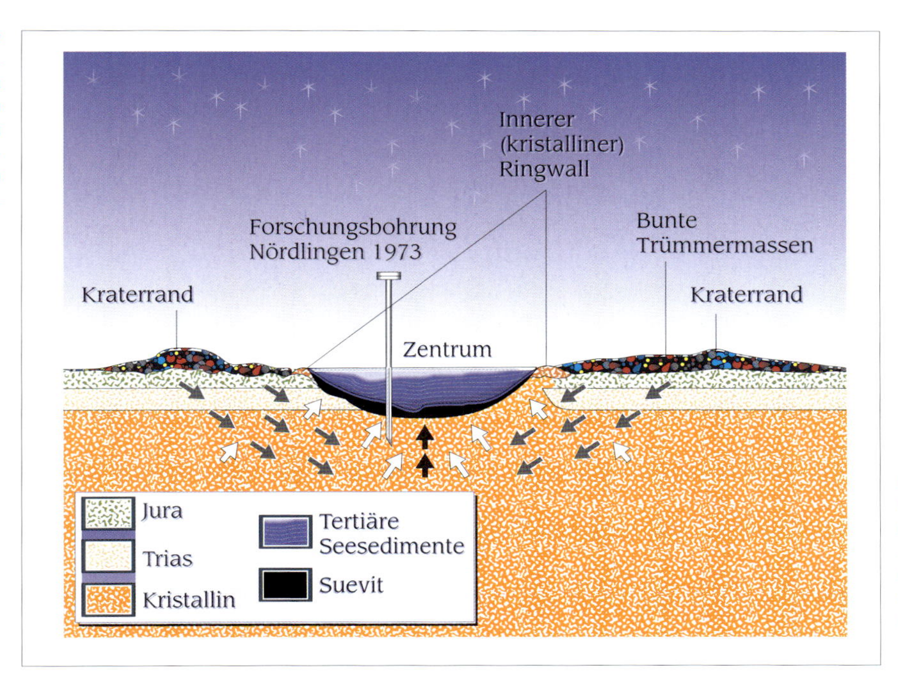

Der 1,2 km große Barringer-Krater in Nordarizona/USA entstand vor etwa 25 000 Jahren beim Einschlag eines nur etwa 30 m großen Eisen-Meteoriten. Ein Objekt dieser Größe trifft, statistisch betrachtet, etwa einmal pro Jahrhundert mit der Erde zusammen.

Nehmen wir nun an, die Anzahl der herausgeschleuderten Gesteinsbrocken, die andere Planeten potentiell infizieren könnten, sei N_∞. Notwendige Voraussetzung für diese Gesteinsbrocken ist, daß sie einen Durchmesser von mindestens 10 cm haben, damit sie beim Eintritt in die Atmosphäre des Zielplaneten nicht restlos verglühen, und daß ihre Ejektionsgeschwindigkeit mindestens die Fluchtgeschwindigkeit eines mittleren Sonnensystems, $v_\infty > 12$ km/s, beträgt, damit sie das Ursprungs-Planetensystem verlassen können. Ist N_∞ bekannt, dann läßt sich die gesuchte Anzahl infizierter Planeten N_i schreiben als:

$$N_i = \frac{1}{4\pi} N_\infty \sigma_E$$

In diesem Zusammenhang ist es wichtig zu wissen, wie groß N_∞ mindestens sein muß, um wenigstens einen anderen Planeten zu infizieren. Sie leitet sich aus obiger Gleichung ab, indem man $N_i > 1$ fordert. Daraus folgt: $N_\infty > 4\pi/\sigma_E \geq 4{,}9 \cdot 10^{19}$. Nach neuesten Computersimulationen (Keefe, J. D. & Ahrens, T. J., 1986) ist die Anzahl der Gesteinsbrocken mit den genannten Eigenschaften jedoch wesentlich kleiner. Nimmt man als günstigsten Fall einen Asteroiden von 10 km Durchmesser, wie er etwa alle 100 Millionen Jahre (Radons, G., 1997) – innerhalb der sich die Panspermien flächendeckend ausbreiten können – einmal einschlägt, dann wird weniger als 0,03·Impaktormasse als Oberflächenbrocken mit Planeten-Fluchtgeschwindigkeit ausgeworfen. Selbst wenn man annimmt, daß diese Massen auch genügend hohe Geschwindigkeiten haben, um das jeweilige Sonnensystem zu verlassen und alle Brocken 10 cm groß sind (wahrscheinlich sind die Massen, die das erfüllen, weit weniger), dann entständen $1{,}3 \cdot 10^{15}$ Gesteinsbrocken, die andere Planeten infizieren könnten. Mit anderen Worten, nach einem der größten Einschläge ist die Wahrscheinlichkeit, im folgenden wenigstens einen anderen Planeten mit Leben zu infizieren, kleiner als 1:40 000, wahrscheinlich sogar noch weit geringer.

Zusammenfassend bedeutet das, daß nach heutigem Kenntnisstand die umfassende Infektion unserer Galaxis mit gerichteten oder ungerichteten Panspermien nicht wahrscheinlich ist. In Anbetracht der Tatsache, daß die Panspermientheorie höchstens die Verteilung von Leben in unserer Milchstraße erklären könnte, nicht jedoch die alles interessierende Frage, wie Leben überhaupt entstehen konnte, fällt es relativ leicht, das Scheitern der Panspermientheorie als wirksamen Verteilungsmechanismus zu akzeptieren.

3.4 Von der Unwahrscheinlichkeit menschlicher Existenz

Drei Jahrzehnte intensivsten Nachdenkens sind inzwischen verstrichen, um der Drake-Gleichung eine einigermaßen konkrete Lösung abzuringen. Ohne Ergebnis. Es blieb daher nicht aus, daß mancher einen anderen Weg einschlug, um eine Lösung zu finden. Zu diesen zählten auch Barrow und Tipler (1986). In ihrem brillant geschriebenen Buch *The Anthropic Cosmological Principle*, das sich jedoch mehr an die wissenschaftlich orientierte Leserschaft richtet, gingen sie der Frage über den Zufall im Kosmos nach und suchten jenseits der Drake-Gleichung nach Argumenten für oder gegen ETIs. Dabei einwickelten sie selbst ein einfaches, aber schlagendes Argument gegen ETIs, das wir im folgenden nachvollziehen wollen.

Unbedingte Voraussetzung für Leben im Weltall ist die Existenz von weißen Sternen (Energiespender, wie etwa unsere Sonne), von denen es in unserem Weltall nachweislich sehr viele gibt, und geeigneten Planeten (Träger des Lebens), die diese Sterne umlaufen und von denen man *annimmt*[19], daß im Mittel jeder Stern (wahrscheinlich weniger) etwa einen besitzt. Das mittlere Alter eines weißen Sternes beträgt ca. zehn Milliarden Jahre, danach verlöscht er. Intelligentes Leben kann es also nur dann geben, wenn alle notwendigen Evolutionsschritte innerhalb dieser Zeitspanne durchlaufen werden. Wie lange dauert nun im allgemeinen die Evolution zu einem intelligenten Wesen? Dazu läßt sich nach gegenwärtigen Erkenntnissen nichts sagen, außer, daß diese Entwicklungszeit sicherlich völlig unabhängig ist von der Lebensdauer seines Sternes[20] . Demzufolge gibt es nur die drei logischen Möglichkeiten: Die Evolutionszeit ist wesentlich länger oder wesentlich kürzer als zehn Milliarden Jahre oder sie ist genau gleich groß. Der Zufall, daß sie ebenfalls genau zehn Milliarden Jahre beträgt, ist sehr unwahrscheinlich, und wir können ihn daher getrost vernachlässigen. Betrachten wir jetzt die beiden anderen Fälle etwas genauer:

[19] Träfe diese Annahme nicht zu, gäbe es also in anderen Sternensystemen keine Planeten, dann gäbe es mit Sicherheit keine extraterrestrische Intelligenz.

[20] Diese Annahme ist gerade die im Abschnitt »Das Lebensparadox« diskutierte Unabhängigkeit von Mikrokosmos, Makrokosmos und Biokosmos.

1. **Die Evolutionszeit ist wesentlich kürzer als zehn Milliarden Jahre.** Nehmen wir an, die Evolutionszeit sei im Mittel nur 100 Millionen Jahre oder noch kürzer. Nach dem *Prinzip der Mittelmäßigkeit* muß das auch für die menschliche Evolution auf der Erde gegolten haben. Der Homo sapiens hätte bereits 100 Millionen Jahre, spätestens 200 oder 500 Millionen Jahre, nachdem die Erde adäquate Lebensbedingungen bot, also vor 3,5 Milliarden Jahren, die Erde bevölkern müssen oder bereits noch früher. Das steht aber im Widerspruch zur Tatsache,

daß die Evolutionszeit zum Homo sapiens sehr viel länger, nämlich vier Milliarden Jahre, betrug und er in heutiger Ausprägung erst seit einigen Zehntausend Jahren existiert.

2. **Die Evolutionszeit ist wesentlich länger als zehn Milliarden Jahre.** Nehmen wir an, die mittlere Evolutionszeit sei 1 000 Milliarden Jahre oder länger und das mittlere Sternenalter sei zehn Milliarden Jahre. Die Wahrscheinlichkeit, mit der sich innerhalb des Sternenalters Intelligenz ausprägt, ist, wie im Anhang 2 gezeigt wird, stark abhängig davon, wie viele unabhängige, kritische Evolutionsschritte es gibt, die zu Intelligenz führen. Bei deren Anzahl sind sich die Biologen nicht ganz einig. Die Vermutungen schwanken zwischen fünf und vielleicht 20 Schritten. Nehmen wir einen konservativen Wert von fünf kritischen Schritten an, dann entstünde (siehe Anhang 2) auf $2 \cdot (10^{12}/10^{10})^5 = 2 \cdot 10^{10}$ Lai-Planeten (Planeten, die Leben ab initio ermöglichen) gerade mal erst eine einzige ETI. Da es in unserer Milchstraße aber nur $5 \cdot 10^7$ Lai-Planeten (siehe Seite 101, Gleichung 2a) gibt, wäre die Wahrscheinlichkeit, daß in unserer Milchstraße innerhalb von zehn Milliarden Jahren Intelligenz auf *irgendeinem* Lai-Planeten spontan entstanden ist, weit geringer als $2 \cdot 10^{-3}$. Es sollte also nirgendwo in der Milchstraße intelligentes Leben geben. Wenn wir gar nach der Wahrscheinlichkeit unserer eigenen Existenz fragen, sieht es sogar noch düsterer aus. Sie beträgt weniger als $5 \cdot 10^{-11}$. Unsere Existenz[21] ist also *extrem* unwahrscheinlich. Trotzdem sind wir da! Diese Ergebnisse sind sogar noch recht wohlwollend, da die Anzahl der kritischen Schritte wahrscheinlich größer als fünf ist, selbst wenn die angenommene mittlere Evolutionszeit nicht so groß wäre und die mittlere Evolutionszeit sehr viel länger als 1 000 Milliarden Jahre sein könnte.

[21] Die Existenz der Menschheit würde damit 10 000mal unwahrscheinlicher als sechs Richtige im Lotto, und diese beträgt auch nur 1 : 14 Millionen.

Obwohl beide angenommenen Szenarien sehr unwahrscheinlich sind (eines der beiden Szenarien muß schließlich gültig sein), sind sie aber nicht gleich gelagert, denn nur letzteres unterliegt dem sogenannten *Anthropischen Prinzip*. Dieses Prinzip ist von grundlegendem Interesse für das Verständnis der menschlichen Existenz in unserem Universum, weswegen wir es hier etwas genauer betrachten wollen.

Das Anthropische Prinzip in seiner allgemein akzeptierten, sogenannten »schwachen« Form – Schwaches Anthropisches Prinzip (Weak Anthropic Principle, WAP) – besagt: Weil es in diesem Universum Beobachter gibt, muss das Universum Eigenschaften besitzen, die die Existenz dieser Beobachter zulassen. (Dicke, R.H. 1961)

Das Schwache Anthropische Prinzip ist die logische Antwort auf viele merkwürdige Beobachtungen, wie etwa die, daß unser Universum genau drei Raumdimensionen besitzt, obwohl man sich auch Universen mit zwei oder mehr als drei Raumdimensionen gut vorstellen könnte. Die Antwort auf diese Frage, zu der schon so berühmte Philosophen wie Kant, Schelling oder Hegel Lösungsvorschläge gemacht haben, ist die: Hätte unser Universum keine drei Dimensionen, dann trüge es physikalische Eigenschaften, die mit jeglicher Art von Leben unvereinbar wären (Whithrow, G., 1955). Beispielsweise folgt aus der theoretischen Mechanik, daß es in Räumen, deren Dimensionszahl größer als drei ist, keine stabilen Planetenbahnen geben kann. In zweidimensionalen Räumen dagegen sind keine neuronalen Netzwerke denkbar, so daß auch hier eine wesentliche Voraussetzung für intelligentes Leben fehlt. Nur in drei Raumdimensionen kann es also Wesen geben, die sich solche intelligenten Fragen überhaupt stellen.

Das WAP erklärt auch verblüffende Zahlenhäufungen, die man sich bisher auf keiner anderen rationalen Basis erklären konnte. Bereits im Jahr 1923 erkannte der englische Astrophysiker Arthur Eddington bei der Durchmusterung dimensionsloser Verhältniszahlen, daß sich deren Werte eigentümlicherweise um die Zahlen 1, 10^{40} und 10^{80} häuften. So beträgt das Verhältnis des Alters des Universums zur Laufzeit des Lichtes für den klassischen Elektronenradius (was dem Radius des einfachsten Elements, Wasserstoff, entspricht) $N_1 = 6 \cdot 10^{39}$, und das Verhältnis der elektrischen Kraft zwischen Proton und Neutron zur gravitativen Kraft zwischen Proton und Neutron hat den Wert $N_2 = 2{,}3 \cdot 10^{39}$; die Anzahl der Nukleonen im beobachtbaren Universum beträgt etwa 10^{78}; und die dimensionslose Gravitations-Kopplungskonstante hat den Wert $a_G = 10^{39}$. Ist es purer Zufall, daß $N_1 = N_2 = 1/a_G^2$ ist? Eddington und später Dirac vermuteten, daß dies kein Zufall sein könne, sondern daß es ein grundlegendes Naturprinzip geben müsse, das diesen Zufall erkläre.

Dieses grundlegende Prinzip scheint das WAP zu sein. Wenn es Leben im Universum gibt, das diese eigenartige Übereinstimmung beobachtet, dann darf es frühestens nach der mittleren Lebensdauer eines Sternes (10^{10} Jahre) zum erstenmal auftreten. Denn erst, wenn es eine erste Generation von Sternen gegeben hat, die durch Sternenbrennen schwerere Elemente erzeugt hat, die wiederum durch Supernovae-Explosionen in das Universum hinausgeschleudert wurden und sich dann in einem Stern der zweiten Generation zu einem Planetensystem zusammenballten, erst dann existiert die notwendige Grundlage für Leben und höhere Intelligenz. Diese Vorüberlegung im Sinne des WAP gibt zunächst eine Antwort auf die oft gestellte Frage, warum die Spezies Mensch gerade in der gegenwärtigen Entwicklungsstufe unseres Universums in Erscheinung tritt und nicht weit früher.

Wenn wir uns also heute über diesen Zufall wundern, dann muß das Alter das Universums mindestens 10^{10} Jahre betragen. Da aber die Anzahl der Nukleonen proportional mit dem Alter des Universums wächst (Barrow, J. D. & Tipler, F. J., 1986, S. 20), ergibt sich mit dem heutigen Alter des Universums gerade die formelmäßige Übereinstimmung $N_2 = 1/a_G^2$. Mit dieser Zeitvorgabe konnte Dicke (Dicke, R. H., 1961; Barrow & Tipler, 1986, S. 247) darüber hinaus zeigen, daß unter Voraussetzung des WAP formelmäßig auch gilt: $N_1 = N_2$. Die Gesetzmäßigkeit, die hinter diesem »Zufall« $N_1 = N_2 = 1/a_G^2$ steht, lautet demnach: Nur weil jegliche Art von Leben frühestens in dieser Zeitspanne des Universums entstehen kann, gibt es heute Intelligenzen, die sich über diese Übereinstimmung wundern können.

Aber nicht nur solche allgemeinen Größenordnungen von Zahlen in unserem Universum werden mit dem WAP verständlich. Es gibt auch die seltsame Feststellung der Wissenschaft, daß jede kleinste Änderung der Naturkonstanten in unserem Universum unserem, wie auch jeder anderen Art von Leben, sogleich alle Grundlagen entziehen würde. So würde eine nur einprozentige (!) Änderung der sogenannten Feinstrukturkonstanten, die die Kopplung elektromagnetischer Felder an die Materie beschreiben, alle sonnenähnlichen Sterne in zu kühle rote Sterne (also Sterne, die keine schweren Elemente fusionieren können, die wiederum unabdingbare Voraussetzung für jegliche Art von Leben sind) oder zu heiße blaue Sterne (also Sterne ohne eigenes Planetensystem mit erdähnlichen Planeten) verwandeln (Misner, C. et al., 1973) und somit jegliche Basis für Leben im Universum unmöglich machen.

Noch unglaublicher ist die exakte Abstimmung der Vakuumenergie, die auch als sogenannte kosmologische Konstante in Einsteins allgemeiner Relativitätstheorie auftritt und einen starken Einfluß auf die beobachtbare kosmische Expansionsgeschwindigkeit hat. Diese Grundenergie des Vakuums besteht aus verschiedenen Teilbeträgen, zum Beispiel der Energie der Quantenfluktuationen des Gravitationsfeldes mit Wellenlängen oberhalb der Planck-Länge von 10^{-33} cm. Interessanterweise sind die beiden Teilbeträge aber um rund 120 Größenordnungen größer als ihre Summe. Mit anderen Worten, die beiden Teilbeträge haben umgekehrte Vorzeichen, stimmen ansonsten auf 120 Dezimalstellen genau überein und heben sich so fast exakt auf. Bestünde diese zufällige (?), irrsinnig genaue Auslöschung nicht, würden die Beträge also auch nur auf einer der 120 Stellen hinter dem Komma voneinander abweichen – und es gibt bisher keinen logischen Grund, warum die Beträge nicht an beliebig vielen Stellen voneinander abweichen sollten – dann gäbe es einen enorm großen positiven Betrag des Vakuums zur Gravitationskraft, der die Massen so stark anzöge, daß das Universum in kürzester Zeit den kompletten Kreislauf von Ex-

Die Naturkonstanten in unserem Universum sind scheinbar so fein aufeinander abgestimmt, daß jede kleinste Änderung die Nichtexistenz von Sternen und Galaxien zur Konsequenz hätte. Leben in so einem Universum wäre schlichtweg unmöglich. Die Antwort darauf, warum wir in einer Welt leben, die trotz dieser unwahrscheinlichen Konstellation von Naturkonstanten genau diese aufweist, scheint das Anthropische Prinzip zu geben.

pansion und Kontraktion durchliefe, noch bevor es zur Entstehung von jeglichem Leben kommen könnte, oder der Betrag wäre stark negativ, wodurch sich das Universum so rasch ausdehnen würde, daß sich keinerlei Sterne und Galaxien bilden könnten.

Ein weiteres Beispiel für die hochsensible physikalische Abstimmung unseres Universums ist folgendes: Beim Sternenbrennen, das fortwährend in unserer Sonne stattfindet, fusioniert Wasserstoff zu Helium. Bei den enorm großen Dichten und Temperaturen im Inneren eines Sternes[22] können zwei Heliumatome kurzfristig zu einem instabilen Beryllium-8-Atom verschmelzen. Gelegentlich verschmilzt ein solches Beryllium, bevor es wieder zerfällt, über einen Resonanzprozeß mit einem weiteren Heliumkern zum stabilen Kohlenstoff-12. Diesem äußerst unwahrscheinlichen Verschmelzungsprozeß verdanken wir unser Leben: Nur weil die Energien des Heliumkerns, des instabilen Berylliumkerns und die Anregungsenergie des Kohlenstoff-12 zufällig genau zueinander passen, kann der Baustein des organischen Lebens überhaupt erzeugt werden. Aber schlimmer noch: Weil in den ersten Sternen unseres Universums über nachfolgende Fusionsprozesse Kohlenstoff zu

[22] Ein Stern wie unsere Sonne besteht zum größten Teil aus Wasserstoff. Im Innern des Sternes ist es hochkomprimiert und hat dort die Dichte von normalem Leitungswasser, allerdings bei 15 Millionen Grad Celsius.

Sauerstoff, Stickstoff und allen anderen uns bekannten Elemente im Universum bis hin zum Eisen umgewandelt wurde und bei späteren Supernovae-Explosionen durch Neutronenbeschuß alle noch schwereren Elemente, gäbe es ohne diese zufällige Übereinstimmung der Kernzustandsenergien außer Wasserstoff und Helium praktisch keine anderen Elemente im Kosmos. Unser Universum bestände dann nur aus brennenden Sternen ohne Planeten bestehend aus schweren Elementen und somit ohne jegliche denkbare Art Leben.

Im Zusammenhang mit der Erforschung der Nukleosynthese als Ursache des Sonnenbrennens hat das Anthropische Prinzip auch seine Feuerprobe als wissenschaftlich fundierte Theorie bestanden. Gemäß Karl Poppers philosophischen Erkenntnissen, dargelegt in seinem Buch *Logik der Forschung*, zeichnen sich wissenschaftliche Hypothesen durch ihre allgemein falsifizierbaren Vorhersagen aus. Fred Hoyle leitete seinerzeit den kompletten Zyklus der Nukleosynthese des Sternenbrennens ab, ohne das entscheidende Detail der Kernresonanz zum Kohlenstoff-12 zu kennen, weil sie von den Kernphysikern noch gar nicht entdeckt war. Weil sie aber für die Entstehung des Kohlenstoff-12-Atoms unumgänglich war, prognostizierte Hoyle: »Sie muß da sein, sonst wären wir nicht da.« Tatsächlich fanden die Kernphysiker darauf hin die genannte Resonanz.

Bis heute wurde eine Vielzahl solcher lebensnotwendigen Feinabstimmungen entdeckt (Trimble, V., 1977). Unter der plausiblen Annahme, daß *jede* Naturkonstante im Prinzip *jeden* Wert annehmen könnte, ist also ein Leben in einem beliebigen Universum extrem unwahrscheinlich. Diese Aussage scheint im Widerspruch zu der gesicherten Erkenntnis zu stehen, daß unser Universum sehr wohl Leben aufweist – nämlich uns. Die Lösung dieses scheinbaren Widerspruches offeriert das Schwache Anthropische Prinzip: In einem Universum, in dem es intelligente Wesen gibt, die solche Fragen stellen können, muß das Universum automatisch genau die richtigen Naturkonstanten haben!

Das Schwache Anthropische Prinzip erklärt aus einer der menschlichen Existenz bezogenen Sichtweise (griechisch *anthropos*, der Mensch) die überraschend ausgewogenen Gesetze unseres Kosmos. Dies entspricht der Tradition protagoräischer Erkenntnis »Der Mensch ist das Maß aller Dinge«, ohne uns Menschen allein zu meinen, sondern jegliche Form selbst reflektierenden Lebens im Universum. Damit steht das WAP konträr zu einer teleologischen Interpretation, die da lautet: Die Bedingungen im Kosmos sind gerade deshalb so, wie sie sind, *um* intelligentes Leben entstehen zu lassen und somit offensichtlich theologische Züge trägt. Es sei davor gewarnt, das WAP so zu verstehen, als sei die Existenz des Menschen die Ursache für die beschriebenen speziellen Eigenschaften unseres Universums. Dieser falsche kausale Zusammenhang wurde dem WAP von einigen Wissenschaftstheoretikern vorgeworfen (Kanitschneider, B., 1989). Vielmehr bleibt nach der obigen Definition des WAP der logisch kausale Zusammenhang, nach dem die universellen Eigenschaften zur Existenz des Menschen führen können, erhalten und somit die anerkannte klassische, Poppersche Struktur wissenschaftlicher Erklärungsrichtung[23].

[23] Das Schwache Anthropische Prinzip ist zwar in sich plausibel, trotzdem beschleicht viele Naturwissenschaftler, bei der irrsinnig feinen Abstimmung der Naturkonstanten auf bis zu 120 Stellen Genauigkeit das Gefühl, daß diese Zufälle eine Erklärung jenseits des WAP haben müssen. Obwohl die Erkenntnisse der Wissenschaft über die Jahrhunderte viele Dinge unseres Lebens erklären konnten, was wir früher nur als gottgegeben bewundern konnten, legen diese Erkenntnisse noch tiefergehende und noch größere »Wunder« frei, die einen erschaudern lassen. Und es sind gerade diese unglaublichen Feinabstimmungen unseres Universums, die unser Leben zu einem Tanz auf einer Nadelspitze in der unendlichen Anzahl von Möglichkeiten aller Naturkonstanten machen. Und daß diese unendlich unwahrscheinliche Balance auf der Nadelspitze in unserem Universum trotzdem eingetreten ist, genau darin sehen viele Wissenschaftler das Wirken eines Schöpfers – so auch ich.

Einen Schritt weiter als das WAP geht das Starke Anthropische Prinzip (*Strong Anthropic Principle*, SAP) von B. Carter (1974), das besagt: »Das Universum muß diese Eigenschaften haben, um Leben zu irgendeinem Zeitpunkt seiner Entwicklung hervorzubringen.« Dieses SAP hat zweifellos teleologische Züge und wird daher auch nicht nach dem gegenwärtigen Erkenntnisstand von der Wissenschaft akzeptiert. Das SAP ist somit erkenntnistheoretisch eher schwächer einzustufen als das WAP und hat deshalb eine recht unglückliche Namensgebung. Eine Abwandlung des SAP ist das Partizipatorische Anthropische Prinzip (PAP) von Wheeler (Wheeler, J. A., 1975), das nach gewissen Erkenntnissen der Quantenphysik dem intelligenten Beobachter eine zentrale Rolle im Universum einräumt: »Beobachter sind notwendig, um das Universum in einen konkreten Seinszustand zu stellen.« Wir wollen nicht näher auf ein tieferes Verständnis dieser etwas abstrakten Aussage eingehen, aber andeuten, daß das PAP von Wheeler im Zusammenhang mit der »Viele-Welten«-Interpretation der Quantenphysik von Everett (Everett, H., 1957) zu sehen ist, die da lautet: »Voraussetzung für unser Universum ist die Existenz einer Vielzahl von anderen Universen.« Barrow und Tipler (1986) wiesen schließlich darauf hin, daß, wenn das SAP und mit ihm die beiden Prinzipien von Wheeler und Everett wahr seien, dann wahrscheinlich auch das Endgültige Anthropische Prinzip (*Final Anthropic Principle*, FAP), das da lautet: »Intelligentes Leben muß zu irgendeinem Zeitpunkt der Geschichte des Universums entstehen, und wenn es einmal entstanden ist, dann wird es nie mehr aussterben.« Eine Schlußfolgerung dieses FAP wäre, daß intelligentes Sein dann unendliches Wissen ansammeln und schließlich das gesamte Universum nach seinem Willen gestalten würde. Über das SAP hinaus ist das FAP daher höchst spekulativ, weswegen wir nicht weiter darauf eingehen wollen.

Damit kommen wir schließlich zum Ausgangspunkt zurück und zu der Frage, welche Erkenntnis das Anthropische Prinzip im Zusammenhang mit der eingangs berechneten Unwahrscheinlichkeit jeglicher Intelligenz im Weltraum liefern kann. Zunächst, wenn wenigstens eine intelligente Lebensform existiert, dann schließt das WAP *allein* die Exi-

stenz weiterer intelligenter Lebensformen nicht aus. Aber genau das tut es im Zusammenhang mit dem eingangs erläuterten zweiten Fall der biologischen Evolutionsdauer. Denn während beim ersten Fall die menschliche Existenz unverständlich bleibt und dieser Fall deswegen zu verwerfen ist, wird der zweite Fall durch das Anthropische Prinzip verständlich, obgleich er genauso unwahrscheinlich, wenn nicht unwahrscheinlicher ist: Nur weil dieser extreme Zufall uns vorher geschaffen hat, können wir uns wundern, daß wir so früh in unserer Galaxis geschaffen wurden, während andere Intelligenzen innerhalb eines Sternenalters kaum die Zeit finden werden, sich vollständig zu entwickeln.

Damit kommen wir zu dem Ergebnis:

Aus allgemeinen mathematisch-logischen Betrachtungen und unter Anwendung des Schwachen Anthropischen Prinzips folgt, daß, obwohl die mittlere Evolutionszeit für intelligentes Leben im Universum wesentlich länger als ein Sternenalter ist, unsere eigene Existenz durchaus verständlich ist. Weil aber die Evolutionszeit so lang ist, ist Leben darüber hinaus in unserer Galaxie jedoch sehr unwahrscheinlich.

Diese Überlegungen lassen sich natürlich auch auf unser gesamtes Universum ausweiten. Dabei sehen wir uns aber mit einem wesentlichen Unterschied konfrontiert. Während unsere Milchstraße »nur« etwa 200 Milliarden Sternen beinhaltet, ist die Anzahl der Sterne im gesamten Universum um viele Größenordnungen größer. Jede der etwa zwei Millionen galaktischen Supercluster in unserem Universum setzt sich zusammen aus etwa hunderttausend Galaxien. Die 100 Milliarden Galaxien im beobachtbaren Teil unseres Universums, bis zum kosmologischen Horizont bei 15 Milliarden Lichtjahren, bestehen jeweils aus wenigen Milliarden bis zu 100 Milliarden Sternen. In dem uns heute sichtbar zugänglichen Universum befinden sich also etwa 10^{22} (10 000 Milliarden Milliarden) Sterne. Es besteht die Möglichkeit, daß diese enorm große Zahl die außerordentliche Unwahrscheinlichkeit der Evolution zu intelligentem Leben, die sich leider nicht genau beziffern läßt, aufwiegt oder gar weit übertrifft. Entsprechen die Zahlen im oben angenommenen zweiten Fall größenordnungsmäßig der Wirklichkeit (das heißt, ist die Entwicklungszeit zur Intelligenz nicht wesentlich größer als 10^{12} Jahre und gibt es nicht wesentlich mehr als fünf kritische Schritte zur Intelligenz), dann sollten wir etwa 10^{8} ETIs allein im sichtbaren Teil unseres Universums erwarten.

Auch die Drake-Gleichung geht in diese Richtung. Ersetzt man in der vereinfachten Drake-Gleichung (Gleichung 4, Seite 116) die Gesamtzahl der Milchstraßensterne durch die 10^{22} Sterne des Universums und macht sie so auf sie anwendbar, dann ergibt sich mit Gleichung 2b und 3:

$$N_{total} = 2 \cdot 10^{22}\, f_{astro}\, f_{life} = 10^4? - 10^{17}\ (L = 10\ \text{Milliarden})$$

Wie man sieht, erschlägt die ungeheure Anzahl von 10^{22} Sternen in unserem Universum tatsächlich die Unsicherheit über die Wahrscheinlichkeit der Entstehung intelligenten Lebens und drückt so die Gesamtwahrscheinlichkeit deutlich über eins. Mit anderen Worten:

Sollte es nicht eine gravierende, uns bisher unbekannte Einschränkung für die Entstehung von Leben geben – was nicht zu vermuten ist –, dann gibt oder gab es wahrscheinlich irgendwo dort draußen in anderen Galaxien andere hochentwickelte Zivilisationen, wahrscheinlich sogar sehr viele.

3.5 Wenn es sie gibt, dann müßten sie hier sein!

Es gibt noch einen dritten Weg, um zu einer konkreten Aussage über ETIs zu gelangen. Es ist der Weg der Logik. Denn statt nach allen uns bekannten Bedingungen zu fragen, die zu einer Entwicklung intelligenten Lebens führen und dabei womöglich wesentliche zu übersehen, die wir noch nicht kennen, werden wir den umgekehrten Weg einschlagen und uns die Stärke des indirekten Beweises zunutze machen.

Ausgehend von einer angenommenen Anzahl ETIs in unserer Galaxie werden wir durch logische Schlüsse versuchen, die daraus folgenden Konsequenzen mit dem, was wir beobachten, in Einklang zu bringen. Sollten wir dabei zu einem Widerspruch gelangen, so will es die Logik des indirekten Beweises, dann wäre die Annahme falsch. Sollten wir zu keinem Widerspruch gelangen, dann könnte die vermutete Anzahl in gewissen Grenzen richtig sein, muß es aber nicht. Der indirekte Beweis funktioniert also nur, wenn man eine Annahme widerlegen kann. Dadurch, daß man aber die anfängliche Annahme beliebig variieren kann und vielleicht immer noch zu Widersprüchen

gelangt, ließe sich eine ungefähre Obergrenze bezüglich der Anzahl von ETIs bestimmen. Unsere Methode wird uns also nicht sagen können, in welcher Größenordnung ETIs in unserer Milchstraße leben, sondern nur, wie viele es maximal sein können und ob im Extremfall überhaupt welche existieren. Aber genau das ist es, was uns vordergründig interessiert.

Die Überlegung, mit der wir die Annahme mit einer Beobachtung verknüpfen wollen, ist die der interstellaren Raumfahrt. Unsere Galaxis, die Milchstraße, ist relativ begrenzt. Sie hat einen Durchmesser von »nur« 10 000 Lichtjahren, wobei Lai-Planeten, also Planeten, die Leben ab initio ermöglichen, in relativ geringen Abständen von 100 Lichtjahren existieren. Wie wir im Kapitel 5.6 »Kolonialisierung der Milchstraße« ausführlich zeigen werden, ließe sich unter diesen Umständen mit gegenwärtiger Raketentechnologie die Milchstraße innerhalb von etwa 50 Millionen Jahren bevölkern[24].

[24] Auf einige Millionen Jahre mehr oder weniger kommt es hier nicht an. Bei weiter fortschreitender Technisierung werden es eher weit weniger als 50 Millionen Jahre sein.

Hier die Kurzbegründung: Mit gegenwärtiger Raketentechnologie ließen sich geräumige Raumschiffe, sogenannte Weltschiffe mit erdähnlichen Bedingungen konstruieren, die Menschen innerhalb einiger hundert Jahre zu anderen Sternen bringen. Wenn es die technische Möglichkeit gibt, werden Menschen dies auch irgendwann einmal tun. Nehmen wir an, ein Weltschiff würde nach 1 000 Jahren auf einen zehn Lichtjahre entfernten Planeten treffen, der bewohnbar wäre. Solche Planeten sind natürlich zahlreicher als Lai-Planeten. Die Raumreisenden würden ihn bevölkern und ihre Nachkommen würden sich nach 1 000 Jahren der Regeneration auf eine erneute Reise begeben. Unter diesen Umständen breitete sich die Menschheit mit einer Geschwindigkeit von 100 Lichtjahren pro 2 000 Jahre aus. Unsere Milchstraße hat einen Durchmesser von 100 000 Lichtjahren und wäre daher innerhalb von 20 Millionen Jahren vollständig besiedelt. Etwas genauere und konservativere Überlegungen beziffern die mittlere Kolonialisierungszeit auf 50 Millionen Jahre, maximal 100 Millionen Jahre.

Wenn es nun sehr viele ETIs in unserer Galaxis gäbe, sagen wir einige Millionen, dann läge die Menschheit im zeitlichen Mittelfeld der galaktischen Evolutionen zu intelligenten Kulturen. Viele hunderttausend ETIs wären bereits älter als wir, und sehr viele ETI-Kulturen wären 50 Millionen Jahre älter oder noch älter als wir. Genauso, wie wir das heute tun könnten, hätten all jene schon vor über 50 Millionen Jahren mit der Auswanderung zu den nächsten Sternen beginnen müssen und hätten heute die Milchstraße durch und durch bevölkert und müßten die Erde bereits erreicht haben. Sind also die Berichte von gesichteten UFOs genau die Beweise für unsere Kolonialisierungs-Hypothese?

Wenden wir uns jetzt dem Phänomen der UFOs zu, um diese Möglichkeit genauer zu untersuchen.

3.5.1 Sind UFOs Außerirdische?

Gemäß einer Umfrage der Deutschen Welle vom 2. Januar 1998 glauben 52 Prozent aller Deutschen an außerirdische Lebewesen und UFOs. 37 Prozent glauben nicht daran und der Rest weiß nicht so recht. In den Vereinigten Staaten ist der Prozentsatz der Gläubigen sogar noch höher (Sheaffer, R., 1995): Eine Umfrage Anfang der neunziger Jahre zeigte, daß 57 Prozent der Bevölkerung glauben, an UFOs sei etwas dran. Bei den unter 30jährigen waren es sogar 70 Prozent. Seitdem sich die Fernsehsender RTL und SAT 1 durch Filme und Serien von und mit Erich von Däniken dieses Themas im Jahre 1997 verstärkt angenommen haben und mit der PRO7-Serie »Akte X« (zu der es ein »offizielles Kompendium« gibt) über die Berichterstattung übersinnlicher und übernatürlicher Erscheinungen, tendieren die Zahlen sogar noch weiter nach oben, wie auch die neue »Bibel« dieser Glaubensgemeinde *Die große Erich von Däniken-Enzyklopädie* (Dopatka, U., 1997) zu berichten weiß. Diese Bibel zitiert eine nicht genauer genannte Umfrage, nach der sogar stolze »fast 60 Prozent der Öffentlichkeit die Existenz von UFOs und den Besuch von ETIs für wahrscheinlich« halten.

Die Hysterie, die in allen UFOs Aliens sieht, nimmt also deutlich zu. Aber was sind eigentlich UFOs? Sind UFOs immer identisch mit dem Besuch Außerirdischer, wie uns die Medien suggerieren? Für eine etwas nüchterne Betrachtung der UFO-Phänomene wollen wir das international gebräuchliche Klassifizierungsschema von Hynek und Hendry heranziehen. Danach unterscheidet man UFO-Meldungen in folgende Phänomene:

NL – *Nocturnal Light* (nächtliches Licht)
Diese am meisten berichteten UFO-Phänomene sind leuchtende Objekte, die nachts aus großer Entfernung beobachtet werden. Sie können meist als Satelliten, Ballone, Flugzeuge, Scheinwerfer oder ähnliches erklärt werden.

DD –*Daylight Disc* (Tageslicht-Scheibe)
Hier handelt es sich um tagsüber aus großer Entfernung beobachtete leuchtende oder dunkle Objekte, die meist als oval-, zigarren- oder scheibenförmig beschrieben werden. Verursacher sind hier oft Zeppeline, Wetter- und andere Ballone.

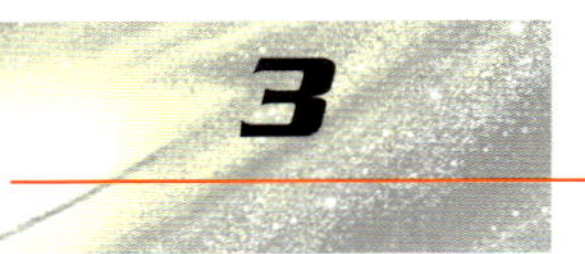

RV – *Radar/Visual* (Radar/Sichtbar)
Radarbeobachtungen von UFOs, die durch visuelle Sichtungen bestätigt wurden oder auch umgekehrt. Diese Fälle sind sehr selten.

CE1 – *Close Encounter of the First Kind* (Nahe Begegnungen erster Art)
In diese Kategorie fallen konkrete Beobachtungen geheimnisvoller Objekte in maximal 150 m Distanz mit Identifizierung von Details, allerdings ohne Interaktion mit der Umgebung.

CE2 – *Close Encounter of the Second Kind* (Nahe Begegnungen zweiter Art)
Hier kommt es zu Interaktionen zwischen den rätselhaften nahestehenden UFO-Erscheinungen und der Umgebung in Form von Landespuren, Brandschäden an der Vegetation, Ausfall elektronischer Geräte und so weiter. Auch beim Beobachter selbst kann es Folgeerscheinungen geben, wie zum Beispiel Lähmungen, Augenrötungen und Depressionen. Dies sind die interessantesten UFO-Fälle, da man diese Auswirkungen konkret wissenschaftlich untersuchen kann.

CE3 – *Close Encounter of the Third Kind* (Nahe Begegnungen dritter Art)
Am ungewöhnlichsten sind Beobachtungen von scheinbaren Insassen in oder nahe des beobachteten Objektes. Oft berichten Zeugen auch von einer Landung, allerdings muß man Beobachtungen aus der Distanz unterscheiden von sogenannten Kontaktberichten.

CE4 – *Close Encounter of the Fourth Kind* (Nahe Begegnungen vierter Art)
Hier geht es um Fälle, bei denen es angeblich zu einem direkten Kontakt mit den UFO-Insassen gekommen sein soll. Darunter fallen vor allem die sogenannten Entführungsfälle: Menschen behaupten, sie seien in einem fremden Raumschiff ausgefragt und/oder medizinisch untersucht worden. Bei der Bewertung solcher Berichte spielen psychologische, soziologische und kulturelle Aspekte eine Rolle. Solche angeblich direkten Kontakte mit Außerirdischen (Mitflug, Gespräche) sowie mediale Kontakte *(Channeling)* werden wegen der oft geringen Glaubwürdigkeit der meist einzelnen Kontaktpersonen für weitere ernsthafte Untersuchungen und Diskussionen des UFO-Phänomens weitgehend ausgeschlossen.

Nur bei den Begegnungen dritter und vierter Art handelt es sich offensichtlich um ETIs. Die anderen Phänomene könnten auch andere Ursachen haben. Interessanterweise werden in der öffentlichen Meinung UFOs aber *grundsätzlich immer* mit dem Erscheinen von außerirdischen Raumschiffen und damit auch mit ETIs gleichgesetzt. Wörtlich genommen bedeutet UFO lediglich *Unknown Flying Objects*, also »Unbekannte Flugobjekte«. Diese Namensgebung deutet darauf hin, daß es sich zunächst nur um allgemeine, flugfähige Objekte handelt, also nicht zwangsläufig um ETI-Raumschiffe, und daß ihre Ursache vorerst noch unbekannt ist. Die naheliegende Frage wäre also erst einmal, wie viele der gemeldeten Fälle unbekannter Flugobjekte sich unter genauer Analyse als identifizierbar herausstellen und ob es darunter »harte« Fälle gibt. Inwieweit diese wirklichen UFOs dann mit ETIs in Zusammenhang gebracht werden können, ist eine zweite Frage.

Mit diesem Fragenkomplex beschäftigen sich viele, meist private Institutionen weltweit. In Deutschland widmet sich die seriöse *Gesellschaft zur Erforschung des UFO-Phänomens*, GEP, seit 20 Jahren mit wissenschaftlichen Methoden der Untersuchung von UFO-Berichten. Von den Hunderten untersuchter Fälle hat die GEP angeblich bisher keinen einzigen Fall gehabt, der als einzige Erklärung den außerirdischen Ursprung des beobachteten Phänomens zuließe. Im Jahre 1991 hat die *Gesellschaft zur wissenschaftlichen Untersuchung von Parawissenschaften e.V.* die erste deutsche Statistik mit mehr als 3 000 UFO-Meldungen veröffentlicht (Hendry, A., 1992). Dieser Statistik zufolge gingen die meisten UFO-Meldungen nicht auf außerirdische, sondern auf sehr irdische Erscheinungen zurück. Die gemeldeten UFO-Fälle waren Lichteffektgeräte (18 Prozent), Flugzeuge und Hubschrauber (15 Prozent), Modell-Heißluftballons (13 Prozent) oder Meteore, Wetterballone, Sterne oder sonstiges (37 Prozent) (Raumfahrt – Wirtschaft Zeitung 19/96). Bei neun Prozent der Fälle lagen nur ungenügende Daten vor, sechs Prozent waren problematische UFO-Fälle und nur ganze zwei Prozent waren »harte« UFOs. Leider erfährt die Öffentlichkeit von den Aufklärungen nichts (*Skeptiker* 4/1995), denn wenn nach langer Arbeit endlich ein Fall geklärt ist, haben die Medien in der Regel das Interesse wieder verloren. Außerdem sind noch ungeklärte Fälle, über die man blumig phantasieren kann, allemal interessanter als solche, die sich als schnöde optische Täuschung entpuppen.

Die »Fliegende Untertasse« in dieser Nachtaufnahme von Lüdenscheid ist nichts anderes als der beleuchtete Ausleger eines Baukrans.

Um zu klären, was es mit den problematischen und harten UFO-Fällen auf sich hat, veröffentlichte Allan Hendry (1979) einen Vergleich zwischen berichteten UFOs eines Jahres. Er verglich die 90 Prozent der berichteten UFO-Fälle, die sich identifizieren ließen (Identifizierbare Flugobjekte, IFOs), mit den restlichen zehn Prozent, die sich, aus welchen Gründen auch immer, nicht identifizieren ließen, also den vermeintlich wahren UFOs. Statistisch gesehen waren beide Gruppen praktisch ununterscheidbar, was die Dauer und den Tageszeitpunkt der Beobachtungen, das Alter und Geschlecht der Zeugen, ihrem beruflichen Hintergrund und ihren früheren Verbindungen zu UFO-Beobachtungen betrifft. Einzig das generelle Interesse der Zeugen für UFOs schien wesentlich höher zu sein als der Bevölkerungsdurchschnitt. Daraus ließe sich schließen, daß es statistisch gesehen keinen Unterschied zwischen IFOs und vermuteten UFOs gibt. Mit anderen Worten, vermeintliche UFOs haben wahrscheinlich ebenfalls einen irdischen Ursprung, es gibt nur keine ausreichenden Fakten für deren Erklärung.

Selbst viele harte UFO-Begegnungen der zweiten bis vierten Art, die in der Vergangenheit immer wieder von der UFO-Gemeinde zitiert wurden, wurden bei genaueren Betrachtungen erklärbar (Sheaffer, R., 1995). Dazu zählt der Fall einer UFO-Begegnung des amerikanischen Geschwisterpaares Barney und Betty Hill im Jahre 1961, die nach eigenen Angaben an Bord eines ETI-Raumschiffes geführt, dort medizinisch untersucht und mißhandelt wurden und durch diese enge Begegnung angeblich zwei Stunden ihrer Fahrzeit in ihrem Auto verloren. Was leider nicht erwähnt wird, ist, daß der Psychiater der beiden, Dr. Simon, eindeutig und viele Male aussagte, die Geschichte sei nach seiner fachlichen Meinung ein Phantasiegespinst. Unter anderem hatte Frau Hill in Gesprächen mit ihm geäußert, diese Begegnung bereits vorher in einem Traum erlebt zu haben. Auch andere Widersprüche ergaben sich bei genauerer Prüfung (Sheaffer, R., 1981). Nach Aussagen von Astronomen gibt es kein Muster, das unähnlicher sein könnte als die angebliche Sternenkarte der ETIs, die Frau Hill an Bord sah und später aus dem Gedächtnis nachzeichnete, und einer Himmelskarte der Hauptreihen-Sterne. In den folgenden Jahren behauptete Frau Hill, Plätze in New Hampshire gefunden zu haben, wo sie UFOs landen sah, die dann mit Strahlen auf sie schossen. Manche Außerirdische hätten später gar durch ihr Schlafzimmerfenster geschaut. Der UFO-Experte John Oswald begleitete sie einmal zu einer »Landung« und berichtete später, es wäre Frau Hill nicht möglich gewesen, zwischen einem gelandeten UFO und einem Straßenlicht zu unterscheiden.

Ebenso zweifelhaft ist der Fall einer angeblichen ETI-Landung nahe Delphos in Kansas/USA im Jahre 1971. Dieser Fall wurde lange Zeit als der Paradefall von 1 000 harten UFO-Phänomenen unter UFO-Forschern aufgeführt, weil er einen absonderlich puderigen Ring hinterließ, der wegen seines Ursprungs und seiner seltsamen, unerklärlichen Eigenschaften als Beweis für die Echtheit des Ereignisses angesehen wurde. Der Ring konnte später von einem französischen Biologen als das Produkt des seltenen, pilzartigen Organismus *Actinomycetaceae* der Art *Nocardia* identifiziert werden.

Nur die wenigsten der sechs Prozent problematischen und zwei Prozent harten UFO-Fälle können wie diese beiden Fälle durch verstärkte akribische Nachforschungen und manchmal auch durch Zufälle schließlich doch aufgeklärt werden. Viele bleiben auch deswegen für immer unaufgeklärt, weil es Hinweise auf mangelhafte und unstimmige Zeugenaussagen gibt, die wahrscheinlich die tatsächlich abgelaufenen Ereignisse nicht richtig beschreiben. Dies ist in Übereinstimmung mit Untersuchungen der Psychologin Elizabeth Loftus (1979), nach denen menschliche Beobachtungen und Erinnerungen inhärent unverläßlich sind.

Ein konkretes Beispiel mag dies verdeutlichen. Am 22. Januar 1997 strahlte der Sender RTL in der Sendung »Stern TV« einen Versuch aus, in dem ein Unfall auf einem Parkplatzbereich gestellt wurde, in dem drei Autos verwickelt waren. Zwei Wagen steiften längs aneinander und ein dritter stieß seitlich in die beiden. Einer der drei Fahrer beging Fahrerflucht. Der Unfall wurde zweimal inszeniert und von zwei ausgesuchten unterschiedlichen Personengruppen (einmal Studenten, einmal Polizisten) aus zehn Metern Entfernung beobachtet. Beide Gruppen, die vor dem Unfall im Gespräch zusammenstanden, bestanden aus jeweils etwa 20 Personen und wurden vorher nicht von dem sich ereignenden Unfall informiert. Die Personen wurden nach dem Unfall befragt. Sie sollten beschreiben, wie der Unfall ablief, wie die Fahrzeuge und die beiden Fahrer aussahen, die kurzzeitig aus den Wagen ausstiegen waren und 35 Sekunden lang miteinander stritten, um dann dem flüchtigen Wagen nachzufahren.

Nach dem Ergebnis der Zeugenbefragungen waren mehr als die Hälfte der Aussagen nutzlos und falsch. Die wenigsten Zeugen (etwa fünf von 20) konnten den Typ des flüchtigen Wagens und seine Farbe genau wiedergeben und nur sehr wenige (jeweils etwa zwei von 20) konnten die zwei Personen genau beschreiben, die nach dem Unfall ausstiegen. Keiner konnte den Unfallhergang genau und richtig beschreiben, obwohl sie nur zehn Meter vom Unfallort entfernt standen. Der Unfall spielte sich auf freiem Gelände ab – ideale Bedingung für eine Beobachtung –, und jeder von ihnen behauptete, daß seine Beobachtung richtig sei. Beim späteren Betrachten des Unfallvideos waren viele von ihren ungenauen Beobachtungen überrascht. Es gab so gut

wie keinen Unterschied in der Verläßlichkeit der Aussagen zwischen beiden Personenkreisen.

Aber warum und wie kommt es zu ungenauen Aussagen und sogar andersartigen Erinnerungen? Eine Gruppe Wissenschaftler von der Havard-Universität fand im August 1996 mit PET[25] einen Hinweis, warum das Gedächtnis täuscht (Richardson, S., 1997). Tief im Gehirn gibt es einen Bereich, in dem alle kurzfristigen Erinnerungen abgespeichert werden. Dieser Bereich ist beim Abruf von Erinnerungen immer aktiv. Zusätzlich entstehen Aktivitäten in der äußeren Schale, die für die sensorische, also zum Beispiel Sprach- und visuelle Verarbeitung zuständig ist und auch die entsprechenden Erinnerungen speichert. Die PET-Ergebnisse zeigen, daß bei einer Erinnerung folgendes abzulaufen scheint: Das Gehirn fragt zunächst tief im Inneren das allgemeine Erinnerungsvermögen nach einem Fluchtwagen ab und erhält als Antwort zum Beispiel »grüner VW Golf«.

[25] PET ist eine Methode zur visuellen Darstellung von Gehirnbereichen, die einen größeren Blutfluß und daher eine vermeintlich höhere Gehirnaktivität aufweisen.

Es gibt aber in einem Menschenleben oft viele Ereignisse mit Inhalt »grüner VW Golf«. Daher fragt das Gehirn zusätzlich im sensorischen Bereich ab, ob es hier zu diesem Erinnerungsstück passende Erinnerungen gibt. Wenn das der Fall ist, entsteht die Erinnerung an den Fall: »Das Fluchtauto war ein grüner VW Golf«. Wahre Erinnerungen werden also immer durch mehr Erinnerungen im sensorischen Bereich unterstützt. Die PET-Ergebnisse zeigten auch, daß bei einer falschen Erinnerung das Entscheidungszentrum im Vorderteil des Gehirns unablässig nach Erinnerungsfällen im sensorischen Bereich sucht. Und in diesem Abgleich zwischen allgemeinen und sensorischen Erinnerungsvermögen scheint das Problem einer falschen Erinnerung zu liegen.

Weil Erinnerung ständig mit anderen Erinnerungen in Verbindung gebracht und verglichen wird, verwundert es nicht, daß mit zunehmend neuen Erlebnissen, die in ähnliche Gedächtnisbereiche fallen, alte Erinnerungen nicht nur verblassen, sondern schlicht verdreht und somit verwechselt werden, bis Realität und Fiktion ununterscheidbar werden. Wie glaubhaft sind in diesem Licht übernatürliche Phänomene? Dies fragten sich auch die beiden britischen Psychologen Richard Wiseman und Peter Lamont von der University of Herfordshire. Sie untersuchten dabei nicht etwa ein plötzlich und unerwartet auftauchendes Phänomen, wie das der Sichtung von UFOs oder eines Verkehrsunfalls, sondern ein erwartetes übernatürliches Phänomen: die Darstellung des indischen Seiltricks (*Bild der Wissenschaft* 4/97, S. 106). Diese Zurschaustellung ist nicht nur Bestandteil der buddhistischen Mythologie und indischen Philosophie, sondern wird seit dem 14. Jahrhundert auch immer wieder von Augenzeugen beschrieben: Ein Magier wirft ein Seil in die Höhe, das steif in der Luft stehenbleibt. Ein Junge klettert daran hoch und verschwindet. Nach vergeblichen Rufen klettert der Magier mit einem Messer hinterher und verschwindet ebenfalls. Dann fallen Körperteile des Jungen herab. Nach einiger Zeit läßt sich der Magier wieder am Seil herab und wirft die Leichenteile in einen Korb. Nach einigen Beschwörungsformeln springt der Junge wohlbehalten aus dem Korb.

Den Seiltrick gibt es gemäß der beiden Psychologen in verschiedenen Ausführungsgraden, den einfachen (Kategorie eins), bei dem nur der Junge das Seil emporklettert, den komplexesten (Kategorie fünf) mit der vollständigen Zurschaustellung und drei Zwischenvarianten. Um den Wahrheitsgehalt von 21 »hieb- und stichfesten« Augenzeugenberichten zu überprüfen, trugen die Psychologen die Berichte als Punkte in eine Grafik ein, wobei eine Koordinate den Komplexitätsgrad des Berichts und die andere die Zeit seit der Beobachtung angab. Die Punkte beschrieben merkwürdigerweise eine Gerade durch den Ursprung, was nicht nur bedeutet, daß die Geschichten um so wunderbarer ausfallen, je länger sie zurückliegen, sondern auch, daß es gar kein Wunder gegeben hätte, wäre der Bericht an Ort und Stelle verfaßt worden. Wie übel die zeitlich verursachten Täuschungen wirklich sein können, verdeutlichte der »frischeste« Seiltrickbericht: Nur zwei Jahre, nachdem eine Frau das Kunststück beobachtet hatte, schrieb sie den Vorfall nieder mit der Bemerkung, den Trick auch fotografiert zu haben. In hoher Erwartung sahen die Psychologen dann auf dem Bild aber einen Jungen, der eindeutig an einem Bambusstab hochkletterte.

Diese Unzulänglichkeit menschlichen Erinnerungsvermögens kann leider dramatische Folgen haben (*Focus Magazin* 3/97, S. 12). Psychologen der Iowa State University untersuchten 28 Fälle Verurteilter, die im nachhinein durch genetische Fingerabdrücke zweifelsfrei als unschuldig bestätigt wurden. 24 von ihnen waren aufgrund falscher Zeugenaussagen verurteilt worden. Diese Ergebnisse lassen vermuten, daß viele zu Unrecht Verurteilte weltweit in Gefängnissen sitzen. Hierin zeigt sich die wirkliche, die menschliche Tragödie, wenn Zeugenaussagen zu ernst genommen werden.

Wenn es schon ausreichend und berechtigte Gründe gibt, an den Augenzeugenberichten außerirdischer Phänomene zu zweifeln, dann könnte man auch den umgekehrten Weg gehen und danach fragen, wie, nach allem was wir nun über interstellare Raumschiffe wissen, ein Besuch von ETIs eigentlich ablaufen müßte. Vielleicht ergeben sich damit Übereinstimmungen mit irgendwelchen UFO-Berichten, was deren Wahrheitsgehalt nachhaltig steigern würde. Ausgehend von unseren Überlegungen im Abschnitt 5.1 »Erste Raumkolonien« erwarten wir ein

Mutterschiff mit Abmessungen von einigen zig Kilometern, bewohnt von etwa einer Million Wesen und mit einer Reisegeschwindigkeit von etwa 0,1 c (zehn Prozent der Lichtgeschwindigkeit). Es wäre allerdings vermessen anzunehmen, ein Weltschiff dieser Größe würde, um sich der Bewohnbarkeit oder Bewohntheit eines Planeten zu vergewissern, auf intragalaktische Geschwindigkeiten, also auf praktisch 0 c abbremsen und bei eventuellem »Nichtgefallen« wieder auf 0,1 c beschleunigen. Der Energieaufwand wäre zu groß. In der Tat ist ein UFO dieser Größenordnung noch nie beschrieben worden. Wäre ein UFO ein ETI, dann kämen als erdnahe UFOs nur kleine Erkundungsschiffe in Betracht. Währenddessen treibt das Mutterschiff nach seiner langen, vielleicht Jahrhunderte währenden interstellaren Reise ungebremst und in interplanetarer Entfernung an der Erde vorbei, was bedeutet, daß wir es weder direkt noch an den gigantischen Mengen ausgestoßenen Treibstoffes erkennen würden. Vergleichbar mit der Größe und Entfernung eines Asteroiden ließe es sich mit unseren Teleskopen nur entdecken, wenn man die genaue Position kennen würde. Das Erkundungsschiff aber, will es nach dem Besuch der Erde wieder zum Mutterschiff zurück, muß über Antriebe verfügen, mit denen sich das Mutterschiff einholen läßt, also Antriebe, die Geschwindigkeiten größer als 0,1 c ermöglichen. Unter den bereits früher in diesem Buch betrachteten Antrieben kommt dafür mit Einschränkungen der Fusionsantrieb und hinsichtlich der Effizienz praktisch nur der Antimaterie-Antrieb in Frage.

Dieser UFO-Engel war am 3. Mai 1994 am Himmel über Mitteleuropa zu sehen und stellte auch die Astronomen vor ein Rätsel. Das UFO erstreckte sich über zwei Vollmonddurchmesser und verblaßte allmählich. Wie sich später herausstellte, war eine Titan-IV-Centaur-Rakete zu einer geheimen militärischen Aufklärungsmission gestartet und hatte in 10 000 km Höhe Treibstoff abgelassen, wo noch Sonnenlicht herrschte, das ihn spektakulär beleuchtete.

Nehmen wir zunächst den Fusionsantrieb und fragen nach den Eigenschaften, die solch ein Erkundungsschiff haben müßte. Nehmen wir an, es müßte mindestens 0,5 c schnell fliegen können, damit es das Mutterschiff nach der Erderkundung wieder einholen kann, und es hätte eine Nutzlast (Gewicht für die Ausrüstung ohne Treibstoff und Antriebe) von 200 Tonnen, das entspricht der Nutzlast eines heutigen Shuttle. Das Erkundungsschiff müßte also von der interstellaren

Reisegeschwindigkeit 0,1 c auf 0 c abbremsen, ein wenig um die Erde fliegen, würde vielleicht landen, und müßte dann mit 0,5 c dem Mutterschiff nacheilen. Unter diesen Bedingungen und gemäß den relativistischen Raketengleichungen (Purcell, E., 1961) müßte das Erkundungsschiff ausschließlich für diesen Erkundungsgang für jede Tonne Nutzlast $6 \cdot 10^4$ Tonnen Treibstoff (Wasserstoff) mit sich führen. Vernachlässigen wir die Gewichte für Treibstoffbehälter und Antriebe, dann kommen wir optimistischerweise auf ein Gesamtgewicht von 12 Millionen Tonnen Fluggewicht. Nimmt man eine mittlere Dichte von 2 g/cm^3 für das gesamte Raumschiff an, dann bedeutet das ein Volumen von sechs Millionen Kubikmetern, was einer Scheibe – um im UFO-Jargon zu reden – von 50 m Dicke und etwa 400 m Durchmesser entspricht. UFOs dieser Größenordnung wurden von Augenzeugen von *Close Encounters* bisher nicht geschildert. Darüber hinaus ist zu berücksichtigen, daß die Landung oder der Start eines solchen Raumschiffes, das 10 000mal größer wäre als das Shuttle, einen entsprechenden größeren Feuerschein und eine größere Geräuschkulisse hinterlassen sollte als ein Shuttle-Start. Jeder, der je einen Shuttle-Start miterlebt hat, versteht, was das bedeutet, daß nämlich der beeindruckende starke Lichtschein und das Donnern des Shuttles aus zehn Kilometern dann genauso noch aus 10 000 Kilometern wahrnehmbar sein würde und die nach unten gerichteten Antriebe viele Quadratkilometer Land zerstören würden. Die oft berichteten Geschwindigkeiten (mehrfache Schallgeschwindigkeit in Erdnähe) und Beschleunigungen der gesichteten UFOs von mehr als 1 g (g ist die Erdbeschleunigung) sind mit solchen riesigen Raumschiffen zudem einfach unmöglich.

Berechnet man dasselbe für einen Antimaterieantrieb und 0,9 c Maximalgeschwindigkeit, dann entfielen auf jede Tonne Nutzlast etwa 400 Tonnen Antimaterie. Berücksichtigt man aber, daß beim Antimaterieantrieb auf ein Teil Antimaterie 40 Teile Antriebsflüssigkeit kommen (siehe Abschnitt 5.2 »Interstellare Antriebe«), und berücksichtigt realistischerweise einen 25prozentigen Gewichtsaufschlag für Antriebswerke und Struktur, dann kommen auf eine Tonne Nutzlast 20 000 Tonnen Antriebslast. Unser Erkundungsschiff mit der Nutzlastgröße eines Shuttles hätte demnach ein Gesamtgewicht von vier Millionen Tonnen, wäre also nicht bedeutend kleiner (35 m Dicke, 275 m Durchmesser) als das fusionsgetriebene Raumschiff mit all den genannten Konsequenzen, die bisher nicht beobachtet wurden. Diese im Vergleich zum Fusionsantrieb nur geringfügige Verkleinerung bei leichter Leistungserhöhung mag zunächst überraschen, ist aber die Konsequenz der Tatsache, daß man für jede Tonne Antimaterie zusätzlich 40 Tonnen Antriebsflüssigkeit benötigt.

100 sahen es:

UFOs über Greifswald

Ein Augenzeuge:

Ich sah sieben silbrig leuchtende Flugkörper. Sie schwebten. Es war unheimlich. Ich filmte alles mit Video, hab' vorher nie an Ufos geglaubt

(Dr. Ludmilla Iwanowa mit ihrem Mann, Foto links)

Ein UFO über Greifswald an der Ostsee am Abend des 24. August 1990 sorgte für Schlagzeilen. Sieben leuchtende Kugeln hatten sich am Himmel gezeigt und waren dann lautlos verschwunden. Ein Amateurfilm dokumentiert dieses Greifswald-UFO. Die Erklärung kam Jahre später von einem Stralsunder, der an jenem Abend mit seiner Jolle vor Greifswald törnte und beobachtete, wie Leuchtkugeln von einem Kriegsschiff hochgeschossen wurden, dann einzeln aufflammten und an Fallschirmen herabschwebten. Solche »Tannenbäume« sind Übungsziele für Infrarot-Boden-Luft-Raketen.

Fassen wir zusammen. Die Feststellungen, daß

- die Vorfälle sich vielleicht doch anders, nämlich natürlicher zugetragen haben könnten, als es die späteren Aussagen der Zeugen glauben machen,
- manche »harte« Fälle durch genauere und aufwendige Nachforschungen schließlich doch geklärt werden konnten,
- aufgrund der statistischen Vergleiche von Hendry zwischen geklärten und ungeklärten UFO-Meldungen die ungeklärten UFOs wahrscheinlich auch irdischen Ursprungs sind,
- die beobachteten UFOs in Art, Größe und Gesamterscheinung nicht mit den von uns erwarteten Weltschiffen übereinstimmen,

nötigen den Verdacht auf, daß alle Berichte, selbst »harte« UFO-Berichte, nichts mit ETIs zu tun haben. Es gibt keine eindeutigen Hinweise auf ETIs im Umfeld der Erde.

Dies entspricht auch meiner persönlichen Erfahrung. Ich bin oft gefragt worden, ob ich auf meiner Weltraummission ETIs in Form von UFOs gesehen hätte. So wie alle anderen Astronauten und Kosmonauten vor mir geantwortet haben, kann auch ich nur sagen: »Ich habe keine gesehen, und es gab auch keinerlei Hinweise auf sie.« Selbst der von den UFO-Anhängern oft zitierte Astronaut Gorden Cooper sah keine ETIs im Weltraum. Er ist jedoch überzeugt davon – und davon gab er Rechenschaft in Form eines U.N.-Berichts im Jahre 1985 –, daß es außerirdische Raumfahrzeuge in Erdnähe gäbe, nachdem er im Jahre

1951 als Jetpilot auf einer F-86 Sabrejet über Westdeutschland eine »metallische, diskusartige Scheibe [sah], die in beträchtlicher Höhe alle amerikanischen Kampfjets hätte ausfliegen können.« Dies ist jedoch kein Beweis für ETIs, sondern eine UFO-Sichtung, bei der alle anderen natürlichen Interpretationen noch ausgeschlossen werden müssen. Nach den bisher getroffenen Aussagen kann Coopers UFO allein deswegen kein ETI-Raumschiff gewesen sein, weil es ganz andere Formen und viel größere Abmessungen hätte haben müssen. Jedenfalls sind UFOs und ETIs kein Thema unter Astronauten. Meines Wissens glaubt außer Cooper niemand von ihnen ernsthaft an ETI-Raumschiffe auf der Erde, und dies war auch nie ein Thema auf den jährlichen Treffen der Association of Space Explorers (ASE), der Vereinigung aller geflogenen Astronauten. Diese Organisation steht übrigens in keinerlei Zusammenhang mit der Ancient Astronaut Society (AAS) mit derzeit über 10 000 Mitgliedern, die von der Existenz außerirdischer Astronauten, die bereits vor langer Zeit die Erde besucht haben, überzeugt ist. So soll angeblich nach deren genauer Analyse des Alten Testaments der biblische Prophet Ezechiel mehrere Male einem Raumschiff mit extraterrestrischen Astronauten begegnet sein. Also noch einmal:

Es gibt keinen einzigen UFO-Fall, der als einzige Erklärung den außerirdischen Ursprung des beobachteten Phänomens zuließe, erst recht nicht die Gegenwart von ETIs auf der Erde; erst recht gibt es keine direkten Beweise für ETIs.

Daher sollten sich die UFO-Gläubigen zu eigen machen, was in wissenschaftlichen Kreisen seit jeher gilt: *Occam's Razor*. Gemäß *Occam's Razor* sollten außerordentliche Hypothesen nicht angenommen werden, bevor nicht gewöhnliche eliminiert werden können. Ein typisches Beispiel hierfür ist die außerordentliche Hypothese, die allerdings im Prinzip nicht widerlegt werden kann, daß viele, wenn nicht alle unsere Mitmenschen ETIs sind, die jedoch aus ganz anderen Raum/Zeit-Kontinua stammen, wo Leben, Materie und Energie ganz andere Formen haben als hier auf der Erde.

Im Fall Barney und Betty Hill könnten UFO-Gläubige trotz besseren Wissens zwar immer noch annehmen, daß Außerirdische übernatürliche Techniken beherrschen, mit denen sie sich bereits vor ihrer Landung auf der Erde durch einen Traum von Frau Hill ankündigten. Und weil sie über Techniken verfügen, die es ihnen ermöglicht, in die Zukunft zu schauen, hatten Sie eine Sternenkarte an Bord, die nichts mit den bekannten Sternenkonstellationen gemeinsam hatte, weil sie bereits wußten, daß Frau Hill diese sehen und rekonstruieren würde, um mit dieser Unähnlichkeit von Sternenmustern die UFO-Forscher in die Irre zu führen. Aber in leichter Abwandlung von *Occam's Razor* müssen sich die Verfechter solcher Hypothesen sagen lassen: Außerordentliche Hypothesen verlangen außerordentliche Beweise! Und der Beweis ungewöhnlicher Hypothesen obliegt deren Befürwortern. Also, wo sind die außerirdischen Besucher? Wo ist das eindeutige, unwiderlegbare Foto oder Videointerview mit ihnen? UFO-Phänomene haben die merkwürdige Eigenschaft, daß sie immer genau dann unscharf werden, wenn man sie genauer untersucht.

An diesem letzten Punkt werfen UFO-Gläubige gerne ein, daß die eine oder andere These dennoch nicht ganz ausgeschlossen werden kann. Das ist, wie gesagt, im Prinzip richtig. Doch wenn man einmal *Occam's Razor* verwirft, dann ist das Feld offen für jegliche Phantasien. Aber Jahrhunderte menschlicher Erfahrungen lehren uns, daß dieser Ansatz nicht der Weg ist, die Wahrheit zu finden.

Wenn aber nach aller Einsicht und überaus vielen Erläuterungen von UFO-Wissenschaftlern in Presse und Medien UFOs keine übernatürlichen Phänomene sind, warum ist die Beschreibung von UFOs so in aller Munde? Warum berichten Menschen aus der aufgeklärten westlichen Hemisphäre immer wieder von UFO-Sichtungen, und warum verbinden praktisch alle an diesem Phänomen Interessierte damit das Auftauchen Außerirdischer? Ich schließe mich hier den Überlegungen von Paul Davis, einem Vordenker an der Schnittstelle zwischen Glaube und Wissenschaft, an, der angesichts dieses UFO-Phänomens konstatierte (Davis, P., 1996):

»In einer Zeit, wo die konventionelle Religion im Niedergang begriffen ist, bietet der Glaube an unendlich überlegene Außerirdische irgendwo draußen im Universum ein gewisses Maß an Trost und Ermutigung für Menschen, denen ihr Leben sonst langweilig und sinnlos erschiene. ...Die Außerirdischen spielen also ihre traditionelle Rolle als Engel, als Vermittler zwischen der Menschheit und Gott, die uns verschlüsselte Wege zu okkultem Wissen über das Universum und die menschliche Existenz weisen. ...(Die Anziehung von Außerirdischen) scheint darin zu liegen, daß der Mensch Zugang zu höherem Wissen gewinnt, wenn er mit überlegenen Wesen in Kontakt tritt, und daß die daraus resultierende Erweiterung unseres Horizontes uns in gewissem Sinne Gott einen Schritt näher bringen würde.«

Vor diesem Hintergrund und der gegenwärtigen UFO-Manie sind eigentlich alle neueren UFO-Meldungen mit äußerster Vorsicht zu genießen. Eine ganz andere Qualität von Glaubwürdigkeit gewinnen demgegenüber Berichte, die weit zurückliegen, lange bevor man wirklich an den Besuch von ETIs denken konnte, und die von Zeugen stammen, deren Leben und Denken mit dem kirchlichen Glauben noch in Einklang stehen. So macht mich ein Bericht eines Klosterangestellten in Nordrußland aus dem Jahr 1842 an die hohe Russische Kirche nachdenklich. Er berichtet, daß angeblich am 15. August 1663 bei klarem Himmel gegen 10 bis 12 Uhr eine Kugel mit einem Durchmesser von etwa 40 Metern erschien. Zwei Strahlen gingen vom unteren Ende der Kugel Richtung Erde aus und Rauch bildete sich um das gesamte Gefährt. Es verschwand, erschien wieder mehrere Male, wobei es seine Helligkeit und Flugrichtung änderte. Das Ganze trug sich über anderthalb Stunden über einem See zu. Dort wo die Kugel den See berührte, entstand ein brauner Oberflächenfilm, der an Rost erinnerte. Dieses Phänomen wurde von zwei Menschengruppen beobachtet. Einige beobachteten es von der Kirche aus, andere von einem Boot, das sich gerade auf dem See befand (Sagan, C., 1973, S. 186).

3.5.2 Das Große Puzzle

Also: »Wo sind sie?« Dies ist die berühmte rhetorische Frage des ebenso berühmten wie großen Physikers Enrico Fermi, der bereits in den fünfziger Jahren davon überzeugt war: Es gibt keine ETIs auf unserer Erde. Wenn es solche Wesen je hier gab, haben sie nicht beschlossen, die Erde zu besiedeln, noch stammen wir von ihnen ab. Doch mit dieser Erkenntnis stehen wir damals wie heute vor dem *Großen Puzzle*, wie es in der Literatur genannt wird (Hoerner, S. von, 1995):

Wenn viele Millionen ETI-Rassen in unserer Galaxis existieren, sollten sich ETIs auf unserer Erde tummeln, und der Raum sollte ausgefüllt sein mit vielen Nachrichten und Raumsonden zwischen den Kulturen. All dies ist nicht der Fall.

Die Artikel, die sich mit der Beantwortung dieses Puzzles beschäftigen, füllen Bücher. Man ist sich dabei nur in dem einen Punkt einig: Hochentwickelte ETIs wollen oder können nicht kolonialisieren, oder es gibt praktisch nur eine Kultur in unserer Galaxie, nämlich uns. War-

um sollten ETIs nicht kolonialisieren wollen oder können? Dafür gibt es viele Vermutungen (Hart, M. H., 1975; Cox, L., 1976):

1. **Soziale Gründe**

- Beschaulichkeits-Hypothese *(Contemplation Hypothesis):*
  ETIs haben ganz einfach kein Interesse oder ausreichende Motivation für eine Kolonialisierung.
- Selbstzerstörungs-Hypothese *(Self-destruction Hypothesis):*
  ETIs existieren nicht lange, weil sie sich vor den Auswanderungsbemühungen durch nukleare Kriege selbst zerstören.
- Zoo-Hypothese *(Zoo Hypothesis):*
  ETIs wollen die Erde als Naturschutzgebiet oder als urtümliches »Freiwildgehege« erhalten (Ball, J. A., 1973).

Es gibt eine Reihe von Einwänden gegen diese Hypothesen (Hart, M. H., 1975). Alle genannten sozialen Gründe sind temporäre Gründe. Sie können sich über die Entwicklungsstadien der ETIs verändern und sich genau ins Gegenteil verkehren. Und selbst wenn eine Kultur ständig soziale Gründe hat, erklärt das nicht, daß alle der vermuteten Millionen ETI-Kulturen zu allen Zeiten dieselben oder ähnliche soziale Gründe haben. Es ist auch keine universell gültige soziologische Theorie vorstellbar, die solche Gründe ableiten könnte. Denn diese müßte sich auf Erkenntnisse stützen, und die einzige Erkenntnis über kulturelles Verhalten kommt von uns selbst, die diese Verhaltensweisen bisher noch nicht zeigten. Diese Theorien können also a priori keinen allgemeingültigen Charakter haben.

2. **Physische Gründe**

   Irgendwelche physikalischen, biologischen oder technischen Schwierigkeiten machen interstellare Raumfahrt unmöglich.

   Nach allem, was im Kapitel 5 zu diesem Thema zusammengetragen ist, ist eine Kolonialisierung sehr wohl möglich. Zu dem Einwand, daß Raumreisen, die sich über Generationen erstrecken, ETIs abschrecken könnten, ist zu sagen, daß die Weltschiffe, wie in Kapitel 5 dargestellt, eine ebenso lange Autarkie und erdähnliche Verhältnisse bieten. Darüber hinaus gibt es keinen Grund anzunehmen, daß es auch ETIs gibt, die wesentlich älter (oder jünger) werden als sie menschliche Rasse, deren Reise zum nächsten Stern also weniger als eine Generation dauert.

3. **Zeithypothese**

   Die Kolonialisierung unserer Milchstraße dauert länger als zehn Milliarden Jahre = 15 Milliarden Jahre (Alter der Galaxis) – 4.5 Milliarden Jahre (ETI-Entwicklung), oder unsere Kultur tauchte als erste oder vor dem Erscheinen der Kolonialisierung der ersten Kultur auf. Aus zeitlichen Gründen hätte uns die Kolonialisierung also noch nicht erreicht.

Diese Vermutung wurde von uns bereits widerlegt. Die mittlere Bevölkerungszeit beträgt 50 Millionen Jahre, maximal 100 Millionen Jahre. Bei vielen Tausenden oder mehr ETIs gibt es sicherlich ETI-Kulturen, die älter sind als die Menschheit.

4. **Dänikens Hypothese**
   Sie waren vor nicht allzu langer Zeit (innerhalb der letzten 5 000 Jahre) bereits hier, aber kolonialisierten nicht die Erde.
   Dagegen läßt sich einwenden, daß bei der beträchtlichen Zeitspanne von 9,95 Milliarden Jahren (= zehn Milliarden – 50 Millionen Jahre) uns ETIs viel früher hätten kolonialisieren können. Soziologische Gründe zählen bei solchen großen Zeitspannen bekanntermaßen nicht. Daß sie gerade innerhalb der letzten 5 000 Jahre hier eintrafen, wo sie 9,95 Milliarden Jahre Zeit hatten, ist sehr unwahrscheinlich. Wenn außerdem ETIs die große Anstrengung einer Auswanderung – um nichts anderes kann es sich bei einer Reisezeit von ungefähr 1 000 Jahren (siehe Kapitel 5.3 »Die Auswanderung beginnt«) handeln – unternehmen und endlich einen bewohnbaren Planeten erreicht haben, was für einen Sinn macht es dann, weiterzufliegen, wo zudem die Verhältnisse nur eine einzige Landung auf einem Planeten (siehe Kapitel 4.2 »Interstellare Reisen«) zulassen?

Wer bis hierher doch noch Zweifel daran hat, daß es keine universalen sozialen Gründe für eine Auswanderung gibt, oder daß die unüberwindbare Furcht vor einem katastrophalen Ausgang der Reise doch Auswanderungen verhindern könnte, wird mit folgender Überlegung eines Besseren belehrt. Ben Zuckerman (1985) zeigte, daß für viele ETI-Kulturen die Motivation inzwischen hoch genug sein muß, ihren Heimatplaneten zu verlassen: Ihr Stern ist inzwischen verloschen! In mathematisch einfacher Form zeigte er, daß dies für 700 Millionen bewohnbare Sternensysteme unserer Milchstraße zutrifft. Sollte es 10 bis 100 ETI-Kulturen in unserer Galaxie geben, dann müßte wenigstens eine von ihnen dieses Schicksal inzwischen ereilt haben. Bei angenommenen einer Million ETI-Kulturen wären es mehr als 10 000.

Konfrontiert mit dem Überleben der eigenen Rasse, werden alle genannten wie denkbaren sozialen Gründe einer Nichtkolonialisierung obsolet. Die ETI-Rasse muß sich eine neue Sternenheimat suchen, um zu überleben. Jede anderen Einwände wie Kosteneffektivität oder Missionsrisiko verblassen demgegenüber. Damit sind wir genau am Kern der interstellaren Raumfahrt angelangt. Die Menschheit wird sich vielleicht in die unermeßlichen Weiten unserer Galaxis wagen, wenn erstmals eine zuverlässige Technik existiert, die die Hoffnung, einen neuen, lebenswerten Stern zu erreichen und zu besiedeln, zur Gewißheit

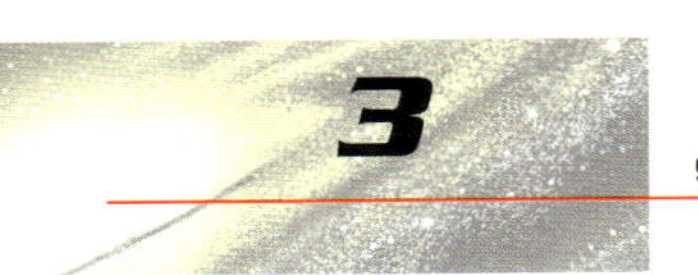

werden läßt. Der Zwang, dies zu tun, wird um so größer werden, je stärker das eigene Überleben auf dem Spiel steht.

Auch andere drastische Szenarien, die mit großer Wahrscheinlichkeit eintreten werden, sind denkbar: Bei der heutigen und in Zukunft noch weiter zunehmenden Bevölkerungsdichte auf der Erde bedarf es nicht viel Phantasie, um sich das bevorstehende Chaos vorzustellen, wenn in nur wenigen tausend Jahren mit dem Eintreten einer neuen

Künstlerische Darstellung eines Asteroideneinschlags. Ein Asteroid wie dieser mit einem Durchmesser von fünf Kilometern würde bei einem Einschlag auf die Erde etwa die Hälfte der Erdbevölkerung auslöschen. Statistisch gesehen passiert dies etwa alle eine Million Jahre einmal. Die nächste Kollision dieser Größenordnung könnte mit dem Kometen Swift-Tuttle am 14. August 2126 eintreten.

Eiszeit der Lebensraum und die Lebensverhältnisse der Menschen drastisch reduziert werden. Die Menschheit wird mit großer Wahrscheinlichkeit und in großer Anzahl spätestens dann auswandern, wenn unabwendbare katastrophale Ereignisse, wie der Einschlag eines riesigen Asteroiden von mehr als zehn Kilometern Durchmesser, die gesamte Menschheit auslöschen würde, so wie vor 65 Millionen Jahren den Dinosauriern und mit ihnen 70 Prozent aller Arten und 90 Prozent aller höheren Tierrassen dieses Schicksal widerfuhr. Statistisch gesehen erlebt unsere Erde dieses Schicksal alle 10 bis 100 Millionen Jahre. Schließlich wird interstellare Raumfahrt mit Sicherheit und in riesigem Ausmaß stattfinden, wenn unsere alternde Sonne langsam zu einem sogenannten roten Riesen anschwillt und dabei in 0,9 – 1,4 Milliarden Jahren mit einer um zehn Prozent größeren Leuchtstärke alle irdischen Ozeane verdampfen wird. In sechs Millionen Jahren wird sie schließlich so stark aufgebläht sein, daß sie die Erde berührt und in sich aufnimmt, um dann schließlich zu einem bedeutungslosen kleinen weißen Zwerg zu kollabieren, der irgendwann seinem strahlungslosen Ende entgegengeht. Interstellare Raumfahrt könnte also der letzte Ausweg für die Menschheit sein, das begrenzte Dasein unserer Heimatsonne zu überdauern.

3.5.3 Wo sind sie?

Fassen wir zusammen: Es gibt eine Raumfahrttechnologie, mit der sich unsere Milchstraße in 50 Millionen Jahren vollständig besiedeln läßt. Es gibt langfristig keine sozialen, physischen, zeitlichen oder sonstigen Gründe, eine Kolonialisierung nicht durchzuführen. Im Gegenteil, wenn es viele ETIs in unser Milchstraße gibt, dann gab es für einige von ihnen einen so hohen Überlebensdruck, daß sie zur Auswanderung gezwungen waren. Wenigsten diese müßten unsere Milchstraße flächendeckend ausgefüllt haben, müßten also inzwischen auch die Erde erreicht haben. Aber trotz vieler UFO-Berichte können wir feststellen, daß bisher keine ETIs die Erde besucht haben.

Damit geraten wir mit der ursprünglichen Annahme »Es gibt sehr viele ETIs in unserer Milchstraße« in einen Widerspruch zu unserer Beobachtung. Dann muß, so die eingangs ausführlich dargelegte Logik des indirekten Beweises, die Annahme falsch sein. Damit kommen wir ein weiteres Mal zu dem zwingenden Schluß:

Die Annahme, es gäbe sehr viele ETI-Kulturen in unserer Galaxis, ist falsch.

Unsere Annahme lautete »sehr viele ETIs«. Bei welcher Anzahl von ETIs funktioniert unsere Argumentation nicht mehr? Unsere Schlußfolgerung basiert auf der Tatsache, daß es mindestens eine ETI gibt, die vor mindestens 50 Millionen Jahren entstanden ist und vor 50 Millionen Jahren die Milchstraße zu kolonialisieren begann. Nach dem Postulat der Mittelmäßigkeit wäre das bereits bei einem ETI möglich. In Anbetracht des ersten möglichen Auftretens von ETIs vor ca. zehn Milliarden Jahren im Vergleich zur recht geringen Kolonialisierungszeit von 50 Millionen Jahren wäre die Gegenwart von ETIs auf der Erde bereits schon bei einigen wenigen recht wahrscheinlich. Mit anderen Worten:

Entweder gibt es neben uns keine weiteren Intelligenzen in unserer Milchstraße oder nur sehr wenige, höchstens eine Handvoll.

Hilft uns der indirekte Beweis auch bei einer Argumentation gegen ETIs im gesamten Universum? Leider nicht. Da die Kolonialisierung anderer Galaxien wegen der enormen Distanzen von vielen hunderttausend Lichtjahren zwischen ihnen selbst mit Weltschiffen aussichtslos ist (siehe Kapitel 5.6 »Kolonialisierung der Milchstraße«), können wir aus dem Ausbleiben von ETIs auf unserer Erde keine Rückschlüsse auf die Nichtexistenz von ETIs auf anderen Galaxien ziehen. Hier hilft nur die Drake-Gleichung weiter, die uns allerdings viele ETIs im Universum in Aussicht stellte.

Es bleibt ein Trostpflaster. Obwohl die Chancen sehr gering sind, ist es vielleicht doch so, daß einige wenige ETIs (konkret weniger als zehn) neben uns in der Milchstraße leben. Mit nichts anderem in der Hand als diesem kleinen Funken Hoffnung wenden wir uns nun der zweiten wichtigen Frage zu: Werden wir jemals mit ETIs Kontakt haben?

4 Kontakte mit Außerirdischen

4 Kontakte mit Außerirdischen

»Wenn ich bedenke,
meine kleine Spanne des Lebens
aufgesogen in der Unendlichkeit der Zeit,
oder den kleinen Teil des Raumes,
den ich berühren oder sehen kann,
eingebettet in die Unermeßlichkeit des Weltraums,
den ich nicht kenne und der mich nicht kennt,
bin ich erschrocken und erstaunt zugleich,
mich hier zu sehen und nicht dort,
jetzt anstatt dann.«

Blaise Pascal (1623 – 1662), Mathematiker und Philosoph

Die Frage, ob Kontakte mit ETIs möglich sind, klingt in den Ohren von Science-fiction-Anhängern wie blanker Hohn. Die von der Science-fiction-Literatur beschriebenen Kontakte mit ETIs sind Legion. Uns interessiert dabei aber weniger, wie phantastisch die damit verbundenen Möglichkeiten sind, sondern ob innerhalb der Grenzen der Naturgesetze solche Kontakte überhaupt möglich sind. Dabei gehen wir von der fast an Sicherheit grenzender Vermutung aus, außer uns Menschen gäbe es weder auf dem Mars noch sonst irgendwo in unserem Planetensystem Intelligenzen. Wäre das dennoch der Fall, dann würde schon der von dem großen deutschen Mathematiker Carl Friedrich Gauß genannte Vorschlag, von den logischen Fähigkeiten und der Intelligenz der Menschen Nachricht zu geben, genügen. Er schlug vor, in Sibirien ein großes Kornfeld in Form eines rechtwinkeligen Dreiecks mit quadratischen Pinienwäldern an jede der drei Seiten zu pflanzen, um so zu signalisieren, daß auf der Erde intelligente Wesen leben, die den Pythagoräischen Lehrsatz kennen. Da wir also im weiteren nicht von Intelligenzen auf benachbarten Planeten ausgehen und die Gaußschen Strukturen auch sicherlich nicht außerhalb unseres Sonnensystems sichtbar wären, können wir uns diese Kornfelder und Pinienwälder sparen und uns erfolgversprechenderen Arten der Nachrichtenübermittlung zuwenden.

Dazu soll zunächst in zwei grundsätzlich unterschiedliche Arten der Kontaktaufnahme unterschieden werden: den mittels elektromagnetischer Wellen geführten Funkkontakt und den direkten persönlichen Kontakt, wobei der letztere, also die Möglichkeit interstellarer Raumfahrt, sicherlich die faszinierendere Alternative wäre.

4.1 SETI – Die Suche nach außerirdischem Leben

Bleiben wir jedoch vorerst bei der Möglichkeit eines Funkkontakts. Zu einem Funkkontakt gehört zweierlei: Information senden und empfangen. Es gab viele Versuche, ETI-Signale zu empfangen, aber – leider! – war die Suche bisher erfolglos.

4.1.1 Die Suche beginnt

Historisch gesehen begann die Suche nach einer außerirdischen Funkbotschaft mit Gueglielmo Marconi, dem Pionier auf dem Gebiet der Radiotelegraphie. Bei seiner Transatlantik-Überquerung von Southampton nach New York auf seinem schwimmenden Laborschiff Electra im Juni 1922 versuchte er, im damals zugänglichen Längstwellenbereich bei 2 kHz Radiosignale vom Mars zu empfangen (New York Times, 16.06.1922), während Erde und Mars in Opposition standen (größte Annäherung zwischen Erde und Mars). Das Interesse der Öffentlichkeit richtete sich deswegen so sehr auf diesen Versuch, weil 25 Jahre vorher zwei Romane von Kurd Laßwitz und Herbert George Wells in eindringlicher Weise die Invasion von Marsbewohnern auf die Erde beschrieben hatten. Die Schreckensvision einer solchen Invasion war damals noch *hype* und sollte am 31. Oktober 1938 durch ein darauf basierendes Hörspiel in einer Massenhysterie unter der amerikanischen Bevölkerung enden. Das Experiment von Marconi schlug fehl. »Have no sensational announcement to make« (»Es gibt keine sensationellen Ankündigungen«), waren seine lapidaren Worte bei seiner Ankunft in New York.

In der neueren Geschichte wurden gleich mehrere Anstrengungen unternommen, Signale von ETIs zu empfangen. Im Jahre 1959 erschien ein heute historisch zu nennender Artikel von Giuseppe Cocconi und Philip Morrison (1959), in dem sie durch Berechnungen die prinzipiellen Möglichkeiten eines Funkkontakts mit ETIs innerhalb von etwa 15 Lichtjahren Umgebung um die Erde mit den damaligen technischen

Einrichtungen und Mitteln bewiesen und damit erstmals das Interesse der Wissenschaftler auf die Suche nach extraterrestrischer Intelligenz lenkten. Gleichzeitig schlugen sie schon damals eine Frequenz vor, die sich als universelle Kommunikationsfrequenz anbot: den schmalen Frequenzbereich um die Emissionslinie des neutralen Wasserstoffs.

4.1.2 Das kosmische Wasserloch

Jeder, der jemals auf Kurzwelle Sender gesucht hat, weiß, wie ausschlaggebend das Auffinden der richtigen Frequenz für den Empfangserfolg ist. Dies gilt auch für die Suche nach Signalen von ETIs. Da man unmöglich alle nur möglichen Frequenzen abtasten kann, muß man zunächst plausible Annahmen machen, auf welcher Frequenz ETI kommunizieren würde. Es herrscht unter Wissenschaftlern die einhellige Meinung, daß Kommunikation, falls überhaupt möglich, nur im sogenannten »Wasserloch« stattfinden wird. Das Wasserloch ist der Frequenzbereich zwischen der elementaren Anregungsfrequenz 1,420405751786 GHz des überall in unserem Universum mit Abstand am meisten vorhandenen Elements Wasserstoff, die damit sozusagen ein Leuchtfeuer in der Frequenzvielfalt aller möglichen Frequenzen darstellt, und der natürlichen Emission des Hydroxyl Radikals OH^- bei 1,638 GHz. Kombiniert man Wasserstoff H mit OH, so erhält man Wasser. H und OH sind also die beiden ionisierten Bestandteile des Wassers, dem Nährboden jeglichen Lebens im Universum. Das Wasserloch fällt außerdem in das relativ enge Frequenzfenster von etwa 0,5–50 GHz, in dem das galaktische Hintergrundrauschen (Synchrotron-Strah-

Das Hubble-Teleskop ist hier in einer Aufnahme von 1990 zu sehen. Fotografiert wurde es von der Raumfähre Discovery aus, während es in den Weltraum ausgesetzt wurde. Das Weltraumteleskop befindet sich in einer Umlaufbahn oberhalb der Erdatmosphäre, die für irdische Teleskope die Sicht trübt.

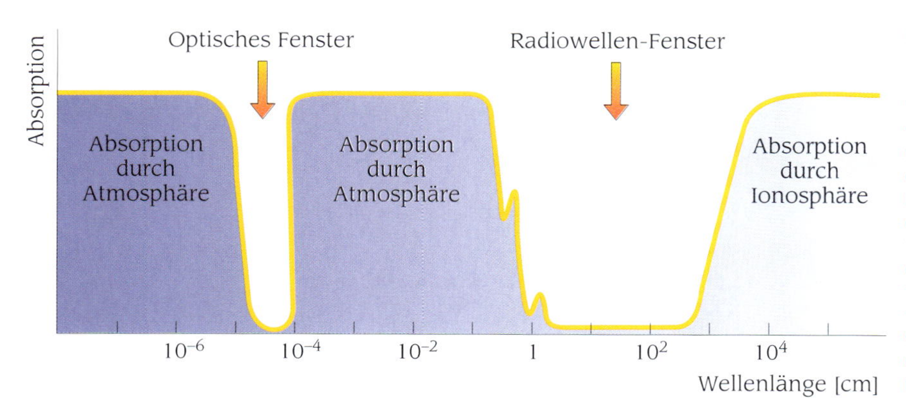

Unsere Atmosphäre weist »Sichtbarkeitsfenster« auf, in denen die Strahlung der Sonne und Sterne kaum absorbiert wird. Der Hauptteil der Sonnenstrahlung fällt in den Bereich des optischen Fensters – Licht fällt auf die Erde, es ist deswegen tagsüber hell. Die schädliche UV-Strahlung wird großteils absorbiert. Radioteleskope empfangen Signale von fernen Sternen durch das Radiowellen-Fenster.

lung), das thermische 3K-Hintergrundrauschen, das Quantenrauschen (Schrotrauschen), hervorgerufen durch spontane Emissionen und Absorption von interstellarem Medium und einer eventuell vorhandenen Atmosphäre (dann nur 0,5–5 GHz) anderer bewohnter Planeten, zusammen am geringsten sind und ein schwaches Signal daher am besten zu empfangen ist (Oliver, B. M., 1973, S. 283). Wegen der Vorzüge dieses Frequenzbereichs stellt man sich vor, daß sich die galaktischen Zivilisationen an diesem Wasserloch versammeln und miteinander kommunizieren, wie sich die verschiedenen Tierarten an den Wasserlöchern Afrikas einfinden, um zu trinken. Insbesondere könnte besonders der Bereich um die Wasserstofffrequenz 1,420 GHz von einer unvoreingenommenen, hochentwickelten Zivilisation gewählt werden, um einen Kommunikationskontakt aufzunehmen.

Diese Überlegungen sind nur so lange richtig, wie die Horde der Zivilisationen einer Galaxis am Wasserloch sitzt und kommuniziert. Das Wasserloch verliert seine Funktion als gemeinsame Anlaufstelle, wenn Zivilisationen verschiedener Galaxien Nachrichten austauschen wollen. Denn durch die sehr großen, teilweise unbekannten Relativgeschwindigkeiten zwischen den Galaxien kommt es beim Austausch von Funkwellen zwischen den Galaxien zu gravierenden Frequenzverschiebungen, sogenannten Rotverschiebungen, ähnlich wie sich der Ton des Signalhorns eines Notarztwagens bei Annäherung und späterer Entfernung von hohen zu tiefen Tönen verschiebt. Diese Rotverschiebung tritt zwar auch beim Funkverkehr zwischen den Sternen der gleichen Galaxie auf, innerhalb einer Galaxie ist sie aber nicht so groß und außerdem kennt jede hochentwickelte Zivilisation ihre Sternengeschwindigkeit bezüglich ihres galaktischen Zentrums. So lassen sich die Frequenzverschiebungen bezüglich des als in Ruhe angesehenen Zentrums sowohl beim Senden als auch beim Empfang entsprechend korrigieren, was empfangsseitig bei den verschiedenen terrestrischen SETI-Projekten auch immer gemacht wird. Innerhalb unserer Milchstraße ist das Wasserloch für wirklich intelligente Zivilisationen also

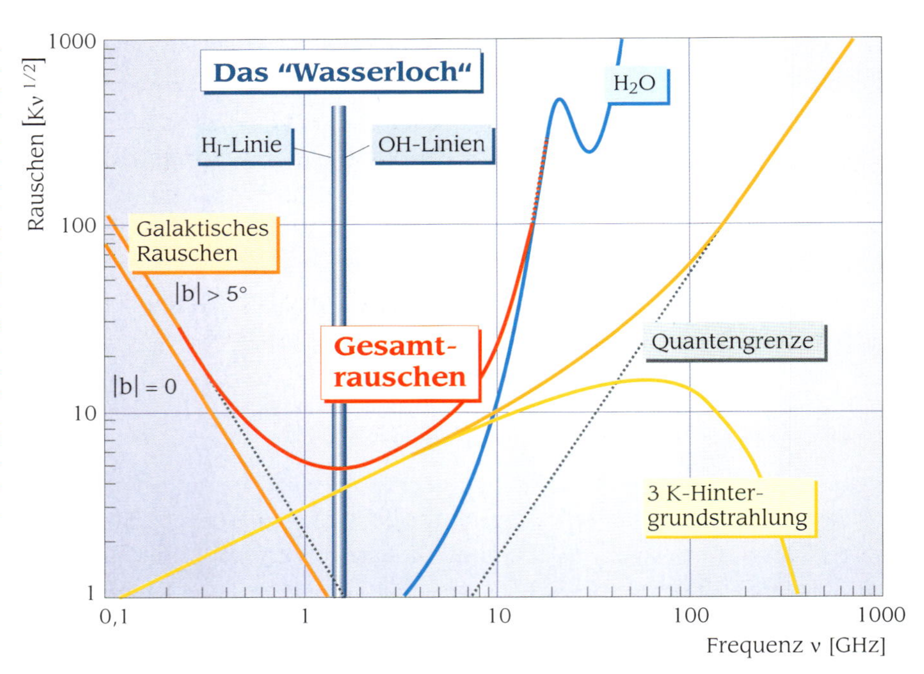

Das gesamte Empfangsrauschen eines idealen Empfängers als Funktion der Frequenz ν. Das »Wasserloch« ist ein Frequenzbereich, der sich für die Kommunikation zwischen Intelligenzen im Kosmos anbietet: Es liegt zwischen den Spektrallinien von Wasserstoffatomen (H_I) und den Hydroxyl-Radikalen (OH), den Bestandteilen des lebenswichtigen Wassers. Zudem ist das Gesamtrauschen, das sich aus dem galaktischen Rauschen, dem Quantenrauschen und der 3 K-Hintergrundstrahlung zusammensetzt, im Wasserloch minimal.

praktikabel. Für intergalaktische Kommunikation scheidet es aber auf Grund einer fehlenden Referenz aus.

Wie sich herausstellte, gibt es aber noch eine weitere, recht natürliche »Funktränke« bei der Frequenz ν_0 = 56,8 GHz, die von zwei verschiedenen Forschungsgruppen unabhängig voneinander gefunden wurden (Drake, F. D. & Sagan, S., 1973; Gott, J. R., 1982). Diese Frequenz ist so besonders, weil sie über die Energiebeziehung $h\nu_0 = k_B T_0$ das Frequenzäquivalent zur Temperatur der kosmischen Hintergrundstrahlung ist, eine allgegenwärtige Strahlung, die das gesamte Universum durchsetzt. Das wirklich besondere an ν_0 ist aber ihre »eingebaute« Anpassung, die automatisch und für alle Zivilisationen in unserem Universum die Rotverschiebungen korrigiert (Gott, J. R., 1982; 1995), und zwar so, daß sie sie exakt kompensiert, weil sich mit der Geschwindigkeit einer Galaxie auch die gemessene Hintergrundtemperatur verschiebt und mit ihr (über die Energiebeziehung und in exakt umgekehrter Richtung wie die Rotverschiebung) entsprechend auch die Frequenz ausgestrahlter Funkwellen. So wird in unserer Milchstraße T_0 = 2,726 K gemessen, was eben der genannten Frequenz 56,8 GHz entspricht. Damit bietet sich ν_0 = 56,8 GHz als natürliche Kommunikationsfrequenz für alle Zeiten und das gesamte Universum an.

Dies macht sie nicht automatisch zu einer praktikablen »Funktränke«. Denn zum einen lassen sich aus grundlegenden Ursachen Temperaturen nur viel ungenauer bestimmen als scharfe Wasserstoffabsorptionslinien, weshalb man einen entsprechend großen Unsicherheitsbe-

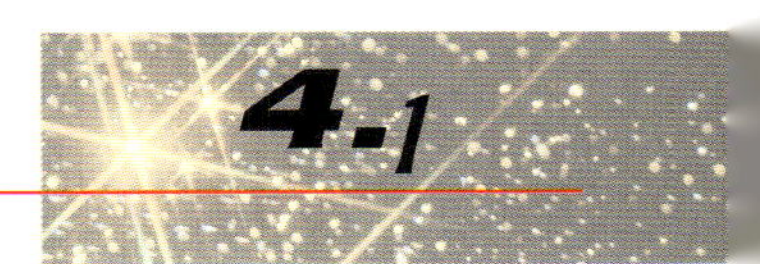

reich (der heutige 2σ-Unsicherheitsbereich beträgt 56,7–56,9 GHz) absuchen muß. Zum anderen macht ein breites O_2-Absorptionsband in der Atmosphäre die Beobachtung dieser Standardfrequenz auf der Erde unmöglich. 56,8 GHz kann nur im Weltraum empfangen werden. Aber vielleicht kommen wie wir auch andere ETIs darauf, daß die mittlere Energie eines freien Teilchens, das der Weltraumtemperatur T_0 ausgesetzt ist, nur $k_B T_0/2$ pro Freiheitsgrad beträgt. Die entsprechende Frequenz, die sich auf der Erde ohne Absorptionsprobleme empfangen ließe, wäre demnach nur halb so groß, also 28,4 GHz.

4.1.3 Die Suche geht weiter

Nach diesem Ausflug zu den natürlichen kosmischen »Funktränken« kommen wir zurück zu den historischen Empfangsexperimenten. Nahezu gleichzeitig und unabhängig von den ersten Äußerungen Cocconis und Morrisons über die Möglichkeit von Funkkontakten mit ETIs kam ein junger Radioastronom an der Ostküste der Vereinigten Staaten, ein gewisser Frank D. Drake, zu denselben Überlegungen und zu demselben Schluß, daß es nämlich möglich sein sollte, Funksignale von ETIs zu empfangen, und der Bereich um 1,420 GHz sich naturgemäß anböte. Als praktizierender Astronom am National Radio Astronomy Observatory (NRAO) in Green Bank, West Virginia/USA, ging er allerdings noch einen Schritt weiter und setzte seine Idee in die Tat um. Unter dem Projektnamen OZMA – benannt nach der Königin des imaginären Landes Oz, das L. Frank Baum in seinem Phantasy-Roman als einen weit entfernten und nur schwer erreichbaren Ort beschrieb, wo exotische Wesen hausen – startete er mit seinem Radioteleskop die erste Suche nach Außerirdischen außerhalb unseres Sonnensystems in der Geschichte der Menschheit. Von April bis Juli 1960, sechs Stunden am Tag, richtete er sein 26-Meter-Radioteleskop auf die beiden sonnenähnlichen und sonnennahen Sterne Tau Ceti und Epsilon Eridani, die sich im Abstand von nur etwa elf Lichtjahren von der Erde befinden. Er scannte einen Bereich von 400 kHz um die magische Wasserstofffrequenz ab – jedoch ohne Erfolg (Drake, F. D., 1961). Außer einem falschen Alarm, ausgelöst durch ein geheimes Funkexperiment des Militärs, zeigte der Schreiber keine bedeutsamen Ausschläge auf dem Endlospapier. Drake beendete daraufhin das Projekt.

Angeregt von diesem ersten Versuch wurden in der Folgezeit insgesamt etwa 70 Experimente, davon zehn größere Versuche, in dieser Richtung unternommen, wobei in den sechziger Jahren und Anfang der siebziger Jahre vor allem die Astronomen in der Sowjetunion führend waren (*Icarus* 26, 1975). So wurden in den Jahren 1970 und 1971 die Antennen auf weitere zehn sonnennahe Sterne gerichtet (Verschuur, G. L.,

1973). Aber auch diese Projekte waren allesamt erfolglos und man erkannte, daß gezielter und systematischer gesucht werden müsse. Anfang der siebziger Jahre lagen die Ergebnisse der sogenannten Cyclops-Studie der NASA vor, in der die wissenschaftlichen und technischen Voraussetzungen für eine Suche mit größtmöglichem Erfolg geklärt wurden. Damit begann im Jahre 1971 das Zeitalter der staatlich geförderten SETI-Programme *(Search for Extra Terrestrial Intelligence)* der NASA, in denen mit hochentwickelter Elektronik der Sternenhimmel systematisch in alle Raumrichtungen, in großen Frequenzbereichen und auf 2 Millionen Frequenzen gleichzeitig durchmustert wurde (Machol, R. E., 1976).

Das 91 m große Radioteleskop in Green Bank, West Virginia/USA eignet sich besonders für die Suche nach extraterrestrischen Funksignalen, weil es zu den größten, auf verschiedene Himmelsregionen einstellbaren Radioteleskopen zählt.

Das mit Abstand größte SETI-Projekt, die *High Resolution Microwave Survey* (HRMS), begann am 500. Jahrestag der Entdeckung Amerikas, am 12. Oktober 1992, das auf fünf bis sieben Jahre angelegt war. Neben der stark erweiterten systematischen Suche wurden zudem ausgewählte Sterne in bis zu 80 Lichtjahren Entfernung gezielt untersucht. Aber bereits am 1. Oktober 1993 wurden HRMS die Mittel vom US-Kongreß wieder gestrichen. Seitdem wird es mit Spendenmitteln als Projekt *Phoenix* stark reduziert außerhalb der NASA am SETI-Institut, Kalifornien, weitergeführt. Mit Phoenix wurden anfangs 205 sonnennahe Sterne auf 57 Millionen Frequenzen gleichzeitig auf signifikante Signale hin untersucht. Das Projekt wurde Anfang 1998 mit der weltgrößten Empfangsantenne, dem Arecibo-Radioteleskop in Puerto Rico/Nicaragua, das mit einem Durchmesser von 300 m ein ganzes Tal ausfüllt, fortgeführt und auf etwa 1 000 sonnennahe Sterne ausgeweitet.

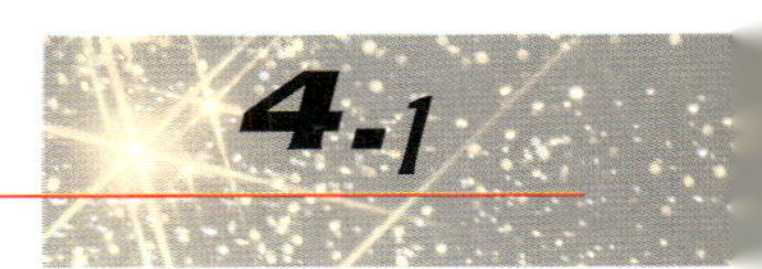

Das größte Radioteleskop der Welt bei Arecibo auf Puerto Rico mißt 305 m im Durchmesser, kann aber, da es in den Berg gebaut ist, nicht über den Himmel geführt werden.

Neben Phoenix existieren heute weltweit noch fünf weitere professionelle und langfristig angelegte und einige kleinere Suchprojekte von Amateurvereinigungen. Die größten professionellen Projekte neben Phoenix sind BETA und SERENDIP. Die Berkeley Universität in Kalifornien begann im Jahre 1979 ihr SERENDIP-I-Projekt, das in den Jahren 1986–1988 in SERENDIP II und in den Jahren 1992–1996 in SERENDIP III überging, bei dem in einem 12-MHz-Band um 429 MHz herum alle 1,7 Sekunden 4,2 Millionen Frequenzen abgesucht wurden. Im Jahre 1997 wurden die Arbeiten an SERENDIP IV am Arecibo-Teleskop aufgenommen. Bei dieser stark verbesserten Suche werden heute im gleichen Frequenzbereich und Zeitabschnitt 168 Millionen Frequenzen zu je 0,6 Hz Bandbreite empfangen. Das Besondere an SERENDIP ist sein Aufbau als Huckepack-Verfahren. Das bedeutet, daß parallel und ohne Beeinträchtigung der regulären astronomischen Arbeiten an einem Radioteleskop nach ETI-Signalen gesucht werden kann. Damit ist diese Suche, wenn auch nicht so umfangreich, so doch sehr kostengünstig: Der jährliche Betrieb kostet lediglich DM 150 000.

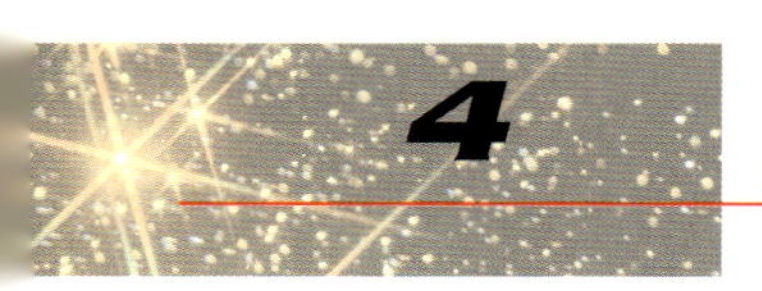

Die Harvard Universität an der Ostküste der Vereinigten Staaten startete im Jahre 1978 ebenfalls mit dem Arecibo-Radioteleskop ihr eigenes SETI-Programm und führte es bis 1985 unter den Namen *Suitcase SETI* und SENTINEL weiter (Horowitz, P. et al., 1986). Unterstützt von der amerikanischen Planetarischen Gesellschaft und mit einer Spende von Steven Spielberg weitete sich die Suche drastisch aus und erhielt den Projektnamen META *(Mega channel ExtraTerrestrial Assay)*. Das Projekt lief über zehn Jahre und suchte dabei im Wasserloch den gesamten Nordhimmel instantan in vier 400 kHz Frequenzbereichen (jeder Bereich wurde mit einer Auflösung von 0,05 Hz (!) instantan abgedeckt) nach ETI ab. Insgesamt wurden 60 Billionen Frequenzkanäle, also 60 000 Milliarden Kanäle, abgesucht – auch hier ohne Erfolg (Horowitz, P. & Sagan, C., 1993). Das Projekt wurde weiter verbessert und auf das sogenannte Projekt BETA *(Billion Channel ExtraTerrestrial Assay)* ausgedehnt, das im Oktober 1995 startete. Mit dieser heute leistungsfähigsten Empfangsanlage kann pro Empfangsrichtung innerhalb von 16 Sekunden das gesamte Wasserloch mit einer Auflösung von 0,5 Hz überstrichen werden, wobei zur Sicherheit jede Frequenz achtmal untersucht wird. Das 26-Meter-Radioteleskop in Oakridge überstreicht dabei die Deklination von -30 bis +60 Grad und überdeckt somit fast den gesamten Nordhimmel. Sollte BETA ein verdächtiges Signal finden, dann schwenkt das Teleskop automatisch zur fraglichen Himmelsrichtung zurück und nimmt das Signal genauer unter die »Lupe«.

Doch allen Anstrengungen zum Trotz verliefen alle bisherigen und auch gegenwärtige Projekte, von OZMA bis Phoenix, SERENDIP IV und BETA bisher ergebnislos. Es konnte kein Signal reproduziert werden, das eindeutig auf den Kommunikationsversuch einer außerirdischen Intelligenz hinwies. Dabei ist der Hinweis auf die Reproduzierbarkeit von großer Bedeutung. Denn es gab des öfteren kurze, merkwürdige Empfangssignale, die mögliche Kandidaten hätten sein können, aber in wissenschaftlichen Kreisen gilt: Einmal ist keinmal. Denn nichtreproduzierbare Ereignisse können auch andere, nicht mehr nachverfolgbare Ursachen haben.

4.1.4 Das »Wow!«-Signal

Das bekannteste Ereignis aus dieser Sparte »einmal ist keinmal« ist das sogenannte »Wow!«-Signal, welches am 15. August 1977 mit dem Radioteleskop der Ohio State University empfangen wurde. Jerry Ehmann, ein junger Freiwilliger, der sich seit 1973 am SETI-Programm der Ohio State University beteiligt hatte, stand an jenem Tag vor dem Computerausdruck der vergangenen Nacht und schaute sich, wie seit vier Jahren an jedem Morgen, die wahllos verteilten Zahlen auf dem Papier

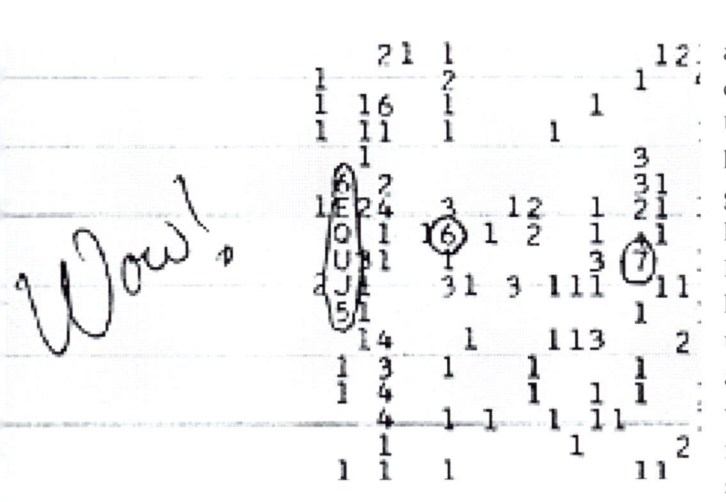

Das »Wow!«-Signal, empfangen vom Radioteleskop der Ohio State University am 15. August 1977, war mit großer Wahrscheinlichkeit ein außerirdisches Signal. Mit seiner auffälligen Zahlensequenz 6EQUJ5 stach es markant aus dem Computerausdruck heraus. Da es sich aber kein zweites Mal beobachten ließ, kann man es nicht als Hinweis auf eine extraterrestrische Zivilisation betrachten. Sein wahrer Ursprung bleibt für immer verborgen.

an. Auf der linken Seite des Ausdrucks hatte man zur besseren Übersicht die Empfangssignalstärke spaltenweise in 50 Spalten aufgetragen und zwar so, daß das übliche Signalrauschen durch ein Leerzeichen und Signale darüber hinaus durch Zahlen zwischen 1 und 9 angezeigt wurden. Dabei galt als Faustregel, daß Zahlen über vier bis fünf als signifikant, also einem echten Signal zuzuordnen sind, und für ganz besonders starke und eindeutige Signale hatte man die Buchstaben A bis Z reserviert. Ein »echtes« Signal hätte sich somit durch eine Insel außergewöhnlicher Zahlen oder besser noch Buchstaben bemerkbar machen sollen, die man optisch mit einem Blick hätte erkennen können.

An jenem Morgen sah Ehmann zu seiner Überraschung zum erstenmal genau das. Die Reihenfolge ... 6EQUJ5 ... stach markant und eindeutig aus dem Rauschen der umgebenden Zahlen 1 bis 3 heraus. Überwältigt von der Stärke dieses Signals kreiste Ehmann die Sequenz ein und schrieb als Ausdruck seiner Begeisterung und ohne groß zu überlegen das Wort »Wow!« daneben. Alle, die an jenem Tag im Observatorium waren, stimmten zu, daß dieses Signal »echt« sei und aus dem Weltall kommen mußte, aber leider ließ es sich nicht mehr reproduzieren. Alle weiteren Suchanstrengungen in diesem Himmelsbereich blieben erfolglos. Man versuchte schließlich, die Empfangsrichtung mit einem sonnenähnlichen Stern oder einem künstlichen Erdsatelliten in Verbindung zu bringen, es gab aber weder einen solchen Stern in dieser Suchrichtung, noch durchflog ein Satellit zur angegebenen Zeit den Empfangsbereich. Es war einfach nichts da, was als Ursache für das Signal in Frage kommen konnte. Was konnte also die Ursache sein? Ein kleiner Erdsatellit kann immer in Frage kommen, da deren Anzahl inzwischen so groß ist, daß man sie kaum mehr überblicken kann. Noch wahrscheinlicher ist ein großes Trümmerstück, das als Weltraummüll irgendwo die Erde umkreiste und zufälligerweise ein von der Erde nach außen gerichtetes Signal auf das Teleskop reflektierte. Immerhin gibt es in der näheren Umgebung der Erde über 8 000 solcher Trümmerstücke mit einem Durchmesser von über zehn Zentimetern. Oder vielleicht war es doch das Signal Außerirdischer, auf das wir so sehnsüchtig warten, nur daß diese Wesen nicht die Ausdauer, Energie oder auch nur die Geduld hatten, ihre Nachricht über längere Zeit aufrechtzuerhalten. Solange es jedenfalls das einzige derartige Signal aus der Himmelsrichtung bleibt, werden wir die Wahrheit nie erfahren.

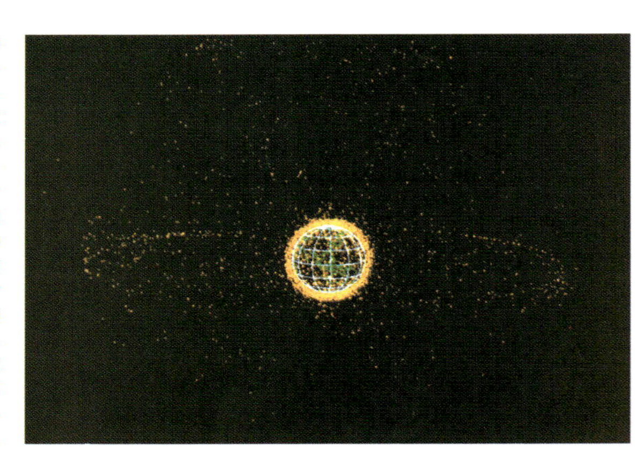

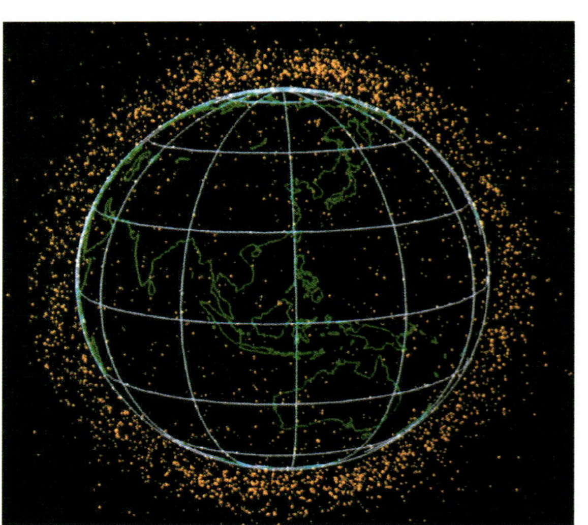

Zwei Schnappschüsse des erdumspannenden Weltraummülls vom 14.12.1990. Jeder Punkt entspricht einem Müllteil katalogisiert beim Weltraumüberwachungssystem SSN der USA. Die Teile konzentrieren sich deutlich wie eine Korona im Abstand von weniger als 2 000 km über der Erde, als diffuse Wolke bis 20 000 km Höhe im semisynchronen Erdorbit und als Perlenkette im 36 000 km entfernten kreisförmigen geostationären Orbit.

Selbst reproduzierbare Signale müssen nicht automatisch das erhoffte Ergebnis sein. Ein Alarm kann auch andere Gründe haben. Diese schmerzliche Erfahrung mußte der SETI-Pioneer Drake gleich bei seinen ersten Versuchen im Projekt OZMA machen. Kaum hatte er am 8. April 1960 seine Antenne auf den Stern Epsilon Eridani ausgerichtet, schlug der Registrierschreiber auch schon wie wild aus. Nach diesem ersten Adrenalinstoß wollte man Epsilon Eridani als Verursacher des Signals verifizieren und bewegte die Antenne einwenig zur Seite. Das Signal verschwand tatsächlich. Nachdem man die Antenne wieder auf den Stern richtete blieb es aber weiterhin verschwunden, obwohl es eindeutig ein Signal nichtnatürlichen Ursprungs war. Zu aller Überraschung kam das Signal nach zehn Tagen wieder! Schließlich fand Drake die Ursache dieses eigentümlichen Verwirrspiels. Es war zwar ein intelligentes Signal, stammte aber von einem Radarsender des Spionageflugzeugs U2, das die USA in jener Zeit im kalten Krieg in stratosphärischen Höhen gegen die Sowjetunion einsetzte und das aus diesen Höhen seinen Weg auch zu OZMA fand.

Der weltweit bekannteste Fehlalarm wurde aber am 12. April 1965 in einer Presseerklärung der ehemaligen russischen Nachrichtenagentur TASS verbreitet. Sie lautete, daß sowjetische Astronomen Signale beobachtet hätten, die von außerirdischen Intelligenzen stammen könnten. Zwei Tage später gab es dazu eine Pressekonferenz in Moskau. Was war geschehen? Von August 1964 bis Februar 1965 hatte man am russischen Sternberg-Institut zwei galaktische Radioquellen namens CTA 21 und CTA102 genauer untersucht. Radioquellen sind nicht unüblich im Weltall, aber am Sternberg-Institut beobachtete man langfristige Intensitätsvariationen von 30 Prozent, die mit einer Periode von 100 Tagen sehr regelmäßig, nach damaligen Erfahrungen zu regelmäßig, oszillierten. Daraufhin gingen die Russen an die Öffentlichkeit. Zufälligerweise untersuchten Amerikaner wie Niederländer dieses

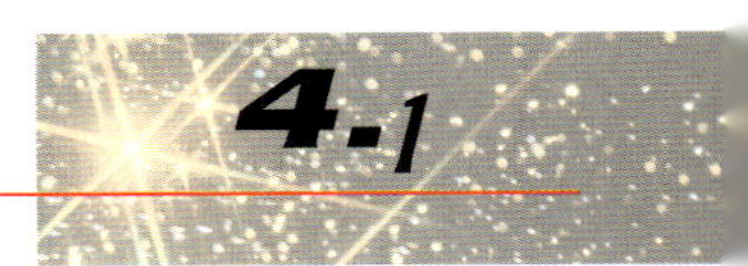

Objekt ebenfalls, fanden nichts vergleichbares und kamen nur sechs Tage später zu dem Schluß, daß es sich dabei um ein quasistellares Objekt, einen sogenannten Quasar, handeln müßte. Und dabei ist es bis heute geblieben. Es bleibt unklar, was die Russen damals gemessen haben, jedenfalls konnte das oszillierende Signal nicht durch andere Astronomen reproduziert werden.

Drei Jahre später waren die Engländer da schon vorsichtiger. Sie empfingen ein außerordentlich kurzperiodisches und regelmäßiges Signal. Die pulsierende Radioquelle wurde ebenfalls unter Verdacht auf ETIs *Little Green Men 1* (LGM1) getauft und sorgfältig analysiert. Aber dann entdeckten sie LGM2, dann LGM3. Das waren zwei zuviel für eine künstliche Quelle. Schließlich entdeckte man ihre wahre Natur. Die LGMs waren nichts anderes als schnell rotierende Neutronensterne (Quasare), heute auch Pulsare genannt, die mit ihren rotierenden, starken Magnetfeldern regelmäßige Radiopulse ins All senden, ähnlich dem pulsierenden Licht eines Leuchtturmes. Und so schwand eine Hoffnung mehr auf die sehnsüchtig erwarteten Signale außerirdischer Intelligenzen.

4.1.5 Senden statt empfangen?

Aber vielleicht verhalten sich ja die meisten Außerirdischen so, wie wir Erdlinge bisher, und hören lieber zu, als Nachrichten zu senden. Denn der Empfang, auch wenn noch so aufwendig, ist, wie wir gleich sehen werden, bei weitem kostengünstiger als allein der Energieverbrauch für eine lang anhaltende Nachricht – und wir sprechen hier von sinnvollen, kontinuierlichen Sendezeiten von mehreren tausend Jahren! Diese Vermutungen mögen der Grund dafür gewesen sein, einmal den umgekehrten Weg einzuschlagen und eine Nachricht, auch wenn wir uns zur Zeit nur eine kurze leisten können, an ETIs auszustrahlen. Eine solche erste gezielte Nachricht an ETIs in der Geschichte der Menschheit wurde am 16. November 1974 um 17.00 Uhr GMT (18.00 Uhr MEZ) abgesetzt. Für diesen Zweck wurde mit dem größten Radioteleskop der Welt, dem Arecibo-Teleskop auf Puerto Rico, auf der Frequenz 2 380 MHz die unvorstellbare Leistung von $3 \cdot 10^{10}$ Watt (30 000 Millionen Watt!) in die Richtung des großen Kugelsternhaufens Hercules, Messier 13, (einer Gruppe von etwa 300 000 Sternen im Abstand von etwa 21 000 Lichtjahren von der Erde) ausgestrahlt (*National Astronomy, Icarus* 26, 1975). Über eine Zeit von 169 Sekunden wurden 1 679 Digitalzeichen gesendet, mit denen Informationen über das Leben auf der Erde verschlüsselt waren. Da die Nachricht 21 000 Jahre braucht, um die angepeilten Sterne zu erreichen, können wir erst in frühestens 42 000 Jahren mit einer Antwort rechnen, vorausgesetzt es gibt dort

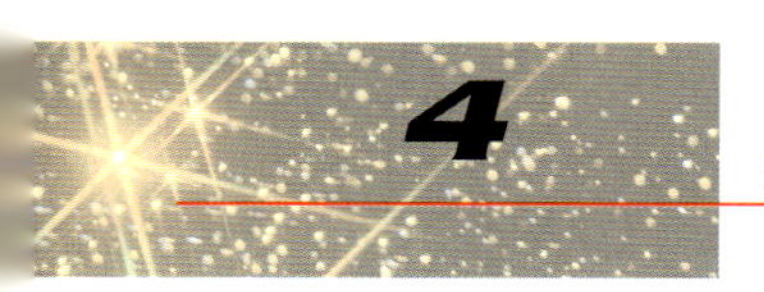

ETIs, sie hören zu und sind imstande, unsere verschlüsselte Nachricht zu entziffern.

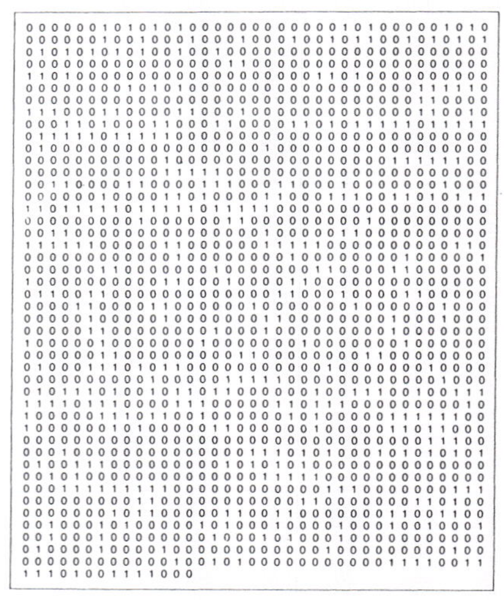

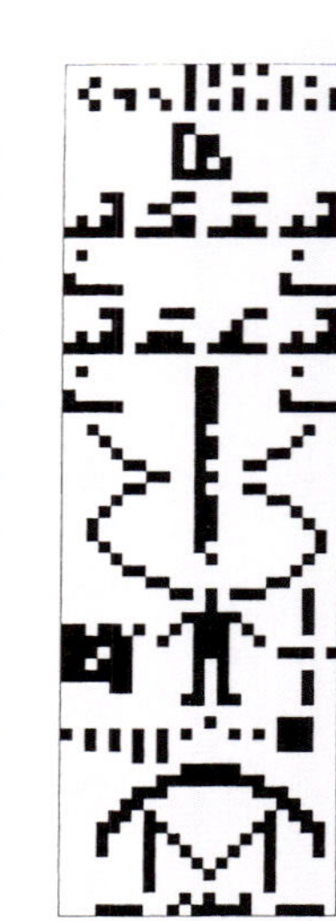

Eine verschlüsselte Nachricht wurde am 16.11.1974 in 1679 Zeichen in den Weltraum gestrahlt. Dabei wurden die Nullen und Einsen durch Umschalten zwischen zwei benachbarten Radiofrequenzen kodiert. Stellt man die Ziffern 0 und 1 als weiße und schwarze Rasterpunkte dar, so ergibt sich ein bildhaftes Muster. Die Nachricht enthält Informationen (von oben nach unten) über wichtige chemische Moleküle, lebenswichtige Proteine, die DNA, den Menschen, die Erde im Sonnensystem und das sendende Radioteleskop.

Die Ausstrahlung solcher Nachrichten ist nicht unumstritten. Es wird befürchtet, daß ETIs die empfangene Information nutzen und mit ihrer wahrscheinlich überlegenen Technik Kurs auf die Erde nehmen könnten, um die Erde samt der Menschheit in ihre Gewalt zu bringen. Diese Befürchtungen zielen in dieselbe Richtung wie die Kritik an der weltweiten Zunahme des Funkverkehrs. Diese, wenn auch weitaus schwächeren Signale, könnten ETIs einen Hinweis auf die Existenz der Menschheit geben, was, wie gesagt, nicht nur von Vorteil für uns Erdenbürger sein muß. Im Jahre 1978 zeigten Woodruff & Sullivan, daß die irdischen Rundfunksignale mit einer Arecibo-ähnlichen Antenne noch in einer Entfernung von 30 Lichtjahren empfangen werden könnten. Mit der Auswertung der Daten von 2 200 Sendern weltweit konnte er sogar rekonstruieren, was eventuelle Außerirdische von diesen Signalen lernen könnten, ohne die Inhalte selbst zu verstehen. Aus der Dopplerverschiebung und der Periodizität, verursacht durch die Erddrehung, wären alle wichtigen Größen wie Erddurchmesser, Tagesdauer und Durchmesser der Erdumlaufbahn um die Sonne ableitbar, aber auch die Temperatur auf der Erdoberfläche. Aus all diesen Daten ließe sich schließen, daß es flüssiges Wasser, also Leben und auch intelligentes Leben dort gäbe!

Die mehr generelle Überlegung, die hinter dieser Fragestellung steht, ist die: »Was sollte die Menschheit überhaupt tun, nachdem eine eindeutige Nachricht Außerirdischer empfangen wurde?« Diese würde die Frage »Sollten wir an die Zivilisation, die wir entdeckt hätten, eine ›Antwort der Erde‹ zurücksenden?« automatisch mit einschließen. Diskussionen dazu begannen bereits in den achtziger Jahren, und die Erkenntnisse sind in einer Sonderausgabe der Zeitschrift *Acta Astronautica* festgehalten worden (SETI Post-Detection Protocol, 1990). Die Diskussionen führten auch zu einem Entwurf einer »Deklaration von Prinzipien betreffend der Maßnahmen nach dem Empfang von Extraterrestrischen Intelligenzen«, der von der International Academy of Astronautics verfaßt wurde und bisher die Zustimmung von sechs internationalen Raumfahrt- und Astronomischen Institutionen erhalten hat. Damit erlangt dieser Entwurf noch keine Rechtsverbindlichkeit, ist aber ein erster Schritt dorthin. Die meisten der Prinzipien der Deklaration behandeln die Frage, wie zunächst das Wissen um die erhaltene

Nachricht und natürlich deren Inhalt zu verbreiten ist – man möchte der Menschheit diese Botschaft sozusagen möglichst schonend beibringen – und ein Prinzip befaßt sich, wie wir gleich noch sehen werden, mit der Frage, ob eine Nachricht in Antwort auf die Entdeckung gesendet werden soll.

Letztere ist die wirklich entscheidende Frage und geht Hand in Hand mit der Frage (Lemarchand, G. A. & Carter, D. E., 1994), ob wir aus freien Stücken Nachrichten ins All senden sollten, um die Aufmerksamkeit anderer Zivilisationen auf uns zu ziehen. Man könnte sich natürlich zurücklehnen und die Beantwortung der Frage bis auf den Zeitpunkt verschieben, bis eine Entdeckung tatsächlich gemacht wird. Aber wäre es nicht gut zu wissen, was im Prinzip sinnvoll wäre? Zum Beispiel bereits jetzt die Zusammensetzung der internationalen Gremien und die wesentlichen Entscheidungsabläufe festzulegen und sich Gedanken darüber zu machen, wie eine generelle Antwort der Menschheit aussehen und was sie zum Inhalt haben sollte? Man würde sich dabei nichts vergeben, denn der Entwurf der Deklaration regelt: »Kein Antwortsignal oder sonst ein Zeichen von extraterrestrischer Intelligenz sollte ausgesandt werden, solange nicht entsprechende internationale Gespräche stattgefunden haben. Die Formalitäten dieser Gespräche sollen Gegenstand gesonderter Vereinbarungen, Erklärungen oder Absprachen sein.« Es wurde vorgeschlagen (Michaud, M. A., 1992), daß bereits heute solche Vereinbarungen getroffen werden sollten, die Gespräche für einen internationalen Konsens darüber einleiten sollen, ob und wie auf eine Entdeckung reagiert werden sollte.

Selbst wenn es gelingen sollte, einen solchen Prozeß in Gang zu bringen, so sind die Fragen, die es zu entscheiden gilt, nicht ganz einfach. Neben der wichtigsten Frage, ob wir überhaupt eine Antwort senden, stände die Frage: Sollte die Antwort allgemeiner Art sein oder sollten wir, bevor wir den Inhalt festlegen, lieber auf die konkrete Nachricht warten? Was sollten wir einer anderen Zivilisation, von der wir so gut wie nichts wissen, sinnvollerweise von uns mitteilen? Sollte die Menschheit als Gesamtheit antworten oder nur die Nation, die die Nachricht empfing, oder sollten mehrere Antworten von verschiedenen Nationen oder Organisationen gegeben werden, oder, oder. Wer entscheidet letztendlich über solche Fragen? Die Fragen sind von grundlegendem philosophischem und politischem Interesse, betreffen in ihrer Konsequenz jeden Erdenbürger und sind für die Zukunft der Menschheit so bedeutsam, daß es ratsam erscheint, früh genug und nur nach ausführlichen Diskussionen ausgewogene Entscheidungen zu fällen. Das wäre sicherlich vorteilhafter, als in der Zeit der aufgewühlten Gefühle und unter dem psychologischen Druck der Erwartungen direkt nach dem Empfang vielleicht kurzsichtige und unangemessene Ent-

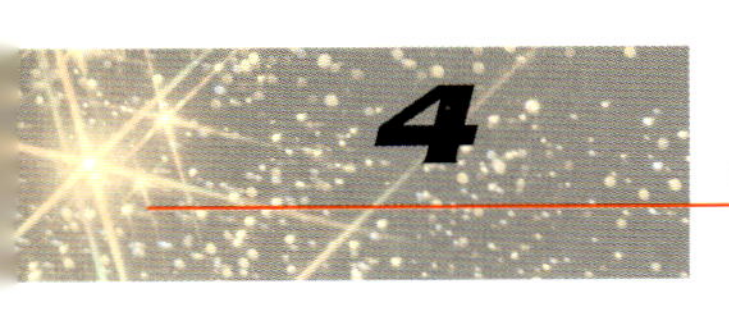

scheidungen zu fällen, die unbedachte und unumkehrbare Weichen mit womöglich katastrophalen Konsequenzen für die Zukunft der gesamten Menschheit stellen.

Offensichtlich sind die Vereinten Nationen die zuständige internationale Einrichtung zur Regelung dieser Fragen. Aber angesichts der Tatsache, daß die UN dieses Thema noch nicht in die Agenda ihrer Aufgaben aufgenommen haben, ist mit verbindlichen Resolutionen oder wenigstens einer Aufnahme entsprechender internationaler Gespräche in naher Zukunft nicht zu rechnen. Es verbleibt bei den internationalen Interessensorganisationen wie der Internationalen Akademie für Raumfahrt und dem Internationalen Institut für Weltraumrechte, diese Diskussionen am Leben zu erhalten und bei den rechtmäßigen Vertretern der Nationen Interesse dafür zu wecken, bis sich endlich die weltweite Überzeugung für eine notwendige Entscheidung durchsetzt. Solange sich aber die UN als Institution zur Regelung von Meinungsverschiedenheiten zwischen den vertretenen Nationen und nicht als Vertreter des Interesses aller Völker und damit der gesamten Menschheit sehen, steht zu befürchten, daß eine solche Überzeugung viel Zeit, wenn nicht zu viel Zeit kosten wird.

4.1.6 Irdische Boten

Bevor wir uns nun der grundsätzlichen Frage zuwenden, inwieweit die Suche nach ETIs durch Funkkontakte überhaupt sinnvoll ist, soll an dieser Stelle ein ganz anderer Versuch der Übermittlung von Nachrichten an ETIs erwähnt werden. 1972 startete die Sonde Pioneer 10 und später Pioneer 11 zur Erforschung des Jupiters. An der Außenseite dieser Sonden ist jeweils eine 15 x 22,5 cm große vergoldete Aluminiumplatte befestigt, auf der Nachrichten an ETIs über uns Menschen (Aussehen und Größe) und der Lage der Erde in unserem Sonnensystem und in der Milchstraße eingraviert sind (Sagan, C. et al., 1972). Pioneer 10 und Pioneer 11 haben ihre Mission erfolgreich beendet und unser Sonnensystem bereits verlassen (siehe die Bahnzeichnungen auf der nächsten Seite). Pioneer 10 fliegt mit ca. 2,7 AE/ Jahr in Richtung des Randes unserer Galaxis, während Pioneer 11 mit ca. 2,48 AE/ Jahr in Richtung des Sternbildes des Schützen, also etwa auf unser galaktisches Zentrum zufliegt. Am 1.1.1998 befanden sie sich

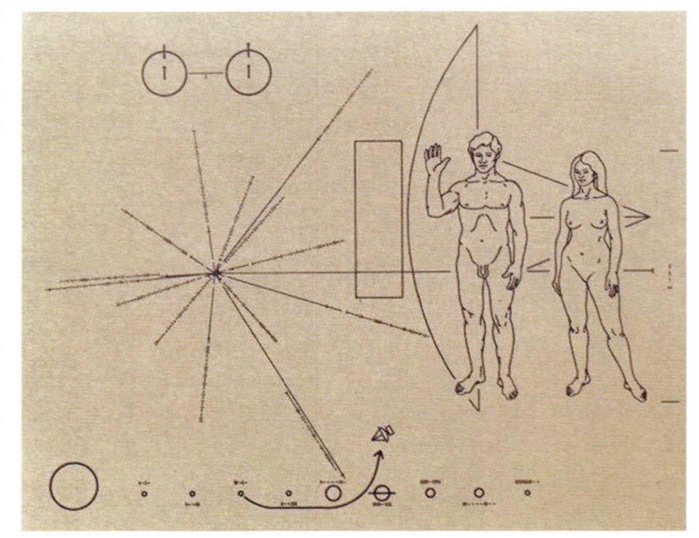

Eine Nachricht an Außerirdische, eingraviert in eine Aluminium-Platte auf Pioneer 10 und 11. Die beiden Kreise links oben stellen die Hyperfeinübergänge des Wasserstoffatoms mit einer Wellenlänge von 21 cm dar. Dies ist die Grundeinheit aller auf der Platte dargestellten Längen. In der Mitte links sieht man die Position des Sonnensystems relativ zu 14 markanten Pulsaren und dem Zentrum unserer Milchstraße, unten die Sonne mit den neun Planeten. Der Pfeil verdeutlicht den Weg der Raumsonde.

Die Schallplatte »Murmurs of Earth«, die Voyager 1 + 2 in den Weltraum getragen haben, in der früher im Handel vertriebenen Version. Die Klänge und Musikstücke zusammen mit den Bildern befinden sich heute auf einer CD-ROM, die einer Sonderausgabe des Buches von C. Sagan, F. Drake, A. Druyan, T. Ferris & L. S. Sagan (1992), Murmurs of Earth: The Voyager Interstellar Record, Commemorative Edition CD-ROM Se, Warner New Media, beigelegt ist.

69,1 AE beziehungsweise 49,6 AE von der Sonne entfernt und waren damit fast doppelt so weit entfernt wie unser äußerster Planet Pluto – die NASA erwartet, bis 1998 den Funkkontakt zu den beiden Pioneersonden aufrechterhalten zu können (Jane's Space Directory, 1996, S. 94; Cesarone, R. J., 1984). Mag das auch weit scheinen, sie sind in kosmischen Dimensionen trotzdem nur 0,001 beziehungsweise 0,00078 Lichtjahre oder 0,4 beziehungsweise 0,28 Lichttage von uns entfernt. Bis zu den nächsten Sternsystemen in etwa zehn Lichtjahren ist es also noch ein weiter Weg.

Anders als bei Pioneer befinden sich auf den später gestarteten Sonden Voyager 1 und Voyager 2 zwei Schallplatten aus Kupfer mit 30 cm Durchmesser, in deren Rillen etwa 100 Bilder der Erde, Grußworte in 55 Sprachen der Welt und verschiedene Musikstücke (unter anderem Bachs Brandenburgisches Konzert Nr. 2, Louis Armstrongs »Melancholy Blues« und Beethovens 5. Symphonie, 1. Satz) eingraviert wurden (Eberhart, J., 1977) und unter dem Titel »Murmurs of Earth« als Kopie sogar käuflich zu erwerben sind. Für denjenigen ETI, der sich vor dem Problem sähe, die Platte abzuspielen, wurde gleich ein keramischer Tonabnehmer mit Nadel beigelegt. Allein den Plattenspieler muß ETI sich noch selbst bauen. Beim Abspielen wird ETI meiner Einschätzung nach nicht nur unklar bleiben, mit welcher Geschwindigkeit die Platte abzuspielen ist (mit der vielleicht aufgedruckten Angabe »33 U/min« wird ETI kaum etwas anzufangen wissen), sondern vor allen Dingen, ob sie links- oder rechtsherum abgespielt werden muß. Ich hoffe nur, daß es eine universelle Entwicklung zu höheren Lebensformen gibt, die parallel zur Ausformung höherer Intelligenz auch das musikalisch ästhetische Empfinden verfeinert. Damit könnte ETI spätestens bei den Musikstücken eindeutig eine Entscheidung zwischen links- und rechtsherum und einer ungefähren Umdrehungsgeschwindigkeit treffen.

Voyager 1 wird im Jahre 1998 eine Entfernung zur Sonne von 70 AE (0,4 Lichttage) haben und bewegt sich mit 3,5 AE/Jahr auf

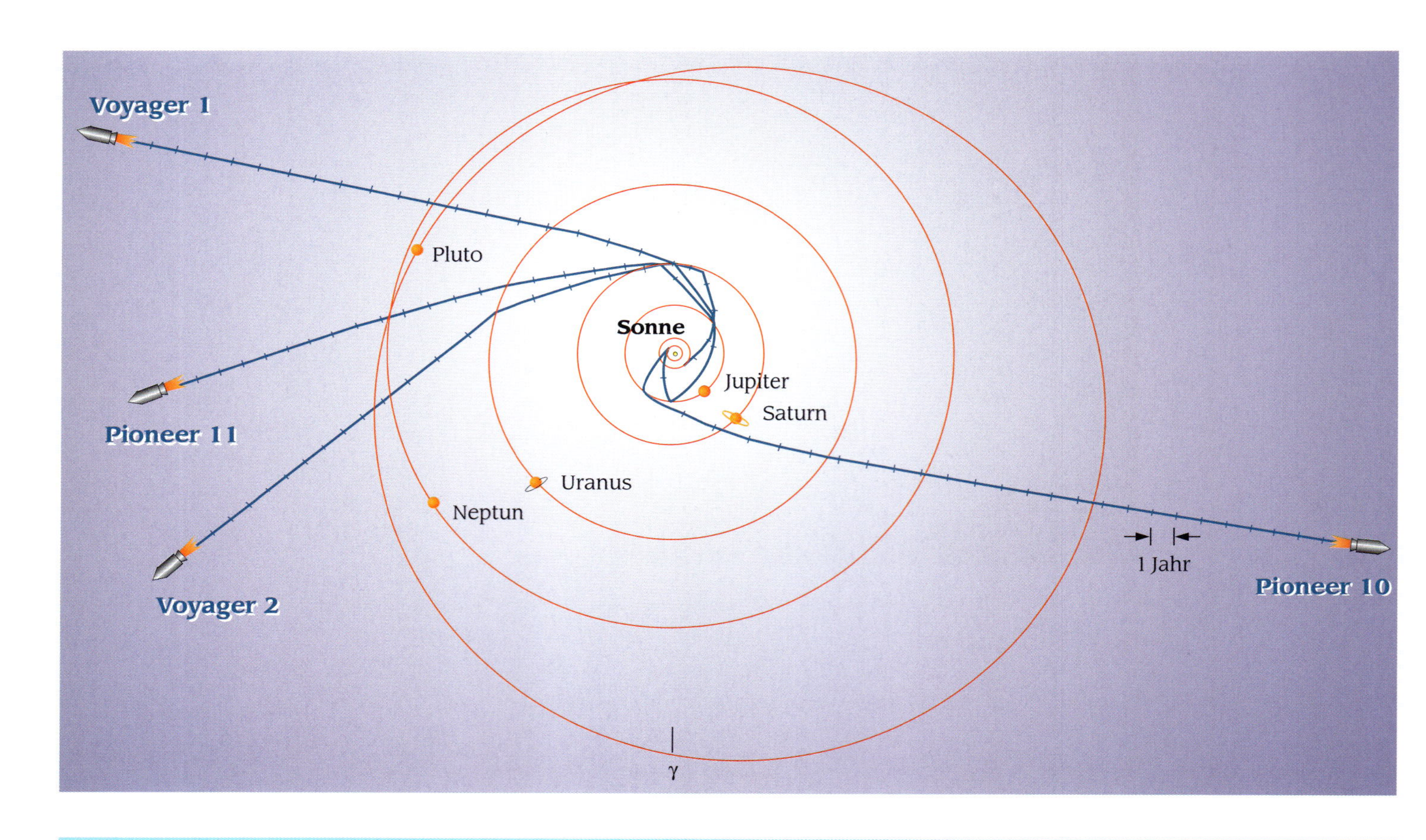

Bilder (in Reihenfolge):

Eine Zusammenstellung aller Informationen, die auf der Kupferschallplatte auf Voyager 1 + 2 gespeichert wurden. Sie beinhalten Bilder und Geräusche aus den verschiedendsten Teilen unserer Erde, Grußworte in 55 Sprachen der Völker und 27 Musikstücke aus verschiedenen Kuturzeiten und -bereichen.

Ein Eichkreis
Sonnenlageplan
Mathematische Definitionen
Definitionen physikalischer Einheiten
Parameter des Sonnensystems (2)
Die Sonne
Sonnenspektrum
Merkur
Mars
Jupiter
Erde
Ägypten, Rotes Meer, Sinai Halbinsel, Nil (aus dem All)
Chemische Definitionen
DNS-Struktur
Vergrößerte DNS-Struktur
Zellen und Zellteilung
Menschliche Anatomie (8)
Menschliche Geschlechtsorgane (Zeichnung)
Schema einer Eibefruchtung
Bild einer Eibefruchtung
Befruchtete Eizelle
Schema eines Fötus
Fötus
Schema eines Mannes und einer Frau
Geburt
Stillende Mutter
Vater und Tochter (Malaien)
Kindergruppe
Schema der Generationen einer Familie
Familienportrait
Schema der Kontinentalverschiebungen
Struktur der Erde
Heron Insel (Australien)
Meeresküste
Schlangen-Fluß und Großes Teton Gebirge (USA)
Sanddünen
Monument Valley (USA)
Blatt
Laub
Sequoia Baum
Schneeflocke
Baum mit Narzissen
Fliegendes Insekt mit Blumen
Schema der Wirbeltierentwicklung
Muschel (Xancidae)
Delphine
Fischschwarm
Baumkröte
Krokodil
Adler
Südafrikanisches Wasserloch
Jane Goodall mit Schimpansen
Skizze von Buschmännern
Jagende Buschmänner
Guatemala Mann
Balinesischer Tänzer
Mädchen aus den Anden
Thailändischer Handwerker
Elephant
Türkischer Mann mit Bart und Brille
Alter Mann mit Hund und Blumen
Bergsteiger
Cathy Rigby
Olympische Sprinter
Klassenzimmer
Kinder mit Globus
Baumwollernte
Traubenpflücker
Supermarkt

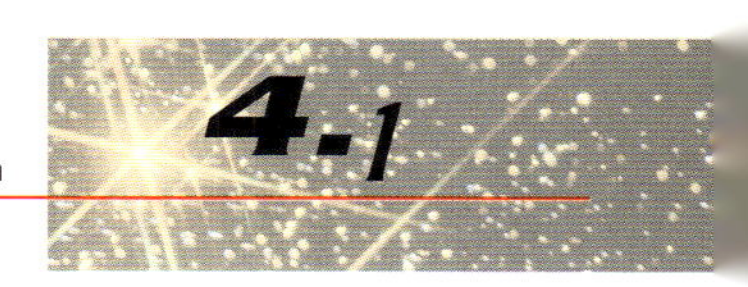

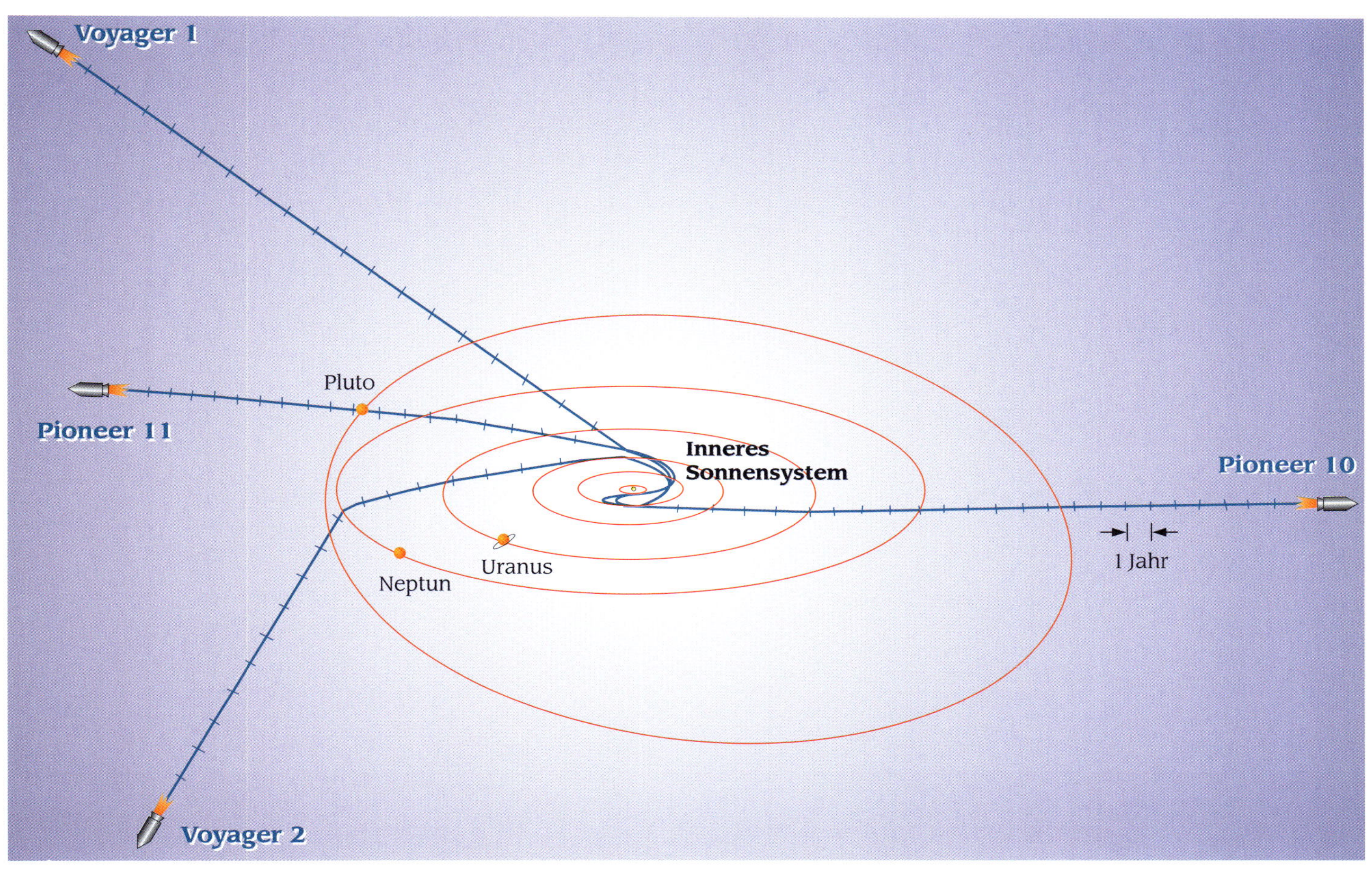

Die Flugbahnen der Pioneer- und Voyager-Sonden in der Aufsicht und einer Schrägansicht (20 Prozent) auf die Ekliptik. Die Striche auf den Bahnen markieren die Flugstrecke innerhalb eines Jahres, und die Endpunkte zeigen die Positionen der Sonden im Jahr 2000. Die Knicke in den Flugbahnen entstanden durch Swing-By-Manöver an Jupiter, Saturn und Uranus, durch die die Sonden stark genug beschleunigt wurden, um das Sonnensystem für immer verlassen zu können.

Taucher mit Fischen
Fischerboot mit Netzen
Fischzubereitung
Chinesisches Essen
Lecken, essen, trinken
Die Große Mauer von China
Bau eines afrikanischen Hauses
Bau amischer Gebäude (Mennoniten Sekte in den USA)
Afrikanisches Haus
Haus in Neuengland (USA)
Modernes Haus (Cloudcroft)
Hausinnenräume mit Künstler und offenem Kamin
Taj Mahal (Indien)
Englische Stadt (Oxford)
Amerikanische Stadt (Boston)
UN Gebäude (Tag)
UN Gebäude (Nacht)
Die Oper von Sydney
Handwerker mit Bohrer
Fabrik-Innenräume
Museum
Röntgenaufnahme einer Hand
Frau mit Mikroskop
Pakistanische Straßenszene
Indische Berufsverkehrszene
Moderne Autobahn (Ithaca/ USA)
Golden Gate Brücke (San Francisco/USA)
Zug
Flugzeug im Fluge
Flughafen (Toronto/Kanada)
Antarktische Spedition
Radioteleskop (Westerbork)
Radioteleskop (Arecibo)
Buchseite von Newtons »System der Welt«
Astronaut im Weltraum
Start einer Titan Centaur Rakete
Sonnenuntergang mit Vögeln
Streichquartett
Violine mit Partitur

Begrüßungen in verschiedenen Sprachen (alphabetisch):

Akkadian (Alte semitische Sprache)
Amoy (Min Dialekt)
Arabisch
Aramesisch
Armenisch
Bengalisch
Burmesisch
Cantonesisch (China)
Tschechisch
Holländisch
Englisch
Französisch
Deutsch
Griechisch

Gujaratisch (Indien)
Hebräisch
Hindu
Hittitisch (Kleinasien)
Ungarisch
Ila (Sambia)
Indonesisch
Italienisch
Japanisch
Kannada (Indien)
Kechua (Peru)
Koreanisch
Lateinisch
Luganda (Uganda)
Mandarin (China)
Marathi (Indien)
Nepalesisch
Ngunisch (Südostafrika)
Nyanja (Malawi)
Oriya (Indien)
Persisch
Polnisch
Portugiesisch
Panjabisch (Indien)
Rajasthanisch (Indien)
Rumänisch
Russisch
Serbisch
Sinhalesisch (Sri Lanka)
Sotho (Lesotho)
Spanisch
Sumerisch
Schwedisch
Telugu (Indien)
Thai
Türkisch
Ukrainisch
Urdu (Pakistan)
Vietnamesisch
Walisisch
Wu (Shanghai Dialekt)

Stimmen der Erde (in Reihenfolge):

Walgesang
Sphärenklänge (Tonhöhe entspricht der Bahngeschwindigkeit der Planeten)
Vulkane
Schlammblubbern
Regen
Brandungsrauschen
Grillenzirpen
Vogelgezwitscher
Hyänen
Elefant
Schimpanse
Wildhund
Fußschritte und Herzklopfen
Gelächter
Feuer
Werkzeug
Haushund
Schafherde
Schmiede
Säge
Nietpistole
Morsekode
Schiffe
Pferdekarren
Pferdewagen
Zugpfeife
Traktor
Lastwagen
Autogetriebe
Start einer Saturn-V-Rakete
Kuß
Baby
Lebenszeichen: EEG, EKG
Pulsar

Musik (in Reihenfolge):

Bach: Brandenburgisches Konzert Nr. 1, 1. Satz
Java: Indonesisches Schlagorchester - »Blumenarten«
Senegal: Schlagzeug
Zaire: »Pygmäische Mädchen«, Einleitungsstück
Australien: Blasinstrument und Totemgesang
Mexiko: Mariachi - »El Cascabel«
Chuck Berry: »Johnny B. Goode«
Neuguinea: Männerhaus
Japan: Shekuhachi (Flöte) - »Kraniche in ihren Nestern«
Bach: Partita Nr. 3 für Violine
Mozart: »Königin der Nacht«
Georgien (GUS): Volksgesang - »Chakrulo«
Peru: Panflöten
Louis Armstrong: »Melancholy Blues«
Aserbaidshan: Zwei Flöten
Stravinsky: »Frühlings-Zeremonie«, Schluß
Bach: Preludium und Fuge Nr. 1 in C-Dur
Beethoven: 5. Symphonie, 1. Satz
Bulgarien: Lied der Schäferinnen »Izlel Delyo hajdutin«
Navajo Indianer: Nachtgesang
England 15. Jahrhundert: »Das Karussell«
Melanesien: Panflöten
Peru: Hochzeitsgesang der Frauen
China: Ch'in (Zither) - »Dahinziehende Flüsse«
Indien: Raga - »Jaat Kahan Ho«
Blind Willie Johnson: »Dark was the Night«
Beethoven: Streichquartett Nr. 13 »Cavatina«

den Stern AC+793888 im Sternbild der Giraffe zu, den sie in etwa 40 000 Jahren im Abstand von 1,65 Lichtjahren streifen wird. Etwa zur gleichen Zeit wird Voyager 2 im Abstand von 1,25 Lichtjahren am Stern Ross 248 und in 358 000 Jahren im Abstand von nur 0,8 Lichtjahren am Stern Sirius, dem hellsten Stern unseres Nachthimmels, vorbeifliegen (Jane's Space Directory, 1996; Mallove, E. F. & Matlof, G. L., 1989).

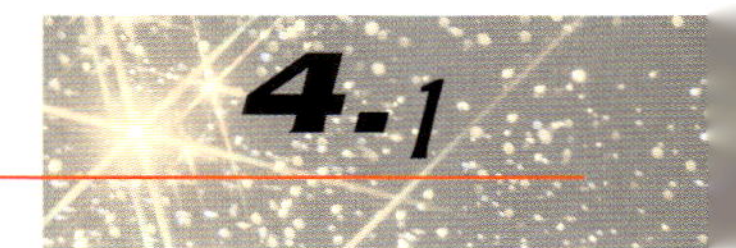

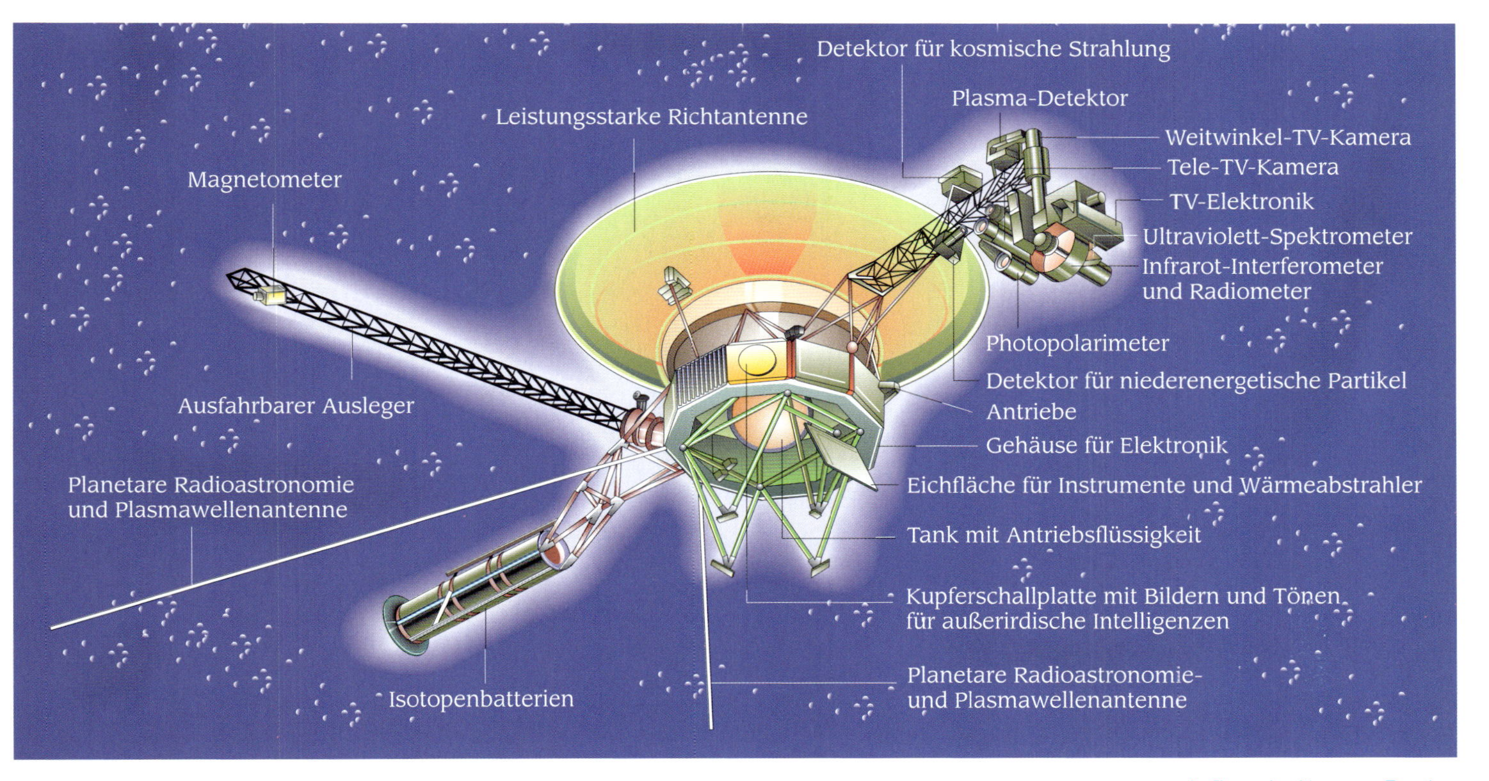

Aufbau der Voyager-Sonde. Die Sonden Voyager 1 + 2 waren die ersten Sonden, die detaillierte und spektakuläre Bilder von Jupiter (1979), Saturn (1981), Uranus (1986) und Neptun (1989) zur Erde lieferten. Darüber hinaus waren die Sonden mit verschiedenen Meßgeräten ausgestattet, um andere Eigenschaften der äußeren Planeten zu messen. Sie haben inzwischen unser Sonnensystem verlassen und fliegen ausgestattet mit Informationen über unsere Zivilisation eingraviert in Aluminiumplatten in die Tiefe unserer Milchstraße.

4.1.7 SETI auf den Zahn gefühlt

Zurück zu den Funkempfangsversuchen. An solchen Versuchen der Kontaktaufnahme hat es bisher also nicht gefehlt. Es fragt sich nur, ob solche Versuche überhaupt sinnvoll sind. Also ob unter den gegebenen oder möglichen technischen Randbedingungen Kommunikation über interstellare oder gar intergalaktische Entfernungen hinweg durchführbar ist oder in Zukunft wenigstens sein könnte. Entscheidend dafür ist, ob sich das Signal beim Empfang aus dem kosmischen Hintergrundrauschen heraushebt. Weil die Signalstärke aber mit dem Quadrat der Entfernung abnimmt[1], braucht man extrem zunehmende Sendeleistungen, um immer weiter ins Universum hineinzustrahlen. Um genau zu sein: Ist P_{eff} die senderseitig abgestrahlte effektive isotrope Leistung und ist D der Durchmesser der Empfangsschüssel, ist weiterhin B die empfängerseitig akzeptierte Bandbreite bei einer Empfangszeit t und S/N das Verhältnis von Empfangssignal zum Hintergrundrauschen bei einer Systemrauschtemperatur von T Kelvin, dann beträgt die maximale Übertragungsentfernung R:

$$R^2 = \frac{D \cdot P_{eff}}{4k_B T} \sqrt{\frac{t}{B \cdot S/N}}$$

[1] Dies muß in unserer dreidimensionalen Welt so sein, weil die Oberfläche einer auslaufenden Funkkugelwelle mit dem Quadrat der Entfernung, $O = 4\pi R^2$, zunimmt. Da aber die Gesamtstrahlungsmenge auf dieser sich ausbreitenden Kugeloberfläche immer konstant bleiben muß (= abgestrahlte Leistung), nimmt die Signalstärke mit der Entfernung quadratisch ab. Für eine Verdoppelung der Reichweite braucht man also eine Vervierfachung der Sendeleistung.

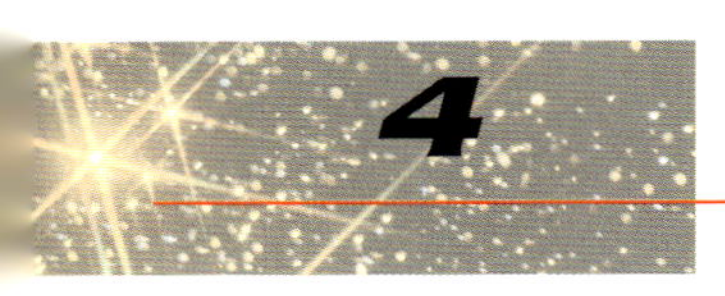

Ein Rechenbeispiel: Mit der besten heute einsetzbaren Technik, also bei einer Abstrahlung von 10 000 Megawatt bei 1400 MHz einerseits und bei Benutzung eines Empfangsspiegels mit 300 m Durchmesser (entspricht Arecibo), einer Empfangselektronik von nur 0,1 Hz Bandbreite und einem Zeit-Bandbreiten-Produkt B·t = 1 bei 20 K Systemrauschtemperatur andererseits, könnte ein Signal gerade noch über 74 Lichtjahre[2] also knapp 100 Lichtjahre Entfernung übertragen werden[3], vorausgesetzt, die Abstrahlung erfolgte genau in die Richtung des Sternes, wo sich auf einem umlaufenden Planeten zufälligerweise ETI befindet und vorausgesetzt, ETI verfügt über eine entsprechend hochentwickelte Empfangstechnik und hört gerade auf eben genau der gesendeten Frequenz zu und nicht 0,1 Hz – ETI muß also zufälligerweise auf diese Frequenz mit einer Genauigkeit von 10^{-12} (!) abgestimmt sein – darüber oder darunter zu. Im Abstand von zehn Lichtjahren befinden sich aber gerade erst einmal die nächsten Sternensysteme. Und was sind 100 Lichtjahre im Vergleich zum Durchmesser unserer Milchstraße: 100 000 Lichtjahre! Im Umfeld von 100 Lichtjahren um die Erde befindet sich nur der einmillionste Teil aller ETIs, die es in unserer Milchstraße vielleicht gibt, und das, wo es doch nach unserer bisherigen Einsicht, wenn überhaupt, höchstens eine Handvoll ETIs in unserer Milchstraße gibt.

[2] Das bedeutet, daß die Arecibo-Nachricht vom November 1974 im 25 000 Lichtjahre entfernten Messier 13 Cluster im Prinzip gar nicht empfangen werden kann!

[3] Zum Vergleich: Das entspricht der Sichtbarkeit des Leuchtens eines Glühwürmchens auf einer Entfernung von der Erde bis zur Sonne!

Wie dieses Rechenbeispiel zeigt, nützt es auch nicht viel, für eine größere Reichweite nur die Technik zu verbessern. Eine größere Sendeschüssel bedeutet gleichzeitig eine Einengung des Raumwinkelbereichs, in dem das Signal empfangen werden kann. Das bestrahlte Raumvolumen (Raumwinkel mal Tiefe), also die Anzahl der ETIs, die empfangen können, bleibt nahezu konstant. Eine bessere Empfangselektronik mit, sagen wir, zehnfach schmalerer Bandbreite verringert zwar das Rauschen um den Faktor zehn, aber die Anzahl der abzutastenden Frequenzen erhöht sich analog um diesen Faktor zehn. Eine Bandbreite von weniger als 0,1 Hertz (abgekürzt Hz) wäre sowieso sinnlos, weil die natürliche interstellare Dispersion durch die intergalaktischen freien Elektronen, also die Verbreiterung des Signals durch die Wechselwirkung mit ihnen, von der Größenordnung von 0,1 Hz ist. Außerdem scheint es zweifelhaft, ob ETIs mit solch einer geringen Bandbreite senden würden, denn geringe Bandbreite bedeutet zugleich auch eine geringe Informationsrate. Mit einer Bandbreite von 10 Hz ließen sich etwa nur 10 Bit/s übertragen und mit der in unserem Beispiel angenommenen extrem geringen Bandbreite von 0,1 Hz, vergleichbar mit den 0,05 Hz des META-Projekts, lediglich etwa ein Bit pro zehn Sekunden. Um nur einen einzigen Buchstaben zu übertragen, bräuchte man so 80 Sekunden – länger als eine Minute! Mit geringeren Sendebandbreiten kann man zwar tiefer ins All vordringen, allerdings ohne ein vernünftiges Maß an Informationen übermitteln zu können.

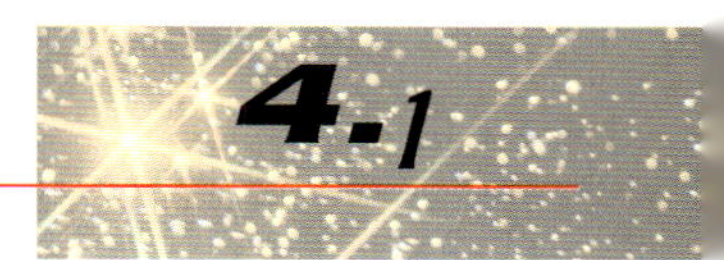

Fazit: Auf die Dauer hilft nur Power! Aber die erzielte Reichweite nimmt gemäß des Energieerhaltungssatzes leider nur mit der Wurzel aus der abgestrahlten Leistung zu. Wieviel Power brauchte man, um eine Nachricht bis zum Rand unserer Milchstraße zu schicken? Die Antwort: Etwa 10^{17} Watt und etwa 10^{26} Watt für die nächste besiedelte Galaxie in etwa zehn Millionen Lichtjahren Abstand. Das sind Werte, die sich nicht mehr so einfach begreifen lassen. Tatsächlich sind sie enorm. Ein Vergleich: Der Verbrauch an elektrischer Energie der gesamten irdischen Zivilisation beträgt gegenwärtig etwa 10^{13} Watt. Um ein ETI am Rande unserer Milchstraße zu erreichen, bräuchte man einen Sender, der 10 000mal mehr Strom verbraucht als alle Staaten auf der Erde zusammengenommen. Und das nicht nur über wenige Sekunden oder Stunden. Wir müßten nach kosmischen Zeitmaßstäben stetig und immer über mehrere zigtausend Jahre senden, bis eine ETI zufälligerweise unsere abgestrahlte Frequenz trifft. Hinzu kommt, daß man mit einer Sendeantenne immer nur einen ganz kleinen Raumwinkelbereich ausleuchtet. Wollten wir sichergehen und alle nur möglichen ETIs in näherer Umgebung erreichen, müßten wir in alle Richtungen unserer Galaxis gleichzeitig ausstrahlen und brauchten viele Millionen solcher Sender. Es ist offensichtlich, daß wir für ein solches Projekt nicht nur wesentlich weiter entwickelte Techniken benötigen, sondern auch fundamental andere Energiequellen.

Dem steht im Prinzip nichts entgegen. Eine Klassifizierung der Zivilisationen nach den Energiemengen, die sie sich nutzbar machen können, geht auf N. S. Kardashev (1964) zurück. Er unterscheidet zwischen

- *Typ-I-Zivilisationen*, die sich die Energiemenge ungefähr des gesamten Energieverbrauchs der Erde von $4 \cdot 10^{12}$ Watt für Funkzwecke nutzbar machen können, und damit die gesamte Umgebung von etwa 1 000 Lichtjahren erreichen;
- *Typ-II-Zivilisationen*, die sich die gesamte abgestrahlte Energie ihres eigenen Sternes, etwa $4 \cdot 10^{26}$ Watt, dafür nutzbar machen und so ihre eigene Galaxie funkmäßig ausstrahlen können und bei gezielter Telegraphie die näheren Galaxien in einigen Millionen Lichtjahren erreichen und schließlich
- *Typ-III-Zivilisationen*, die sich die gesamte Energieleistung aller Sterne ihrer Galaxie, etwa $4 \cdot 10^{37}$ Watt, zu Nutze machen und so mit allen Zivilisationen in unserem Universum kommunizieren können.

Ist es schon schwierig sich vorzustellen, wie Typ-I-Zivilisationen, von deren technischen Möglichkeiten unsere Menschheit noch weit entfernt ist, $4 \cdot 10^{12}$ Watt für Funkzwecke bändigen können, so scheint uns heute die Entwicklung zu Typ-II- oder gar Typ-III-Zivilisationen un-

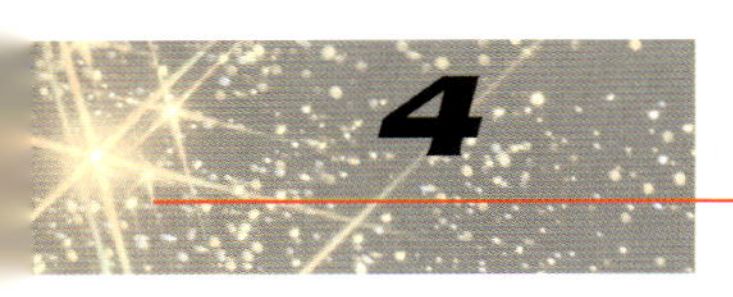

erreichbar. Kardashev machte aber darauf aufmerksam, daß, wenn die Technologie weiter so fortschreite wie bisher und die jährliche Leistungsaufnahme nur um ein Prozent pro Jahr zunähme, dann in 3 200 Jahren die gesamte abgestrahlte Leistung der Sonne erreicht wäre und in 5 800 Jahren die von unserer gesamten Galaxie emittierte.

Nehmen wir also vorübergehend einmal an, in ferner Zukunft könnten wir mit nahezu unerschöpflichen Energiequellen bis in die entlegendsten Bereiche unserer Galaxis Nachrichten aussenden, und ein ETI in einem relativ geringen Abstand von etwa 10 000 Lichtjahren von der Erde würde dieses Lebenszeichen von uns empfangen. Nehmen wir weiter zu unserem und deren Vorteil an, das ETI verfügte ebenfalls über die Technik und Energiequellen, uns eine Antwort zurückzusenden: »Wir haben Euch empfangen. Schön, daß es Euch gibt. Uns geht es gut, wie geht es Euch?« Nun, wie geht es uns, wenn diese Antwort uns nach 20 000 Jahren wieder erreicht? Werden wir dieses Signal zufälligerweise aus dem ganzen kosmischen Frequenzgewirr erhaschen? Und wenn ja, werden wir deren Nachricht entschlüsseln können? Und, falls auch dies zuträfe, wird es überhaupt noch Menschen geben, die wissen, daß wir damals vor 20 000 Jahren ein Signal als Lebenszeichen ausgesandt haben? Wird es uns Menschen überhaupt noch geben oder wird ein riesiger Meteorit wie Shoemaker-Levy 9, der im Juli 1994 in den Jupiter einschlug und eine Größe besaß wie der, der vor 65 Millionen Jahren die Dinosaurier ausrottete, bis dahin vielleicht die Menschheit vernichtet haben? Oder haben wir uns in den 20 000 Jahren bereits selbst ausgelöscht mit unserer tausendfachen nuklearen *Overkill*-Kapazität?

Aber selbst wenn es uns noch gäbe und wir sogar noch von unserer ausgesandten Nachricht und deren Wortlaut wüßten; eine Antwort erst nach 20 000 Jahren! Läßt sich so Konversation treiben? Und in Anbetracht dessen, daß es in unserer Milchstraße wahrscheinlich keine weiteren ETIs gibt, sondern lediglich irgendwo weit draußen auf einer fernen Galaxie in vielleicht zehn Millionen Lichtjahren Abstand, müßten wir auf deren Antworten 20 Millionen Jahre warten, 20mal solange wie die Entwicklungszeit zum Homo sapiens gedauert hat – abgesehen von den 10^{26} Watt, die uns als Energiequelle zur Ver-

Einschläge von Fragmenten von Shoemaker-Levy 9 auf Jupiter im Juli 1994. Erkennbar sind acht Einschläge als dunkle Punkte auf der nördlichen Hemisphäre. Von links nach rechts: Der E/F-Komplex (kaum sichtbar am Rande des Planeten), der sternenförmige Einschlagsort H, die Einschlagsstellen der sehr kleinen N- und Q1-, der kleinen Q2- und R-Fragmente und am rechten Rand der D/G-Komplex

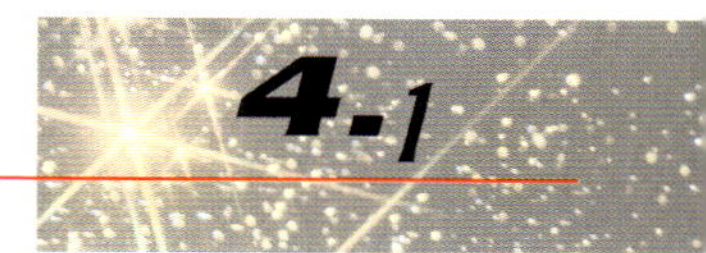

fügung stehen müßten, also zehn Millionen Millionen mal unser jetziger Weltstromverbrauch – eine Menge, die uns wahrscheinlich nie zur Verfügung stehen wird, geschweige denn in Sendeleistung umzusetzen ist.

Weil aber Typ-II- und Typ-III-Zivilisationen wahrscheinlich recht rar sind, wenn überhaupt möglich, ist es auch umgekehrt sehr unwahrscheinlich, daß wir je ein ETI-Signal von anderen Galaxien empfangen werden, obwohl es dort wahrscheinlich welche gibt. Selbst wenn es viele ETIs in unserer Galaxie gäbe, wären alle bisherigen SETI-Projekte kaum in der Lage, Signale von ihnen zu empfangen. Denn der SETI-Empfangsbereich beträgt, wie gesagt, nur höchstens 1 000 Lichtjahre um die Erde. Sollte SETI innerhalb dieser Reichweite eine sendende ETI-Zivilisation finden, dann müßte es in unserer gesamten Galaxis etwa 10^{12} ETI-Sendejahre geben, also eine Million ETIs, die je eine Million Jahre lang senden, oder 100 Millionen ETIs, die 10 000 Jahre lang senden, oder beliebige andere Kombinationen (Singer, C., 1995). Das klingt nach allen unseren bisherigen Abschätzungen recht unwahrscheinlich.

Sehen wir den Realitäten also ins Auge. Wir werden wahrscheinlich über direkte Funkwellen nie von der Existenz von ETIs erfahren, selbst wenn es sie irgendwo da draußen geben sollte! Von einer Art Konversation gar nicht zu reden.

An dieser Stelle möchte ich jedoch eine etwas andere Art des Funkkontakts schildern, auf den erstmals Ronald N. Bracewell in seinem Artikel aus dem Jahre 1960 aufmerksam machte: Wenn ein Funksignal von Sternensystem zu Sternensystemen so ungeheuere Energiemengen erfordert und es andererseits unmöglich ist, mit Raumschiffen jeden einzelnen Planeten auf eventuelles Leben hin abzuklappern, sollte man dann nicht in jeweils ein Sternensystem Raumsonden aussenden, sie dort in eine Sternenumlaufbahn schicken und von dort aus Funksignale zu den nahe benachbarten Planeten senden, so wie es heute schon unsere interplanetaren Sonden machen? So könnten wir wenigstens ein Lebenszeichen von uns geben, ohne jedoch kommunizieren zu können (was ohnehin nicht praktikabel ist, wie wir wissen). Und ich möchte hinzufügen: Zudem könnten wir diese unbemannten Raumsonden mit Panspermien unserer Erde bestücken und so die Existenz irdischen Lebens, vielleicht sogar das der Menschheit in unserer Milchstraße sichern, selbst wenn es uns nicht mehr auf der Erde gäbe!

Diese ganz andere Idee von Bracewell bringt uns zur nächsten und vielleicht interessantesten Frage überhaupt: Werden wir vielleicht durch interstellare Reisen mit ETIs in Kontakt treten können?

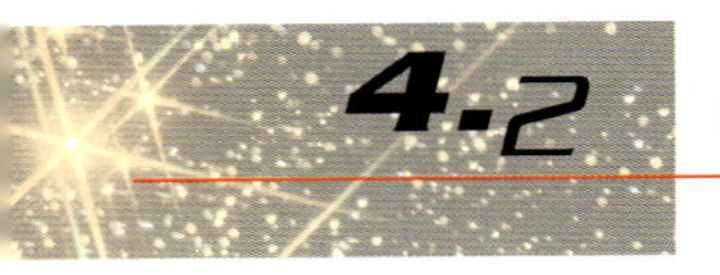

4.2 Interstellare Reisen

Es geht hier weniger darum, wie Reisen zu anderen Sternen und vielleicht zu ETIs im Detail aussehen, sondern ob es wissenschaftlich-technisch gesehen im Prinzip möglich wäre, solche Reisen, unbemannte oder besser noch bemannte, zu unternehmen. Es handelt sich also um Machbarkeitsüberlegungen, bevor man sich später einmal Gedanken über die Details und Konsequenzen von Kontaktreisen oder Auswanderungen zu anderen Planeten für das Überleben der Menschheit in unserer Galaxie macht.

4.2.1 Sind Zeitreisen möglich?

Die Antwort auf diese oft gestellte Frage lautet: »Ja, aber nicht die, die wir uns idealerweise wünschen.« Denn nur solche Zeitreisen, sogenannte relativistische Zeitreisen, werden im Prinzip möglich sein, bei denen der Reisende, der sehr lange mit nahezu Lichtgeschwindigkeit fliegt oder stark gekrümmte Raumbereiche unseres Universums besucht, eine wesentlich kürzere Reisezeit erlebt, als die, die ein Außenstehender mißt, also zum Beispiel ein auf der Erde zurückgebliebener Mensch.

Ein Beispiel, das im Prinzip so passieren könnte[4]: Nehmen wir an, zwei Zwillingsbrüder gehen im Alter von 20 Jahren unterschiedliche Lebenswege. Der eine wird Astronaut und beschließt, zu einem anderen Stern zu fliegen, um für die Menschheit nach bewohnbaren Planeten zu suchen. Sein Bruder hingegen bleibt auf der Erde und versichert, ihn nach seiner Rückkehr wieder zu empfangen. Der Astronaut besteigt also als Commander mit mehreren Gleichgesinnten sein Raumschiff und wird fünf Jahre lang mit 1 g (1 g ist die übliche Erdanziehungskraft) beschleunigt. Der Triebwerksschub soll also gerade so gewählt sein, daß die Beschleunigungskraft genauso groß ist wie die Schwerkraft auf der Erde. (Das hat den Vorteil, daß die Astronauten im Raumschiff wie auf der Erde leben könnten und sie nicht der hinderlichen, muskel- und knochenabbauenden Schwerelosigkeit wie derzeit auf dem Shuttle ausgesetzt wären). Nach diesen fünf Jahren hat das Raumschiff eine Geschwindigkeit von genau 99,99 Prozent der Lichtgeschwindigkeit erreicht. Danach bremst das Raumschiff mit 1 g wieder auf intragalaktische Geschwindigkeiten ab und die Astronauten erreichten nach wiederum fünf Jahren einen nach ihrer Zeitrechnung zehn Lichtjahre entfernten Stern. Die Astronomen auf der Erde sehen das etwas anders.

[4] Diejenigen, die es ganz genau wissen wollen und sich dazu für die theoretischen Grundlagen interessieren, sollten sich folgende Bücher beziehungsweise Artikel ansehen: Sagan, C. 1963; Hoerner, S. von, 1962; Mallove, E. F. 1989 und Davis, P. 1995.

In ihren Katalogen ist die Entfernung des Sternes mit 137 Lichtjahren angegeben, und das ist seine wahre Entfernung von der Erde. Nachdem die Astronauten sich dort nach einem lebenswerten Planeten umgesehen haben, geht es wieder zurück zur Erde und zwar wieder fünf Jahre lang mit einer Beschleunigung von 1 g auf 99,99 Prozent Lichtgeschwindigkeit und eine fünf Jahre dauernde Abbremsung zur Erde. Gemäß der gültigen Relativitätstheorie Einsteins wären die Astronauten nach ihrer eigenen Zeitrechnung 20 Jahre lang unterwegs, der Commander wäre nach der Reise also 40 Jahre alt, sie hätten aber dabei eine Strecke von 274 Lichtjahren zurückgelegt! In den Augen mancher Astronomen entspricht das ungefähr der mittleren Entfernung zur nächsten ETI! Und wen träfe unser Astronaut bei der Rückkehr auf der Erde an? Jedenfalls nicht mehr seinen Bruder oder überhaupt einen Menschen seiner Generation, denn diese wären bereits lange verstorben; für die Daheimgebliebenen hätte die Reise der Astronauten eben diese 274 Jahre gedauert. Die Astronauten hingegen wären nur 20 Jahre älter geworden!

Noch unglaublicher werden die Verhältnisse, wenn die Astronauten nicht zur Erde zurückkehrten, sondern auf einem lebenswerten Planeten für immer blieben. Nach einer Flugzeit von 15 Jahren (7,5 Jahre Beschleunigung auf 99,99992 Prozent Lichtgeschwindigkeit, 7,5 Jahre Abbremsung) hätten sie bereits eine Strecke von 1560 Lichtjahren zurückgelegt und nach 25 Jahren (99,99999998 Prozent Lichtgeschwindigkeit) hätten sie unsere gesamte Milchstraße von 100 000 Lichtjahren durchquert! Unser Commander wäre nach der vollständigen Durchquerung der Milchstraße nur 45 Jahre alt!

Diese Zahlenbeispiele zeigen neben der Zeitschrumpfung für interstellar Reisende sehr schön, daß Geschwindigkeiten jenseits der Lichtgeschwindigkeit nie realisierbar sind. Egal wie lange und wie stark man ein Raumschiff beschleunigt, man kann sich immer nur der Lichtgeschwindigkeit auf Bruchteile annähern, aber nie exakt mit Lichtgeschwindigkeit fliegen oder gar die Lichtgeschwindigkeit überschreiten. Selbst die gesamten Energien unseres Universums würden hierzu nicht ausreichen. Das Reisen mit Lichtgeschwindigkeit oder mit Überlichtgeschwindigkeit ist nach den in unserem Kosmos gültigen Gesetzen nicht möglich.

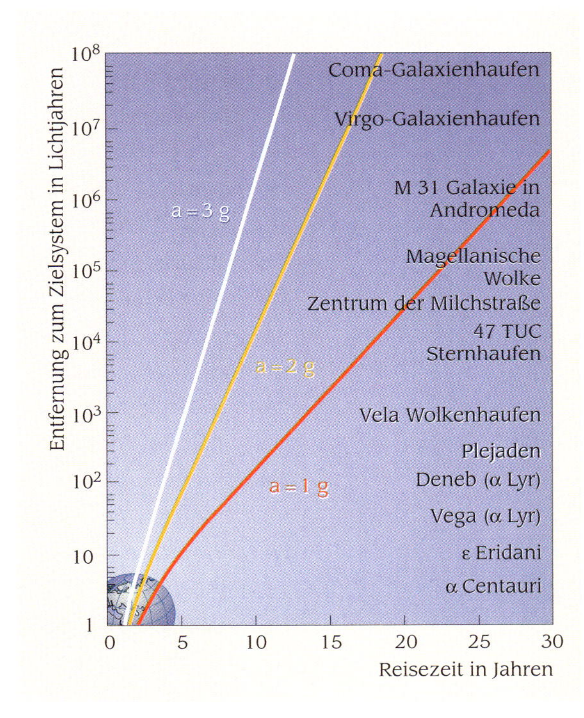

Reisezeit eines Raumschiffes zu unterschiedlich weit entfernten Zielen. Die Reisezeiten werden um so kürzer, je höher die Antriebsbeschleunigungen a (a in Einheiten der Erdbeschleunigung g) beim Abflug von der Erde und die identischen Abbremsungsbeschleunigungen beim Anflug auf die Ziele sind.

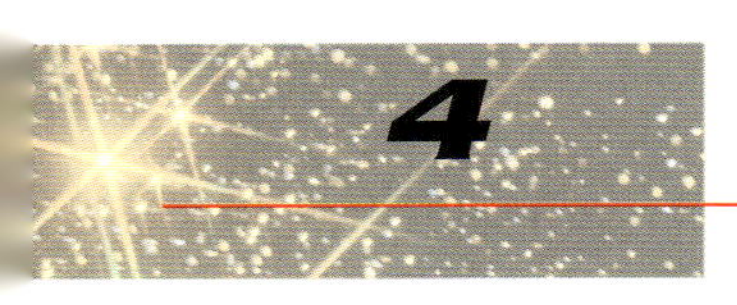

Weil die Geschichte unserer Zwillinge so unglaublich klingt, aber nach allem, was wir nach Einstein wissen, genau so passieren kann, ist diese Art von Zeitreisen auch als Zwillingsparadox bekannt. Die scheinbare Paradoxie löst sich auf, wenn man akzeptiert, daß es kein universelles Zeitmaß gibt. Nur die sogenannte Eigenzeit, also das Vergehen der Zeit für einen selbst, ist immer gleich; für die Astronauten verginge die Zeit im Raumschiff genauso schnell oder so langsam wie auf der Erde. Ein Außenstehendender sieht die Zeit der Astronauten jedoch viel schneller verstreichen als die Astronauten selbst. Es ist aber nicht so, daß nur die Uhren anders, vielleicht sogar falsch gehen. Nein, die Relativitätstheorie sagt, die Zeit selbst geht anders, der Commander bleibt wie seine Mitreisenden biologisch jünger als sein Bruder, der bei der Rückkehr bereits lange verstorben ist.

So phantastisch sich diese Geschichten auch anhören, sie lassen sich nicht nur theoretisch beweisen, sondern man hat solche Zeitverschiebungen sogar genauestens messen und somit experimentell bestätigen können. Da sind zum einen die in der Kernphysik gebräuchlichen Elementarteilchenbeschleuniger. Sie beschleunigen spezielle geladene Elementarteilchen im Kreise bis nahe Lichtgeschwindigkeit. Die kreisenden Elementarteilchen könnte man dabei als Astronauten auf ihrem nahezu lichtschnellen Flug durchs All ansehen. Als Uhr der Elementarteilchen benutzt man deren, durch ihren radioaktiven Zerfall hervorgerufene kurze Lebenszeit. Nehmen wir an, ein Elementarteilchen mit einer mittleren Lebensdauer von einer Millisekunde flöge in einem solchen Beschleuniger mit einem Umfang von 1 km Länge fast mit Lichtgeschwindigkeit. Der Experimentator sollte unter diesen Bedingungen das Elementarteilchen eigentlich nach 300 Umläufen plötzlich verschwinden sehen, weil es durch seinen Zerfall sein Leben aushaucht. Dies ist aber nicht der Fall. Weil das Teilchen fast mit Lichtgeschwindigkeit fliegt und seine Zeit daher langsamer vergeht als die Zeit im ruhenden Labor mitsamt dessen Experimentator, durchfliegt es wesentlich mehr Umläufe: 500, 1 000, 10 000, im Prinzip beliebig viele, wenn man das Teilchen nur immer näher an die Lichtgeschwindigkeit heranbringt. Die größte europäische Beschleunigeranlage, bestehend aus mehreren Beschleunigerringen, steht in Genf. Der größte davon hat einen Umfang von etwa 27 km. Hier im sogenannten CERN-Laboratorium fand Anfang 1977 ein Test statt. Ein Strahl aus Elementarteilchen, die besonders oft in Atomkernen vorkommen, sogenannte Myonen, wurde erzeugt, auf nahe Lichtgeschwindigkeit gebracht und deren mittlere Lebensdauer in Abhängigkeit der Geschwindigkeit gemessen. Sie stimmte auf 0,2 Prozent genau mit der Vorhersage der speziellen Relativitätstheorie überein.

Der für unsere Überlegungen vielleicht schönste Beweis für die Zeitschrumpfung eines Astronauten wurde auf der ersten bemannten Deutschen Raumfahrtmission D1 im Dezember 1985 geliefert. Auf dieser Shuttle-Mission wurden zwei hoch genau gehende Atomuhren eingesetzt. Die eine flog im Shuttle mit, während die andere, identische Uhr auf der Erde verblieb. Zum Start wurden beide auf Null gesetzt und ihre Zeiten nach dem Flug miteinander verglichen. Das war alles. Die Shuttle-Geschwindigkeit beträgt mit durchschnittlich 28 000 km/h zwar nur 1/40 000 der Lichtgeschwindigkeit, aber das reicht, um die daraus resultierende sehr geringe Zeitverschiebung mit Atomuhren messen zu können. Und tatsächlich wurde ein Gangunterschied festgestellt, der im Vergleich zur Vorhersage von Einsteins Relativitätstheorie[5]

[5] Wie Einstein später in seiner allgemeinen Relativitätstheorie selbst feststellte, gibt es neben der Fluggeschwindigkeit noch einen entgegengesetzten zweiten Beitrag zur Zeitdehnung: einen Gravitationsbeitrag. Ein Astronaut, der das Schwerefeld der Erde verläßt, wird geringfügig älter als die Erdbewohner. Für einen zehntägigen Shuttleflug beträgt er aber nur 11 Prozent des Geschwindigkeitsbeitrags. Für die genaue Vorhersage wurde er natürlich mit berücksichtigt.

D1-Mission:	–(254,02 ± 0,30) µsec
Einstein:	–254,08 µsec

betrug, wobei das Minuszeichen die erwartete Zeitverkürzung für das Shuttle bedeutet. Innerhalb des Meßfehlers stimmt also die Messung exzellent mit der Vorhersage überein. Es gibt mithin nicht den geringsten Zweifel, daß Einstein recht hat! Raumflüge, selbst Shuttleflüge, machen jünger!

Der zentrale Punkt des Verständnisses ist also, daß die Raumfahrerzeit für Erdlinge langsamer vergeht als die eigene Erdlingszeit und das um so mehr, je näher das Raumschiff an die Lichtgeschwindigkeit herankommt. Zeitreisen in diesem Sinne sind also nur so möglich, daß im Fortschreiten der Zeit für den einen die Zeit schneller voranschreitet als für denjenigen, der im Vergleich dazu nahezu mit Lichtgeschwindigkeit fliegt. Dies ist jedoch keine Zeitreise im eigentlichen Sinne, denn unter einer Zeitreise in die Zukunft versteht man üblicherweise, daß man auch wieder zu dem Zeitpunkt zurückkommt, von dem aus man gestartet ist. Aber genau das ist der Haken an relativistischen Reisen, man kommt mit ihnen nicht wieder zur Ausgangszeit zurück, es sind ausschließlich One-Way-Trips, die zudem noch viel Zeit kosten.

Aber gibt es vielleicht die Möglichkeit, zurück in die Vergangenheit zu gelangen? Hierauf kann ich nur antworten: Leider nein! Zeitreisen rückwärts in der Zeit, wobei die eigene Integrität als Beobachter gewahrt bleibt[6], sind nach den Naturgesetzen nicht möglich. Dies verbieten alleine schon Überlegungen über Kausalitäten in der Zeit. Gingen wir beispielsweise nur zehn Jahre zurück, sagen wir als Zuschauer zur eigenen Hochzeit, dann gäbe es massive logische Schwierigkeit. Wer wäre ich?

[6] Das soll bedeuten, daß der Zeitreisende, der in der Zeit zurückreist, der bleibt, der er ist und nicht zurück zu dem mutiert, der er einmal war. Wenn er im Alter von 20 Jahren zu seinem 1. Geburtstag zurückreist, dann steht er als 20jähriger neben dem Kinderbett, in dem ein Kind liegt, das er vor 19 Jahren selbst einmal war!

Der junge Kerl dort drüben im schwarzen Anzug oder der, der gerade aus der Zukunft hier eintraf? Und würde ich Zeitreisender versuchen, diesen gordischen Denkknoten mit Gewalt zu lösen, indem ich den Kerl dort erschieße, wie könnte es mich dann überhaupt geben, da ich Zeitreisender vor zehn Jahren doch selbst der Bräutigam war, der nun tot auf dem Boden liegt? Würde ich Zeitreisender mich dabei gar selbst töten? Wenn nicht, dann darf der Bräutigam nicht tot sein – obwohl er es offensichtlich ist – denn sonst könnte ich jetzt zehn Jahre später als Zeitreisender nicht hier sein, und wenn doch, wie wurde ich Zeitreisender getötet, wo die Kugel doch den Bräutigam traf! Und meine Kinder, die ich vor meiner Zeitreise gerade zurückließ? Wie kann es sie geben, wo ich doch bereits vor der traditionellen Hochzeitsnacht verstarb?

Nehmen wir aber einmal an, solche kausalen Inkonsistenzen ließen sich irgendwie umgehen und es gäbe in der Zukunft eine weitverbreitete Möglichkeit, Zeitreisen zu unternehmen. Jedermann könnte sich ein Ticket in die Vergangenheit kaufen, genauso wie man sich heute ein Ticket nach Mallorca leistet. Ein Massentourismus wäre denkbar, der aus der Zukunft kommend nicht nur unsere Zeit, sondern auch alle früheren mit seinem Besuch beehrte. Es wäre ein stetes Kommen und Gehen solcher Wesen zu allen Orten und allen Zeiten. Bei Ihren Besuchen würden sie natürlich auch in ihren Zeitschiffen auftreten. Wir könnten uns diese Zeitschiffe genauer besehen und daraus das Wissen um diese formidable Technik aneignen, uns selbst solche Zeitschiffe bauen und selbst auf Zeitreisen gehen. Nicht nur gäbe es dann aller Voraussicht nach einen Zeitreise-Tourismus zu allen gewesenen und zukünftigen Zeiten, sondern mit den Reisenden stünde das universelle Wissen über unsere Welt, das vergangene wie das zukünftige, allen zeitgeschichtlichen Kulturen zur Verfügung. All dies hat aber offensichtlich bisher nicht stattgefunden.

Es gäbe aber auch subtilere Inkonsistenzen, wären Zeitreisen tatsächlich möglich. Nehmen wir an, es gäbe heute einen weit unterdurchschnittlich begabten jungen Ingenieur des ersten Semesters, der Besuch aus der Zukunft bekäme. Dieser Besucher erklärt ihm das Prinzip, wie eine Zeitmaschine funktioniert. Zum Abschied übergibt er unserem Studenten einen Umschlag mit der Auflage, den Umschlag erst zu seinem 45. Geburtstag zu öffnen. Unser Student, der selbst nie das Zeug zu dieser Erfindung gehabt hätte, notiert sich alles sorgfältig und, um nicht den geringsten Verdacht aufkommen zu lassen, das Wissen stamme nicht von ihm, studiert von nun an gezielt die entsprechende wissenschaftliche Fachrichtung. Nachdem er sich durch das Studium geschlagen und das notwendige Grundwissen angeeignet hat, versteht er am Ende seines Studiums den Hintergrund des ihm anvertrauten

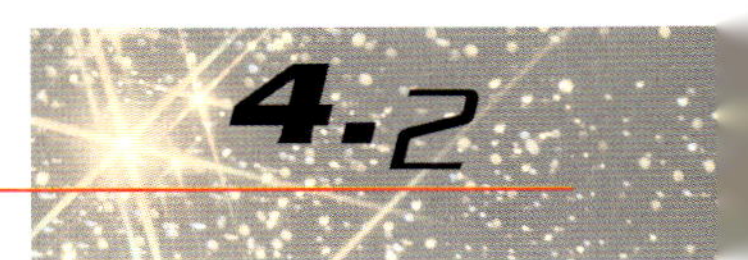

Wissens über die Zeitmaschine mehr schlecht als recht und schreibt zu seinem 35. Geburtstag die entscheidende aufsehenerregende Veröffentlichung über die Zeitmaschine, die ihm selbstverständlich den Nobelpreis einträgt. Zehn Jahre später, als Eigentümer der damit verbundenen Patente und als reicher Mann, öffnet er zu seinem 45. Geburtstag schließlich den ominösen Umschlag und muß zu seiner Überraschung erkennen, daß der damalige fremde Besucher ihm eine Kopie seiner eigenen epochalen Veröffentlichung beigelegt hat mit dem Hinweis, er hätte ihm damals lediglich seine eigene Erkenntnis aus jener Veröffentlichung mitgeteilt. Woher käme nun das Wissen um die Zeitmaschine? Mit der Gewißheit, unser weit unterbegabter Student wäre von sich aus zu dieser Leistung nie fähig gewesen, wäre es gewissermaßen aus dem Nichts heraus entstanden. In jedem von uns regt sich dabei der Widerstand, daß das nicht sein kann.

Nicht nur zeitlich-logische, sondern auch räumlich-logische Inkonsistenzen wären die Folgen einer Reise in die Vergangenheit. Die Vergangenheit war und ist ein für allemal eindeutig festgelegt und teilweise genauestens dokumentiert. Auf dem Hochzeitsfoto tauche ich nur als eine Person auf. Es zeigt definitiv keine zweite, mir ähnlich sehende Person mit einer Zeitmaschine im Hintergrund. Die Vergangenheit läßt sich im nachhinein nicht mehr abändern. Nur die Zukunft ist noch offen und unbestimmt, nur in ihr kann alles prinzipiell Mögliche auch im Prinzip passieren.

Die Widersprüche dieser Denkbeispiele und das Ausbleiben eines Massentourismus aus der Zukunft zu allen uns bekannten Zeiten, insbesondere der heutigen, sollten uns davon überzeugen, daß es Zeitreisen rückwärts in der Zeit wohl nie geben wird. Was bleibt, ist die prinzipiell mögliche Zeitreise à la Einstein, mit der man durch Sternenreisen beliebig weit in die Zukunft der Welt reisen könnte, je näher man beim Flug an die Lichtgeschwindigkeit herankommt. Ist das der Stein des Weisen, der Grund, warum es doch ETIs in Form von UFOs auf der Erde geben könnte, vielleicht sogar von anderen Galaxien?

Nein, leider nicht. Und der Grund dafür sind, wie beim Funkkontakt, die dazu erforderlichen Energien (Marx, G., 1960; 1963), wie wir jetzt zeigen werden. Weil Zeitreisen so energieaufwendig sind, gehen wir im folgenden nur von den energiestärksten Antrieben aus, die möglich sind. Betrachten wir wieder die Zeitreise unseres Zwillingsbruders mit seinen Gefährten zum 137 Lichtjahre entfernten Stern, und nehmen wir weiter an, daß unsere Raumfahrer dort nicht auftanken können, also der Treibstoff für Hin- und Rückflug bei Reisebeginn an Bord ist. Bleiben wir bei der heutigen Technik und nehmen an, das Raumschiff sei mit Kernreaktoren zur Energieerzeugung ausgestattet und es gäbe

Triebwerke, die diese Energie optimal in Vorschub und zu 100 Prozent in kinetische Energie umsetzen könnten. Das wird zwar nie möglich sein, doch diese Annahme stellt sicher, daß wirkliche Antriebe stets mehr Energie benötigen würden als im folgenden berechnet. Wir rechnen also immer nur den Idealfall. Das Gesamtgewicht des Raumschiffes beim Start sei unterteilt in das Gewicht des Raumschiffes ohne Treibstoff, das sogenannte Nutzlastgewicht, und das Treibstoffgewicht. Für den 20 Jahre dauernden Flug zum 137 Lichtjahre entfernten Stern müßten unsere Astronauten nun für jede Tonne Nutzlast $7 \cdot 10^{197}$ Tonnen Treibstoff in Form von Uran mitnehmen (Purcell, E., 1961) und einen Kernreaktor und einen Antrieb zur Verfügung haben, der 10^{206} Watt leistet.

Ein Vergleich, um diese Zahlen zu verdeutlichen: Unser Universum besteht, wie bereits schon einmal erwähnt, aus etwa 100 Milliarden Galaxien, jede aus etwa 100 Milliarden Sonnen, und jede Sonne hat üblicherweise eine Masse von ungefähr 10^{27} Tonnen. Das gesamte Universum hat also eine Masse von schätzungsweise 10^{49} Tonnen. Bei dieser Abschätzung spielt es keine große Rolle, ob die Sonnen zehnmal massiver oder kleiner sind, und auch die oft zitierte unsichtbare dunkle Materie, deren Menge wir nicht genau kennen und die bis zum 100fachen der sichtbaren Materie betragen könnte, würde die Schätzung von 10^{49} auf »nur« 10^{51} anheben. Ein Universum, das eine Million mal größer und entsprechend schwerer wäre, hätte eine Masse von 10^{55} Tonnen. Vergleicht man das mit der oben angeführten Treibstoffmasse von $7 \cdot 10^{197}$ Tonnen Uran, dann begreift man die unfaßbare Größe dieser Zahl.

Aber schauen wir in die Zukunft. Nehmen wir an, es gelänge die Kernfusion, also das wesentlich energiereichere Sonnenbrennen, für die Zwecke der Raumfahrt zu bändigen. Gehen wir von denselben idealen Bedingungen aus, dann benötigte unser Raumschiff immer noch 10^{43} Tonnen Wasserstoff als Treibstoff pro Tonne Nutzlastgewicht und einen Antrieb mit $6 \cdot 10^{52}$ Watt Leistung. 10^{43} Tonnen Wasserstoff sind aber immer noch 10^{21} mal die Masse der Erde. Also auch das ist impraktikabel.

Gehen wir zum äußersten, den Grenzen des Denkbaren. Nach Einstein ließe sich aus Materie am meisten Energie gewinnen, wenn sie total zerstrahlen würde, gemäß seiner bekannten Gleichung $E = mc^2$. Einen solchen Prozeß gibt es tatsächlich, nämlich den der Zerstrahlung von Masse und Antimasse, wenn beide in Kontakt miteinander kommen. Nun gibt es in unserem Sonnensystem keine Antimaterie und vermutlich auch nicht in einigen hundert Lichtjahren um die Sonne herum[7]. Antimate-

[7] Obwohl viele Wissenschaftler bisher vermuteten, daß es in unserem Universum keine Antimaterie gibt, sollen Astronomen kürzlich mit dem Hubble-Teleskop Antimateriewolken im zentralen Wulst der Milchstraße in etwa 30 000 Lichtjahren Entfernung von uns entdeckt haben.

rie ist also bei uns nicht frei verfügbar. Wie Experimente vor kurzem aber gezeigt haben, läßt sich Antimaterie in großen Beschleunigeranlagen herstellen, wenn auch nur kurzzeitig. Selbst wenige komplette Antiatome konnten erzeugt werden, die jedoch bei Kontakt mit der gewöhnlichen Materie sofort wieder zerstrahlten. Damit wird das Lagern dieser exotischen Form von Materie natürlich extrem schwierig. Nehmen wir aber an, in weit entfernter Zukunft wäre es der Menschheit gelungen, Antimaterie in großen Mengen zu erzeugen, zu lagern und Triebwerke zu schaffen, die diese Energie zum Antrieb optimal nutzen – das ultimative Raumschiff also. Wieviel Treibstoff wäre für den Roundtrip zum 137 Lichtjahre entfernten Stern nötig? Die Antwort: pro Tonne Nutzlast $4 \cdot 10^8$ Tonnen Materie/Antimaterie Treibstoff, also $2 \cdot 10^8$ Tonnen Wasserstoff und $2 \cdot 10^8$ Tonnen Antiwasserstoff! Und das Triebwerk müßte eine Leistung von $6 \cdot 10^{19}$ Watt abgeben! $4 \cdot 10^8$ Tonnen Wasserstoff/Antiwasserstoff, das ist immerhin noch ein Kubikkilometer Treibstoff pro Tonne Nutzlast! Und der Antrieb hätte eine Leistung von genau dem einen Millionenfachen des gegenwärtigen Weltenergieverbrauchs. Das Millionenfache des Gesamtenergieverbrauches der Erde würde also gerade ausreichen, eine Tonne Nutzlast 137 Lichtjahre weit zu befördern und wieder zurück – und das im Idealfall!

4.2.2 Raumfahrt, wie sie wirklich sein wird!

Man kann diese Zahlen drehen und wenden, wie man will, sie sind einfach zu gigantisch für ein realistisches Raumschiff. Nehmen wir also Abschied von der schönen Illusion der Zeitreisen in die Vergangenheit und in die Zukunft, sowie von den relativistischen Zeitreisen, und beschränken wir uns auf das Machbare.

Gemäß der Relativitätstheorie wird diese ungeheure Energie praktisch nur in die Annäherung an die Lichtgeschwindigkeit[8] gesteckt und nicht in einen echten Geschwindigkeitszuwachs – jedenfalls von der Erde aus betrachtet –, woraus allerdings auch der für die Astronauten angenehme Effekt der Zeitstauchung resultiert. Damit diese Energieverschwendung nicht eintritt, sollte ein Raumschiff nie schneller als mit etwa zehn Prozent der Lichtgeschwindigkeit fliegen – immerhin noch 108 Millionen Kilometer pro Stunde!

[8] Tatsächlich wird die Antriebsenergie in einen Zuwachs von Masse gemäß $m = E/c^2$ gesteckt, wie Einstein bereits bemerkte. Dadurch ergibt sich die paradoxe Situation, daß im Masse/Antimasse-Antrieb die Massen für den Schub in reine Energie umgewandelt werden, die wiederum durch den relativistischen Effekt in eine größere Nutzlastmasse – nicht *mehr* Nutzlastmasse! – umgewandelt wird!

Aber läßt sich mit solchen reduzierten Geschwindigkeiten immer noch unsere Galaxis bereisen mit dem Ziel der Bevölkerung unserer Galaxis, um der Menschheit ein langfristiges Überleben zu sichern, wenn es unsere Erde, unsere Sonnen nicht mehr gibt? Die Durchführbarkeit von interstellaren Raumflügen unter dieser Bedingung wurde in

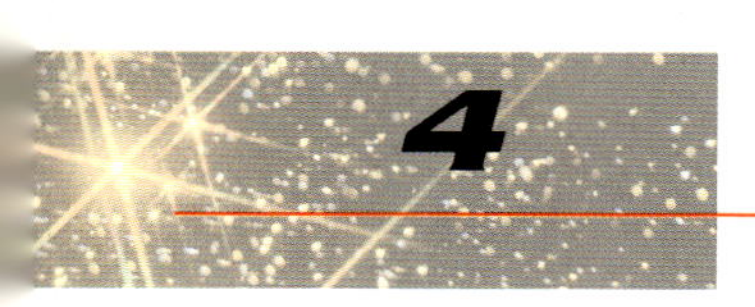

den sechziger und siebziger Jahren in den Projekten Orion, Daedalus und Cyclops ausführlich untersucht (Kuiper, T. B. H., 1977) und als machbar befunden. Der Flug zu den nächsten Sternen sähe mit dieser eingeschränkten Geschwindigkeit dann so aus: Das Raumschiff beschleunigt langsam auf die Endgeschwindigkeit von zehn Prozent der Lichtgeschwindigkeit. Die Größe der Beschleunigung wird so gewählt, wie es die jeweiligen Antriebstechnologien es zulassen. Sollte sie unter 1 g liegen, kann das Raumschiff, das wegen der großen Reisedauer Abmessungen von mindestens 50 Metern haben sollte, in Drehung versetzt werden (Drehachse in Richtung der Beschleunigungsachse), um mit der Zentrifugalkraft eine entsprechende künstliche Schwerkraft von 1g einzustellen. Ist die Endgeschwindigkeit erreicht, werden die Antriebe abgestellt, und das Raumschiff segelt kontinuierlich mit zehn Prozent der Lichtgeschwindigkeit seinem Ziel zu, wobei die Antriebe nur noch zu gelegentlichen Kurskorrekturen dienen. Kurz vor Erreichen des Zieles wird wieder auf die allgemeine intragalaktische Geschwindigkeit abgebremst. Auf diese Weise ließen sich etwa zehn Sterne in unmittelbarer Nachbarschaft der Sonne im Abstand von wenigen Lichtjahren innerhalb der Lebensspanne eines Menschen erreichen. Ein ideales Raumschiff müßte unter diesen Bedingungen ein Treibstoff-zu-Nutzlast-Verhältnis von 101 beziehungsweise 2,7 haben, wenn es mit einem Kern- beziehungsweise einem Fusionsreaktor angetrieben würde. Detaillierte Rechnungen für ein realistisches Raumschiff mit Fusionsantrieb – der Nachweis der friedlichen Nutzung von Kernfusion mittels eines Demonstrations-Fusionsreaktors zeichnet sich für die kommenden zwei Dekaden ab – kommen auf ein Verhältnis von 9,0 (Spencer & Jaffe, 1963). Mit anderen Worten, für jede Tonne Nutzlast müßten 9 Tonnen Wasserstoff bereitgestellt werden. Da in modernen heutigen Raketen ein Verhältnis von etwa 10 bereits realisiert ist, sind diese Zahlen durchaus realistisch.

Selbst der Flug zu weiter entfernten Sternen wäre möglich, wenn man sich nicht nur auf eine Menschengeneration beschränken würde. Gerad K. O'Neill zeigte in seinen vielbeachteten Veröffentlichungen (1974; 1977; *Bild der Wissenschaft* 5/76), daß sich mit Techniken aus dem Jahre 1970 riesige Raumarchen für mehrere tausend Menschen im sonnennahen Weltraum errichten ließen. Solche O'Neill-Kolonien könnten aber auch mit Kernfusion betrieben für mehrere Generationen hinweg durch unsere Galaxis reisen, auf der Suche nach einem geeigneten Planeten als neues Lebenshabitat.

Nach diesem groben Entwurf von interstellaren Flügen und einer Kolonialisierung unserer Milchstraße wollen wir die Probleme, die damit verbunden wären, und ihre möglichen Lösungen etwas genauer unter die Lupe nehmen.

5 Die Zukunft der Menschheit im Kosmos

5 Die Zukunft der Menschheit im Kosmos

»Die Erde ist die Wiege der Menschheit,
aber man kann nicht sein ganzes Leben
in der Wiege bleiben.«

Konstantin Ziolkovsky (1857 – 1935), russischer Raumfahrttheoretiker

5.1 Erste Raumkolonien

Die Internationale Raumstation ISS in ihrer für 2004 geplanten Endausbaustufe. Sie hat eine Abmessung von 80 x 108 m und fliegt in einer 400 km hohen Erdumlaufbahn. Zentraler Teil sind acht Hauptmodule, für die Steuerung, die Lebenserhaltung und den Wohnbereich, dazu vier Wissenschaftsmodule der USA, GUS, ESA und der Japaner. Strom liefern die weit verzweigten und ausladenden Solarpaddel an den Enden der Gerüststruktur.

»Die Tatsache, daß eine erdumkreisende Raumstation für jede Nation, die sie überfliegt, nutzbringend sein kann, ist das Symbol für eine große Gemeinschaft der Menschen auf der Erde und, vielleicht mehr als jedes andere Instrument vorher, ein Omen für eine universellere Gemeinschaft.« (Webb, J., Nasa-Chef von 1961 – 1968)

Einen so folgenreichen Schritt wie das Verlassen eines altbekannten Heimatplaneten und der vertrauten Umgebung des eigenen Planetensystems wird man nicht ohne sorgfältige Vorbereitungen und nur auf Grund einer soliden Planung durchführen – zu gefährlich wäre ein nicht einkalkuliertes Risiko. Angesichts der unklaren Lebensverhältnisse auf einem entfernten Planeten mit unbekannten Voraussetzungen können die Schwierigkeiten einer Bevölkerung ferner Planeten unterschiedlich groß, wenn nicht gar unmöglich (Marx, G., 1973, S. 226) sein: Gibt es dort ausreichend Wasser? Enthält die Atmosphäre genug Sauerstoff? Gibt es bereits primitives Leben mit Photosynthese? Es ist daher naheliegend, zunächst eine erdnahe, stabile Raumsiedlung zu schaffen, in der man alle Erfahrungen sammelt, die für ein langfristiges Wohnen im Weltraum weit abseits des eigenen Sternensystems notwendig sind, sie in das tägliche Leben in einer Raumstation umsetzt und über lange Zeit Routine und Vertrauen in diese Systeme gewinnt.

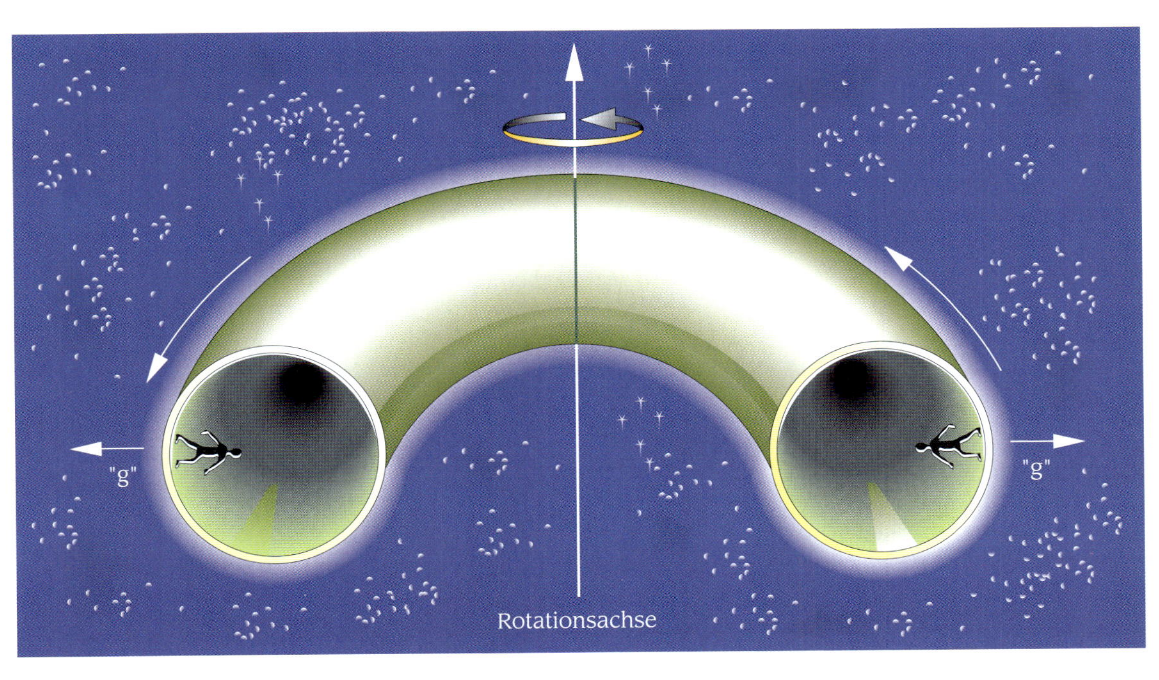

Die künstliche Schwere in einem rotierenden System entsteht dadurch, daß die Menschen wie in einem Karussell eine Zentrifugalbeschleunigung in Richtung Außenwand erfahren, die je nach Umdrehungsgeschwindigkeit und Radius des Systems genauso groß sein kann wie die natürliche Erdbeschleunigung (Erdschwere) g.

Überraschenderweise sind die Ideen, Kolonien im Weltraum zu etablieren, bereits sehr alt und wurden erstmals in Novellen von Jules Verne (1878) und Kurd Laßwitz (1897) geäußert. Einen mehr technisch

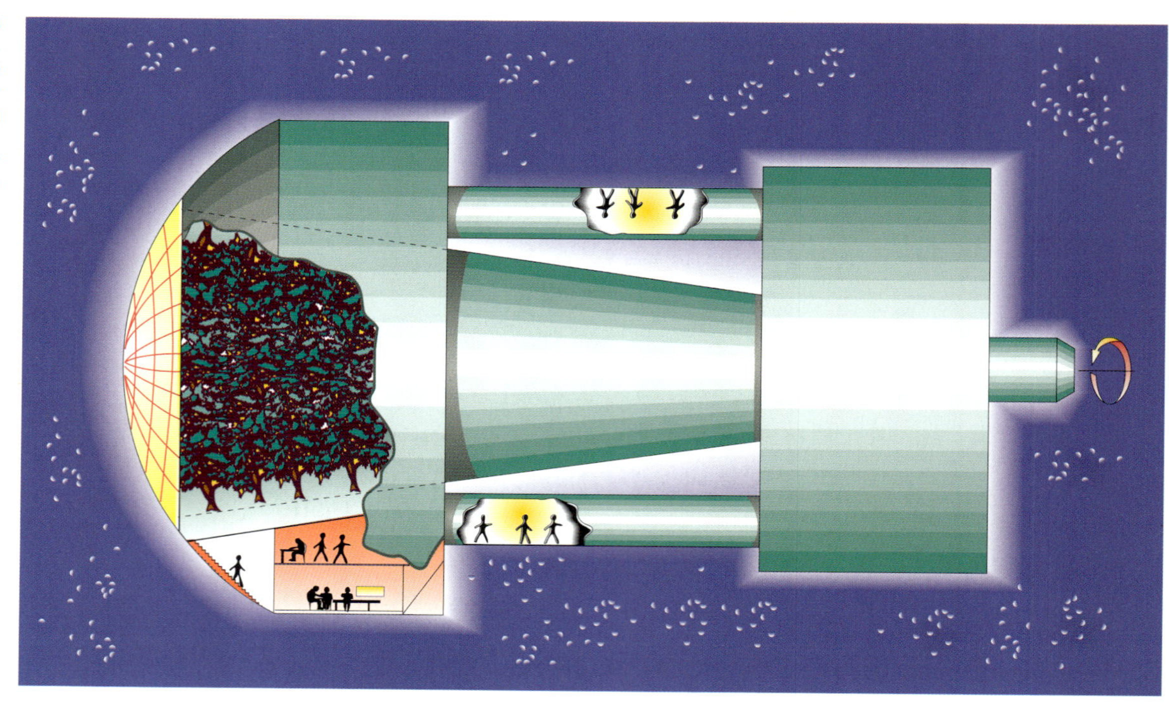

Weltraumstation nach E. Ziolkovsky, 1933. Ziolkovsky berücksichtigte bereits die Rotation der Raumstation zur Erzeugung einer künstlichen Schwere. Dadurch könnten auf der Station sich die Menschen bewegen und Bäume wachsen wie auf der Erde.

orientierten Ansatz wagte der russische Raumfahrtpionier Konstantin Ziolkovsky im Jahre 1895 mit einem Raumstationskonzept, das er 1903 zu einer bemannten, rotierenden Raumstation mit künstlicher Gravitation und sogar der Nutzung solarer Energie für ein Treibhaus mit einem geschlossenen ökologischen System erweiterte. So waren bereits an der Wende zum 20. Jahrhundert die geistigen Grundlagen für eine realistische Raumkolonie geschaffen. In seinem berühmt gewordenen Buch *Die Rakete zu den Planetenräumen* (1923) beschrieb der deutsche Raumfahrtpionier Hermann Oberth den Nutzen von Raumstationen als Plattformen für wissenschaftliche Versuche, astronomische Beobachtungen und zur Erdbeobachtung. Guido von Pirquet verwies im Jahre 1928 darüber hinaus auf deren Nutzen als Treibstoffdepots für interplanetare Raumflüge und stellte sich ein System dreier solcher »Weltraum-Tankstellen« vor, eine in unmittelbarer Nähe der Erde, eine weiter entfernt und eine dritte, die auf einer elliptischen Sonnenumlaufbahn die beiden ersten miteinander verbindet. Das heute wohl bekannteste Konzept einer Raumstation in Form eines rotierenden Rades wurde 1929 durch Potocnik alias Hermann Noordung präsentiert. Sein »Wohnrad« mit 30 Metern Durchmesser sah er am besten im 36 000 km entfernten geostationären Orbit aufgehoben. Raumstationen im geostationären Orbit wurden auch in deutschen Militärstudien im Zweiten Weltkrieg (*Life*, 7/1945) und anschließend von amerikanischen Technikern Ende der vierziger Jahren (Ross, H. L., 1949) untersucht. Aber erst durch Wernher von Braun wurde das »Noordungsche Wohnrad« ab 1952 weltweit bekannt. Er vergrößerte es auf einen Durchmesser von

76 Metern und schlug eine Erdumlaufbahn in 1 730 km Höhe vor. Etwa zur selben Zeit veröffentlichte Arthur C. Clarke 1952 seinen Roman *Islands in the Sky* (»Inseln am Himmel«), in dem er noch größere Raumstationen beschrieb, und schließlich war er es, der im Jahre 1961 erstmals große Stationen an den Lagrangepunkten (siehe unten) im Erde-Mond-System beschrieb. Erste Raumkolonien für 20 000 Personen wurden 1956 von Darrell Romick der Fachwelt vorgestellt.

Angenommen, solche autonomen Raumkolonien wären herstellbar, wo würde man die erste Raumkolonie realistischerweise ansiedeln? Die unmittelbare Nähe der Erde, sei es eine niedrige Umlaufbahn um die Erde *(Low Earth Orbit)* wie die Internationale Raumstation in 400 km Höhe, oder selbst der geostationäre Orbit in 36 000 km Höhe, auf dem unsere Telekommunikations- und Fernsehsatelliten kreisen und dabei scheinbar immer an derselben Stelle stehen, wäre keine be-

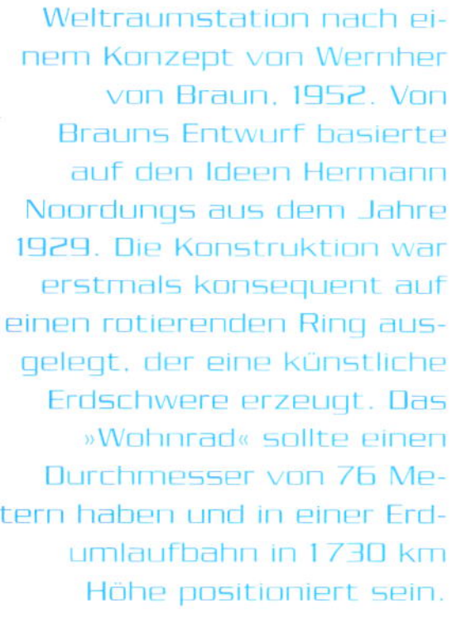

Weltraumstation nach einem Konzept von Wernher von Braun, 1952. Von Brauns Entwurf basierte auf den Ideen Hermann Noordungs aus dem Jahre 1929. Die Konstruktion war erstmals konsequent auf einen rotierenden Ring ausgelegt, der eine künstliche Erdschwere erzeugt. Das »Wohnrad« sollte einen Durchmesser von 76 Metern haben und in einer Erdumlaufbahn in 1730 km Höhe positioniert sein.

sonders gute Wahl, denn der materielle Aufbau müßte dann von der Erde aus erfolgen. Weil das Schwerefeld der Erde relativ stark ist, ist aber der umfangreiche Materialtransport für den Aufbau der Kolonie von der Erde zu unwirtschaftlich. Unser Mond als Materiallager ist da wesentlich interessanter. Er besitzt ein 22mal flacheres Schwerefeld, und die Kosten, Rohstoffe von dort in den freien Weltraum zu befördern, wären entsprechend günstiger. Als Aufenthaltsort für die erste Raumkolonie böten sich die beiden stabilen Librationspunkte L4 und L5 des Erde-Mond-Systems an.

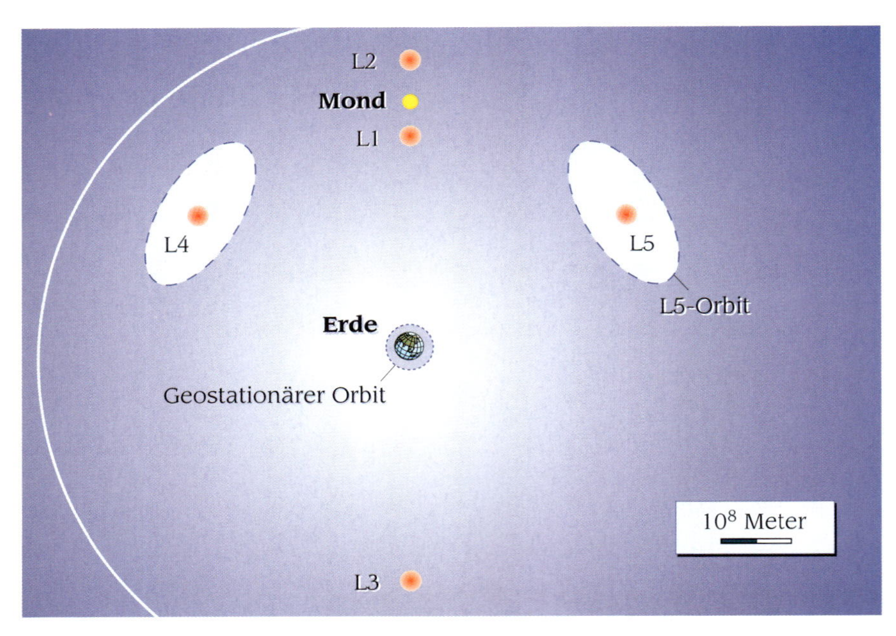

Die Librationspunkte L1–L5 sind Punkte, an denen die Schwerkräfte von Erde und Mond im Gleichgewicht sind. Die Punkte L4 und L5 (genauer: Bahnen um diese Punkte) bieten sich für Weltraumkolonien an, weil sie mit Erde und Mond zwei feste gleichseitige Dreiecke bilden. Im Gegensatz zu geosynchronen Satelliten bewegen sich Kolonien dort nicht relativ zur Erd- und Mondposition, was große logistische Vorteile mit sich bringt. Die Librationspunkte L1–L3 sind instabil und daher für Weltraumkolonien ungeeignet.

Librationspunkte im Erde-Mond-Bereich sind die Punkte im Weltraum, an denen sich alle angreifenden Kräfte auf einen Körper gerade ausgleichen. Das bedeutet, dieser Körper, wie etwa die Raumkolonie, würde im Erde-Mond-System immer den gleichen Ort einnehmen – sie würde sich relativ zu Mond und Erde im Prinzip nicht bewegen. Die analogen Librationspunkte L1-3, die sogenannten Euler-Punkte auf der Verbindungsgeraden zwischen Erde und Mond sind nicht stabil. Das bedeutet, die Raumkolonie würde langsam entlang dieser Verbindungslinie von den Librationspunkten wegdriften. Nur die Punkte L4 und L5 (Lagrange-Punkte), die mit der Erde und dem Mond ein genau gleichseitiges Dreieck bilden, sind stabil. Berücksichtigt man zudem die Schwerkraft der Sonne, dann wären nicht L4 und L5 selbst stabil, sondern Umläufe der Raumkolonie um L4 und L5 mit einer Umlaufzeit von etwa einem Monat (siehe Abb.). Genau diese elliptischen Orbits wären also ideale Positionen für eine erste Kolonie der Menschheit außerhalb der Erde.

Der Physiker Gerard K. O'Neill von der Princeton-Universität/USA war der erste, der sich seit dem Jahre 1969 detaillierte Gedanken über den Aufbau und den Betrieb einer ersten Raumkolonie am Librationspunkt L5 machte. Seine Vorstellungen, die er in seinem berühmten Buch *The High Frontier* (1977) der Öffentlichkeit vorstellte, wurden in einer großen Arbeitsgruppe im Sommer 1975 fortgesetzt, genauestens ausgearbeitet (NASA Design Study, 1977) und in weiteren Untersuchungen schlüssig beschrieben (O'Neill, G. K., 1974; 1976; 1977; Heppenheimer, T. A., 1977; Johnson, R. D. & Holbrow, C., 1977; Arnold, J. R. & Duke, M. G., 1978; Grey, J. G., 1977). Man ging dabei ausschließlich von Materialien und Techniken aus, die im Jahre 1970 bereits existierten. Das Ergebnis war das sogenannte »Insel Eins«-Habitat, das entweder als Noordungsches Wohnrad – als ein rotierender Torus – oder auch als rotierende Kugel, bekannt unter der Bezeichnung Bernal-Kugel (siehe Abb. S. 191 bzw. S. 193f.), entworfen wurde.

Schema einer rotierenden Bernal-Kolonie zur Materialproduktion im Weltraum, entstanden als NASA-Studie aus dem Jahre 1976. Die rotierende Wohnkugel mit einem Durchmesser von etwa 500 m beherbergt einige 10 000 Kolonisten und ist durch eine nichtrotierende Schale aus Mondmaterial vor kosmischer Strahlung geschützt. Schlauchförmige Agrarbereiche schließen sich beiderseits der Wohnkugel an. An den Enden befinden sich Andockstationen für Raumschiffe, Radiatoren für überflüssige Wärmestrahlung und die Produktionsstätten.

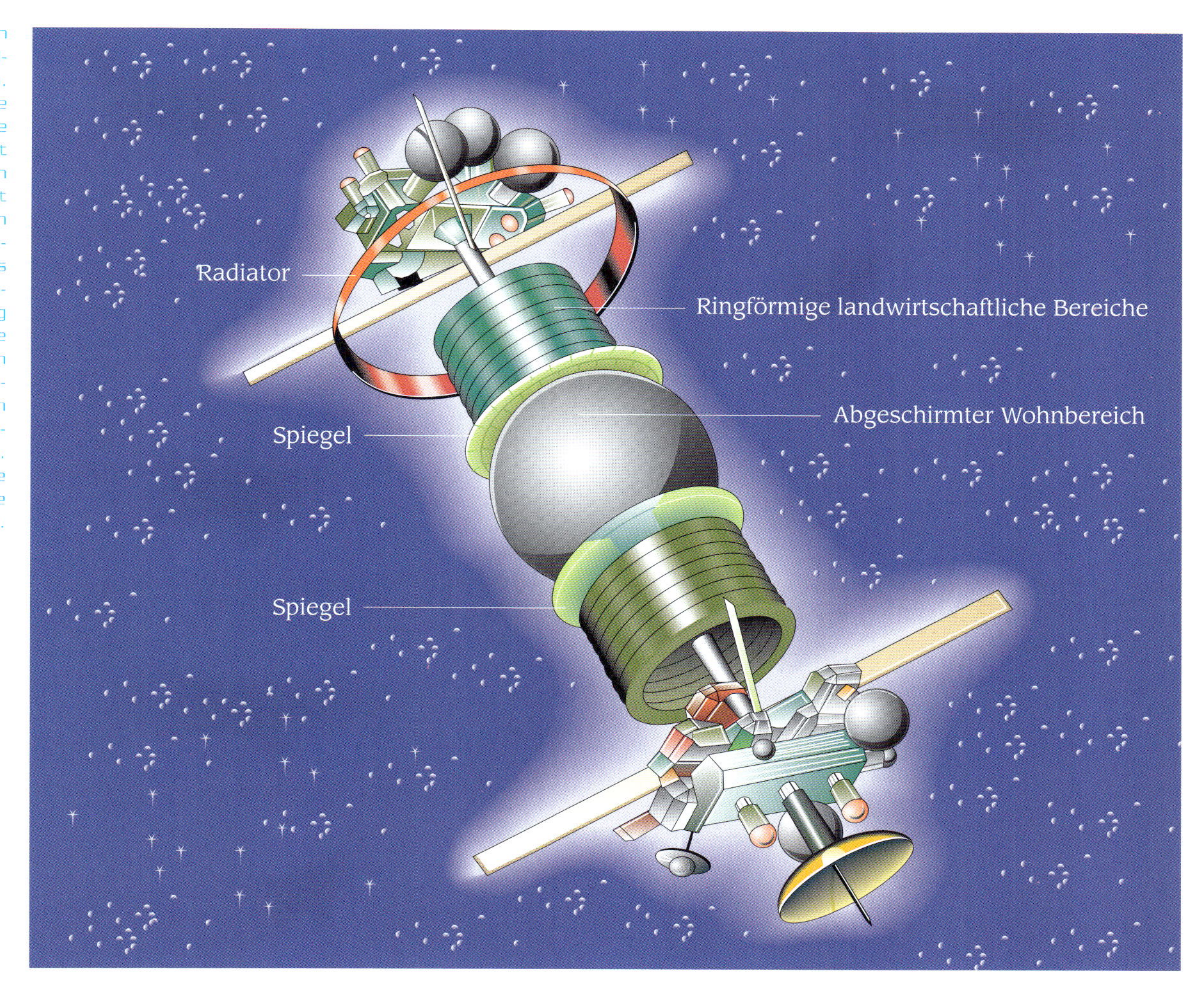

Das Ergebnis der Arbeitsgruppe vom Sommer 1975 – das Wohnrad – stellt einen großen Schlauch mit einem Durchmesser von 130 m dar, der zu einem Rad von 1800 m Durchmesser gekrümmt und aus Aluminium und Stahlkabeln und Glasflächen gebaut ist. Das Rad dreht sich etwa einmal pro Minute um seine zentrale Achse und erzeugt so eine künstliche, erdgleiche Schwere. Auf der Innenseite dieser schlauchförmigen Lebensinseln stünden für insgesamt 10 000 Pioniere im Schnitt 47 m² Bodenfläche und durch eine verschachtelte Bauweise 94 m² bewohnbare Fläche zur Verfügung[1]. Dazu kämen noch 20 m² effektive beziehungsweise 61 m² verschachtelte Agrarflächen pro Person. Alle nur denkbar notwendigen Einrichtungen, einschließlich einer Atmosphäre, Seen, Bäume, aller möglichen Arten von Tieren und so weiter, ermöglichten den ersten Kolonisten ein relativ erdähnliches Leben. Das Sonnenlicht fällt über einen riesigen nichtrotierenden, kreisrunden Spiegel oberhalb des gesamten Wohnrades und dann über weitere Spiegel innerhalb der Radebene auf die breiten Durchlässe auf der Torus-Innenseite und durchflutet so den Innenraum. Der Torus rotiert mit nur 1,5 m Abstand in einer nicht

[1] Zum Vergleich: Den Einwohnern Roms stehen 40 m² Bodenfläche pro Person zur Verfügung, denen in New York 98 m².

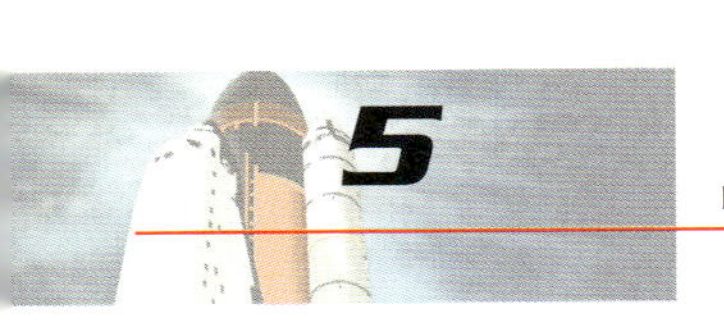

mitrotierenden 1,7 m dicken, massiven Schale aus unbearbeitetem Mondgestein als Schutz vor der radioaktiven Strahlung des Weltraumes. Der Torus ist über sechs Speichen mit der zentralen Nabe verbunden, wo aufgrund der fehlenden Zentrifugalkraft Schwerelosigkeit herrscht. Dort befindet sich auf der einen Seite die Anlegestelle der ankommenden Raumschiffe – der Bahnhof der Raumkolonie. Durch die Speichen laufen auch die Aufzüge zu den Lebensräumen im Torus sowie auch Stromkabel und Wärmeaustauschrohre. Auf der anderen Seite der Nabe befinden sich unter einer Halbkugel mit 100 m Durchmesser die Fabrikationshallen. Unter den schwerelosen Bedingungen der Hallen lassen sich Materialien sehr viel leichter herstellen und formen als auf der Erde. Hier im inneren Bereich des Rades befinden sich auch die großflächigen Sonnenkollektoren, die über ein Solarkraftwerk 200 MW Strom für die Kolonie erzeugen. Der von der

Eine künstlerische Außenansicht der Bernal-Kolonie aus der NASA-Studie. Die Drehachse ist zur Sonne hin ausgerichtet. Die kreisförmig aneinandergereihten, rechteckigen, klappbaren Spiegel leiten das entlang der Achse einlaufende Sonnenlicht in die Wohnkugel und Agrarbereiche.

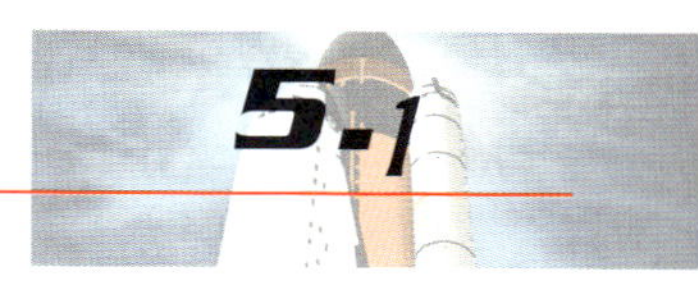

Ein schräger Blick in die Bernalsche Wohnkugel.

Blick in die landwirtschaftlichen Bereiche.

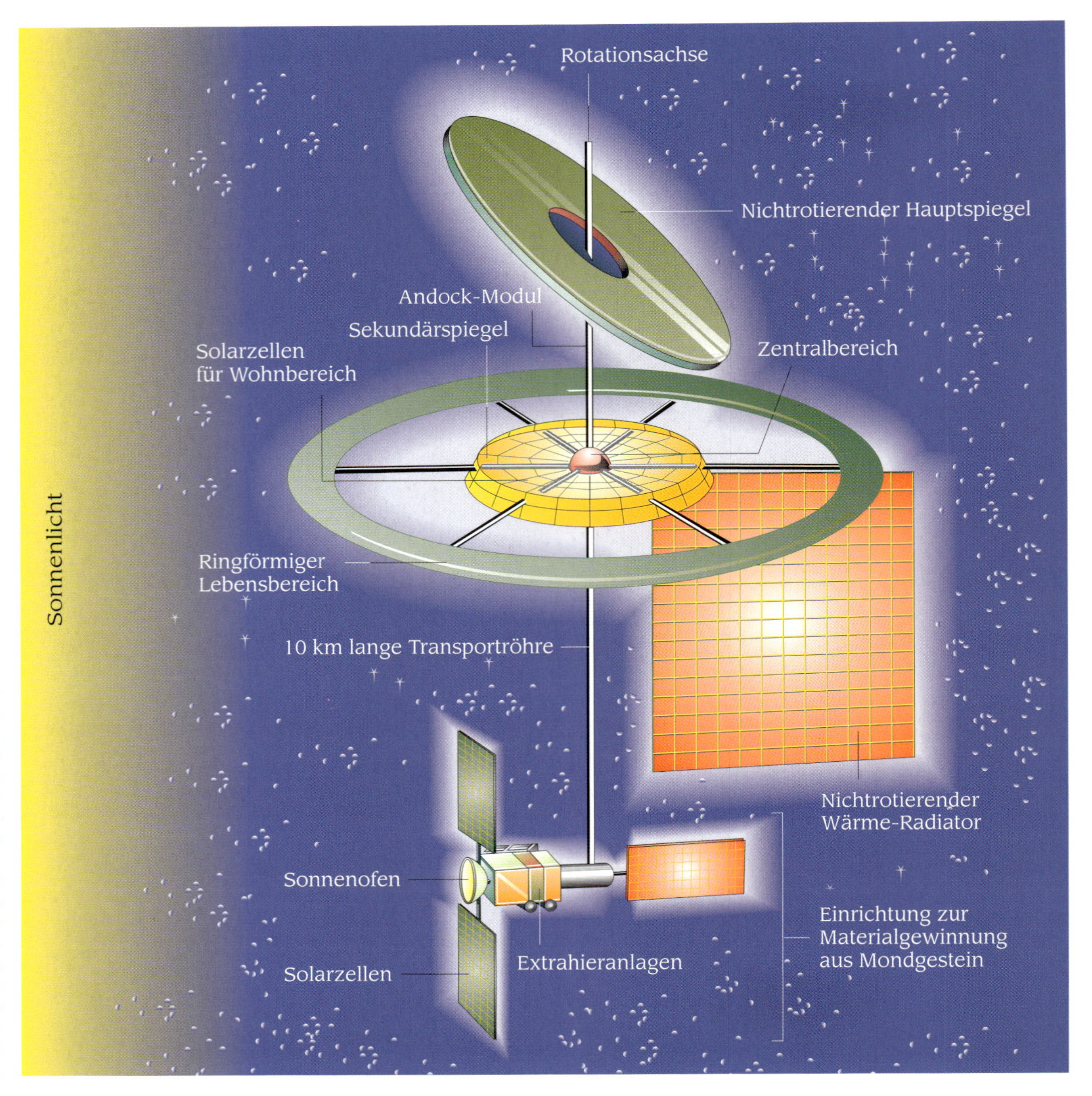

Das Wohnrad einer Raumkolonie aus der NASA-Design-Studie »Sommer 75«. Das Wohnrad hat 1800 m Durchmesser und rotiert um eine Achse, die senkrecht zur Strahlrichtung der Sonne steht. Daher wird das Sonnenlicht von »oben« über einen großen Hauptspiegel und Zwischenspiegel auf das Wohnrad geleitet. Die Solarfabrik mit kleinem Wärmeradiator am »unteren« Ende und der etwa 1 km² große Wärmeradiator prägen zusammen mit dem Hauptspiegel und dem Wohnrad das Bild der Kolonie.

Künstlerische Darstellung der Raumkolonie der NASA-Studie »Sommer 75«.

Künstlerische Darstellung der Raumkolonie der NASA-Studie »Sommer 75«.

Blick in einen Urbanbereich des Wohnrades.

Blick in einen Urbanbereich des Wohnrades.

Planzeichnung des Wohnbereichs des Wohnrades.

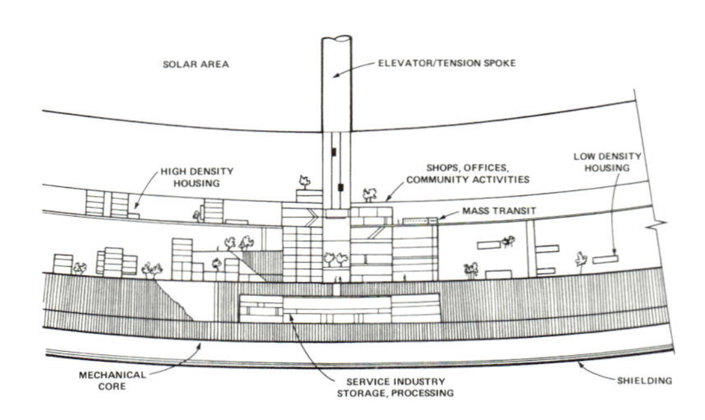

Querschnittzeichnung durch den Wohnbereich des Wohnrades.

Kolonie aus dieser Sonnenenergie erzeugte »Wärmeabfall« wird über einen riesigen scheibenförmigen Wärmeradiator unterhalb des Wohnrades ins All abgestrahlt.

Etwa in der Mitte des Torusringes ist die Ebene eingezogen, auf der man lebt. Dieser reifförmige, langgestreckte Lebensraum ist abwechselnd in drei Urban- und drei Agrarbereiche unterteilt. Typisch für die urbanen Flächen sind die ineinander verschachtelten, von üppiger Vegetation umgebenen Gebäude. Was auffällt, ist der fehlende Autoverkehr und breite Straßen. Keine Wohnung ist weiter als 60 m von der einzigen Ringstraße entfernt. Bis dorthin geht man zu Fuß und wird dann von einem elektrischen Transportsystem zum Zielort in der Kolonie gebracht. Als einziges weiteres Verkehrsmittel sind Fahrräder zugelassen. Jeder Agrarbereich wird wie eine Farm bewirtschaftet, auf der nicht nur Getreide, Gemüse und Obst angebaut wird, sondern zum

Querschnitt durch einen Agrarbereich des Wohnrades.

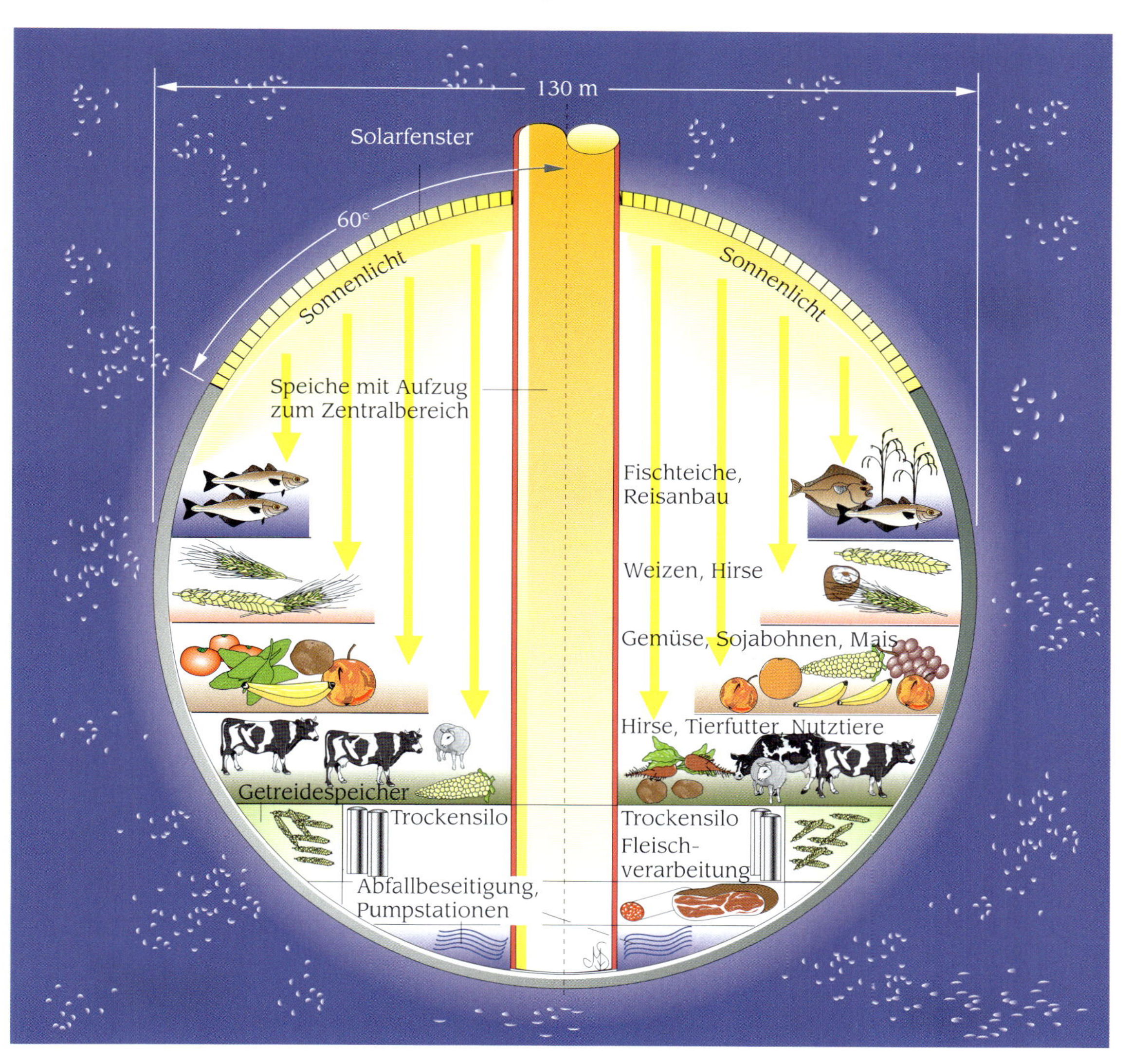

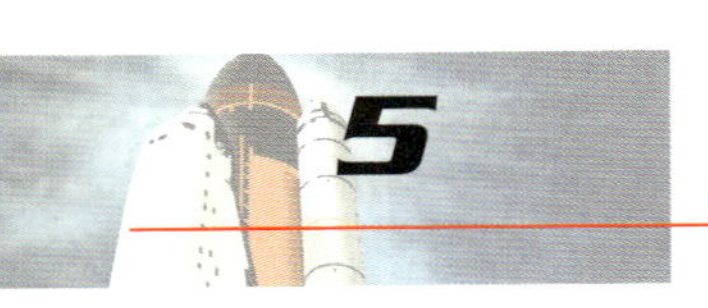

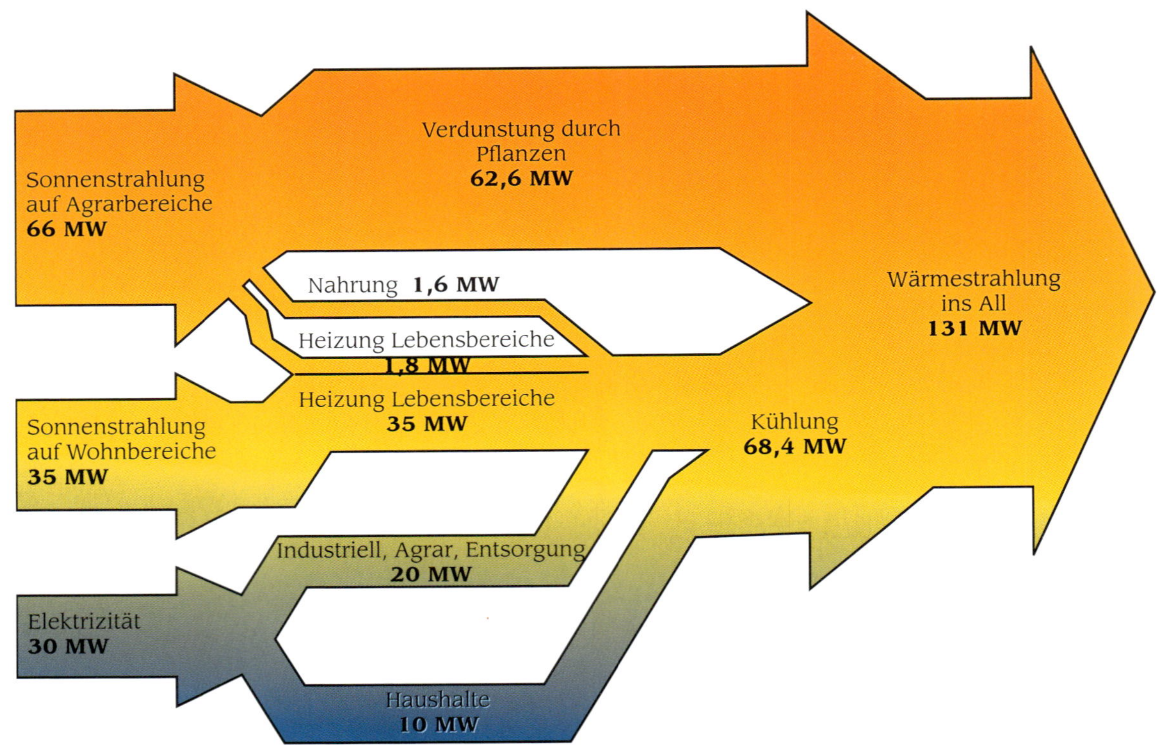

Energiefluß in der Wohnradkolonie. Der Hauptanteil von 77 Prozent der Eingangsenergie ist die direkte Sonnenstrahlung in die Urban- und Agrarbereiche. 23 Prozent sind elektrischer Strom erzeugt aus den Solarfabriken der Kolonie. Die Abfallwärme muß über die mehr als 1 km² großen Wärmeradiatoren ins All abgeführt werden.

Beispiel auch jeweils 20 000 Hühner, 10 000 Hasen und 500 Kühe gehalten werden. Ställe, Lager- und Maschinenräume befinden sich unterhalb der Agrarebene.

In etwa 65 m über der Ebene befinden sich die 3 cm dicken Einlaßfenster für das Sonnenlicht und unter der Ebene erstrecken sich Schächte mit einer Länge von Tausenden von Kilometern für Stromkabel, Wasserversorgung und Abwasser, Abfallsysteme und Luftentfeuchter.

In dieser ausgeklügelt konstruierten Kolonie leben und wohnen 10 000 Menschen im Alter zwischen 18 und 40 Jahren. Ein Teil ihrer Arbeit besteht darin, diese Kolonie instand zu halten und sie ständig weiter auszubauen. Aus sozialwissenschaftlichen Untersuchungen weiß man aber, daß Bevölkerungsgruppen mit weniger als 100 000 Personen nicht autonom sein können. Das bedeutet, daß diese erste Kolonie materiell und kommerziell von der Erde und seiner Infrastruktur abhängig wäre. Im Wirtschaftsverkehr mit der Erde läge ihre Exportleistung, also ihr kommerzieller Nutzen, darin, Solarkraftwerke für die zusätzliche Stromversorgung auf der Erde, übertragen durch Mikrowellen, zu bauen und zu unterhalten. Der einfache Verkehr im erdnahen Weltraum macht sie zudem zu idealen Reparateuren für defekte Satelliten im geostationären Orbit. Langfristig errichten sie neue, identische

Raumkolonien in der näheren Umgebung. Das Material für all diese Aktivitäten wird auf dem Mond gewonnen, über elektromagnetische Massenbeschleuniger zu einer vollautomatischen Auffangeinrichtung am L2-Punkt geschossen und von dort gezielt zur Kolonie am L5-Punkt weiter beschleunigt. Der stetige Betrieb dieser Förderanlage, die in der Sommerstudie (NASA Design Study, 1977) im Detail ausgearbeitet wurde, ist der Grundstein für den materiellen Aufbau aller massiven Systeme für die Kolonie.

Es gibt auf der Erde bereits einen praktischen Versuch zu solchen abgeschlossenen Ökosystemen, wenn auch mit wesentlich kleinerer Dimension: Biosphere II in der Wüste von Arizona/USA (ihr Vorbild, die Biosphere I, ist unsere Erde). Im großen und ganzen muß dieser Versuch als nicht erfolgreich bezeichnet werden. Die CO_2-Konzentration wuchs schnell an, weil sich zu viele Mikroorganismen im Boden bildeten, die Sauerstoff verbrauchten. Die Artenvielfalt reduzierte sich stark, so daß viele Blütenbestäuber ausstarben, wodurch wiederum die Befruchtung der Pflanzen ausblieb. Da dies jedoch der allererste Versuch dieser Art war, gibt es auch nach den Erfahrungen dieses Versuchs keinen prinzipiellen Grund, an der Lebensfähigkeit eines abgeschlossenen Ökosystems zu zweifeln.

Nach den ersten Erfahrungen mit dieser relativ kleinen Raumkolonie könnte man wesentlich größere Habitatstrukturen in weiter entfernt liegenden stabilen Bahnen in Erdnähe aufbauen. Wie erst kürzlich durch Computersimulationen gefunden, existiert ein stabiler elliptischer Orbit um das Erd-Mond-System. Seine lange Hauptachse, die 100mal dem Abstand Erde-Mond entspricht, ist entlang der Erdumlaufbahn um die Sonne ausgerichtet. Eine andere stabile Bahn wäre der sogenannte Trojanische Orbit. Auf dieser Bahn würde die Raumkolonie der Erde bei ihrem Flug um die Sonne in 60 Grad Abstand folgen. Der Trojanische Orbit ist also nichts anderes als die Bahn des L5-Punktes im entsprechenden Erde-Sonnen-System. Man hat bereits Trojanische Orbits beobachtet. So ziehen die Trojaner-Asteroiden im System Sonne-Jupiter die beschriebene konstante Bahn hinter dem Jupiter, und im Jahre 1990 fand man mit Trojan 1990 MB einen Gesteinsbrocken, der im »Fahrwasser« des Planeten Mars genau so eine Verfolgungsbahn zieht.

In solchen stabilen Bahnen könnten größere Kolonien, sogenannte »Insel-Zwei«-Habitate errichtet werden (siehe Abb. S. 202). Die Konzepte sehen paarweise angeordnete Zylinder mit Längen von 10 km und Durchmessern von 1,8 km vor. Ihre Längsachsen, um die sie sich einmal in zwei Minuten drehen, sind zur Sonne hin ausgerichtet. Sie scheint über je drei schräg seitlich der Zylinder angebrachte riesige

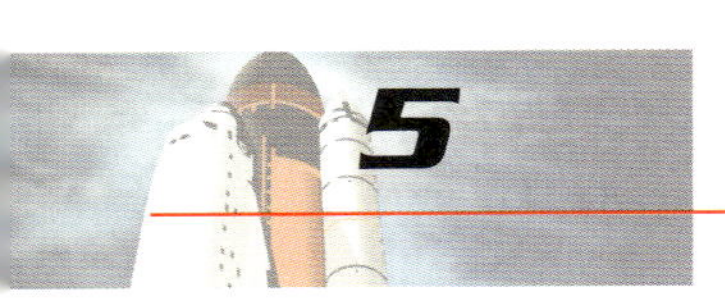

Künstlerische Ansicht des O'Neillschen »Insel-Zwei«-Habitats für etwa 300 000 Menschen. Die paarweise angeordneten, 10 km langen Zylinder drehen sich um ihre Längsachsen. Sonnenlicht fällt entlang der Drehachsen auf die aufklappbaren langen Spiegel, die das Licht durch die transparenten Sektoren in das Innere der Zylinder leiten. Die im Ring aneinandergereihten Kleinzylinder sind die Agrarbereiche der Kolonie.

Spiegel von zylindergleicher Länge und weiter durch drei lichtdurchlässige Zylindersegmente in deren Inneres. Auf den Innenseiten der drei jeweils dazwischenliegenden Segmente, die stets einem Lichteinlaß genau gegenüberliegen, befinden sich die 100 km² großen eigentlichen Lebensräume mit erdähnlichen Lebensbedingungen für 140 000 Menschen, einschließlich Bergen, Seen und einer leichtblauen Atmosphäre. Die Zylinder rotieren entlang ihrer Längsachse, die zur Sonne ausgerichtet ist. Die konstante Rotation erzeugt wie

Innenansichten eines Zylinders des »Insel-Zwei«-Habitats.

Innenansichten eines Zylinders des »Insel-Zwei«-Habitats.

bei »Insel-Eins«-Habitaten eine Zentrifugalkraft von 1 g, die Schwereverhältnisse wie auf der Erde garantiert. Die Tag- und Nachtzeiten werden einfach durch das Aus- und Einklappen der sonnenreflektierenden Spiegel simuliert. Die landwirtschaftlichen Räume sind von diesen allgemeinen Lebensräumen getrennt und befinden sich auf jeweils 72 kleineren Zylindern, die, aufgereiht als großer rotierender Ring, sich auf der sonnenzugewandten Seite der Zylinder befinden. Jeder dieser kleinen Zylinder kann das für die jeweilige Pflanzensorte notwendige Klima simulieren.

Parallel zum Aufbau der »Insel-Eins«- und »Insel-Zwei«-Kolonien wird man sicherlich auch damit beginnen, Rohstoffe, die nicht auf dem Mond vorhanden sind und bis dahin über kostspielige Frachtflüge von der Erde herangeschafft werden mußten, von Asteroiden im Asteroidengürtel zwischen Mars und Jupiter oder anderen kleineren Monden unseres Sonnensystems in Förder- und Produktionsstätten abzubauen. Mit den Erfahrungen von Jahrzehnten, wenn nicht gar Jahrhunderten aus halbautarken Kolonien in Erdnähe würden diese abgelegenen Produktionsstätten nach und nach ebenfalls zu Raumkolonien ausgebaut werden. Wegen des leicht zugänglichen Materials (die Materialbeschleuniger auf den Asteroiden könnten wegen der dort nahezu verschwindenden Schwerkraft sehr viel einfacher und effizienter gebaut

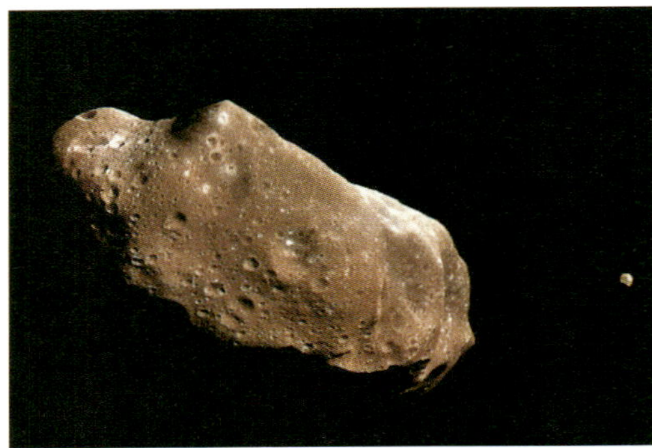

Asteroiden wie Ida – man beachte den kleinen Ida-Mond im Hintergrund – können in Raumkolonien als Quelle verschiedener Rohstoffe genutzt werden.

werden) könnten die Kolonien im Asteroidengürtel sehr viel schneller, aber vor allen Dingen noch größer gebaut werden. An Material wird es dafür jedenfalls nie mangeln. Es sind heute 8 319 größere Asteroiden mit Abmessungen bis zu einigen hundert Kilometern registriert, und nach den letzten Ergebnissen des Hubble-Teleskops werden dort etwa 300 000 kleinere Asteroiden von einem bis drei Kilometern Größe vermutet.

Damit wäre die Zeit reif für das endgültige Ziel: »Insel-Drei«-Kolonien, auch Raumarchen genannt. Mit ihren zehn Millionen Individuen könnten sie über unbegrenzte Zeiten vollständig autark existieren (O'Neill, G. K., 1974; 1977). Ihre Strukturen wären denen der »Insel-Zwei«-Habitate identisch, jedoch wesentlich weitläufiger. Die Zylinder hätten Längen von 32 km und Durchmesser von 6,4 km und einen Lebensraum von jeweils 1300 km^2. Bei diesem Durchmesser erzeugte die Atmosphäre bereits einen blauen Himmel mit Wolkenschichten in ein bis zwei Kilometern Höhe, also erdähnliches Wetter, und Ozon zum Schutz vor kosmischer Strahlung. Raumarchen mit diesen Abmessungen stellen die Grenze des nach heutigen Vorstellungen ökologisch Sinnvollen dar, nicht jedoch des materiell Machbaren. Mit heute bekannten Werkstoffen ließen sich Raumarchen mit Zylindern bis zu 19 Kilometern Durchmesser schaffen, die für bis zu 100 Millionen Menschen Lebensraum schaffen könnten.

Ausgestattet mit vollkommener Autarkie und praktisch unbegrenztem Materialvorrat könnten sich nach weiteren vielen hundert Jahren daraus viele unabhängige Raumkolonien entwickeln. Dem Wachstum solcher Raumarchen scheinen keine Grenzen gesetzt zu sein. Billigte

Ein Treibstoffdepot im Marsorbit in der Nähe des Marsmondes Phobos.

Astronaut bei der Reparatur außerhalb der US-Raumstation Skylab Anfang der siebziger Jahre. Solche Reparaturarbeiten werden bei jeder zukünftigen Raumstation und Raumkolonie gang und gäbe sein.

man jedem Kolonisten im Schnitt 13 km² Lebensfläche zu, dann ließe sich im Asteroidengürtel über viele Jahrtausende hinweg im Prinzip ein Lebensraum mit der 3 000fachen Größe der Erdoberfläche schaffen. Hinzu kämen Kolonien, die vielleicht auch auf anderen Monden unseres Planetensystems oder in deren Nähe verstreut leben. Diese Vielzahl von Raumarchen würde wahrscheinlich trotz ihrer Autarkie in regem Material- und Datenaustausch zueinander stehen.

Weil für den Entwurf der O'Neill-Kolonien nur bekannte Technologien vorausgesetzt wurden, ließen sich die voraussichtlichen Kosten ziemlich genau berechnen. Sie wurden für eine Raumkolonie für 10 000 Personen auf 300 Milliarden DM (Geldwert 1975) beziffert. Gerade wegen der hohen Kosten wird sich die Evolution zu einer Raumarche in geordneten Bahnen über sehr lange Zeiträume vollziehen, die garantieren werden, daß diese Prozesse möglich effizient verlaufen und die Raumsysteme technologisch, ökologisch und sozial stabil sind, bevor sie als Einrichtungen zum Flug zu entfernten Welten benutzt werden. Solange keine unmittelbare Bedrohung der Menschheit, wie etwa durch Kometeneinschläge, vorliegt, gibt es für eine schnelle Emigration auch keine Notwendigkeit.

Die Auswanderung aus unserem Sonnensystem hin zu anderen bewohnbaren Sternensystemen könnte allerdings erst dann beginnen,

wenn solche Raumarchen in großer Anzahl für mehrere Millionen Bewohner über längere Zeit, also mehrere Jahrhunderte hindurch, sichere und menschliche Lebensbedingungen böten. Für eine Reise über hundert oder gar mehr Jahre zu einem der nächsten bewohnbaren Planeten sind die Raumarchen darüber hinaus mit entsprechenden Antrieben und Energiequellen auszustatten. Die erste Vision einer nuklear angetriebenen Raumarche, die eine ganze Zivilisation von einem absterbenden Stern zu einem anderen Stern bringen könnte, wurde erstmals im Jahre 1918 von Robert Goddard beschrieben. In der Furcht, seine allzu futuristische Vorstellung könnte von der Fachwelt zerrissen werden, veröffentlichte Goddard sein Manuskript nicht, sondern ver-

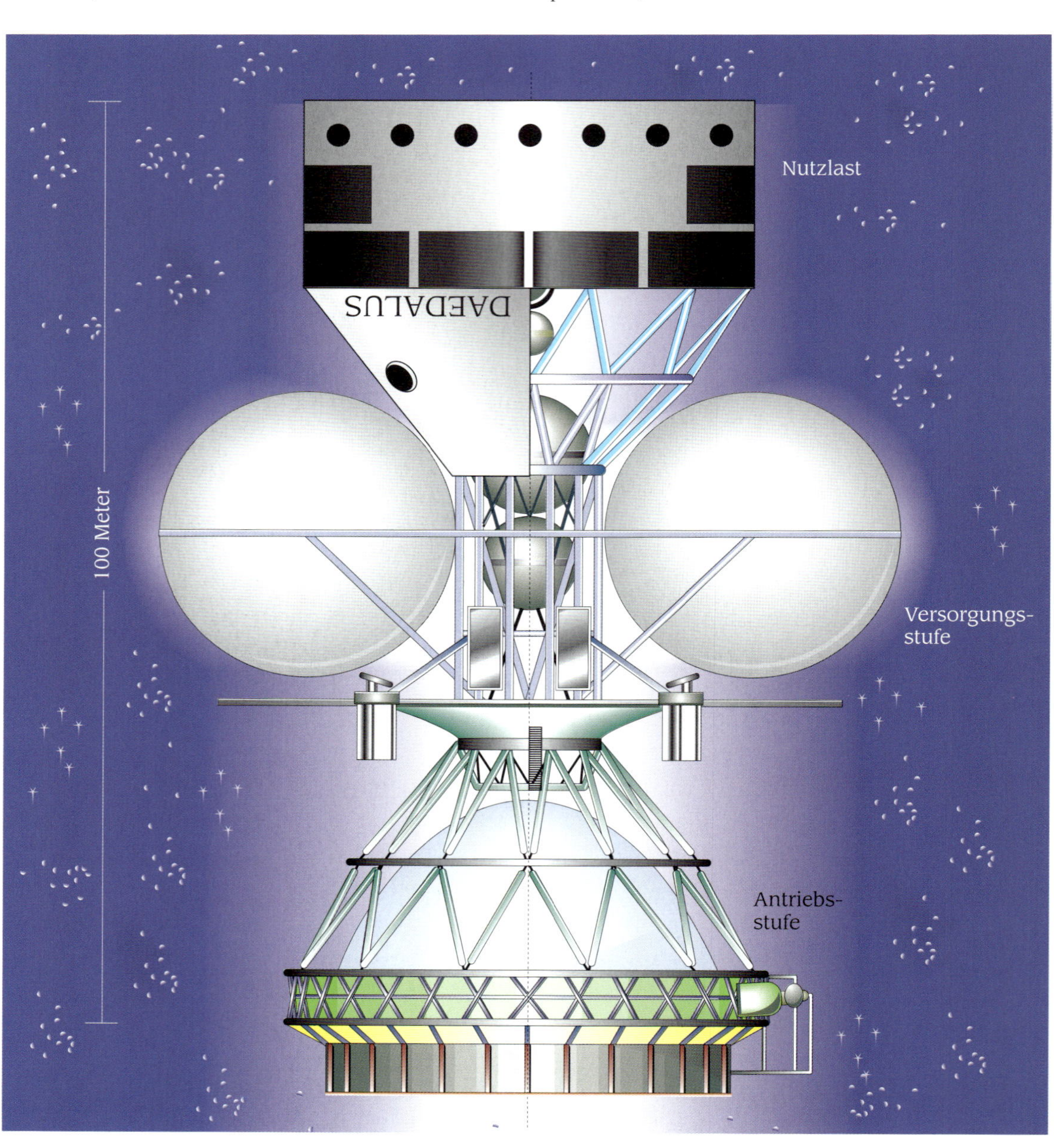

Planzeichnung der kleineren zweiten Stufe des Daedalus-Raumschiffes. Der obere zylindrische Teil mit 450 kg Gewicht enthält die Geräte zur Erkundung des Zielsternes Barnard. Vier Kugeltanks beinhalten 4 000 t des flüssigen Treibstoffes Helium-3 und Deuterium. Die zwei kleinen Kugeln in der Mitte sind Tanks für flüssigen Wasserstoff. Der untere Teil ist die nach unten offene Reaktionskammer, in der 250mal pro Sekunde kleine Kernfusionen zünden und das Raumschiff antreiben.

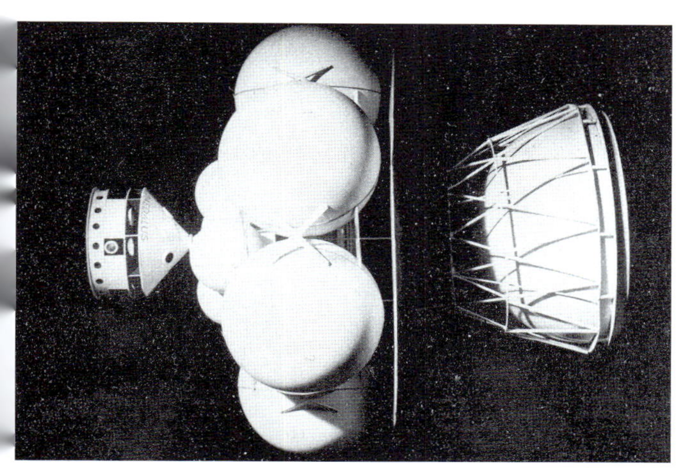

Das komplette Daedalus-Raumschiff kurz nach dem Start vom Planeten Jupiter, von wo es den Helium-3-Treibstoff aufgenommen hat. Die erste Stufe ist ähnlich aufgebaut wie die zweite Stufe, jedoch mit sechs großen Treibstofftanks. Die zweite Stufe ist in die erste Stufe eingelassen, dabei liegt die Reaktionskammer der zweiten Stufe zwischen den sechs großen Treibstofftanks der ersten Stufe, darüber die vier kleineren Treibstofftanks der zweiten Stufe.

wahrte es in einem Umschlag, bis es schließlich erst ein halbes Jahrhundert später den Weg in die Öffentlichkeit fand. Das Konzept künstlicher Planeten und autonomer Kolonien wurde von 1929 (Bernal, J. D., 1929; Stapledon, O., 1929) bis 1941 vollständig entwickelt und fand schließlich einen vorläufigen Höhepunkt in einer Veröffentlichung von L. R. Sheperd, der eine diskusförmige, Millionen Tonnen schwere Kolonie namens »Noahs Arche« für eine interstellare Reise beschrieb. Die Frage, ob eine voll ausgestattete und autonome Raumarche, die auch interstellare Raumarche oder Weltschiff genannt wird, überhaupt möglich ist, wurde in den siebziger Jahren im sogenannten Daedalus-Projekt, durchgeführt in den Jahren 1973 – 1978 von der British Interplanetary Society, positiv beantwortet (Bond, A. & Martin, A. R., 1978).

Das Daedalus-Projekt ist die einzige realistische detaillierte Studie zu diesem Thema. Sie zeigt, daß mit gegenwärtig vorhandener Technik, oder einer vernünftigen Erweiterung davon, mit einem automatischen Raumschiff innerhalb von 50 Jahren der sonnennahe Barnards Stern – er wurde deswegen ausgewählt, weil er in sonnennächster Umgebung als aussichtsreichster Kandidat für einen Stern mit erdähnlichen Planeten gilt – erreicht werden könnte, um dortige Planeten zu erkunden. Als wichtigstes Merkmal hätte das Raumschiff ein theoretisches Gesamtgewicht von 50 000 Tonnen, davon 450 Tonnen Nutzlast, und einen gepulsten Fusionsantrieb, der das Raumschiff auf 12 Prozent Lichtgeschwindigkeit beschleunigen könnte. Als automatisches, unbemanntes Raumschiff wurde dabei nur ein Vorbeiflug und keine Abbremsung zu diesem Planeten in Erwägung gezogen. Die einzige Frage, die offen blieb, war, wie ein solches Raumschiff im Weltraum zusammengebaut werden könnte und wie man die großen Mengen von Fusionstreibstoff (Deuterium und ^{3}He) beschaffen könnte. (Ein Review der Probleme findet sich in Bond, A. & Martin, A. R., 1986.) Diese Probleme sind allerdings nicht grundsätzlicher Art, sondern eine Frage fortgeschrittener Weltraumlogistik.

Das Daedalus-Raumschiff nach zwei Jahren Flugzeit. Die erste Stufe ist gerade abgesprengt und die zweite Stufe fliegt für weitere 1,8 Jahre dem Barnards Stern entgegen.

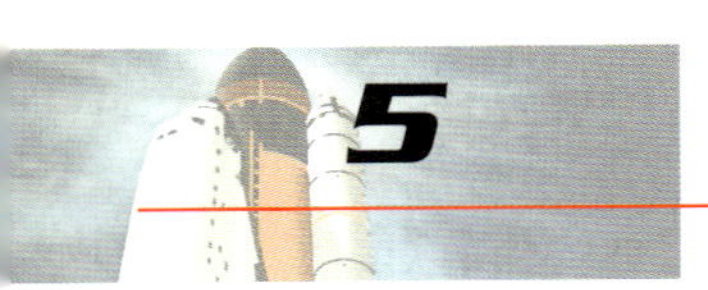

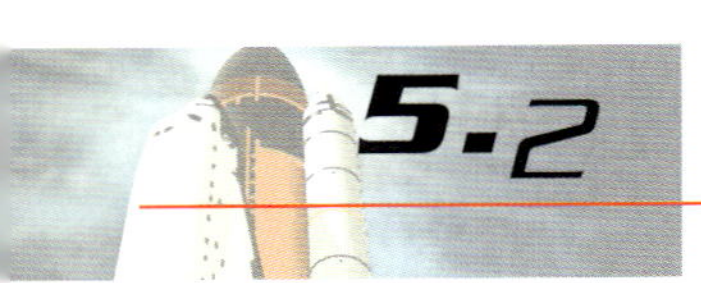

5.2 Interstellare Antriebe

Das jahrelange Daedalus-Projekt basierte wiederum auf einem ausführlichen Studium aller vorhandenen und einsetzbaren Antriebs- und Energiesysteme, mit deren möglichen Formen wir uns im folgenden beschäftigen wollen[2]. Der Grund, warum wir das etwas ausführlicher machen wollen, ist, wie es der Antriebsspezialist Eugene Mallove einmal ausdrückte:

[2] Einen hervorragenden Überblick über Weltraumantriebe findet man in der Zeitschrift »Quarterly Journal of the Royal Astronomical Society« 31/1990 und Mallove, E., 1989.

»Sternenreisen sind nicht nur einfach schwer, sie sind sehr, sehr, sehr schwer! Es ist wesentlich, sich die fundamentalen kosmischen Entfernungen zu vergegenwärtigen. Verkleinerte man die Sonne mit 1,4 Millionen Kilometern Durchmesser zu einer Murmel, dann läge die nur 0,1 mm große Erde in lediglich 1 Zentimeter Abstand von ihr entfernt. ...Pluto kreiste bereits mit 42 Metern Abstand auf dieser Skala ...(und) Proxima Centauri, der nächste bekannte Stern jenseits der Sonne, ...wäre 292 Kilometer entfernt ...Interplanetare Flüge, der Art wie wir sie bisher ermöglicht haben, sind somit etwa 10 000mal anspruchsloser ...als zukünftige interstellare Flüge.«

Jeder, der weiß, daß eine Pioneer- oder Voyager-Sonde viele Jahre für den Flug bis zum äußersten Planeten Pluto braucht, wird verstehen, welche Herausforderungen mit interstellaren Reisen einhergehen. Diese beinahe unvorstellbar großen Entfernungen in maßvollen Zeiten und maßvollen Raumschiffdimensionen zu überbrücken, ist Aufgabe der Antriebstechniker. Der richtige Antrieb ist das A und O eines erfolgversprechenden Sternenfluges. Der größte Fehler, den Sternenreisende machen könnten, wäre zu *früh* loszufliegen. Sie säßen in der »Aufholklemme«. Bei der schnellen Entwicklung der Antriebstechnologien heutzutage und sicherlich auch in der Zukunft kann es vorteilhafter sein, trotz eventuell größerer Raumschiffe aber wesentlich bessere Antriebe später und komfortabler loszufliegen und trotzdem früher anzukommen!

Antriebe sind nicht gleich Antriebe. Es gibt zwei wichtige charakteristische Leistungsmerkmale, die man im Auge behalten sollte. Zunächst einmal den Schub: Er ist vergleichbar mit den Pferdestärken eines Automotors. Der Schub ist genaugenommen die Kraft, mit der beim Start auf der Erde der Antrieb die Rakete gegen die Erdanzie-

hungskraft oder das Raumschiff beim Flug im Weltraum gegen die Trägheitskraft beschleunigt. Damit die Rakete von der Erde überhaupt abhebt, muß der Schub logischerweise größer sein als die Schwere der Rakete. Physikalisch betrachtet entsteht der Schub durch die Menge des verbrannten Treibstoffes, der pro Zeiteinheit mit der Geschwindigkeit v_{ex} (der Index »ex« steht für das englische »exhaust«, also Austritt) nach hinten ausgestoßen wird. Damit sind wir gleich bei einem der Grundprobleme der Antriebstechnik. Denn während man zum Verlassen des Schwerefeldes der Erde einfach nur schubstarke Triebwerke benötigt, wobei es auf die Endgeschwindigkeit nicht so ankommt, ist für interstellare Flüge, die viele Jahrhunderte andauern, nicht die Schubstärke das Entscheidende, sondern, wie wir gleich sehen werden, die Ausstoßgeschwindigkeit des Treibstoffes, die letztlich über die Raketengleichung die erreichbare Reisegeschwindigkeit bestimmt. Heute bekannte Antriebe sind entweder schubstark – da gibt es zu den chemischen Antrieben keine praktische Alternative – oder sie erzeugen bei nur relativ schwachem Schub eine hohe Ausstoßgeschwindigkeit. Genau diese Tatsache wird in Zukunft sicherlich zu einer Zweiteilung der Prozesse führen. Es wird schubstarke Frachtraumschiffe mit konventionellen chemischen Antrieben geben, die hochveredeltes Material, das nicht aus Asteroiden oder Monden gewonnen werden kann, von der Erde in den schwerelosen Weltraum bringen. Dort werden die Raumarchen mit ihrem hohen Gewicht weitab von jedem Planeten zusammengebaut und mit interstellaren Antrieben ausgerüstet, die zwar relativ schubschwach sind, jedoch wegen ihrer hohen, konstanten Austrittsgeschwindigkeit langfristig eine hohe Reisegeschwindigkeit ermöglichen.

Für ein interstellares Triebwerk ist also nicht der Schub, sondern eine andere Größe entscheidend: der spezifische Impuls, I_{sp}. I_{sp} ist ein Maß für die Effizienz eines Antriebs: Wieviel Impuls (Schub mal Zeit) wird pro Treibstoffmenge erzeugt? Das ganze wird in Einheiten der Erdbeschleunigung angegeben. Es sollte nicht überraschen, daß I_{sp} in Sekunden gemessen wird. Dies läßt sich leichter verstehen, wenn man durch einige Berechnungen herausfindet, daß der spezifische Impuls mit der Ausstoßgeschwindigkeit v_{ex} nahezu identisch ist:

$$I_{sp} = \frac{v_{ex}}{g} \qquad g = \text{Erdbeschleunigung} = 9{,}81\ \text{m/s}^2.$$

Daran erkennt man direkt: Geschwindigkeit (m/s) geteilt durch Beschleunigung (m/s²) ist schlicht und einfach Zeit. Da sich die Austrittsgeschwindigkeit einfacher als v_{ex} vorstellen läßt und weil auch v_{ex} und nicht I_{sp} als natürliche Größe in den folgenden Gleichungen auftritt, wollen wir uns im folgenden und im Gegensatz zu den Antriebstechnikern an v_{ex} als Vergleichsgröße halten.

Schließlich sollte man sich noch die Raketengleichung einer einstufigen Rakete im schwerelosen Raum vor Augen halten:

$$\Delta v = v_{ex} \ln \left(\frac{m_0}{m_f}\right) = v_{ex} \ln \left(1+\frac{\Delta m}{m_f}\right),$$

wobei Δv die Geschwindigkeitszunahme der Rakete bei einem Treibstoffverbrauch von Δm, m_0 die Startmasse, m_f die verbleibende Masse ($m_f = m_0 - \Delta m$) der Rakete nach dem Abbrand und ln der natürliche Logarithmus zur Basis der Zahl e ist. Das Verhältnis m_f/m_0, also das Verhältnis zwischen der Masse einer ausgebrannten Rakete und ihrem Startgewicht, nennt man auch Nutzlastverhältnis, da am Ende des Antriebs immer das übrigbleibt, was man schlußendlich im Weltraum haben will, nämlich die Nutzlast (plus ein wenig »Drumherum«). Man erkennt leicht, daß eine Rakete durchaus schneller als die Ausstoßgeschwindigkeit des Treibstoffes, v_{ex}, werden kann (v_{ex} wird schließlich nur relativ zur Rakete gemessen), wenn das Nutzlastverhältnis kleiner als $1/e = 0{,}368$, also kleiner als 36,8 Prozent ist. Tatsächlich erreicht eigentlich jede heutige Rakete für die nahe Erdumlaufbahn und insbesondere das Shuttle mit einem üblichen Nutzlastverhältnis von weniger als 0,1 mindestens die 2,3fache Austrittsgeschwindigkeit, wegen des Stufenprinzips sogar weitaus mehr. Die Crux der Raumfahrt ist aber die, daß mit zunehmender Endgeschwindigkeit Δv die benötigte Treibstoffmasse nicht proportional ansteigt, sondern exponentiell! Dies erkennt man leicht, wenn man die Raketengleichung zu folgender Gleichung umformt:

$$\frac{m_0}{m_f} = e^{\frac{\Delta v}{v_{ex}}}$$

Es gibt zwei Auswege aus dem Problem, bei einer angestrebten hohen interstellaren Reisegeschwindigkeit die erforderliche Treibstoffmasse nicht ins Unermeßliche anwachsen zu lassen. Erstens das Stufenprinzip: Hierbei geht es um nichts anderes, als nutzlos gewordene »Nutzlast«, also die Tanks, die den bis dahin verbrauchten Treibstoff enthielten, und mit ihnen eventuell nutzlos gewordene Antriebe, einfach abzustoßen, um damit die weitere Nutzlastmasse zu verringern. Der zweite und elegantere Ausweg wäre die Herstellung von Antrieben, die eine größere Austrittsgeschwindigkeit v_{ex}, also einen höheren spezifischen Impuls, erzeugen. Da sich das Stufenprinzip grundsätzlich für jede Antriebsform realisieren läßt, gerät die Kunst der interstellaren Antriebsingenieure zur Jagd auf Antriebe mit möglichst hohem spezifischen Impuls und deren Machbarkeit. Die nachstehende Tabelle, berechnet aus obiger Gleichung, zeigt, wie entscheidend ein großes v_{ex} für die Machbarkeit einer Reise zu einem Stern (ohne Rückflug!) ist. Als Beispiel ist der sonnennächste Stern Proxima Centauri in einer Entfernung von 4,3 Lichtjahren ausgewählt. Bei einer End- und somit Reise-

geschwindigkeit von 0,05 c und einer entsprechenden Reisezeit (inklusive Beschleunigungszeit) von über 420 Jahren betrügen die Nutzlastverhältnisse in Abhängigkeit der Austrittsgeschwindigkeiten:

v_{ex}	Nutzlastverhältnis	
$1{,}7 \cdot 10^{-5}$ c	10^{1277}	chemische Antriebe
$3 \cdot 10^{-5}$ c	10^{723}	
$1 \cdot 10^{-4}$ c	10^{217}	
$3 \cdot 10^{-4}$ c	$2 \cdot 10^{72}$	Ionenantriebe
$1 \cdot 10^{-3}$ c	$5 \cdot 10^{21}$	
$3 \cdot 10^{-3}$ c	$1{,}7 \cdot 10^{7}$	Fusionsantrieb, Ramjets
$1 \cdot 10^{-2}$ c	148	gepulste Fusionsantriebe

Man erkennt deutlich, daß erst durch Antriebe mit $v_{ex} > 10^{-3}$ c ($I_{sp} >$ 10 000 s) Raumschiffe konstruierbar werden, die nicht gigantisch groß sind und nicht nur aus Treibstoff bestehen.

Die Jagd ist eröffnet. Die zur Zeit vorstellbaren Antriebe (Mallove, E. F. & Matloff, G. L., 1980; Paprotny, Z. et al., 1984 – 1987; *Quarterly Journal of the Royal Astronomical Society* 31/1990) lassen sich vom Prinzip her unterteilen in konventionelle Selbstantriebe (chemische Antriebe, elektrische Antriebe, Nuklear-Antriebe, siehe Abb. S. 212), bei denen das Raumschiff die Antriebsenergie selbst bereitstellt; Ramjets und deren Unterarten, die die Kernfusion als konventionellen Antrieb benutzen, aber den Treibstoff, die Protonen, aus der interstellaren Materie aufsammeln; und schließlich externe Antriebe, sogenannte Segler, bei denen die Antriebsenergie durch Strahlen, elektromagnetische wie Teilchenstrahlen, von unserem Planetensystem zugeführt wird; und natürlich verschiedene Mischungen all dieser Antriebsarten.

Die einfachste Variante von Seglern sind die Sonnenlichtsegler. Das Prinzip ist praktisch identisch zum bekannten Windsegel. Seit den Anfängen der Theorie des Lichtes im 19. Jahrhundert weiß man, daß Licht einen Strahlungsdruck erzeugt, den man durch ein Lichtsegel als Antrieb nutzen kann. Leider ist der Strahlungsdruck sehr gering, weshalb man unter üblichen Bedingungen auf der Erde davon nichts merkt: Man wird bei einem Spaziergang im Sonnenschein nicht gerade »umgeblasen«. Außerdem nimmt der Strahlungsdruck mit dem Abstand zur Sonne quadratisch ab, die Sonnenstrahlung wird eben mit größerem Abstand einfach drastisch schwächer, aber umgekehrt nimmt sie auch mit abnehmendem Abstand drastisch zu. Ein imaginäres Raumschiff – von seinen Erfindern »Sark-1« getauft –, das mit 1 000 Bewohnern eine Masse von 5 500 t hätte und das mit allein so einem Antrieb eine interstellare Reise bestreiten sollte, müßte ein Sonnensegel von 380 km

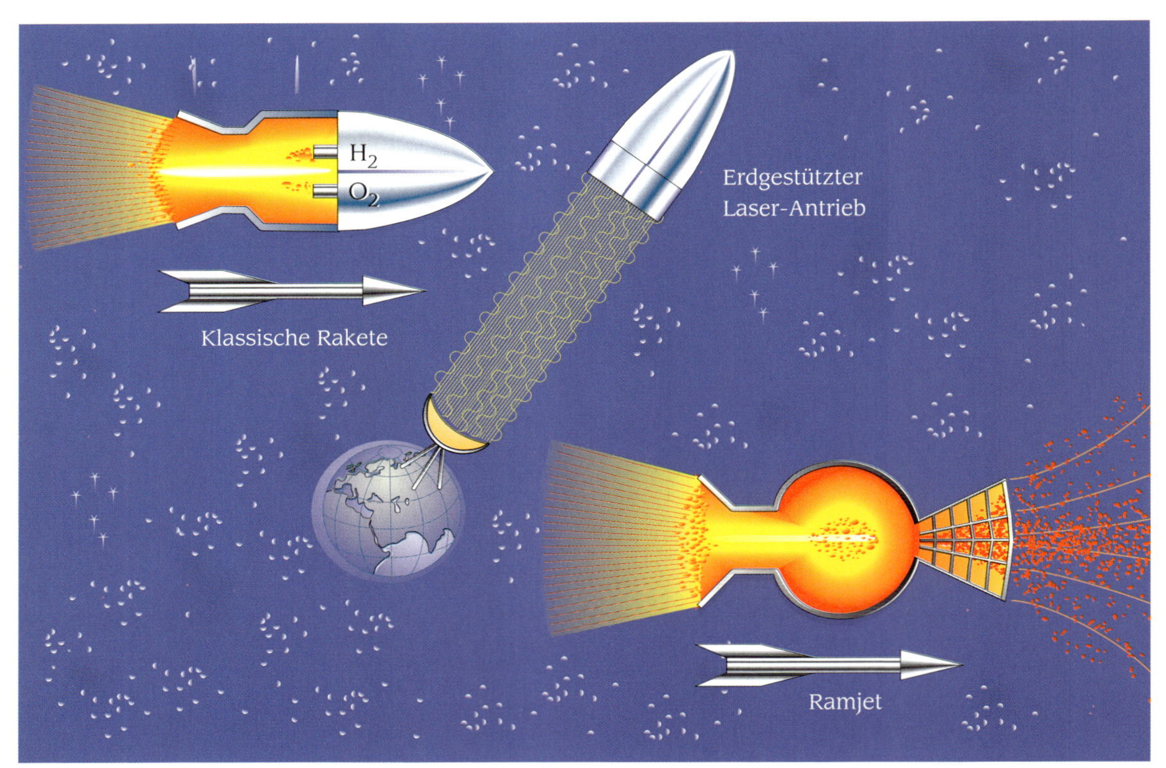

Die drei prinzipiell möglichen Antriebsarten für interstellaren Raumflug: 1. vollautonome, klassische Raketen (hier mit chemischem Antrieb dargestellt, es könnten ebenso solche mit Nuklear- oder Antimaterie-Antrieb sein); 2. Ramjets mit interstellarer Materie als Antriebsmasse; 3. Segler, bei denen das Raumschiff durch Sonnenlicht und/oder Laserlicht und/oder Teilchenströme beschleunigt und abgebremst wird.

Durchmesser haben. Den Großteil seiner Reisegeschwindigkeit würde es aus einem möglichst nahen Vorbeiflug an der Sonne und dort im Perihelion, also dem sonnennächsten Abstand erhalten. Es wurde berechnet, daß es in einem möglichst kleinen Perihelion bei mehreren hundert Grad Hitze mit 14,6 g beschleunigt und schließlich beim Hinaussegeln aus unserem Planetensystem eine Endgeschwindigkeit von 0,14 Prozent der Lichtgeschwindigkeit erreichen würde, um so zum Beispiel nach 1 350 Jahren am sonnennahen Stern Alpha Centauri anzukommen. Ein derart strapaziöser Flug wäre laut Sark-1-Erfindern ein Kompromiß zwischen der kürzesten möglichen Annäherung an die Sonne (maximale Temperatur und Beschleunigung, wobei die vielen hundert Grad und 14,6 g sicherlich nicht mehr tolerabel sind) und der maximal zumutbaren Reisezeit (auch da liegen 1350 Jahre für nur 1 000 Reisende jenseits des Zumutbaren).

Eine der Schwachstellen des Sonnensegels ist die drastische Abnahme des Schubs mit der zunehmenden Entfernung von der Sonne. Das ließe sich umgehen, wenn man statt oder zusätzlich zur Sonnenstrahlung einen Laserbeamer auf der Erde oder in Sonnennähe einsetzte. Dieser äußerst lichtstarke Laser, oder gar mehrere von ihnen, könnte wegen der minimalen Divergenz des abgegebenen Strahles sehr lange seine gesamte Lichtmenge auf das Segel des Raumschiffes übertragen. Dieses Segel sollte ein perfekter Spiegel sein, der das Licht

Planzeichnung einer mit Sonnensegel angetriebenen Raumarche.

zurück zur Erde reflektiert. In der Nähe von Lichtgeschwindigkeit wird so nicht nur der doppelte Lichtimpuls auf das Raumschiff übertragen, sondern wegen der auftretenden starken Frequenzverschiebung des reflektierten Lichtes auch fast die gesamte Energie.

Eine bemerkenswerte Variante dieses erdgestützten Antriebs ist der »Teilchenstrom-Antrieb«. Mit ihm würden statt Licht kleine Materiestücke zwischen 10 g und 100 g in einem elektromagnetischen Beschleuniger auf nahe Lichtgeschwindigkeit gebracht und dem Raumschiff nachgeschossen. Der Aufprall auf eine Auffangvorrichtung erzeugte dann dort den Vortrieb. Was das im Detail bedeutet, veranschaulicht folgendes Beispiel: Ein supraleitender Dipolbeschleuniger mit einer Länge von 100 Millionen Kilometern (also fast so lang wie der Abstand Sonne–Erde!) katapultierte die Materiegeschosse im Abstand von etwa einer Sekunde und mit einer Beschleunigung von 5 000 g (5 000fache Erdbeschleunigung, die in Laboratorien bereits realisiert wurde) auf ein Drittel der Lichtgeschwindigkeit. Die dafür notwendige

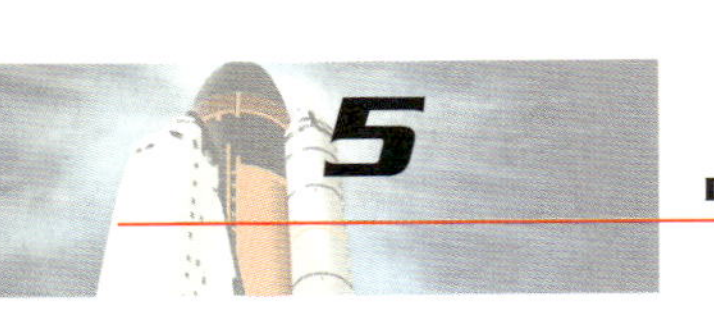

Künstlerische Darstellung einer Raumarche mit Lasersegel. Der Laserstrahl, der das Lasersegel tief im Weltraum bestrahlt, könnte zum Beispiel von einer großen Sonnenfarm auf dem Merkur stammen, die das Sonnenlicht in das stark fokussierte Laserlicht umsetzt und in Richtung Raumarche abstrahlt.

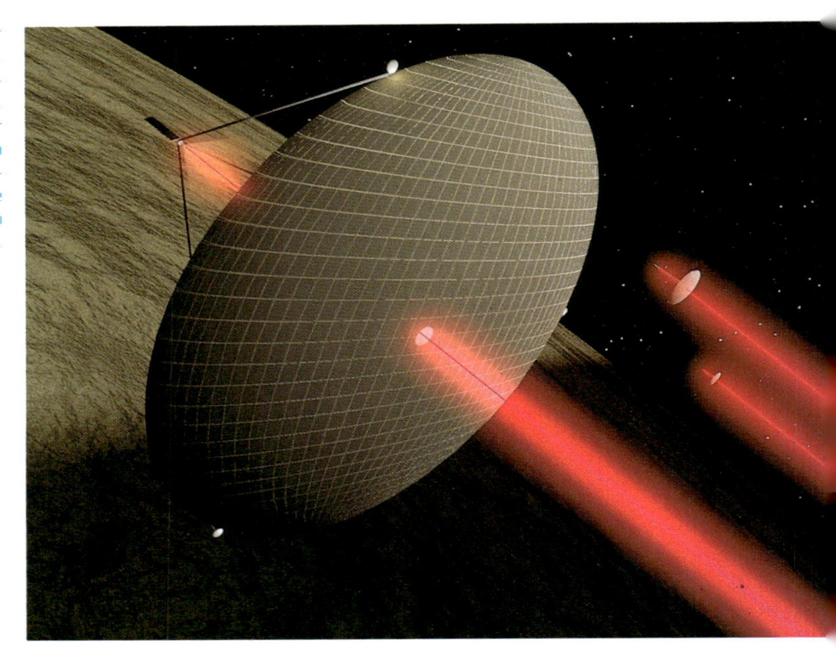

Energie würde von Sonnenkollektoren mit Abmessungen von 200 x 200 km zur Verfügung gestellt. Damit die Anziehungskraft der Sonne eine so lange Konstruktion nicht verbiegt (der Beschleunigungsweg muß exakt gerade sein), müßte der Beschleuniger außerhalb unseres Planetensystems plaziert werden. Nur dort wäre auch die Gefahr einer Zerstörung durch eine Kollision mit Asteroiden oder Kometen vernachlässigbar gering. Damit der Teilchenstrom bis zum Aufschlag auf das Raumschiff ausreichend genau auf das Raumschiff gerichtet bliebe, müßten einige Dutzend Kollimatoren im Abstand von jeweils 50 Milliarden Kilometern (der Abstand Sonne–Pluto beträgt nur sechs Milliarden Kilometer!) eingesetzt werden. Angesichts dieser wahrhaft kosmischen Dimensionen darf bezweifelt werden, ob solch ein System jemals zur Anwendung kommen wird.

Damit kommen wir auf die Nachteile, die allen Seglern gemeinsam sind, zu sprechen. Der gravierendste ist der, daß sie sich ohne weiteres nicht wieder abbremsen lassen, denn der heimatgestützte Antrieb erfolgt immer nur radial nach außen, von der Sonne weg. Man hat sich zwar überlegt, den Zielstern nicht direkt anzufliegen, sondern das Raumschiff auf einem durch Lorentz-Kräfte gekrümmten, weit geschwungenen Weg von hinten das Ziel anfliegen zu lassen und es dann von demselben Antriebsstrahl auch wieder abbremsen zu lassen. Aber diese Art interstellarer Reise hat viele gravierende Nachteile. Der Umweg durch den Anflug »von hinten« verlängert die Reisezeit um ein Vielfaches, obwohl Lichtsegelantriebe im Vergleich ohnehin die längsten Reisezeiten erfordern. Ein weit geschwungener Reiseweg bedeutet auch eine synchrone Richtungsänderung des Strahls, ohne mit dem

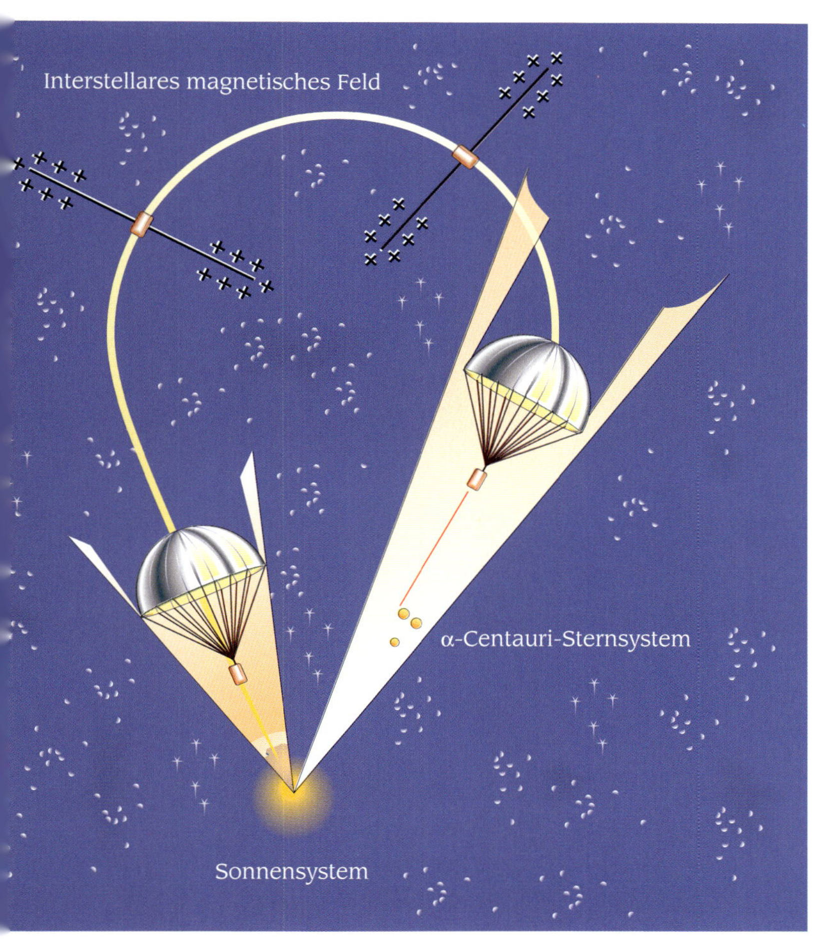

Flug von der Erde (Sonnensystem) zum Stern α-Centauri mit einem Laserlichtsegler. Der Segler wird zunächst beschleunigt. In etwa neun Lichtjahren Entfernung wird der Antrieb ausgesetzt und lange leitende Kabel werden ausgefahren. Das interstellare Magnetfeld induziert Kräfte, die den Segler auf einer kreisförmigen Bahn von »hinten« an α-Centauri heranführen. Wiedereinsetzendes Laserlicht bremst schließlich den Segler für die Landung auf einem der Planeten des 4,4 Lichtjahre entfernten Sternes ab.

Raumschiff im Kommunikationskontakt stehen zu können (siehe Kapitel 4.1 »SETI auf den Zahn gefühlt«). Passive Segler lassen in großer Entfernung ohne Kommunikation oder Synchronisation mit der Erde keine Kurskorrekturen zu, was für eine Suche nach einem geeigneten Stern und der Abbremsung und Landung auf einem seiner Planeten unbedingte Voraussetzung wäre. Und schließlich und am bedeutsamsten: Welcher Sternenreisende, dessen Reiseerfolg und mehr noch, dessen Existenz von diesem erdgetriebenen, passiven Antrieb abhinge, will sich über Jahrtausende von dem »Wohl und Wehe« der heimatgestützten Laser beziehungsweise Beschleuniger abhängig machen. Deren Energieverbrauch wird sicherlich einen nicht unbeträchtlichen Teil der Energieerzeugung der Menschheit ausmachen, weshalb jede größere Konjunkturflaute der Weltwirtschaft, jede kriegerische zwischenstaatliche Auseinandersetzung oder gar Weltkriege unseren Reisenden im wahrsten Sinne des Wortes das Licht ausknipsen, ihn auf ungewisse Zeiten antriebslos dahintreiben lassen und im ungünstigsten Fall ungebremst auf den Zielstern zustürzen lassen würden. Aus all diesen Gründen werden sich Segel sicherlich nicht zu dominierenden interstellaren Antrieben mausern.

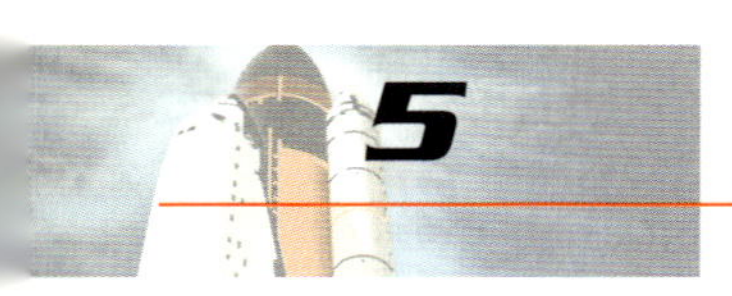

Ein wichtiger Vorteil, der ihnen jedoch zugestanden werden muß, ist ihre Ökonomie. Segler brauchen ihre Antriebsenergie nicht selbst mitzuschleppen und könnten daher relativ leicht und einfach gebaut sein. Tatsächlich sind Lichtsegel die einzigen Antriebe, die nach heutigem Wissen einen ökonomisch (nicht zeitlich!) vertretbaren Rundflug zu einem Nachbarstern und wieder zurück gestatten. Ein weiterer besonderer Vorteil von Lichtsegeln ist ihre enorme Effektivität nahe Lichtgeschwindigkeit, also die in kinetische Energie des Raumschiffs umgesetzte Energie, die als Strahlung von der Erde auf das Sonnensegel fällt. Sie ist weit unterhalb der Lichtgeschwindigkeit zwar noch sehr gering, nimmt aber mit der Geschwindigkeit stetig zu, bis sie in der Nähe von Lichtgeschwindigkeit beliebig nahe an 100 Prozent herankommt (Marx, G., 1966).

Die mechanische Effektivität einer Rakete in Abhängigkeit von ihrer Fluggeschwindigkeit (in Einheiten der Lichtgeschwindigkeit c) für vier verschiedene Antriebsmechanismen mit deren charakteristischen Austrittsgeschwindigkeiten v_{ex} (ebenfalls in Einheiten von c). Im Prinzip werden die höchsten Geschwindigkeiten und Effizienzen mit interstellaren Ramjets erzielt.

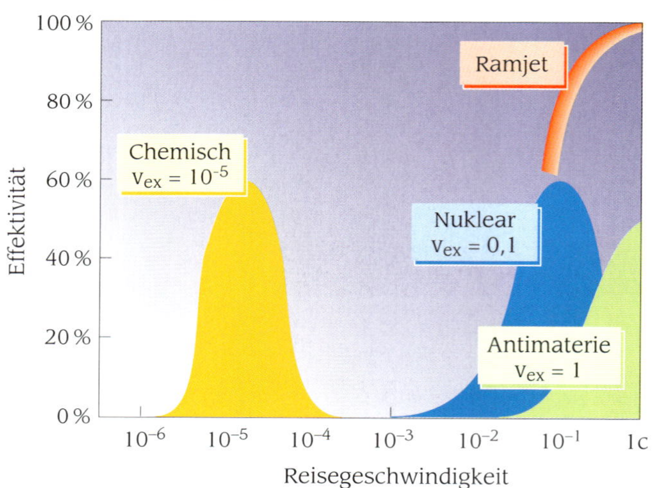

Unter den konventionellen Antrieben sind, wie bereits erwähnt, die derzeit benutzten chemischen Antriebe für interstellare Reisen denkbar ungeeignet. Wie bei allen selbstantreibenden Raumschiffen erreicht die Effektivität des Antriebs bestenfalls 60 Prozent nur dann, wenn die Geschwindigkeit des Raumschiffes so groß ist wie die Austrittsgeschwindigkeit des Antriebsgases (Marx, G., 1973, S. 218). Da bei chemischen Antrieben die Austrittsgeschwindigkeit 10^{-5} c nicht übersteigt, sind einerseits keine vertretbaren interstellaren Reisegeschwindigkeiten möglich und wegen der Raketengleichung bleibt andererseits auch das erreichbare Nutzlastverhältnis äußerst unbefriedigend. Chemische Antriebe eignen sich somit nur zu Flügen zu den benachbarten Planeten unseres Sonnensystems.

Die elektrischen Antriebe, unter ihnen das Ionentriebwerk, wie das erst kürzlich für die Sonde *Deep Space 1* eingesetzte Magnetionentriebwerk, sind in ihren Eigenschaften vollkommen konträr zu den chemischen Antrieben. Elektrische Antriebe opfern im Grunde genommen Schub für hohe Austrittsgeschwindigkeit. In Ionentriebwerken wird durch elektrische Energie der Treibstoff ionisiert und anschließend über ein angelegtes starkes elektrisches Feld mit hoher Geschwindigkeit ausgetrieben. Es sind Austrittsgeschwindigkeiten bis zu $v_{ex} = 5 \cdot 10^{-4}$ c erreicht worden. Selbst Werte bis zu 0,01 c scheinen nicht unmöglich. Bei aller Freude über diese hohen Werte darf ein entscheidender Nachteil nicht übersehen werden. Obwohl bei interstellaren Antrieben der Schub von unter-

geordneter Bedeutung ist, so bedeutet dies nicht, daß er beliebig klein werden darf. Der Schub muß immer noch so groß sein, daß er das Raumschiff gegen dessen Trägheit in angemessener Zeit, also in weniger als 100 Jahren, auf die Endgeschwindigkeit bringen kann. Genau das ist aber bisher bei Ionentriebwerken nicht erfüllt. Die erreichbare Ausstoßmasse ist zur Zeit so gering, daß keine nennenswerten Raumschiffschübe erreicht werden. Es bleibt abzuwarten, ob dieses Problem in Zukunft beseitigt werden kann.

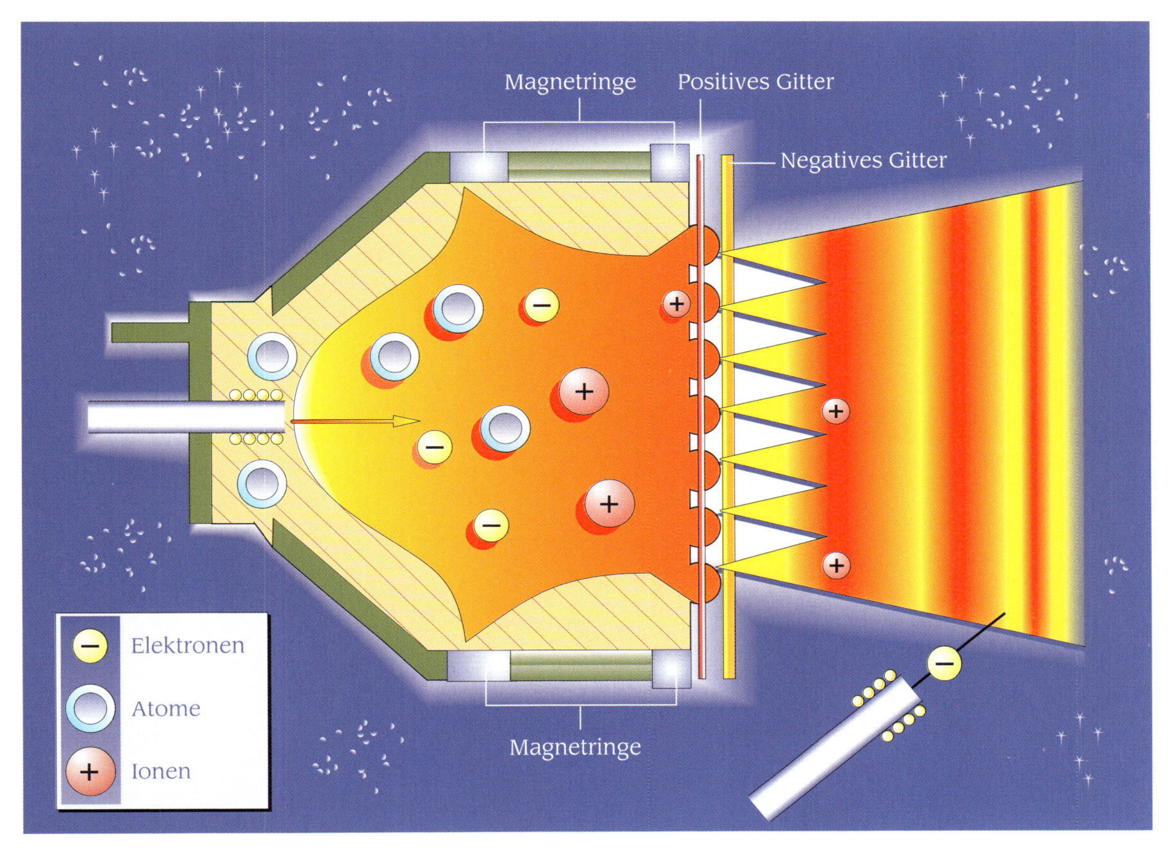

Prinzipieller Aufbau eines Ionenantriebs, wie er erstmals in der NASA-Sonde »Deep Space 1« benutzt wurde. Die von links eintretenden schnellen Elektronen ionisieren Xenon-Atome im Inneren der Antriebskammer. Diese werden durch ein hohes elektrisches Feld nach hinten beschleunigt und treten mit hoher Geschwindigkeit aus dem Antrieb aus. Dadurch erzeugen die Ionen einen Rückstoß, der als Antrieb genutzt wird. Die austretenden positiven Ionen werden durch Elektronenzufuhr schließlich neutralisiert.

Unter den konventionellen Antrieben zählt der Fusionsantrieb zu den weitaus erfolgversprechendsten Vertretern. Er verschmilzt leichte Kerne wie Deuterium zu Helium-3 oder Helium-3 zu normalem Helium-4 und gewinnt daraus große Mengen von Energien, die in eine hohe Ausstoßgeschwindigkeit der erzeugten Heliumionen umgesetzt werden. Die Fusion von allseits vorhandenen Wasserstoffionen miteinander, wie es unsere Sonne praktiziert, ist eher unwahrscheinlich, da der Wirkungsquerschnitt[3] dieser Fusionsreaktion um 10^{20} (!) Größenordnungen geringer ist, als der der Verschmelzung von Deuterium oder Helium-3. Die prinzipiellen Möglichkeiten eines irdischen Fusionsreaktors mit Deuterium und Tritium wurden bereits in verschiedenen Testreaktoren demon-

[3] Der Fusionswirkungsquerschnitt ist die Wahrscheinlichkeit des Eintretens einer Fusionsreaktion bei der Anwesenheit einer bestimmten Menge des Ausgangsstoffes.

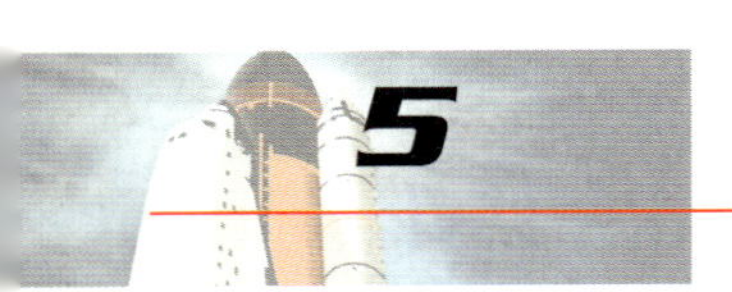

striert, und man rechnete mit ersten Prototypen in den nächsten 20 bis 30 Jahren. Man kann sich einen Fusionsantrieb als eine magnetische Flasche mit Loch vorstellen. Das bedeutet, das in der Flasche fusionierte heiße Plasma kann nur nach hinten durch das Loch entkommen und so Vorschub produzieren. Der Fusionsantrieb ist deswegen so erfolgversprechend, weil er mit einer Effizienz von bis zu 60 Prozent bereits ein Prozent der Treibstoffmasse in reine kinetische Energie umsetzt – bei einer respektablen Ausstoßgeschwindigkeit und damit maximalen Reisegeschwindigkeit von bis zu 0,01 c, theoretisch sogar bis 0,1 c. Als Schub-zu-Masse-Verhältnis kann voraussichtlich jedoch nur 10^{-4} bis 10^{-5} erreicht werden.

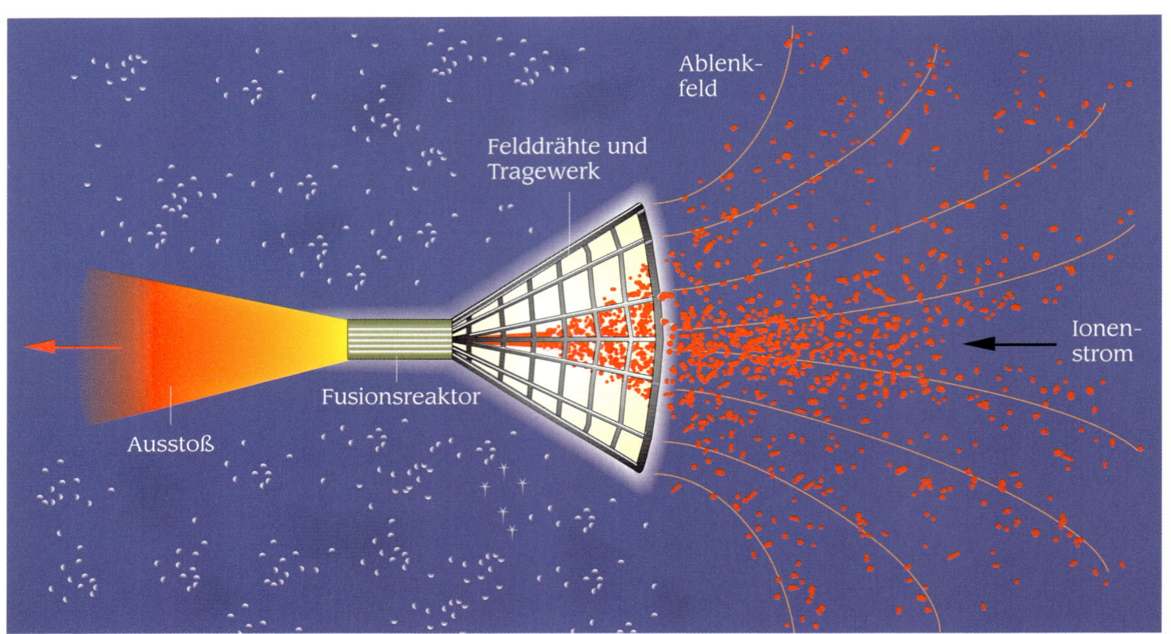

Der Bussard-Ramjet. Interstellarer Wasserstoff (Ionenstrom) wird mit Hilfe der durch Felddrähte erzeugten weitläufigen Magnetfelder in Richtung der Einlaß-Tragestruktur gelenkt. Die einströmende Materie gelangt über den Trichter direkt in die Fusionskammer, wo die kontinuierliche Fusion stattfindet. Die relativistischen Fusionsprodukte Deuterium werden nach hinten abgelenkt und erzeugen so den Vorschub.

Eine Antriebsart, die über die Fusionstechnik hinausgeht, ist der interstellare Ramjet und seine vielfältigen Variationen. Der zugrunde liegende Gedanke geht von dem Problem konventioneller Antriebe aus, bei denen der mitgeführte Treibstoff den weitaus größten Beitrag zur Gesamtmasse des Raumschiffes ausmacht und dadurch eine enorm aufwendige Antriebstechnik erfordert. Bussard äußerte 1960 erstmals die Idee, während des Fluges die Antriebsmasse aus der interstellaren Materie aufzusammeln. Die interstellare Materie besteht zum großen Teil aus Protonen p, das heißt, Wasserstoffkernen, die als geladene Teilchen wie bei einem Staubsauger über einen großen Magnetfeldtrichter mit einem Durchmesser von bis zu 2 000 km eingefangen und durch die schnelle Vorwärtsbewegung des Raumschiffes dem Fusionsreaktor zugeführt werden könnten. (Größere Trichter sind wegen der dabei entstehenden Materialbelastungen des Magneten unwahrscheinlich.) Rein theoretisch wäre der Ramjet der ideale interstellare Antrieb, denn er wandelt die aufgesammelten Wasserstoffatome theoretisch mit 99prozentiger Effizienz in kinetische Energie, also Geschwindigkeitszuwachs des Raumschiffes um und das fast gleichbleibend im gesamten Geschwindigkeitsbereich von 0,1 c bis 1 c. Die Beschleunigung des Ramjets wäre überdies unabhängig von der Raumschiffgeschwindigkeit. Mit einem Trichterdurchmesser von 2 000 km ließe sich eine komfortable konstante Beschleunigung von 0,05 g erzeugen, die das Raumschiff innerhalb von zehn Jahren auf die Hälfte der Lichtgeschwindigkeit brächte.

Künstlerische Darstellung eines Bussard-Ramjets.

So einfach und attraktiv das klingt, so kompliziert erweisen sich die Dinge im Detail. Zwei größere Probleme sind mit dem »Staubsauger-Reaktor« verbunden. Einmal ist wie beim Fusionsantrieb der p-p-Fusionswirkungsquerschnitt für die zugeführten Protonen zu gering, man brauchte einen riesengroßen Reaktor, damit wenigstens einige wenige der darin eingeschlossenen Protonen miteinander fusionierten. Man hat berechnet, daß die typischen Abmessungen eines p-p-Ramjet-Antriebs ungefähr 7 000 km betragen müßten (Mallove, E. F., 1989). Selbst

für eine Weltarche ein dicker Brocken. Es gibt jedoch Spekulationen, daß die äußerst geringe Fusionsneigung von p-p vielleicht in einem katalytischen Ramjet (Whitmire, D. P., 1975) mit ^{12}C und ^{20}Ne als Fusionskatalysatoren drastisch herabgesetzt werden könnte. Die katalytische Fusion liefe in einem zylindrischen, nurmehr zehn Meter großen Reaktorkern ab, für den jedoch ein Magnetfeld notwendig wäre, das 100mal stärker sein müßte als das mit gegenwärtiger Technologie Machbare. Das Problem dabei ist weniger die dafür bereitzustellende Energie, sondern die enormen Belastungen, denen bisher bei weitem kein Material standhalten kann.

Zweitens würde der magnetische Trichter bei einem technologischen Limit von 1 000 Tesla Feldstärke nur einen billionsten Teil der interstellaren Protonen einfangen (Martin, A. R., 1973). Dies könnte aber durch zusätzliche statische Felder verbessert werden (Matloff, G. L. & Fenelly, A. F., 1977). Auch Raumschiff-Zwischenlösungen, die die Energie selbst mitbringen aber die interstellare Materie als Ausstoßmasse benutzen und damit wesentlich leichter sind als konventionelle Raumschiffe, sogenannte RAIRs, sind vorgeschlagen worden (Bond, A., 1974), sie haben aber immer noch das Problem des ineffizienten magnetischen Trichters.

Zusammenfassend läßt sich sagen, daß die Ramjets, welcher Abart auch immer, nicht die hochgesteckten Hoffnungen erfüllt haben, die man Anfang der sechziger Jahre in sie gesetzt hat. Als Probleme bleiben der ineffiziente Auffangtrichter und die sogar weit ineffizientere Fusion der eingefangenen interstellaren Protonen. Es scheint aber verfrüht, aus diesen Gründen dieses interessante Konzept sogleich über den Haufen zu werfen. Zu verheißungsvoll sind einfach dessen Möglichkeiten.

Die interessanteste Variante des Kernfusionsantriebs ist der heutzutage gepulste Nuklearantrieb, dessen Prinzip sich aus der Nuklearwaffenforschung des Zweiten Weltkrieges ableitet. Das Prinzip ist verblüffend einfach. Man nehme eine große Anzahl möglichst kleiner Nuklearbomben und zünde eine nach der anderen nahe am Raumschiff. Was anfangs wie ein fragwürdiges Unterfangen erscheint, entpuppt sich bei genauerem Hinsehen als ein äußerst simples, aber effektives Prinzip. Natürlich würde man das Raumschiff nicht ungeschützt der Kernexplosion aussetzen, sondern diejenigen Bombentrümmer, die das Raumschiff träfen, würden auf eine vorgelagerte Schubplatte schlagen, die fest mit dem Raumschiff verbunden ist, von der sie dann zurückprallten und so einen kurzen aber heftigen Impuls an das Raumschiff abgäben. Damit dieser Schlag nicht zu drastisch ausfiele, könnte man einen robusten Dämpfer als Übertrager einbauen.

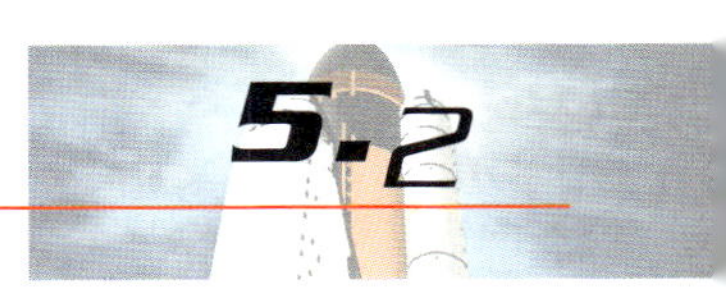

Die Idee zu dieser Art Antrieb geht übrigens auf den deutschen Ingenieur und Raketenkonstrukteur Hermann Ganswindt zurück, der bereits im letzten Jahrhundert Fahrzeuge vorschlug, die durch eine Reihe chemischer Explosionen angetrieben werden sollten. Die Möglichkeiten dieses gepulsten Nuklearantriebs werden einem sogleich klar, wenn man sich die Geschwindigkeit der Explosionstrümmer anschaut. Sie liegen im Bereich 0,005 c bis 0,05 c und sind identisch zum v_{ex} dieses Antriebs, bei gleichzeitig großen Schubkräften! Wem Zweifel kommen, ob die Schubplatte einer Nuklearexplosion in unmittelbarer Umgebung standhalten könne, wird durch US-Experimente auf der Pazifischen Insel Enwitok eines Besseren belehrt, die nachwiesen, daß einfache, mit Graphit beschichtete Stahlkugeln sehr wohl solchen Druck- und Hitzewellen standhalten können: Nach der Nuklearexplosion in nur zehn Metern Entfernung fand man sie zwar in großer Entfernung, jedoch unbeschädigt wieder auf, und nur wenige Hundertstel Millimeter Graphit waren durch die Explosion abgetragen.

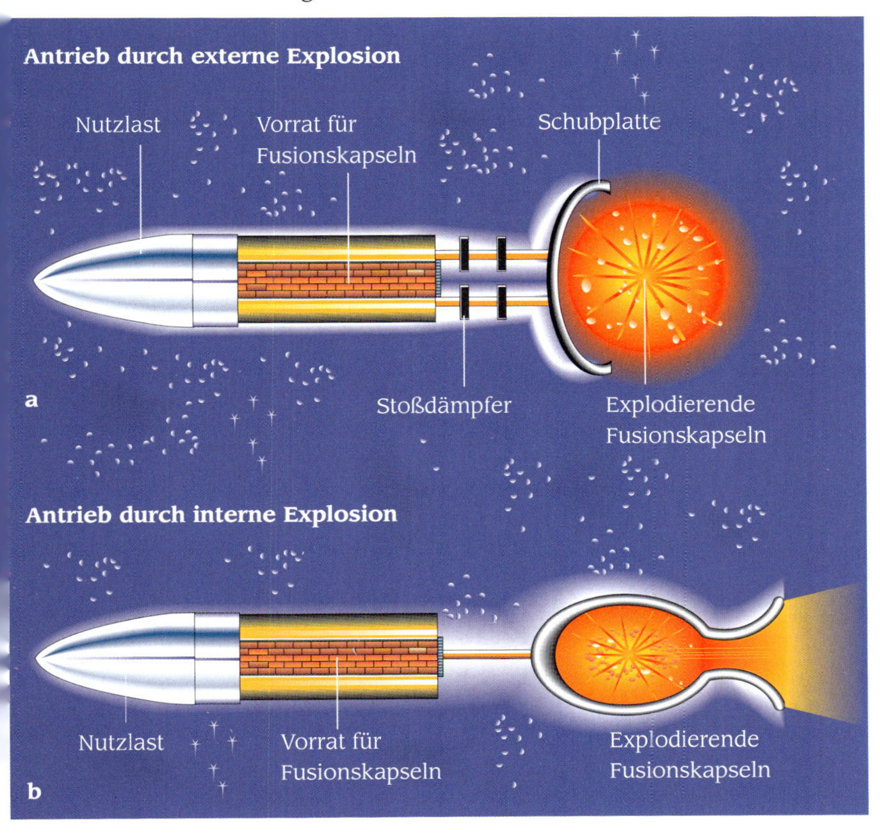

Konzepte nuklearer Pulsantriebe. Oben: Kleine Nuklearexplosionen drücken die Schubplatte nach vorn. Der Stoß wird über Stoßdämpfer gedämpft und an das Raumschiff übertragen. Unten: Die Nuklearreaktionen finden kontinuierlicher und kontrollierter in einer Reaktionskammer statt. Es entstehen keine starken Stöße mehr.

Die Entwicklung ging in den Jahren 1958 – 1965 sogar so weit, daß der erste Flugdemonstrator mit dem eingängigen Codenamen »Put-Put« innerhalb des Projekts Orion der amerikanischen General Dynamics Corporation einen erfolgreichen Flug absolvierte. Darauf aufbauend wurden Orion-Raumschiffe mit mehreren hundert bis eintausend Tonnen Gewicht entworfen, die mit einer Wiederholungsrate von 1–10 Sekunden mehrere tausend Pulseinheiten der Stärke 0,01 bis 10 kt TNT feuerten und die Rakete dabei mit fast 1 g beschleunigten. Die Pläne gingen sogar noch weiter. Interstellare Raumschiffe schienen machbar, die mit 40 000 Tonnen innerhalb nur eines Jahrzehnts zum sonnennahen Stern Alpha Centauri fliegen würden (Dyson, F. J., 1968). Wie groß

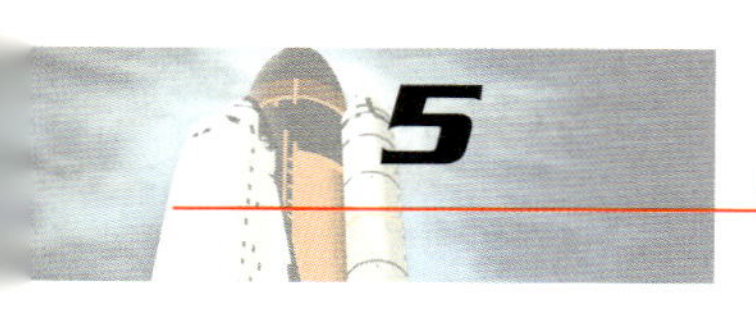

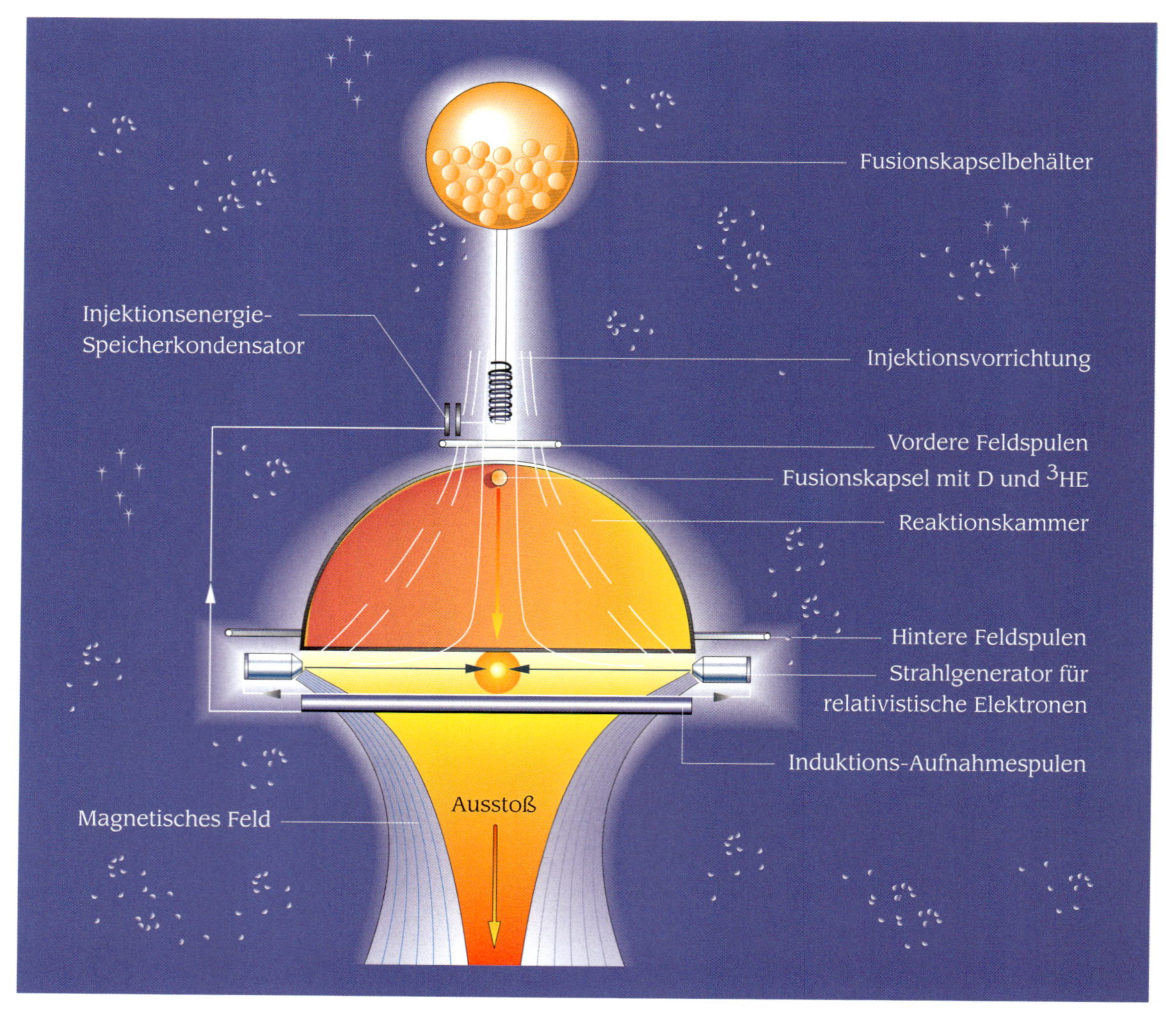

Schema des nuklearen Pulsantriebs des Daedalus-Raumschiffes. Kleine Kugeln, bestehend aus Deuterium D und Helium-3 ^{3}He, gelangen in die Reaktionskammer und werden im Zentrum durch relativistische Elektronenstrahlen gezündet. Das Magnetfeld in der Kammer treibt das Reaktionsplasma radial nach hinten aus, wodurch der Vortrieb entsteht.

die Hoffnungen waren, die man nach diesem Anfangserfolg hegte, äußern sich in einer Aussage des Physikers Freeman Dyson in einem Artikel aus dem Jahre 1968, kurz vor der ersten Mondlandung:

»Wir glaubten damals, daß es eine berechtigte Chance gab, daß die Vereinigten Staaten direkt in die nukleare Antriebstechnik übergehen und den Bau riesiger chemischer Raketen wie die Saturn V vermeiden könnten. Unsere Pläne waren, bis zum Jahre 1968 Raumschiffe zum Mars und zur Venus zu entsenden, zu Kosten, die nur einen Bruchteil dessen betragen hätten, was heute im Apollo-Programm ausgegeben wird.«

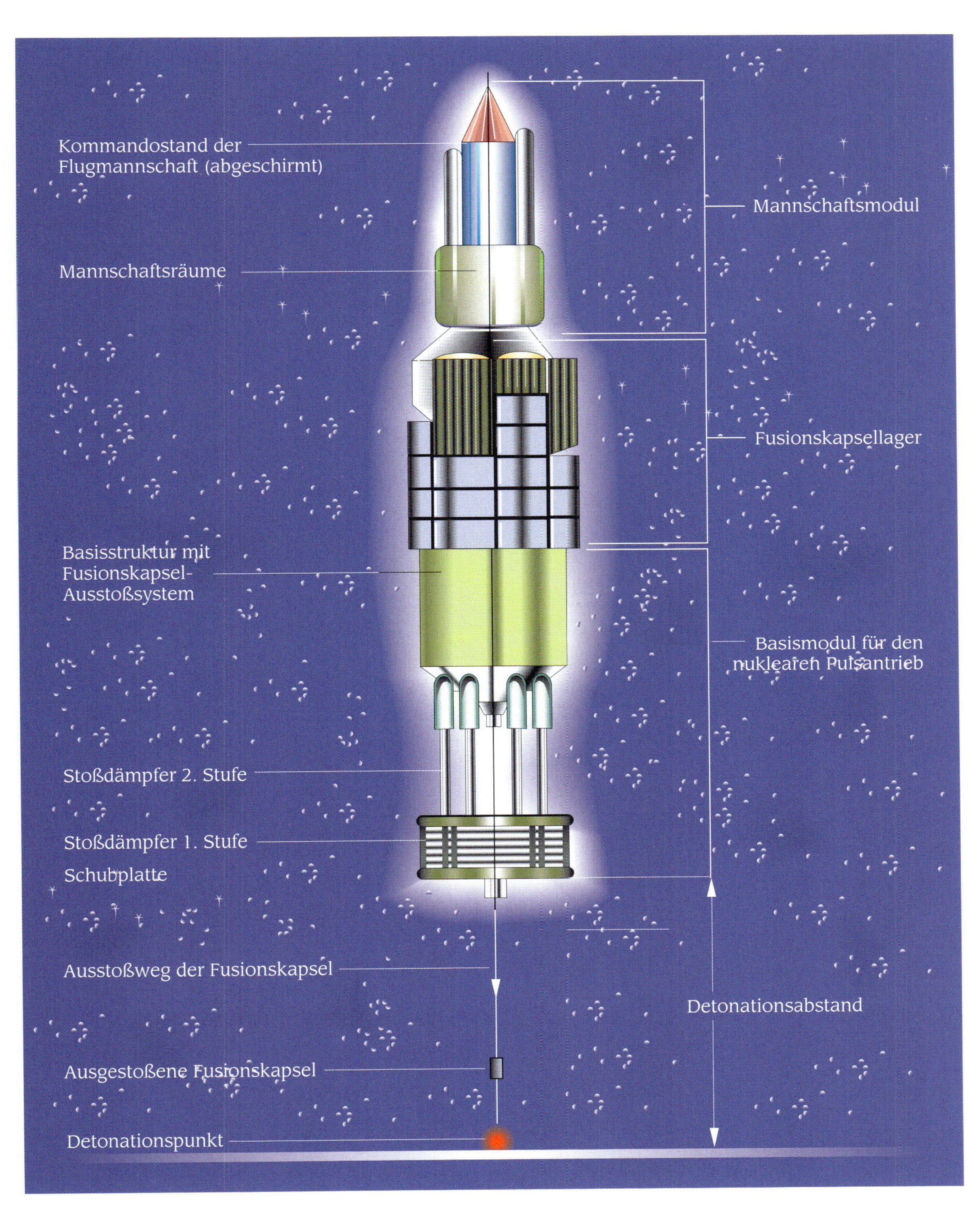

Planzeichnung und künstlerische Ansicht des Orion-Raumschiffes der General Dynamics Corporation/USA.

Das Projekt Orion endete, noch bevor es Früchte tragen konnte. Als Gründe hierfür nennen manche Experten, daß die Politiker nicht die Nerven behielten, die Rivalität zwischen den eingesessenen Firmen chemischer Antriebe zu groß war und schließlich das Nichtzustandekommen des Nukleartest-Abkommens im Jahre 1963, das den Ge-

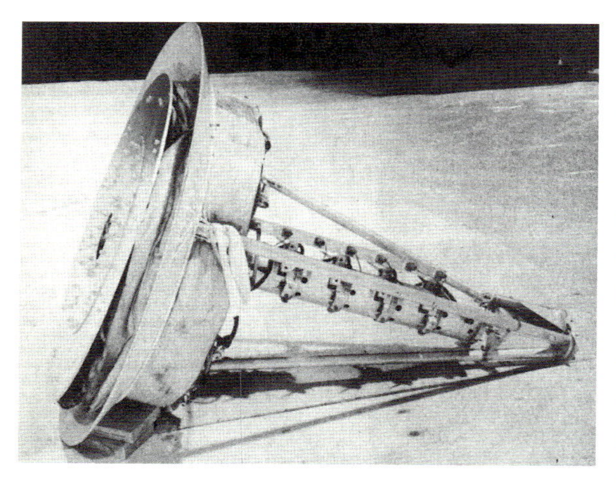

Der Prototyp des nuklearen Pulsantriebs »Put-Put«, wie er gebaut wurde.

brauch nuklearer Explosionen im Weltraum zum Antrieb friedlicher Raumfahrtmissionen eindeutig gebilligt hätte.

Ein weiterer Fortschritt im gepulsten Nuklearantrieb gelang, als man die Möglichkeit erkannte, statt schwerfälliger großer Bomben kleine Mikroexplosionen der Stärke 1 t TNT zu zünden. Diese Möglichkeit entstand durch die Technik, mit intensiven Laserstrahlen kleine Kugeln mit Fusionsmaterial zu zünden. Dafür konnten die alten Schubplatten durch starke magnetische Felder ersetzt und die Pulsfrequenz der Zündungen auf einige hundert pro Sekunden erhöht werden. Der spezifische Impuls erhöhte sich mit dieser neuen Technik drastisch auf eine Million Sekunden, entsprechend $v_{ex} = 0{,}03$ c. Mit diesen Wer-

Flugsequenzen des Prototyps mit dem Put-Put-Antrieb.

ten ließe sich jeder Ort in unserem Sonnensystem innerhalb weniger Monate erreichen. Wegen dieses äußerst praktikablen Prinzips wurden im bereits auf S. 222 dargestellten Daedalus-Projekt ebenfalls gepulste Mikronuklearfusionen vorgeschlagen. Das Daedalus-Konzept sah ein wohldurchdachtes Raumschiff mit 450 Tonnen Gewicht vor, das bei einer Endgeschwindigkeit von 0,12 c in 50 Jahren am 5,9 Lichtjahre entfernten Barnards-Stern vorbeifliegen würde, um eventuelle erdähnliche Planeten wissenschaftlich zu erforschen (Project Daedalus, 1978). Die Mikrofusionskugeln beinhalteten Deuterium oder Helium-3, das aus Mangel an Helium-3 auf der Erde vor der Reise auf dem Jupiter »abgebaut« werden müßte. Mit diesen ausgefeilten Plänen des Daedalus-Projekts bleibt die gepulste Mikronuklearfusion der bislang aussichtsreichste und mit heutigen Mitteln durchaus realisierbare Antrieb für interstellare Missionen. Lediglich die Helium-3-Gewinnung vom Jupiter zählt heutzutage noch nicht zu den ausgefeiltesten Techniken.

Der ultimative Antrieb, der auch regelmäßig in der Science-fiction-Literatur anzutreffen ist, wäre der Antimaterie-Antrieb (eine Übersicht gibt Morgan, D. L., 1988). Seine Funktionsweise ist jedoch komplizierter als üblicherweise angenommen. Die fast utopische Vision des deutschen Raumfahrtpioniers Sänger, dem die Annihilation ausschließlich von Elektronen und ihren antimateriellen Partnern, den im Labor be-

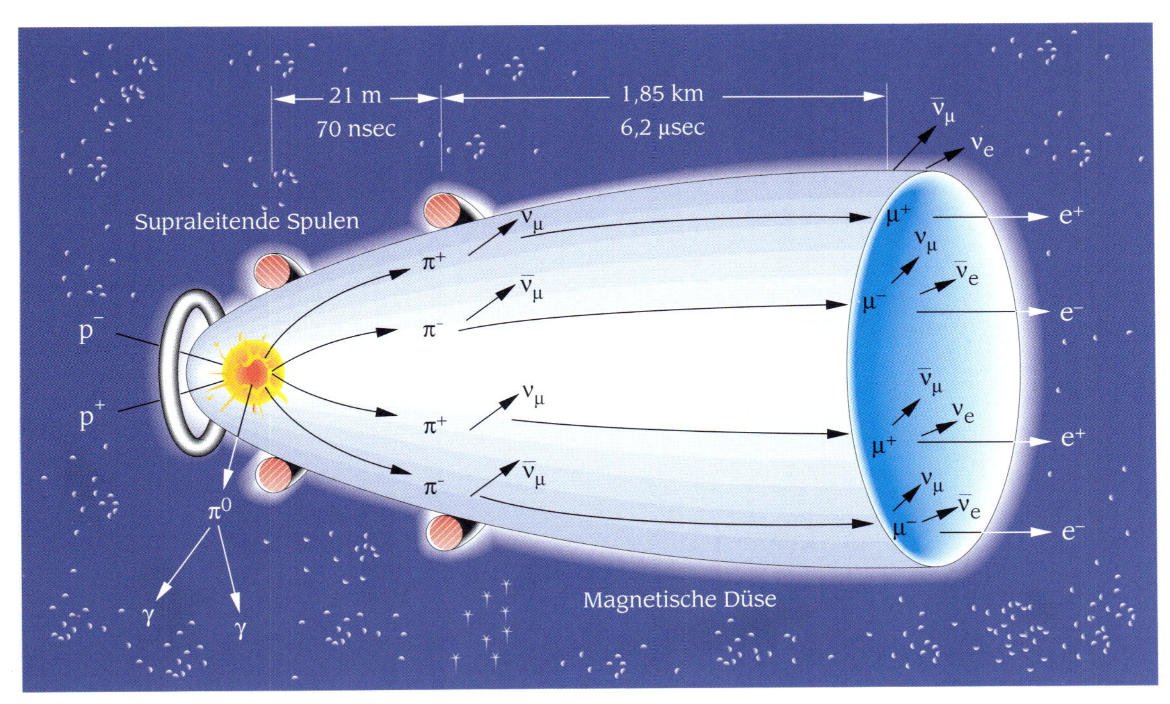

Schematischer Reaktionsablauf eines Antimaterieantriebs. Bei der Reaktion von Wasserstoffkernen p^+ mit ihren Antiteilchen p^- entstehen hauptsächlich geladene Pionen (π), die wenig später in geladene Myonen (μ) zerfallen. Supraleitende Magnete leiten diese schweren Elementarteilchen nach hinten ab und erzeugen so den Vortrieb, bevor sie über weitere Zwischenprozesse in reine Gammastrahlen zerstrahlen.

reits vielfach produzierten Positronen, zu einem intensiven Blitz aus hochenergetischen Gammaquanten vorschwebte, also die vollständige Umsetzung von Materie in Licht, wird aber aller Voraussicht nach nie erreichbar sein. Denn einerseits ist es undenkbar, wie man ausschließlich Positronen auf kleinstem Raum speichern kann. Dies scheint, wenn überhaupt, nur mit neutralen Antimaterie-Atomen möglich. Andererseits ist es weitab jeder heute denkbaren Möglichkeit, die in alle Richtungen davonstiebenden Quanten einheitlich nach hinten umzulenken und so aus einer »Gammastrahlen-Bombe« einen Gammastrahlenantrieb zu bauen. Sollte dies trotz aller Skepsis irgendwann einmal gelingen, dann stünde die phantastische, maximal erreichbare Ausstoßgeschwindigkeit von 1 c zur Verfügung.

Geht man hingegen von speicherbaren Antiwasserstoffatomen aus, dann sind deren energiereichste Teile Protonen und Antiprotonen. Beide vernichten sich zunächst zu vier geladenen und einem ungeladenen Pion und weiter über Zwischenprodukte aus mehreren Myonen, Elektronen, Positronen und Neutrinos schließlich in reine Gammastrahlen. Der Antrieb bestünde entweder darin, durch Magnetfelder die geladenen Zwischenprodukte in Rückwärtsrichtung zu lenken. Der effektivere Antrieb wäre jedoch, die beim Vernichtungsprozeß entstehende Hitze zu nutzen, um eine viel größere Antriebsflüssigkeit zum Ausstoß zu erhitzen. (Allein die kinetische Energie der geladenen Pionen beträgt 40 Prozent der Ruhemasse der Ausgangsmaterie, siehe Vulpetti, G., 1986.) Mit dieser Art von Antrieb bestünde für die Beschleunigung auf v = 0,1 c folgende Beziehung zwischen der reinen

Nutzlastmasse m_{nl}, der benötigten Antimaterie m_{am} und der Antriebsflüssigkeit m_{fl} (Dipprey, D. F., 1975; Shepherd, L. R., 1952):

$$m_{am} = 0{,}01 \cdot 1{,}25\ m_{nl}$$
$$m_{fl} = 3{,}9 \cdot 1{,}25\ m_{nl}$$

Der Faktor 1,25 berücksichtigt dabei überschlägig einen 25prozentigen Gewichtsaufschlag für die Antriebswerke (20 Prozent) und die Strukturmasse (fünf Prozent) des Gesamtraumschiffes. Eine Daedalus-Mission (m_{nl} = 450 t) mit diesem Antrieb benötigte also 5,6 t Antimaterie und 2 200 t Antriebsflüssigkeit. Zum Vergleich, das amerikanische Shuttle hat die Daten m_{nl} = 100 t und m_{fl} = 2 000 t. Sollte es möglich sein, die Probleme der Produktion, Kühlung und Lagerung von Antimaterie in den Griff zu bekommen (Augstein, R. W. et al., 1988), so hätte ein unbemanntes Raumschiff zu den nächsten Sternen (ohne Abbremsung am Zielort) mit diesem Antrieb die Dimensionen eines Shuttles.

Wie weit unsere Zivilisation aber noch von der effizienten Produktion von Antimaterie und damit vom utopischen »Warpkern« eines Star-Trek-Raumschiffes entfernt ist, zeigt folgendes Beispiel: Der größte irdische Elementarteilchenbeschleuniger erzeugt derzeit eine Antimateriemenge, die über Fusion ein Tausendstel Watt liefert. Allein zum Betrieb einer 10-Watt-Glühbirne wären also etwa 10 000 Forschungsbeschleuniger erforderlich. Bei etwa 100 Millionen DM Betriebskosten pro Anlage benötigte diese Luxusbeleuchtung bereits das gesamte Bruttosozialprodukt unserer Erde. Man hat abgeschätzt, daß erst bei Produktionskosten unterhalb von zehn Millionen DM pro Milligramm Antimaterie der Antimaterieantrieb dem gängigen chemischen Antrieb Konkurrenz machen könnte.

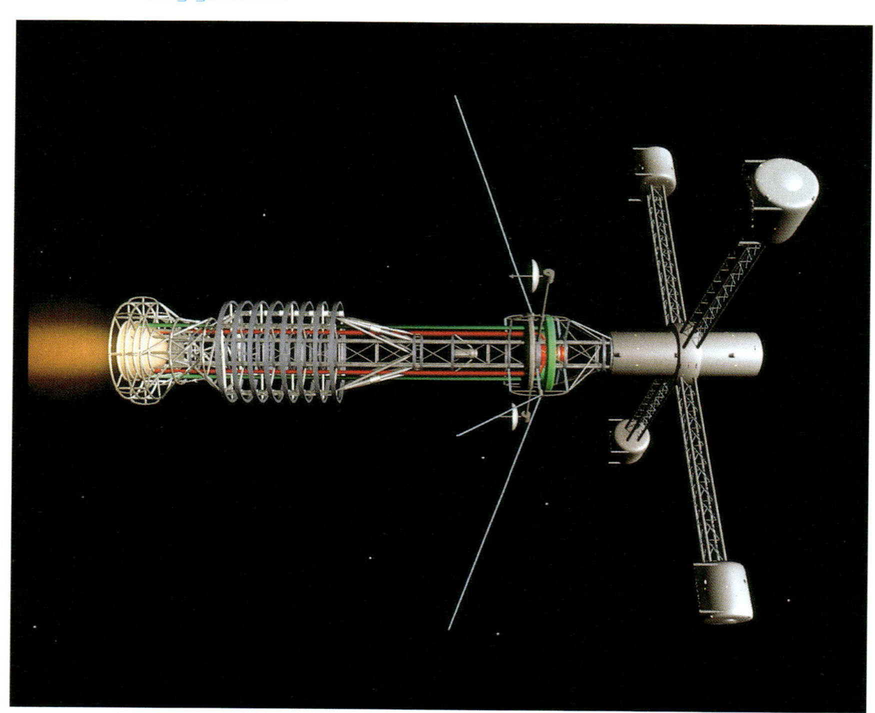

Künstlerische Darstellung eines Antimaterie-Raumschiffes. Protonen in Form von Wasserstoff eingeschlossen in Urankapseln werden aus den weit voneinander getrennten vier zylindrischen Tanks in die Reaktionskammer (grün) gebracht. Dort werden sie mit Antiprotonen (rot) bombardiert und zur Zerstrahlung gebracht.

Als bisheriges Fazit ist festzuhalten, daß unter gegebenen technischen Möglichkeiten zwar keiner der nichtkonventionellen Antriebe derzeit Aus-

sichten auf eine schnelle Realisierung hat, einer grundsätzlichen zukünftigen Realisierung stehen aber keine physikalischen Gesetze im Wege – sie sind im Prinzip möglich. Die Geschichte der Technik hat gezeigt, daß Ungeahntes (Elektronik, Laser, Kernfusion) innerhalb weniger Dekaden nach seiner Erfindung nutzbar wurde, und es gibt keinen Grund anzunehmen, daß sich daran in Zukunft etwas ändern wird. Die Perspektiven aus Sicht der Antriebe für zukünftige interstellare Missionen sehen also nicht schlecht aus.

Künstlerische Darstellung eines Antimaterie-Raumschiffes.

Eine ganz neue und effektivere Form von Antrieben versprechen die sogenannten Raumantriebe, *Space Drives*, die nach heutigem Wissen jedoch hoch spekulativ sind. Raumantriebe stellen eine idealisierte Form von Antrieb dar, wobei die fundamentalen Eigenschaften von Materie und Raum-Zeit zur Gewinnung des Vorantriebs genutzt werden sollen, um so die ansonsten lästige Rückstoßmasse einzusparen (Millis, M. G., 1997). Eine solche Errungenschaft würde die Raumfahrt revolutionieren und durch die eingesparten Rückstoßmassen die notwendigen Raumschiffgewichte drastisch, solche interstellaren Raumschiffe sogar um viele Größenordnungen (!) reduzieren. Aber bis zu ihrer Realisierung ist es noch ein weiter, weiter Weg, und es ist nicht einmal sicher, ob es einen Weg gibt. Um das herauszufinden, richtete die NASA kürzlich das *Breakthrough Propulsion Physics Program* (»Programm für den Durchbruch in der Antriebsphysik«) ein. In einem ersten Workshop im August 1997 wurden zunächst die möglichen Ideen gesammelt. Dabei wurde alles zugelassen, was im Prinzip möglich wäre, selbst wenn die detaillierten physikalischen Eigenschaften solcher Antriebe noch nicht bekannt sind. Einzige Voraussetzung für die Vorschläge war, daß sie den bisher bekannten Erhaltungssätzen von Impuls und Energie und den beobachteten Naturphänomenen nicht widersprachen – ein wahrhaft radikaler Ansatz.

Zwei grundsätzlich neue mögliche Formen des Antriebs wurden gefunden: Kollisionssegel und Feldantriebe. Alle eingebrachten Vor-

Die drei hypothetischen Kollisionssegel-Varianten. Beim Differentialsegel wird Strahlung, die auf die Vorderseite (Richtung des Vorschubs) fällt, absorbiert, während die rückwärtige Strahlung reflektiert wird. Dadurch wirkt auf das Segel eine Nettokraft nach vorn. Ein Diodensegel läßt Strahlung ähnlich wie ein halbdurchlässiger Spiegel von vorn durch. Strahlung von hinten wird reflektiert; es entsteht eine Nettokraft nach vorn. Beim Induktionssegel wird die Strahlungsenergie der von vorn eintreffenden Strahlung auf die von hinten kommende übertragen. Daraus resultiert ein Nettoschub nach vorn.

schläge präsentierten sich als Varianten dieser beiden Grundformen.

Kollisionssegel könnte man als besondere Form der bereits oben vorgestellten Lichtsegel ansehen. Ihre neue und wirklich besondere Eigenschaft besteht darin, daß sie für die auf sie auftreffenden Teilchen oder Wellenstrahlung anisotrop wirken. Das bedeutet, daß die Rückseite des Segels die Strahlung ganz normal reflektiert, während die Vorderseite die Strahlung entweder absorbiert (Differentialsegel) oder ungehindert durch das Segel durchläßt (Diodensegel). In letzterem Fall entspräche das Kollisionssegel für die jeweilige Strahlungsart einem halbdurchlässigen Spiegel. Wie funktioniert nun so ein Kollisionssegel? Nehmen wir zunächst an, der Weltraum sei erfüllt mit einer isotropen Strahlung, das heißt, einer Strahlung, die von allen Seiten gleich stark einwirkt. Bei einem Differentialsegel würde die Strahlung von der Rückseite vollständig reflektiert werden, die Strahlung würde also pro Stoß einen doppelten Impulsübertrag an das Segel abgeben, während die Vorderseite die Strahlung absorbierte und pro Treffer nur den einfachen Impulsübertrag aufnähme. Es gäbe bei gleichmäßigem Strahlungseinfall von vorn und hinten also einen Nettoimpuls von hinten nach vorn. Das Diodensegel funktioniert ähnlich, nur daß die von vorn einfallende Strahlung nicht absorbiert, sondern durchgelassen wird, also überhaupt kein Impulsübertrag von vorn entsteht. Der mittlere Vorantrieb wäre im Idealfall dann doppelt so groß wie beim Differentialsegel.

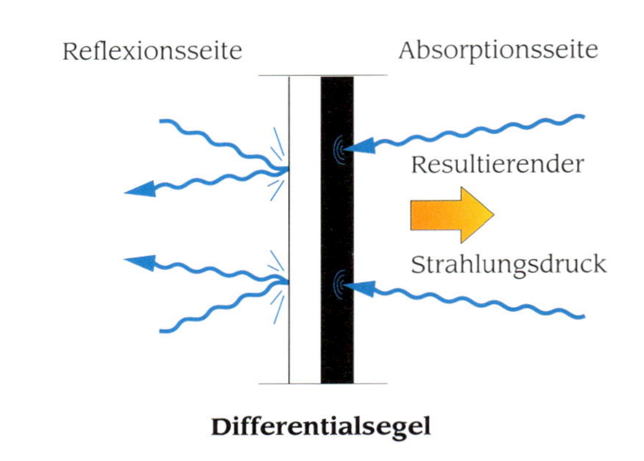

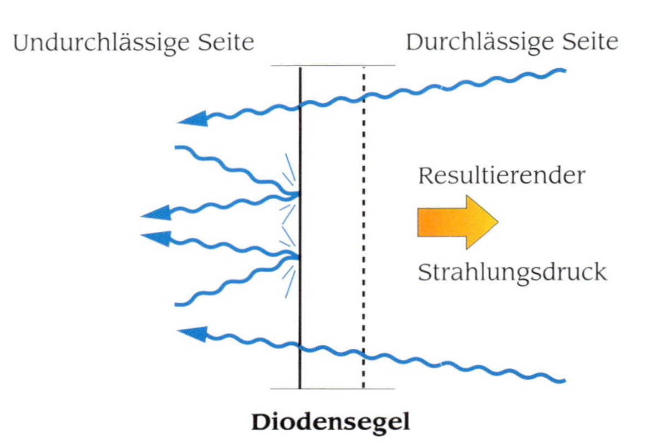

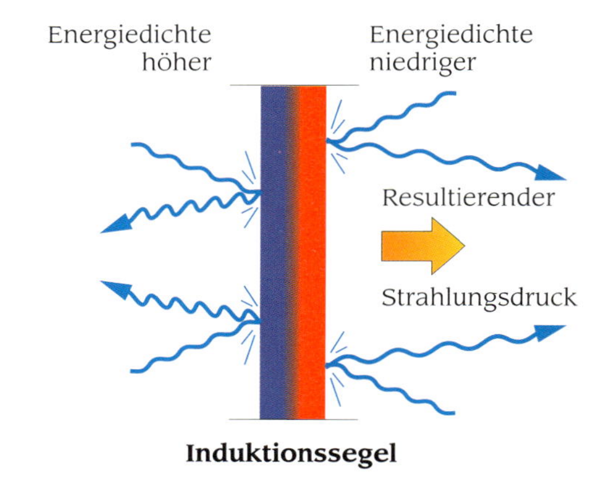

Kann so etwas funktionieren? Im Prinzip ja! Denn einerseits sollten sich Segel mit diesen Eigenschaften prinzipiell herstellen lassen – Diodensegel für Lichtstrahlen gibt es ja schon, denn nichts anderes sind halbdurchlässige Spiegel – und auch die notwendige isotrope »Überall-Strahlung« scheint vorhanden. Im Weltraum gäbe es derer zwei: die Kosmische Hintergrundstrahlung (*Cosmical Background Radiation*, CBR) und die Nullpunkts-Fluktuationen oder auch Vakuums-Fluktuationen genannt (*Zero-Point Fluctuations*, ZPF). Die CBR ist eine das ganze All durchdringende, isotrope, allerdings sehr schwache elektromagneti-

sche Strahlung, die dem Urknall entsprang. Ihrer Nutzung durch Kollisionssegel steht bereits heute im Prinzip nichts im Wege. Wegen ihrer sehr geringen Intensität könnte allerdings selbst ein Segel von der Größe eines Fußballfeldes nicht einmal eine Fliege anständig beschleunigen, abgesehen vom Gewicht des Segels selbst.

Wie steht es dann mit der ZPF? Sie ist eine »Strahlung« bestehend aus einer Vielzahl unterschiedlichster Elementarteilchen, die überall im All und sogar im Vakuum ständig entstehen und vergehen. Sie ist weniger mit einer wirklichen Strahlung vergleichbar als mit einem dichten Schwarm von Mücken, Fliegen, Hummeln, Vögeln und so weiter, die ständig auffliegen und sich schnell wieder setzen. Dieser ZPF-Schwarm unterschiedlichster Teilchengrößen ist genaugenommen das Medium, durch das sich das Licht selbst im ansonsten leeren Vakuum fortpflanzen kann. Eine Lichtwelle ist praktisch nichts anderes als eine Polarisation, eine elektrische Verschiebung dieser Teilchen. Weil sie aber innerhalb unvorstellbar kurzer Zeitabstände entstehen und wieder vergehen, sind sie keine klassischen, realen Partikel, die man mit einem Detektor nachweisen könnte, sondern virtuelle, also nicht wirklich vorhandene Partikel. Genau diese virtuelle Eigenschaft macht ihre Nutzung so schwierig. Weil sich das Vakuum und mit ihm seine ZPF-Partikel im energetisch absolut niedrigsten Zustand befinden, läßt sich ihnen keine Energie entziehen. Ihre direkte Nutzung als Energiequelle ist also in unserem Raum-Zeit-Kontinuum im Prinzip ausgeschlossen: Dies würde den Energieerhaltungssatz verletzen. Allen Sciencefiction-Utopien zum Trotz, die die ZPF als Energiequelle propagieren, wird dies also nie gelingen.

ZPFs können aber Kräfte erzeugen. Werden zwei exakt ebene Platten auf einen Abstand von nur wenigen µm zusammengebracht, treten Anziehungskräfte zwischen ihnen auf, die man bereits experimentell nachgewiesen hat (Lamoreaux, S. K., 1997). Man nimmt an, daß dieser sogenannte Casimir-Effekt auf einer Wechselwirkung der Platten mit den Photonen der ZPF basiert, weil im schmalen Plattenspalt nur entsprechend kurzwellige virtuelle Photonen entstehen können, was mit einem vollständigen Photonenspektrum auf der Plattenaußenseite zu einer nach innen gerichteten Nettokraft führt. Aber auch andere Ursachen sind für den Casimir-Effekt vorgeschlagen worden (Milonni, P. W., 1994). Sollte es einen asymmetrischen Vakuum-Effekt geben (der bislang noch nicht nachgewiesen wurde), dann könnte, so wurde hypothetisiert (Millis, M. G., 1997), ein Casimir-ähnlicher Effekt als Raumschiff-Antriebskraft genutzt werden. Ein *ZPF Space Drive* setzt also einen spekulativen und bisher noch nicht nachgewiesenen physikalischen Effekt voraus, und es bleibt daher abzuwarten, ob er jemals realisierbar ist.

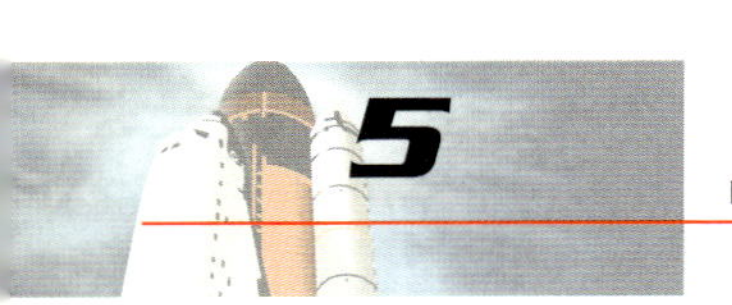

Den meiner Meinung nach noch spekulativeren Feldantrieben ist gemeinsam, daß sie ihren Vortrieb aus einem selbstinduzierten Gradienten des lokalen Gravitationsfeldes oder Raum-Zeit-Kontinuums beziehen. Um zu verstehen, was hiermit gemeint ist, sollte man sich in Erinnerung rufen, daß Massen, etwa Planeten, Gravitationsfelder hervorrufen, genauso wie elektrische Ladungen elektrische Felder erzeugen. Gemäß Einsteins allgemeiner Relativitätstheorie ist ein Gravitationsfeld jedoch nichts anderes als die Krümmung des Raum-Zeit-Kontinuums. Bringt man nun eine andere Masse, etwa ein Raumschiff, in ein solches Gravitationsfeld, dann wird es je nach lokaler Stärke und Richtung des Gravitationsfeldes in eine Richtung beschleunigt. Konkret: Bringt man ein Raumschiff in die Nähe eines Planeten, dann wird es durch den Planeten angezogen, also in dessen Richtung beschleunigt. Sollte es analog dazu möglich sein, einen künstlichen gravitativen Feldgradienten und damit eine künstliche lokale asymmetrische Raum-Zeit-Krümmung zu erzeugen, dann würde die Raumschiffmasse damit in Wechselwirkung treten und so einen Vortrieb erfahren – das Raumschiff würde beschleunigt. Das hört sich wie Hokuspokus an und mag sich vielleicht irgendwann auch als solcher herausstellen, denn die Crux an der ganzen Angelegenheit ist das Problem, genau diesen künstlichen lokalen Feldgradienten zu erzeugen. Theoretisch ist das beispielsweise mit negativer Masse möglich, nur kein Mensch weiß bis heute, ob es so etwas wie negative Masse überhaupt gibt oder gar geben kann. Gäbe es so etwas, dann könnte man allerdings zeigen (Bondi, H., 1957; Forward, R. L., 1990), daß man durch Zusammenbringen von positiver und negativer Masse über einen daraus resultierenden Feldgradienten einen Vorschub erzeugen kann, der weder die Impuls- noch die Energieerhaltung verletzt.

Ein ähnliches Konzept wurde von Alcubierre (1994) vorgestellt. Alcubierre schlug vor, einen Antriebseffekt dadurch zu erzeugen, daß man das Gravitationsfeld nicht durch Massen, sondern die Raum-Zeit direkt asymmetrisch verändert. Dies könnte mit riesigen Mengen positiver und negativer Energie bewerkstelligt werden, wobei die positive Energie die Raum-Zeit vor dem Raumschiff kontrahiert und die negative Energie sie hinter dem Raumschiff expandiert. Dieser so erzeugte *Warp*-Effekt der Raum-Zeit würde das Raumschiff auf beliebig große Geschwindigkeiten bringen, ohne die allgemeine Relativitätstheorie zu verletzen. Ein Beobachter von außen sähe das Raumschiff selbst mit Überlichtgeschwindigkeit bewegt, während die Raumfahrer keinerlei Beschleunigung erfahren würden. Bekanntlich nutzt die Crew des Raumschiffes *Enterprise* in der Raumfahrt-Saga *Star Trek* genau diesen Antrieb, um sich mit Geschwindigkeiten bis zu Warp 10, was nach Star-Trek-Definition »unendlich schnell« entspricht, fortzubewegen. Die derzeit erreichte Höchstgeschwindigkeit der Enterprise wird mit Warp

9,6 angegeben, was dem 1909fachen des Lichtes entspricht. Was im Prinzip vorstellbar ist, muß jedoch nicht auch immer praktisch umsetzbar sein. Mitchell Pfenning und Larry Ford haben kürzlich die technische Umsetzbarkeit des Warp-Antriebs unter die Lupe genommen – mit verheerenden Ergebnissen. Selbst wenn es unterschiedliche exotische subatomare Materie gäbe, die über eine gegenseitige Nihilierung – mit hoffentlich besseren »Verbrennungswerten« als die bisher bekannte Materie-Antimaterie-Nihilierung – die gewünschte negative Energie erzeugt, dann benötigte die Enterprise für eine kleine Spritztour etwa zehn Milliarden mal mehr Energie als die gesamte Masse des sichtbaren Universums zusammengenommen.

Über diese ungeheure Energieverschwendung kann auch die Tatsache nicht hinwegtrösten, daß es so etwas wie negative Energie tatsächlich gibt, die zudem mit räumlich benachbarter positiver Energie koexistieren kann. Denn nichts anderes beschreibt der Casimir-Effekt. Wenn sich nämlich zwischen den beiden Platten weniger Photonen befinden können als weit außerhalb der Platten, andererseits jedoch die Gesamtenergiemenge des Vakuums zwischen und um die Platten herum null sein muß, dann bedeutet dies nichts anderes, als daß die Energie zwischen den Platten leicht negativ und außerhalb leicht positiv ist. Beide Beiträge ergeben zusammen exakt null.

Der Casimir-Effekt wäre also eine Möglichkeit, negative Energie zu erzeugen. Da man aber nicht beliebig große Kräfte erzeugen kann, um mit einemmal die benötigten gigantischen Mengen an positiver und negativer Energie, sei es auch nur für einen Mini-Warp-Antrieb, zu erzeugen, ließen sich diese nur Stück für Stück zeitlich nacheinander langsam aufbauen. Neben den immensen Energieproblemen bleibt somit fraglich, ob die Zeit, die man für den Aufbau der Warp-Energien benötigt, vielleicht größer ist, als der Zeitgewinn im Vergleich zu anderen, konventionelleren Antrieben.

Die Zukunft wird zeigen, ob an den äußerst spekulativen Kollisionssegeln etwas dran ist und ob man die Energiegefräßigkeit der Feldantriebe drastisch zügeln kann.

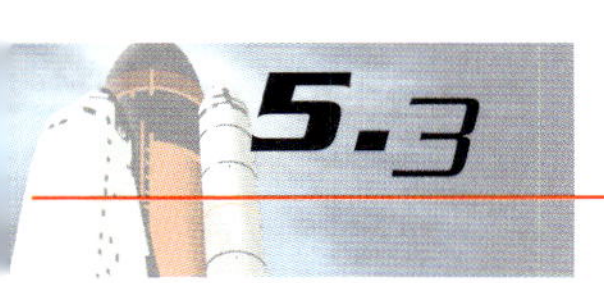

Die Auswanderung beginnt

Ausgestattet mit der jahrhundertelangen Erfahrung sonnennaher Kolonien und zusätzlich mit entsprechenden Antrieben und Energiereserven für eine ausreichende Autarkie, nicht nur für eine lange Raumreise, sondern auch, um auf unbekannten Planeten Fuß zu fassen und

Kennedy Space Center am 6. Mai 1992. Vor 500 Jahren überquerte Kolumbus den Atlantik und entdeckte Amerika. In Erinnerung an diesen denkwürdigen Tag wurden die drei Kolumbus-Schiffe Santa Maria, Nina und Pinta nachgebaut und die Entdeckungsfahrt wiederholt. Bei der Ankunft liefen die Schiffe auch im Kennedy Space Center ein, vorbei an einem Shuttle auf der Startrampe. Ein Symbol für den Pioniergeist der Menschheit – den Aufbruch zu alten und neuen Welten.

diese neu zu besiedeln, wäre dann endlich die Zeit reif, die bewohnbaren Planeten der sonnennächsten Sterne zu kolonialisieren (Heppenheimer, T. A., 1979). Soll diese Entwicklung in stabilen Bahnen verlaufen, so ist mit einem Verlassen des ersten Weltschiffes sicherlich nicht im kommenden Jahrtausend zu rechnen. Angesichts der immensen Größe, aber andererseits auch der langanhaltenden Autarkie, die Weltschiffe ihren Bewohnern bieten, ist mit einer weit unterrelativistischen Reisegeschwindigkeit von etwa einem bis zehn Prozent Lichtgeschwindigkeit zu rechnen.

Während der Reise könnten einige kleinere Schwierigkeiten auftreten. Bei Reisen mit diesen Geschwindigkeiten haben selbst kleinste interstellare Materiekörner von nur 1 µm Durchmesser Energien von etwa 0,1 Joule, die beim Aufprall das Raumschiff erodieren und erhitzen. Daher ist ein Schild aus leichtem Material wie Bor oder Beryllium erforderlich, das über einen Zehn-Lichtjahre-Flug um maximal 1 mm erodieren würde.

Ein weiteres Problem ist die kosmische Strahlung. Die biologische Schädigung der galaktischen kosmischen Strahlung beträgt etwa 10 rem/a[4]. Das ist zwar etwa 50mal mehr als die natürliche Strahlenschädigung auf der Erde, liegt jedoch nur wenig über der in Deutschland zulässigen Strahlendosis von 5 rem/a für strahlungsexponierte Personen wie etwa Kernkraftwerksarbeiter und noch unterhalb der Grenze von 50 rem/a, ab der man Langzeit-Strahlungsschäden nachweisen kann. Der Einsatz einer etwa 1 m dicken Aluminiumwand würde zwar die Strahlung auf 0,5–5 rem/a absenken, aber das Nutzlastgewicht um nahezu eine Größenordnung anheben. Im

[4] Die Maßeinheit für die biologische Wirkung ionisierender, elektromagnetischer oder Teilchenstrahlung ist rem (Röntgen Equivalent Men). 1 rem entspricht der biologischen Wirkung einer 1 Röntgen (rad) starken Röntgen- oder Gammastrahlendosis. Die natürliche Strahlenbelastung beträgt in Deutschland etwa 0,2 rem/a (a = Jahr).

20. Juli 1969: Buzz Aldrin steigt an der Leiter der Apollo-11-Landefähre herab auf den Boden des Mondes, so wie kurz vor ihm Neil Armstrong. Der Mensch betritt erstmals einen außerirdischen Himmelskörper. Neil Armstrong kommentierte diesen Schritt treffend: »Ein kleiner Schritt für uns Menschen, ein großer Sprung für die Menschheit.«

Jahre 1982 wies Paul Birch darauf hin, daß elektrostatische und elektromagnetische Schutzfelder, von der Art der elektromagnetischen Trichter von Ramjets, den größten Beitrag der biologisch schädigenden kosmischen Strahlung, die HZE-Teilchen (ionisierte Eisenteilchen als Folge von Supernovae-Explosionen), beseitigen würden. Das Gewicht der passiven Schutzschilde ließe sich so um mehrere Größenordnungen absenken.

Doch schauen wir nach vorn, auf das Ziel unserer Raumreisenden: die sonnennächsten Sterne. Bei diesen Geschwindigkeiten werden die Sternensysteme, die im mittleren Abstand von 10 bis 15 Lichtjahren liegen, nach etwa 100 bis 1 000 Jahren erreicht[5]. Sollte das Sternensystem keinen geeigneten erdähnlichen Planeten haben, dann erlaubt die Autarkie den Raumreisenden lediglich wichtige Rohmaterialien und Energiereserven von den Planeten aufzunehmen, bis bei einem dieser »Landgänge« ein lebenswerter Planet als neuer Heimatplanet ausgesucht wird.

[5] Eine Übersicht, die sich mit den langen Reisezeiten beschäftigt, findet man bei A. R. Martin (1984).

Die technischen Probleme einer Jahrhunderte dauernden Reise scheinen nicht unüberwindbar. Wie aber steht es mit den moralischen und sozialen Problemen einer solchen Mammutreise[6]? Soziologische Langzeitprobleme in einem Weltschiff sind schwer abzuschätzen, da es keinerlei Erfahrung gibt. Die einzige Erfahrung ist das Raumschiff Erde selbst, mit zur Zeit fünf Milliarden Menschen. Diese Erfahrung hat gezeigt, daß eine Bevölkerung dieser Größe sich nach einer gewissen Zeit nicht zwangsläufig automatisch auslöscht. Im Gegenteil, angesichts einer solchen Bedrohung

[6] Eine Zusammenfassung dieser Probleme siehe Holmes, D. L., 1984 und Regis, E., 1985.

Dies ist einer der ersten Fußabdrücke, die Buzz Aldrin und Neil Armstrong im staubigen Mondboden zurückließen. Ein untrügliches Zeichen für alle, die nachfolgen werden: Wir waren bereits hier!

Zum 50jährigen Jubiläum der Mondlandung, am 20. Juli 2019, planen die Amerikaner, den Fuß eines amerikanischen Astronauten als ersten Menschen auf den Mars zu setzen. Hier eine Darstellung der Marserkundung in der Nähe des Marsberges Olympus Mons. Rechts im Hintergrund die Landefähre, die zur Landung vom viel größeren Marsraumschiff abkoppelte.

nimmt die Erfahrung, dies zu vermeiden, stetig zu. Es ist unklar, in wieweit sich solche Erfahrungen auf Kolonien mit wesentlich kleinerer Bevölkerungszahl übertragen lassen. Da der Schritt zum Weltschiff jedoch zunächst über Kolonien in unmittelbarer Umgebung zur Erde vollzogen werden muß, können dabei die notwendigen Erfahrungen gesammelt werden.

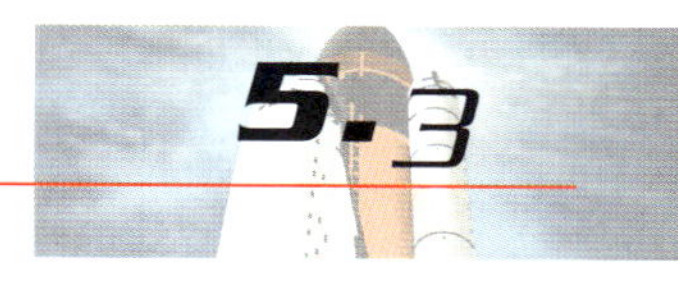

Erste Urbanisierungsschritte auf einem fernen Planeten. Nach der Landung werden Solarzellen ausgelegt, die die notwendige Energie für den weiteren Aufbau der Kolonie liefern.

Die befürchtete Inzucht scheint kein Problem zu sein, da der Flug »nur« mehrere hundert bis tausend Jahre dauern würde. Die genetische Diversifizierung auf dem neuen Heimatplaneten könnte durch wenige Gramm unterschiedlichster menschlicher befruchteter Eizellen garantiert werden, die man tiefgefroren mitführen könnte.

Für diejenigen, denen ein Leben in einem dahintreibenden Weltschiff zu öde erscheint, könnte es die ferne Möglichkeit geben, den menschlichen Stoffwechsel wesentlich zu reduzieren oder vielleicht sogar ganz zu stoppen, um ihn anschließend wieder zu regenerieren. Diese Technik ist als Hibernation bekannt, wenngleich es sie heutzutage noch nicht gibt (Hands, J., 1985).

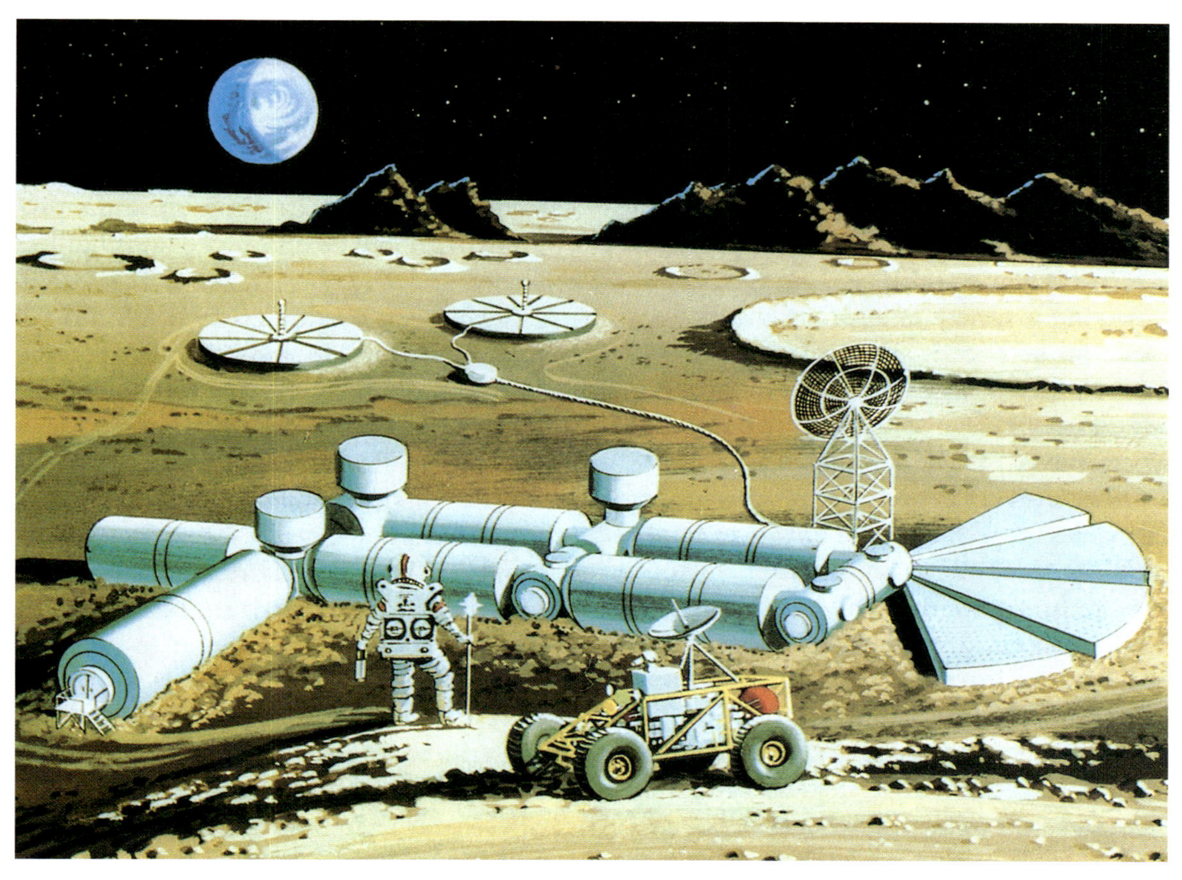

Module, ähnlich wie sie bei der Internationalen Raumstation Verwendung finden, werden auf dem Boden des Planeten ausgelegt und miteinander zu einem Gebäudesystem verbunden.

5.4 Terraforming

Nehmen wir also an, unsere Raumreisenden hätten nach vielen hundert Jahren, wenn nicht einigen tausend Jahren, ihren neuen Heimatplaneten erreicht. Nach unseren bisherigen Überlegungen scheinen Planeten im Universum zwar recht üblich zu sein, es wäre aber nicht verwunderlich, wenn erdähnliche Planeten mit Ozeanen oder gar mit einer Sauerstoffatmosphäre (Hinweis auf metabolisierende Pflanzen!) sehr rar sind. Sollten die Raumreisenden einen solchen einladenden Planeten finden, dann wären sie zu beglückwünschen und hätten einen »fliegenden« Start zur Kolonialisierung dieses Planeten. Die Regel wird jedoch eher ein Planet sein, der sich in einer Ökosphäre um den zentralen Stern befindet und lediglich die Anlagen für eine erdähnliche Biosphäre mit sich bringt. Die erste Aufgabe einer Kolonialisierung wäre daher, auf dem Planeten eine Biosphäre einzurichten, die ein uneingeschränktes Leben möglich macht. Gemäß einer Science-fiction-Geschichte vor 50 Jahren wurde hierfür der Ausdruck *Terraforming* geprägt, worunter man das gezielte Verändern der Planeteneigenschaften für menschliche Bedürfnisse versteht.

Urbanisierung ferner Planeten. Am Jet Propulsion Laboratory der NASA wurde dieser autonome Rover entwickelt, ausgestattet mit einer Stereokamera und einem Greifer zum Aufsammeln von Oberflächenproben. Ein Operateur plant die Route, aber der Rover bewegt sich selbständig um Hindernisse herum. Diese Technik fand Anwendung beim Marsrover Sojourner im Juli 1997.

Am Zentrum für Raumfahrt-Automatisation der Universität von Wisconsin wurde dieses Konzept eines Robotsystems zur Extraktion von Gasen aus Mondgestein entwickelt, was im Prinzip genauso auch auf anderen Planeten eingesetzt werden könnte.

Ein erster überdachter Vorschlag in diese Richtung kam im Jahre 1961 von Carl Sagan, der vorschlug, Algen auf der Venus auszusetzen, die durch ihren Metabolismus den CO_2-Gehalt der Atmosphäre senken und so die gegenwärtige Oberflächentemperatur von 450 °C auf ein erträgliches Maß senken würden. Von ganz anderer Art war im Jahre 1963 der Vorschlag von Dandrige Cole (Levitt, I. M. & Cole, D. M., 1963), einen ellipsoiden Asteroiden mit einer Länge von 30 km auszuhöhlen, ihn um seine Längsachse in Drehungen zu versetzen, um eine künstliche Schwerkraft zu erzeugen, Sonnenlicht über Spiegel in das Innere zu leiten und so die Innenseite als Lebensraum für eine Kolonie zu er-

schließen. Streng wissenschaftlich beschäftigte sich erstmals J. Oberg in seinem Buch *New Earths* (1981) und in späteren Ausgaben des *Journal of the British Interplanetary Society* mit Terraforming.

Im Detail versteht man unter Terraforming zunächst die Schaffung einer vor Strahlen schützenden dichten Atmosphäre mit möglichst freiem Sauerstoff und die Bewässerung der Planetenoberfläche als Grundlage organischen Lebens. Diese Techniken, die den Einsatz einer enormen Menge von Energien voraussetzen, wären zum Beispiel für eine Bevölkerung der benachbarten Planeten der Erde wie Venus und Mars notwendig. Es ist naheliegend, in unserem Planetensystem, parallel zu dem viele Jahrhunderte dauernden Aufbau von Raumarchen, als Vorläufer zu den Weltschiffen, die Planeten Mars und Venus zu »terraformen«. Die dabei gesammelten Erfahrungen, wie man dort Wasser und Atmosphäre entstehen lassen kann, sind zwar hilfreich, aber nicht notwendigerweise Voraussetzung für die Kolonialisierung von Planeten anderer Sterne, da die Entscheidung dann eher für einen erdähnlichen Planeten, das heißt bereits Atmosphäre und wassertragenden Planeten, fallen dürfte.

In vorangeschritteneren Stadien des Terraforming werden biologische Methoden für ein geschlossenes und selbststabilisierendes Ökosystem eingesetzt werden. Dieses Know-How, das ebenfalls durch Terraforming des Mars und der Venus erarbeitet werden kann, wird mit Sicherheit unerläßlich sein, da nicht davon auszugehen ist, daß organisches, Sauerstoff produzierendes Leben in großer Zahl in unserer Galaxis vorhanden ist.

Nach diesem kurzen Ausflug in die Welt des Terraforming und nach den bisherigen wissenschaftlichen Überlegungen kann abschließend festgestellt werden: Solange ausreichend Zeit, Geduld (gemeint sind viele hundert Jahre) und Geld (Einsatz von Personal und Technik) zur Verfügung steht, sprechen keine grundlegenden Prinzipien gegen ein erfolgreiches Terraforming.

5.5 Die Dyson-Schale

Bevor wir die Überlegungen zur Kolonialisierung eines neuen Planetensystems beenden, soll noch auf die ultimative und effizienteste Kolonialisierung eines Sternensystems hingewiesen werden: die Dyson-Schale. Dazu müssen wir uns darauf besinnen, was die Basis des Lebens ausmacht. Das Leben in seiner relativ hoch organisierten Form existiert nur dadurch, daß es die energiereiche Sonnenstrahlung als

Motor seines Stoffwechsels und seiner Reproduktion benutzt und sie in Wärmestrahlung umsetzt. Genaugenommen erzeugt das Leben auf der Erde somit ständig immer mehr Ordnung, nämlich neues organisiertes Leben mit den dazugehörigen Mitteln (Werkzeuge, Autos, Computer). Theoretisch bedeutet dies eine lokale Absenkung der Entropie (siehe S. 56). Da jedoch die Entropie des gesamten Universums monoton zunehmen muß, funktioniert dies nur, solange die Organismen das relativ entropiearme Sonnenlicht aufnehmen und die durch den Stoffwechsel erzeugte überschüssige Entropie als Abfallprodukt in entropiereiche Wärmestrahlung umsetzen können, die von der Erde wieder abgestrahlt wird. Unsere irdische Existenz ist also genaugenommen ein Leben im Entropiegefälle zwischen aufgenommener Sonnen- und wieder abgegebener Wärmestrahlung (Penrose, R., 1989; Morris, R., 1985, S. 109ff.). Die Dyson-Schale ist in dieser Hinsicht eine Perfektionierung dieses Urprinzips. Sie ist eine geschlossene Kugelschale innerhalb der Ökosphäre eines Sternes, in unserem Sonnensystem also im Abstand der Erde um die Sonne, die die gesamte Sonnenstrahlung ohne Verluste einfängt und komplett in Wärmestrahlung umwandelt. So ließe sich der größtmögliche Nutzen aus jedem Sternenlicht ziehen. Die perfekte Kolonialisierung einer höchstentwickelten ETI bestünde also im Aufbau einer solchen Dyson-Schale als Plattform des Lebens (Dyson, F. J., 1967).

Eine kurze Überschlagsrechnung zeigt, daß diese Vorstellung nicht so absurd ist, wie sie zunächst klingen mag. Die Menschheit bearbeitet zur Zeit ungefähr 10^{17} kg Biosphärenmasse mit 10^{13} W Energieverbrauch. Die ultimativen Massen und Energien, die im Sonnensystem zur Verfügung stehen, betragen $2 \cdot 10^{27}$ kg (Masse des Jupiter) und $4 \cdot 10^{26}$ W (gesamter Energieausstoß der Sonne). Geht man von einem eher unterdurchschnittlichen Wachstumsfaktor der Industrie und deren Effizienz von einem Prozent pro Jahr aus, dann würden sich beide in 3000 Jahren um den Faktor 10^{12} vergrößert haben. In 3000 Jahren hätte also die Menschheit das Potential, mit der Sonnenenergie von 800 Jahren die Masse des Jupiters als Dyson-Schale um die Sonne herum zu verteilen. Die Dyson-Schale hätte dann eine Dicke von etwa zehn Metern, die mit $3 \cdot 10^{17}$ km^2 Fläche auch einer weiter zunehmenden Erdbevölkerung viel Platz böte. Obwohl dieses Unternehmen zugegebenermaßen gigantisch wäre, so scheint es doch im Prinzip machbar. Eine Dyson-Schale sähe von außen aus wie eine große Kugel, die im Infrarotbereich viel Wärme abstrahlt. Da zu erwarten ist, daß höchstentwickelte ETIs dieses Prinzip nutzen werden, wäre der Nachweis einer solchen »modifizierten Sonne« in unserer Milchstraße ein Hinweis auf solcherart ETIs.

Mit dem IRAS *(InfraRed Astronomical Satellite)* steht uns heute ein Instrument für die Messung von Infrarotstrahlung aus dem Weltraum und deshalb für die Beobachtung der Abfallwärme solcher Dyson-Schalen zur Verfügung. Die Auswertung von 130 375 starken Infrarotquellen, die sich mit dem Leuchten von Sternen in Zusammenhang bringen ließen, erbrachte, daß davon nur 594 Sterne eine Größe hatten, die möglichen umlaufenden Planeten erdähnliche Lebensbedingungen hätte liefern können. Da eine Dyson-Schale einen über die Normalbedingungen hinausgehenden Infrarotüberschuß erzeugen würde, verglich man die gemessene Strahlung mit der üblichen Infrarotstrahlung vergleichbarer Sterne. Dieser Vergleich ließ nur noch 54 Sterne mit einem möglichen künstlichen Infrarotüberschuß übrig. Von diesen wiesen schließlich nur drei Sterne tatsächlich eine zusätzliche Infrarotemission auf, die aber, wie sich später herausstelle, alle natürlichen Ursprungs waren. Damit hat man bis heute keine Evidenz für die zwar hoch spekulative, aber dennoch prinzipiell mögliche Existenz bewohnter Dyson-Schalen in unserer Galaxis.

Kolonialisierung der Milchstraße

Nach allen bisherigen Überlegungen ist eine Kolonialisierung der sonnennächsten Sterne möglich. Und wenn sich die Möglichkeit bietet, dann wird es auch irgendwann Menschen geben, die das tun werden. Ein Blick auf die Ausbreitung des Lebens auf unserer Erde mag ein Analogon dazu sein. Bisher hat das Leben jede erreichbare, denkbare und selbst ungeahnte Nische ausgefüllt: trockenste Wüsten, polare Regionen, von der Außenwelt abgeschottete Höhlen in Südostrumänien in 25 Metern unter der Erde und seit 5,5 Millionen Jahren abgeschieden von jeglichem Sonnenlicht (Abrams, M. M., 1997), Geysire auf dem tiefsten Boden des Meeres bei Temperaturen von über hundert Grad Celsius, Tiefengestein der Erde mehrere hundert Meter unter der Erdoberfläche (Fredrickson, J. K. & Onstott, T. C., 1996). Leben hat solche Extreme hingenommen und sich ihnen immer wieder kontinuierlich angepaßt.

Selbst der Mensch besiedelt seit jeher unwirtliche arktische Polarregionen und ausgedörrte Wüsten und hat gelernt, mit Geräten unter Wasser und in den Extremen einer Antarktisstation direkt am Südpol zu überleben. Er paßte sich stetig den Lebensbedingungen an und nutzte die Technik, um Nischen zu füllen. Es waren immer Lebensmittelmangel, Überbevölkerung, Kriege (insbesondere Religionskriege), die große und radikale Auswanderungen (Völkerwanderungen) auslösten, wie zum Beispiel die der Nordeuropäer in die heutigen Vereinigten

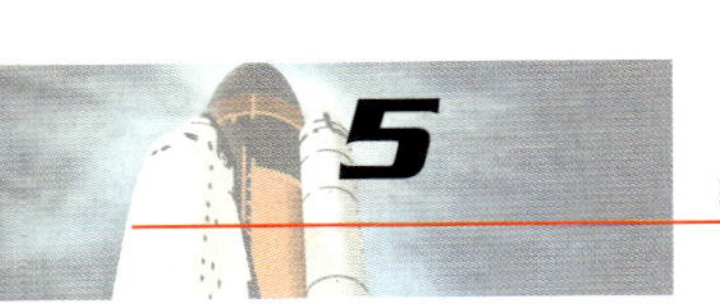

Staaten, wobei die Rückkehr ausgeschlossen war. Der Mensch hat wie kein anderes Lebewesen alle nur möglichen Lebensräume – ausgenommen vielleicht den Meeresboden – ausgefüllt. Eine Emigration in den Weltraum wäre in der historischen Auswanderungsgeschichte der Menschheit der logisch nächste Schritt – und wird sicherlich irgendwann vollzogen.

Die Menschheit wird dies so lange tun, bis sie in unserer Milchstraße wie bisher auf der Erde die letzten Winkel besetzt haben wird. Wann wird das sein? Wann wird die Milchstraße durch und durch von der Menschheit bevölkert sein? Das läßt sich grob bereits mit einer kurzen Überschlagsrechnung abschätzen. Nehmen wir auf Grundlage unserer bisherigen Ausführungen an, ein Weltschiff würde nach 1 000 Jahren auf einen zehn Lichtjahre entfernten bewohnbaren Planeten treffen. Die Raumreisenden würden ihn kolonialisieren, und ihre Nachkommen würden sich nach 1 000 Jahren der Regeneration auf eine erneute Reise begeben. Unter diesen Umständen breitete sich die Menschheit mit einer Geschwindigkeit von zehn Lichtjahren pro 2 000 Jahre aus. Unsere Milchstraße hat einen Durchmesser von 100 000 Lichtjahren und wäre daher innerhalb von 20 Millionen Jahren vollständig besiedelt – ein relativ kurzer Zeitraum im Vergleich zum Alter unseres Universums von 15 000 Millionen Jahren, und es darf mit Recht angenommen werden, daß es mindestens noch einmal so lange existieren wird.

Diese Rechnung ist weder genau noch ganz richtig. Sie geht von einer gezielten Bevölkerung in eine einheitliche Richtung aus. Tatsächlich wird sich wegen der fehlenden Kommunikationsmöglichkeiten mit zunehmender Ausbreitung die Ausbreitungsrichtung verlieren. Von da an ist eine Besiedlung in Zufallsrichtungen angemessener. Monte-Carlo-Rechnungen (Jones, E. M., 1976; 1981; 1995, S. 92), die genau solche diskreten Besiedlungsschritte simulieren, kommen zu dem Ergebnis, daß die Besiedlungsrate γ analytisch durch die Gleichung

$$\gamma = \frac{\sqrt{2}}{D}\left[t_{av} + \frac{1}{\rho}\ln\frac{2\rho}{\tau}\right]$$

beschrieben werden kann (Jones, E. M., 1995, S. 98). Dabei ist D (D = 7 Lichtjahre) der mittlere angenommene Abstand zwischen zwei Besiedlungsplaneten, t_{av} ($t_{av} \simeq$ 100 Jahre) die mittlere Reisezeit bei einer mittleren angenommenen Reisegeschwindigkeit von 0,1 c, ρ die Bevölkerungswachstumsrate auf den besiedelten Planeten und τ die mittlere Emigrationsrate von einem Planeten. Bei einer konservativen Annahme mit ρ = 0,001/a und τ = 0,0001/a kommt man auf eine mittlere Besiedlungsrate von 600 Jahren/Lichtjahr für unsere Galaxie, also auf eine mittlere Besiedlungszeit von 60 Millionen Jahren, maxi-

mal $\tau = 10^{-8}/a$) 300 Millionen Jahre. Die wahrscheinliche Besiedlungsrate liegt um einiges niedriger, da die angenommene Bevölkerungswachstumsrate von $\rho = 0{,}001/a$ einer Zunahme der Bevölkerung zu Zeiten der Einführung der Landwirtschaft auf der Erde entspricht. Rechnet man mit heutigen Bevölkerungswachstumsraten, $\rho = 0{,}01/a$, so beträgt die mittlere Besiedlungszeit unserer Galaxie 13 Millionen Jahre, maximal 31 Millionen Jahre.

Die wahrscheinliche Ausbreitungsart wird sicherlich ein Zwischending zwischen einer stetigen Ausbreitung in eine Richtung und einer rein zufälligen Besiedlung sein. Weil bekannt ist, daß die Anzahl bewohnbarer Planeten in Richtung des Zentrums unserer Galaxis zunimmt (siehe S. 102), werden die ersten Besiedlungsschritte sicherlich

Diese Hubble-Aufnahme von 1996 dokumentiert den Rand unseres Universums. Die beobachteten Galaxien sind die entferntesten, die wir je gesehen haben, und jede von ihnen enthält etwa 100 Millionen Sterne mit mindestens ebenso vielen Planeten. Wegen der riesigen Entfernungen zwischen den Galaxien – ohne irgendwelche Sterne mit ihren Planeten als notwendige Zwischenstops – wird jedoch ein Kolonialisierungssprung von der einen zur anderen Galaxie nie stattfinden.

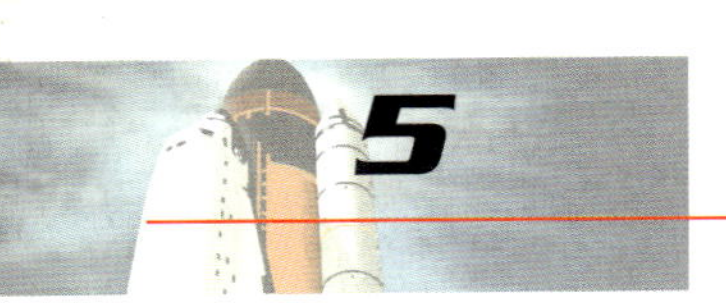

genau in diese Richtung gehen, um sich dann später von dort diffus auszubreiten. Es ist also mit einer zu erwartenden Kolonialisierungszeit von 20 Millionen Jahren und maximal 100 Millionen Jahren zu rechnen. Für alle weiteren Zwecke werden wir in diesem Buch eine etwas konservativere mittlere Kolonialisierungszeit von **50 Millionen Jahren** annehmen.

Angesichts der Tatsache, daß das Leben auf unserer Erde durch große Meteoriteneinschläge in etwa 100 Millionen Jahren ausgelöscht sein wird und unsere Sonne nur noch vier Milliarden Jahre lang ausreichend Energie spenden wird, um dann als roter Riese unsere Erde in sich zu vereinnahmen – wohingegen unsere Galaxis mindestens noch 15 Milliarden Jahre, wenn nicht weit länger, existieren wird –, ist es also keine Frage, daß es irgendwann zu einer solchen Kolonialisierung kommen wird. Die Frage ist nur, wann die Technologie und der Zwang der Menschheit, die Erde verlassen zu wollen, oder schlimmer noch, verlassen zu müssen, groß genug sein wird, diesen Schritt zu vollziehen.

So eine Kolonialisierung funktioniert nur, wenn neue Heimatplaneten oder wenigstens Zwischenplaneten zum Regenerieren der Energie- und Materialvorräte in Abständen von nicht mehr als einigen zig Lichtjahren gefunden werden. Nach allem, was wir wissen (siehe Kapitel 3.2.1 »Planeten – Wiege des Lebens«), ist diese Bedingung innerhalb unserer Milchstraße und auch in jeder anderen Galaxie erfüllt. Nur wegen dieser Schritt-für-Schritt-Strategie ist eine durchgehende Kolonialisierung überhaupt machbar. Die Sternenleere zwischen den Galaxien ist daher genau das Problem, um zu benachbarten Galaxien zu gelangen. Der mittlere Abstand zwischen Galaxien beträgt viele hunderttausend Lichtjahre mit einem absolut sternenfreien Weltraum dazwischen. Eine Reise zu einer der benachbarten Galaxien mit zehn Prozent Lichtgeschwindigkeit würde fast zehn Millionen Jahre dauern. Zum Vergleich: Die gesamte Entwicklungsgeschichte des Menschen, ausgehend von seinen primitivsten Vorfahren ohne aufrechten Gang, vollzog sich in einer Million Jahre. Ohne ein einziges Mal zu regenerieren, sind solche Reisen also praktisch ausgeschlossen. Ist eine Besiedlung der Milchstraße gerade noch vorstellbar, liegt eine Reise »in einem Satz« zu einer anderen Galaxis weit außerhalb jeder Möglichkeit. Die Menschheit, sollte sie in einigen Millionen Jahren noch existieren, wird zwar mit großer Wahrscheinlichkeit unsere Milchstraße besiedeln, aber sie wird für immer Gefangene dieser Insel in den unendlichen Weiten des Universums bleiben.

6 Schluß

6 Schluß

»Wer mit beiden Beinen auf der Erde steht,
kommt nicht vom Fleck.«

Astronauten-Wahlspruch

6.1 Zusammenfassung

Am Ende unserer Überlegungen angelangt, fragen wir uns, was die Essenz all dessen ist.

Wir haben gesehen, daß die Mutmaßungen über Leben auf dem Mond und auf anderen Welten bis zu den Griechen zurückreichen. Diese wiederum haben das Denken und die Vorstellungen des Mittelalters geprägt. Erst in der Renaissance und Aufklärung änderte sich das bis dahin etablierte geozentrische Weltbild mit weitgehend unbelebten Planeten zum heliozentrischen Weltbild mit bewohnten Planeten nicht nur in unserem Sonnensystem, sondern auch auf anderen Sternen. Mit der vermeintlichen Beobachtung von Marskanälen und der darauf folgenden Hysterie über die Invasion von Marsmenschen setzte sich die Vorstellung von benachbarten außerirdischen Wesen vollständig durch, die sich heute in einem weitverbreiteten Glauben an UFOs und somit an die Existenz von ETIs widerspiegelt.

Weil die natürlichen Möglichkeiten, ab initio komplexe Lebensformen zu bilden, die wiederum Intelligenz hervorbringen, beschränkt sind, kommen als Grundlage intelligenter Wesen praktisch nur komplexe organische Verbindungen mit all den dazu notwendigen Bedingungen (flüssiges Wasser, Atmosphäre und so weiter) in Frage. ETIs, sollte es sie geben, werden also wie wir wahrscheinlich aus Fleisch (organischen Zellen) und Blut (Nahrungs- und Sauerstoffverteilungssystem) bestehen und wie auch immer geartete Gliedmaßen, Augen und einem Mund haben. Sie werden zudem etwa so groß wie wir sein, jedenfalls nicht wesentlich größer oder kleiner. Alles weitere bleibt dem Zufall überlassen und den Phantasien jedes einzelnen.

Gibt es ETIs? In unserer Milchstraße wahrscheinlich nicht. Wenn doch, dann nur sehr wenige, vielleicht weniger als eine Handvoll. Einen ersten Hinweis lieferte uns die Drake-Gleichung. Gewißheit brachte uns ein Argument von Barrow in Verbindung mit dem Anthropischen Prinzip und der abgeleitete Widerspruch: Wenn es viele ETIs gäbe, dann müßten sie hier sein. Trotz UFO-Manie ist das aber nicht der Fall. Auch Panspermien, welcher Art auch immer, haben bis heute unsere Galaxis nicht mit Leben durchsetzt. Diese Argumentation schließt aber nicht aus, daß es ETIs im gesamten Universum gibt. Im Gegenteil: Die Drake-Gleichung lieferte uns einen Hinweis darauf, daß es viele von ihnen irgendwo dort draußen auf anderen Galaxien gibt.

Wir werden mit ihnen aber nie in Kontakt treten können. Weder durch Reisen, noch durch Funkkontakte. Zu groß sind die Entfernungen zu ihnen. Intellektuelle Kulturen werden also immer völlig getrennt von anderen Kulturen einherleben, ohne jemals zu erfahren, ob es außer ihnen noch andere Kulturen gibt. Die Menschheit bildet, so bedauerlich das auch sein mag, in dieser Hinsicht keine Ausnahme.

Wenn diese Folgerungen zutreffen, dann würden die im Eingangskapitel erwähnten Befürchtungen der christlichen Kirche bezüglich eines Kontakts mit anderen Kulturen obsolet werden. Und weil wir nie erfahren werden, ob es andere Kulturen überhaupt gibt, werden die restlichen theologischen Probleme, die damit verknüpft wären, rein akademischer Natur bleiben, für alle Zeiten unentscheidbar – gerade richtig für einen rechten Glauben.

Es wird aber auch keine Kommunikation mit ETIs in unserer Milchstraße geben, selbst wenn sie dort wider Erwarten doch existierten. Daher ist es nicht verwunderlich, daß wir trotz aufwendiger Suche noch kein Signal von ihnen empfangen haben.

Interstellare Raumfahrt ist möglich. Zwar nicht in Science-fiction-Manier mit Licht- oder gar Überlichtgeschwindigkeit oder per Zeitreisen, sondern ganz konventionell mit etwa zehn Prozent Lichtgeschwindigkeit. Weltschiffe, die Hunderttausenden bis zu einer Million von Menschen auf einmal erdähnliche Bedingungen über lange Reisezeiten ermöglichen, werden uns zu anderen Planeten bringen, die wir in langen Zeiträumen von Tausenden von Jahren besiedeln werden. Schritt für Schritt wird die Menschheit nach etwa 50 Millionen Jahren so die gesamte Milchstraße kolonialisiert haben.

Wird die Menschheit dies wirklich irgendwann einmal tun? Der große Physiker Freeman Dyson formulierte diese wichtige Frage in seinem Buch *Infinite in all Directions* einmal so:

Die Explosion des Shuttles Challenger am 28.01.1986. Wir sollten unsere Augen nicht davor verschließen: Katastrophen wie diese wird es auch in Zukunft geben, und wir werden um die Menschen trauern, die solche Wagnisse eingegangen sind. Dies wird die Menschheit jedoch nicht davon abhalten, es nach Abwägung aller Risiken wieder aufs neue zu versuchen, bis sie das Ziel erreicht hat – die Eroberung des Weltalls.

»..., wird die menschliche Rasse eines Tages vor der folgenschwersten Wahl stehen, die es zu entscheiden gibt, seit unsere Vorfahren die Bäume in Afrika verließen und ihre Cousinen, die Schimpansen, zurückließen. Wir werden uns entscheiden müssen, entweder eine Rasse zu bleiben, vereint auf einer gemeinsamen Oberfläche und auch durch eine gemeinsame Historie oder uns zu diversifizieren, so wie die anderen Tier- und Pflanzenarten sich diversifizieren werden. Sollen wir für immer ein Volk sein, oder werden wir zu Millionen intelligenter Arten die verschiedensten Wege des Lebens auf einer Million unterschiedlichster Orte quer durch unsere Galaxis durchlaufen? Das ist die große Frage, der wir uns bald stellen müssen. Glücklicherweise liegt es nicht in der Verantwortung unserer Generation, sie beantworten zu müssen.«

Auch wenn sich unsere nächsten Generationen gegen eine Auswanderung entscheiden werden, unter einem zukünftigen ungeahnten Überlebensdruck werden wir es irgendwann einmal nicht nur tun müssen, sondern mit dem Wissen, die wahrscheinlich einzigen zu sein, ist es unsere kulturelle Aufgabe und schwere Bürde zugleich, unsere Milchstraße mit diesem Bewußtsein zu erfüllen. Und wenn es nun doch wider Erwarten andere ETIs irgendwo dort draußen gibt, dann werden wir sie auch irgendwann treffen. Dieses Privileg ist jedoch nicht unserer Generation vergönnt, sondern erst vielen Generationen nach uns in mehreren Millionen Jahren – vorausgesetzt, die Menschheit hat sich bis dahin nicht selbst vernichtet!

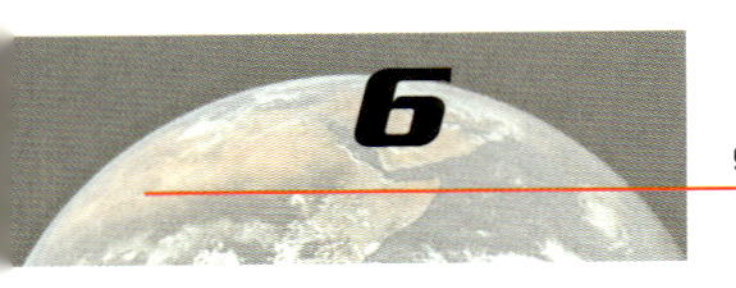

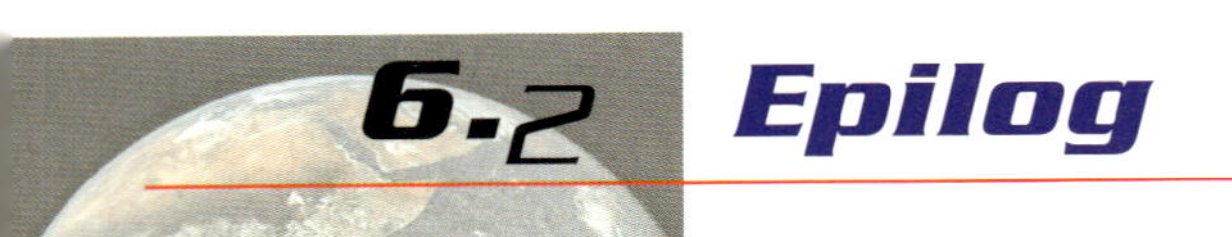

6.2 Epilog

Die Geschichte der Wissenschaften und der Technik ist geprägt von großen Fortschritten und Irrtümern zugleich. Die bedeutsamen Fortschritte sind hinlänglich bekannt, die Irrtümer hingegen weit weniger. Hier eine kleine Auswahl:

»Flugmaschinen, die schwerer sind als Luft, sind unmöglich.«

»Radio hat keine Zukunft.«

»Röntgenstrahlen sind Schwindel.«

William Thomson (Lord Kelvin, 1895 – 1904), Präsident der angesehenen wissenschaftlichen Vereinigung Royal Society London

»Es gibt keine Möglichkeit, die Atomkraft je nutzbar zu machen.«

Robert Millikan (1868 – 1953), Nobelpreis Physik 1923

»Die Geheimnisse des Fliegens werden nicht in unserem Leben gemeistert werden ...und auch nicht in tausend Jahren.«

Wilbur Wright (1867 – 1912), einer der Gebrüder Wright, Pioniere der Luftfahrt

»Ich glaube, auf dem Weltmarkt besteht Bedarf für fünf Computer, nicht mehr.«

Thomas Watson (1958), Gründer von IBM

»Trotz aller Fortschritte wird es der Mensch nie dahin bringen, den Mond zu erreichen.«

Lee de Forest, Erfinder der Kathodenstrahlröhre, 1957

»Die Raumfahrt ist zwar ein Triumph des Verstandes, aber ein tragisches Versagen der Vernunft.«

Max Born (1882 – 1970), Nobelpreis Physik 1954

Was können wir für die Zukunft daraus lernen? Offensichtlich beurteilt der Mensch – und selbst Nobelpreisträger scheinen davor nicht gefeit zu sein – die Zukunft nur nach den eigenen Intuitionen und Erfahrungen. Ralph Boller drückte dies einmal so aus:

»Technisch gehören wir zur Raumpatrouille, ethisch stecken wir noch in der Steinzeit.«

Ist es überhaupt möglich, über diesen eigenen Schatten zu springen? Ich denke, das ist es, wenn wir uns die Worte des Regisseurs und Intendanten Boreslaw Barlog zu eigen machen:

»Fortschritt ist nur möglich, wenn man intelligent gegen die Regeln verstößt.«

Diese Einstellung ist – wenngleich die Verstöße manchmal nicht so intelligent ausfielen – stets eine Tugend der jüngeren Generationen gewesen. Uns Erwachsenen fällt sie mit zunehmenden Alter immer schwerer. Aber wir sollten uns daran erinnern, daß sogar ein Albert Einstein seine bahnbrechenden, vollkommen andersartigen Ideen in seinen Zwanzigern entwickelte und nicht als alter, weiser Mann, wie uns die Medien weismachen wollen.

Wir sollten uns darüber im klaren sein, daß die Zukunft trotz aller wissenschaftlicher Fortschritte nie im Detail vorhersagbar sein wird. Dies ist eine wesentliche Erkenntnis der Wissenschaft des ausgehenden 20. Jahrhunderts. Vorhersagen über die Zukunft sollten nicht das Ziel unseres Strebens nach Erkenntnis sein, sondern wie Perikles es einmal formulierte:

»Es kommt nicht darauf an, die Zukunft zu kennen, sondern auf die Zukunft vorbereitet zu sein.«

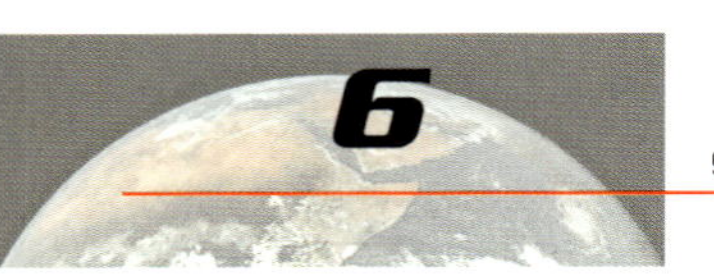

Auch dieses Buch will in seinem 5. Kapitel nicht vorhersagen, wie die Zukunft der Menschheit tatsächlich sein wird. Zu unwägbar sind die vielen Details, von denen unsere Existenz abhängt. So ist es nach heutigen astronomischen Berechnungen nicht auszuschließen, daß am 14. August des Jahres 2126 der Komet Swift-Tuttle nicht knapp an der Erde vorbeifliegen, sondern sie treffen und damit die gesamte Menschheit zum Aussterben verurteilen könnte.

Solche Ereignisse können wir wie gesagt heute nicht mit Sicherheit vorhersagen. Wenn die Menschheit jedoch einige weitere Jahrtausende erleben sollte, dann wird sie den Schritt in den Weltraum wagen – dieses Buch beschreibt einen Weg, wie es möglich sein könnte. Ich halte es für essentiell, die Raumfahrt dahingehend zu fördern, um zum Beispiel Kometen und Asteroiden mit Hilfe von Raumschiffen, die mit nuklearen Sprengsätzen ausgestattet sind, vom todbringenden Kurs abbringen zu können. So sind wir kurzfristig darauf vorbereitet, kosmischen Katastrophen gezielt entgegenzuwirken, und langfristig imstande, der Menschheit den Weg ins All zu bahnen.

Anhang

Anhang 1: Der effektive Raumwinkel erdähnlicher Planeten

Das Universum ist im Prinzip leerer Raum mit nur sehr wenig Materie in Form von Sonnen und noch nicht kollabierter Wasserstoffwolken. Voraussichtlich existieren in nur wenigen dieser Sonnensysteme Planeten, die biologisches Leben, so wie wir es auf der Erde kennen, ermöglichen, die also in die Ökosphäre ihres Sternes fallen. Diese Planeten wollen wir als erdähnlich bezeichnen.

Die Antwort auf die Frage, ob sich Panspermien durch Asteroideneinschläge, deren ausgeworfene Bruchstücke mitsamt der Panspermien irgendwann einmal andere erdähnliche Planeten treffen, ungerichtet ausbreiten können, wird maßgeblich bestimmt von der effektiven Trefffläche, die solche Zielplaneten in unserer Milchstraße darstellen. Wegen der riesigen Entfernungen zu anderen Galaxien und ihrer Irrelevanz für Panspermien können wir die erdähnlichen Planeten auf anderen Galaxien außer Betracht lassen. Da die Bruchstücke in alle möglichen Raumrichtungen verschleudert werden, lautet die Frage, die nun beantwortet werden soll, genaugenommen: »Unter welchem gemeinsamen Raumwinkel σ_E erscheinen alle erdähnlichen Planeten von einem beliebigen Standort in unserer Milchstraße aus?« Dafür wollen wir eine Abschätzung angeben. Wegen der großen Leere in unserem Universum erwarten wir natürlich einen sehr kleinen Wert für diesen Raumwinkel.

Wenn wir einen numerischen Wert für σ_E ableiten wollen, müssen wir zunächst ein realistisches mathematisches Modell für unsere Milchstraße entwerfen. Dazu müssen wir wissen, wie unsere Milchstraße überhaupt aufgebaut ist. Die Galaxie NGC 4565 im Sternbild Coma ist nicht nur eine schöne Galaxie, sondern in ihrem Querschnitt unserer Milchstraße auch sehr ähnlich. Unser Sonnensystem befindet sich in diesem Diskus auf etwa 2/3 des Weges zwischen dem Zentrum der Milchstraße und dessem Rand. Es existieren aber keine vollständigen und exakten Daten über unsere Milchstraße, sondern nur folgende grobe Daten (ly = light year = Lichtjahr, sr = Steradiant):

Bei dem Blick auf die Kante einer Spiralgalaxie, wie hier bei NGC 4565, werden die zentrale Verdickung (der »Bauch«) der Galaxie und die Staubwolken in der Scheibe besonders deutlich sichtbar.

Radius der Milchstraße:	$R_M = 5 \cdot 10^4$ ly
Gesamtzahl der Sterne in unserer Milchstraße:	$N_S = 2 \cdot 10^{11}$
mittlere Sternendichte:	n_S (Milchstraße) = 0,010 ly^{-3}
mittlere Sternendichte in Sonnenumgebung:	n_S (Sonne) = $(1{,}8\text{-}2{,}1) \cdot 10^{-3}$ ly^{-3}

Sie reichen aus, um ein flaches Scheibenmodell von unserer Milchstraße zu entwerfen. Dazu nehmen wir an, die Sterne in der Scheibe seien homogen verteilt. Dies ist nicht ganz richtig. Unsere Sonne befindet sich in einem relativ leeren Bereich zwischen den beiden Spiralarmen des Schützen und des Perseus. Deswegen ist die uns umgebende Sternendichte nur 20 Prozent der mittleren. Daraus folgt, daß der Dichteunterschied zwischen den dichtbevölkerten Spiralarmen und den Zwischenräumen etwa ein Faktor 10 beträgt.

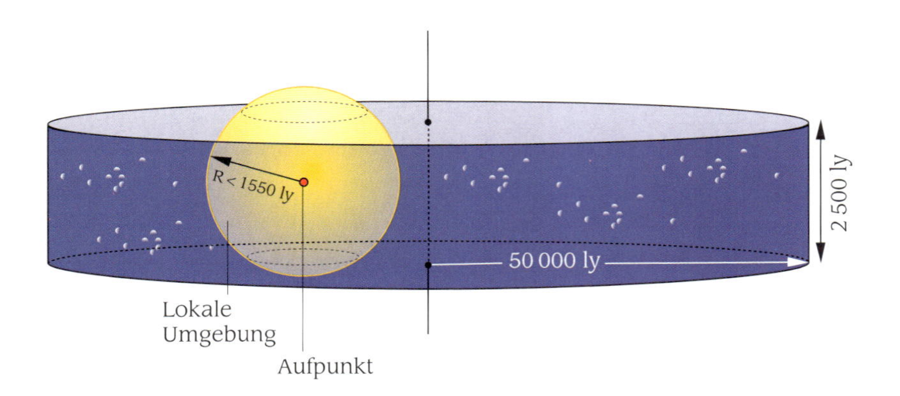

Das reicht aber für unser Modell immer noch, um einen einigermaßen verläßlichen Wert zu berechnen. Unter dieser Homogenitätsannahme und dem vorgegebenen Radius unserer Milchstraße erhält man folgende Eigenschaften der Modellscheibe:

Scheibenvolumen:	$V_M = 2 \cdot 10^{13}$ ly^3
Scheibenradius:	$R_M = 50\,000$ ly
Scheibendicke:	$D_M = 2\,500$ ly

Eine konstante Dicke entspricht zwar nicht ganz der Realität – der innere Wulst hat einen Dicke von 10 000 ly – aber für unsere Zwecke ist dies dennoch eine relativ gute Näherung.

Geht man nun von den Daten von Hart (1995) aus, dann bilden nur 1/4 aller Sterne Planeten aus, 1/10 aller Sterne hat eine Ökosphäre und nur 1/100stel der Planeten fallen in die Ökosphäre. Die Anzahl aller erdähnlicher Planeten und deren Dichte in unserer Milchstraße ergibt sich daher wie folgt aus der Gesamtzahl $N_S = 2 \cdot 10^{11}$:

$$N_E = 2 \cdot 10^{11} \cdot 1/4 \cdot 1/10 \cdot 1/100 = 5 \cdot 10^7$$
$$n_E = N_E / V_M = 2{,}5 \cdot 10^{-6} \text{ ly}^{-3}$$

Um den effektiven Raumwinkel zu berechnen, unter dem die erdähnlichen Planeten in unserer Milchstraße vom Aufpunkt, dem Ausgangspunkt der Panspermien, aus erscheinen, müssen wir deren Flächen, so wie sie sich dem Beobachter am Aufpunkt darstellen, aufsummieren. Wie wir aus Klimaberechnungen wissen (Hart, M., 1978 und 1979; siehe auch S. 94) wäre ein Planet mit einem nur 15 Prozent kleineren oder 33 Prozent größeren Durchmesser als unsere Erde kein erdähnlicher Planet mehr. Wir können also in guter Näherung unsere Erdkugel als mittlere Trefffläche annehmen. Die nimmt natürlich mit dem Abstand zum Aufpunkt quadratisch ab. Der effektive Treffraumwinkel σ_0 schreibt sich daher als $\sigma_0(r) = A_0/r^2$ mit $A_0 = 1{,}42 \cdot 10^{-18}$ sr ly^2 (Erde). Bezeichnen wir mit $\rho(r)dr$ die Anzahl der erdähnlichen Planeten einer Kugelschale dr im Abstand r, dann läßt sich der effektive Raumwinkel der erdähnlichen Planeten innerhalb des Raumgebietes mit Radius R um einen Aufpunkt in unserer Milchstraße statt Flächensumme als Integral schreiben:

$$\sigma_E(R) = \int_0^R \sigma_0(r)\rho(r)\,dr = \int_0^R \frac{A_0}{r^2} \cdot \rho(r)\,dr$$

Um das Integral zu berechnen, muß man $\rho(r)$ kennen. Dabei müssen zwei Fälle unterschieden werden:

1. Fall: $R \leq 1\,550$ ly
Wir befinden uns hier in der lokalen Umgebung um den Aufpunkt, den wir zunächst in der Mittelebene der Scheibe annehmen wollen. Hier sind die umgebenden Sterne und ihre Planeten bis zur Ober- und Unterseite der Scheibe ($R = 1\,250$ ly) isotrop, also homogen und kugelförmig verteilt. Daher gilt $\rho(r) = 4\pi\, n_E\, r^2$. Damit wir einen Übergang zum 2. Fall erhalten, erstrecken wir das Integral, ohne dabei große Fehler zu machen, bis zu einem Kugelradius, dessen eingeschlossenes Kugelvolumen dem Volumen eines Würfels mit Kantenlänge $D_M = 2\,500$ ly entspricht, also bis $R = 1\,550$ ly. Damit läßt sich σ_E berechnen zu

$$\sigma_E(R) = 4\pi\, n_E\, A_0 \int_0^R dr = 4\pi\, n_E\, A_0\, R$$

$$4\pi\, n_E\, A_0 = 4{,}5 \cdot 10^{-23}\ \text{sr ly}^{-1}$$

Es spielt für dieses Ergebnis übrigens keine wesentliche Rolle, ob der Aufpunkt genau in der Mitte der Scheibe liegt, daneben oder gar am Rand; das Volumen einer entsprechend begrenzten Kugel bleibt immer innerhalb derselben Größenordnung.

2. Fall: $R \geq 1\,550$ ly
Außerhalb der lokalen Umgebung liegen die erdähnlichen Planeten in einer Scheibe. Daher gilt $\rho(r) = 2\pi\, \eta_E\, r$. Dabei ist η_E die Flächendichte der erdähnlichen Planeten in der Modellscheibe, also $\eta_E = n_E \cdot D_M = 6{,}3 \cdot 10^{-3}\ \text{ly}^{-2}$. Nehmen wir zunächst an, der Aufpunkt befinde sich im Zentrum unserer Milchstraße, dann berechnet sich σ_E in diesem Fall

$$\sigma_E(R) \leq 2\pi\, \eta_E\, A_0 \int_{R_0}^{R} 1/r\, dr = 2\pi\, \eta_E\, A_0 \ln(R/R_0)$$

$$2\pi\, \eta_E\, A_0 = 5{,}7 \cdot 10^{-20}\ \text{sr}$$

$$R_0 = 470\ \text{ly}$$

Der Parameter R_0 stellt sicher, daß bei $R = 1\,550$ ly der Übergang von σ_E zwischen den beiden unterschiedlichen Fällen stetig ist. In der obigen Gleichung gilt das Gleichheitszeichen nur dann, wenn sich der Aufpunkt in der Mitte unserer Milchstraße befindet. Liegt der Aufpunkt exzentrisch, dann entspricht R einem mittleren äußeren Begrenzungsrand, die asymmetrischen Integralanteile verschieben sich zu relativ größeren Entfernungen und σ_E fällt mehr und mehr unter den angegebenen Wert.

Der gesuchte effektive Raumwinkel aller erdähnlichen Planeten σ_E folgt nun aus dem 2. Fall für $R = 50\,000$ ly: $\sigma_E = \sigma_E(R = 50\,000\ \text{ly}) \leq 2{,}6 \cdot 10^{-19}$ sr.

Anhang 2: Evolutions-Wahrscheinlichkeiten

Wir versuchen im folgenden, einen geschlossenen Ausdruck für die Wahrscheinlichkeit einer bestimmten, aber beliebigen Evolutionsabfolge abzuleiten. Dazu sei angenommen, die Evolution biologischen Lebens schreite durch diskrete und bedingte Entwicklungsschritte voran. »Bedingt« bedeutet, daß die Entwicklungsschritte nur in einer bestimmten Reihenfolge auftreten, weil ein Entwicklungsschritt normalerweise bestimmte andere Systemeigenschaften voraussetzt. So können biologische Zellen erst dann entstehen, wenn es replizierende organische Moleküle gibt. Eine bedingte Entwicklungsfolge impliziert also zugleich auch eine kumulative Entwicklung. Ist nun die Anzahl der Entwicklungsschritte und die Wahrscheinlichkeit für ihr Auftreten bekannt, dann läßt sich die Wahrscheinlichkeit für die gesamte Evolution wie folgt berechnen (vgl. Barrow, J. D. & Tipler, F. J., 1986, Gl. 8.5 und 8.6).

Es sei t_E die Evolutionszeit, die zunächst in m diskrete Zeitschritte eingeteilt sei, i die Anzahl der Entwicklungsschritte mit Wahrscheinlichkeiten p_k und q_k für deren Eintreten beziehungsweise Nichteintreten pro Zeiteinheit ($p_k + q_k = 1$) und $k = 1, \ldots, i$ die bedingte Abfolge der Entwicklungsschritte. In den folgenden Berechnungen sind nur solche Entwicklungsschritte k signifikant, für die die Wahrscheinlichkeit für deren Auftreten klein ist im Vergleich zur gesamten Evolutionszeit, $p_k m \ll 1$. Solche Entwicklungsschritte bezeichnen wir als kritische Entwicklungsschritte, denn alle nichtkritischen Entwicklungsschritte treten mit großer Wahrscheinlichkeit innerhalb der Evolutionszeit ein. Die gesuchte Evolutionswahrscheinlichkeit als Abfolge aller kritischen Entwicklungsschritte bezeichnen wir mit $P_i(p_k, m)$.

Beginnen wir zunächst mit nur zwei kritischen Entwicklungsschritten und m diskreten Zeitschritten. Die Wahrscheinlichkeit $P_2(p_k,m)$ ist dann die Summe aus den Kombinationen, daß der erste Entwicklungsschritt 1, 2, 3, …, m–1 Zeitschritte dauerte und der zweite, darauf folgende Entwicklungsschritt entsprechend m–1, m–2, …, 1 Zeitschritte dauerte. Also:

$$m\, P_2(p_k,m) = \sum_{k=1}^{m-1} (1-q_1^{\,k})(1-q_2^{\,m-k})$$

dabei ist $(1-q_1^{\,k})$ die Wahrscheinlichkeit, daß der erste Entwicklungsschritt in k Zeitschritten mindestens einmal auftritt und $(1-q_2^{\,m-k})$ die Wahrschein-

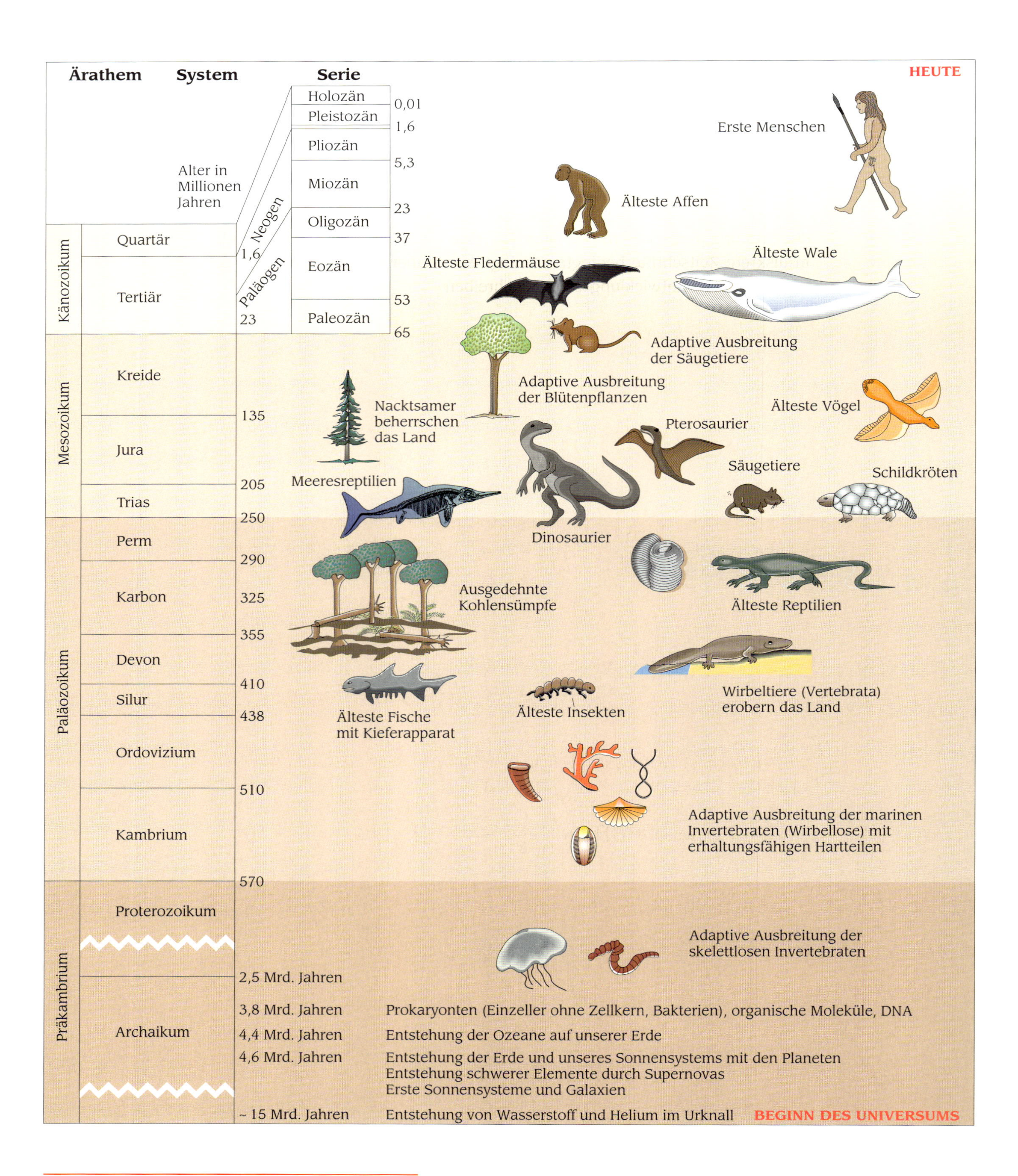
Ärathem
System
Serie
HEUTE
Alter in Millionen Jahren
Holozän
Pleistozän
Pliozän
Miozän
Oligozän
Eozän
Paleozän
0,01
1,6
5,3
23
37
53
65
Neogen
Paläogen
1,6
23
Känozoikum
Quartär
Tertiär
Mesozoikum
Kreide
Jura
Trias
135
205
250
Paläozoikum
Perm
Karbon
Devon
Silur
Ordovizium
Kambrium
290
325
355
410
438
510
570
Präkambrium
Proterozoikum
Archaikum
2,5 Mrd. Jahren
3,8 Mrd. Jahren
4,4 Mrd. Jahren
4,6 Mrd. Jahren
~ 15 Mrd. Jahren
Erste Menschen
Älteste Affen
Älteste Fledermäuse
Älteste Wale
Adaptive Ausbreitung der Säugetiere
Adaptive Ausbreitung der Blütenpflanzen
Nacktsamer beherrschen das Land
Älteste Vögel
Pterosaurier
Säugetiere
Schildkröten
Meeresreptilien
Dinosaurier
Ausgedehnte Kohlensümpfe
Älteste Reptilien
Wirbeltiere (Vertebrata) erobern das Land
Älteste Fische mit Kieferapparat
Älteste Insekten
Adaptive Ausbreitung der marinen Invertebraten (Wirbellose) mit erhaltungsfähigen Hartteilen
Adaptive Ausbreitung der skelettlosen Invertebraten
Prokaryonten (Einzeller ohne Zellkern, Bakterien), organische Moleküle, DNA
Entstehung der Ozeane auf unserer Erde
Entstehung der Erde und unseres Sonnensystems mit den Planeten
Entstehung schwerer Elemente durch Supernovas
Erste Sonnensysteme und Galaxien
Entstehung von Wasserstoff und Helium im Urknall
BEGINN DES UNIVERSUMS

lichkeit, daß der zweite in den restlichen Zeitschritten mindestens einmal auftritt. Der Faktor m ist die Renormierung hinsichtlich der Summation. $P_2(p_k,m)$ läßt sich berechnen zu

$$P_2(p_k,m) = \frac{p_1 p_2}{6} m^2 + O(p^3m^3)$$

$O(p^3m^3)$ bedeutet, daß in der Näherung noch vernachläßigbare Glieder der Ordnung p^3m^3 und höherer Ordnung folgen. Allgemein läßt sich nun für m diskrete Zeitschritte bedingte (Bedingtheits-Reihenfolge sei hier: 1, 2, 3, . . ., i), kritische Entwicklungsschritte schreiben

$$\frac{m^{i-1}}{(i-1)!} P_i(p_k,m) = \sum_{k_{i-1}=1}^{m-1} (1-q_i^{m-k_{i-1}}) \sum_{k_{i-2}=1}^{k_{i-1}} (1-q_{i-1}^{k_{i-1}-k_{i-2}}) \sum_{k_{i-3}=1}^{k_{i-1}} \ldots \sum_{k_1=1}^{k_2} (1-q_2^{k_2-k_1})\,(1-q_1^{k_1})$$

wobei $m^{i-1}/(i-1)!$ wieder die Normierung darstellt. Da $p_k m \ll 1$ können wir für $k \leq m$ entwickeln

$$1-q^k = 1-(1-p)^k \simeq kp$$

und machen zugleich den Übergang von diskreten Zeitschritten zu einer kontinuierlichen Zeitskala

$$\frac{t_E^{i-1}}{(i-1)!} P_i(p_k,t_E) = \left(\prod_{k=1}^{i} p_k\right) \int_{t_{i-1}=0}^{t_E} (t_E - t_{i-1}) \int_{t_{i-2}=0}^{t_{i-1}} (t_{i-1} - t_{i-2}) \int_{t_{i-3}=0}^{t_{i-2}} \ldots \int_{t_1=0}^{t_2} (t_2 - t_1)\, t_1 \cdot dt_1\, dt_2 \ldots dt_{i-1}$$

Die Integrale lassen sich nacheinander lösen und man erhält

$$\frac{t_E^{i-1}}{(i-1)!} P_i(p_k,t_E) = t_E^{2i-1} p_1 \prod_{k=2}^{i} \frac{p_k}{(2k-1)(2k-2)} = \frac{t_E^{2i-1}}{(2i-1)!} \prod_{k=1}^{i} p_k, \quad i \geq 2$$

und somit als allgemeine Lösung für die Evolutionswahrscheinlichkeit von i bedingten, kritischen Entwicklungsschritten in der Evolutionszeit t_E

$$P_i(p_k,t_E) = \beta_i\, (\mathring{p} t_E)^i, \quad i \geq 1$$

$$\mathring{p} = \sqrt[i]{\prod_{k=1}^{i} p_k} \quad \text{(geometrisches Mittel)}$$

$$\beta_i = \frac{(i-1)!}{(2i-1)!} = \frac{2^{1-i}}{(2i-1)!!} = 2\,\frac{i!}{(2i)!} \simeq \sqrt{2}\left(\frac{e}{4i}\right)^i, \quad e=2{,}718281\ldots$$

Bereits für i≥2 liefert die Stirlingsche Formel die obige gute Approximation für β_i, also

$$P_i(p_k,t_E) = \sqrt{2}\left(\frac{e\mathring{p}t_E}{4i}\right)^i = \sqrt{2}\prod_{k=1}^{i}\frac{ep_kt_E}{4i}$$

Das heißt, jeder Entwicklungsschritt k trägt mit $ep_kt_E/4i$ zur Gesamtwahrscheinlichkeit bei. Bezeichnet man nun noch $t_{1/2}$ als die mittlere Evolutionszeit, also die Zeit, bei der die Entwicklungswahrscheinlichkeit genau 50% würde, $P_i(p_k,t_{1/2}) = 1/2$, dann läßt sich einfacher schreiben

$$P_i(p_k,t_E) = \frac{1}{2}\left(\frac{t_E}{t_{1/2}}\right)^i, \; i \geq 1$$

$$t_{1/2} = \frac{4i}{e\mathring{p}\sqrt[2i]{8}}$$

Da wir von kritischen Entwicklungsschritten mit $p_km \ll 1$ ausgegangen sind, also auch $t_E/t_{1/2} \ll 1$, nimmt die Wahrscheinlichkeit für die Gesamtevolution nicht nur mit abnehmender Evolutionszeit, sondern auch mit mehr kritischen Entwicklungsschritten mit der i-ten Potenz ab. Dies ist das gesuchte Ergebnis, das wir in Kapitel 3.4 für die Abschätzung der Anzahl von ETIs auf Lai-Planeten brauchen.

Diese Formel ist auch der Ausgangspunkt für die Herleitung der bekannten Carterschen Formel (Carter, B., 1983, S. 347; Barrow, J. D. & Tipler, F. J., 1986, S. 559f.)

$$t_0 - t_E = \frac{t_0}{i+1} \; ,$$

die die mittlere Entwicklungszeit t_E des Menschen bei i kritischen Entwicklungsschritten beschreibt, *wenn sie spätestens bis zu einer Zeit t_0 stattgefunden haben soll.*

Literatur

Abrams, M. M. (1997). Cave-Dwellers in Romania. *Discover Magazine, 59*

Academy of Sciences of the U.S.S.R. (1975). The Soviet CETI Programm. *Icarus, 26*, 377

Adams, F. C. & Lin, D. N. C. (1993). In: *Protostars and Planets III*. E. H. Levy & J. I. Lunine (Hrsg.), 429. Tucson: University of Arizona Press

Alcubierre, M. (1994). The Warp Drive: Hyper-Fast Travel within General Relativity. *Classical and Quantum Gravity, 11*, L73

Allegre, C. J. & Schneider, S. H. (1994). *Spektrum der Wissenschaft Spezial 3: Leben und Kosmos*, 36

Angel, J. R. P. & Woolf, N. J. (1996). *Spektrum der Wissenschaft, 6*

Anonymous (1945). The German Space Mirror. *Life, 7*, 78–80

Antiproton Science and Technology (1988). Verschiedene Artikel. R. W. Augstein et al. (Hrsg.). World Scientific, Singapur, 530

Argyle, E. (1977). *Origins of Life, 8*, 287

Arnold, J. R. & Duke, M. G. (1977). *Summer Workshop on Near-Earth Resources*. La Jolla, Kalifornien, NASA Conf. Pub. 2031

Arrhenius, S. (1903). *Die Umschau, 7*, 481. Siehe auch Goldsmith, D. (1980), 32

Aviation Week & Space Technology, 3. Februar (1997). New orbit may suit satellites, 62

Ball, J. A. (1973). The Zoo Hypothesis. *Icarus, 19*, 347. Siehe auch Goldsmith, D. (1980), 241

Barrow, J. D. & Tipler, F. J. (1986). *The Anthropic Cosmological Principle*. New York: Oxford University Press

Bernal, J. D. (1929). *The World, the Flesh and the Devil*. London: Methuen & Co., Ltd.

Bernal, J. D. (1965). In: *Theoretical and Mathematical Biology*. New York: T. H. Waterman & H. J. Morowitz. Blaisdell

Bild der Wissenschaft (5/1976). Titelgeschichte

Bild der Wissenschaft (4/1997). Blühende Phantasie

Birch, P. (1982). Radiation Shields for Ships and Settlements. *Journal British International Society, 35*, 515

Bond, A. (1974). *Journal British Interplanetary Society, 27*, 674

Bond, A. & Martin, A. R. (1978). Project Daedalus – Final Report. *Journal British Interplanetary Society Suppl.*

Bond, A. & Martin, A. R. (1978). *Journal British Interplanetary Society, 39*, 385

Bondi, H. (1957). Negative Mass in General Relativity. *Rev. Modern Physics, 29*, 423

Boss, A. P. (1996). *Physics Today, 9*, 34

Bracewell, R. N. (1960). Communications from superior Galactic Communities. *Nature, 186*, 670. Siehe auch Goldsmith, D. (1980), 105

Bracewell, R. N. (1974). *The Galactic Club: Intelligent Life in Outer Space.* San Francisco: W. H. Freeman

Braun, Wernher von (1952). Crossing the last Frontier. *Colliers*, 22. März

Breuer, Reinhard (1983). *Das anthropische Prinzip.* Der Mensch im Fadenkreuz der Naturgesetze. München: Nymphenburger Verlagshandlung

Bruno, G. (1993). *Zwiegespräche vom unendlichen All und den Welten* (Bibliothek klassischer Texte). Nachdruck der 2. Auflage 1904. Jena: Wissenschaftliche Buchgesellschaft

Buedeler, W. (1982). *Geschichte der Raumfahrt*. Künzelsau: Sigloch Edition

Bussard, R. W. (1960). *Astronautica Acta, 6*, 179

Cairns-Smith, A. G. (1982). *Genetic Takeover and the Origin of Life.* Cambridge: Cambridge University Press

Calvin, W. H. (1994). *Scientific American, 10*, 79

Calvin, W. H. (1996). *How brains think.* Science Masters Books

Cano, R. J. & M. K. Borucki (1995). Revival and Identification of Bacterial Spores in 25- to 40-Million-Year-Old Dominican Amber. *Science, 268*, 1060

Carr, B. J. (1982). *Acta Cosmologica, 11*, 143

Carter, B. (1974). In: *Confrontation of Cosmological Theories with Observation*. M. S. Longair (Hrsg.). Dordrecht: D. Reidel, 291

Carter, B. (1983). The Anthropic Principle and its Implications for Biological Evolution. *Philosophical Transactions of the Royal Society, A370,* 347

Cesarone, R. J., Sergeyevsky A. B. & Kerridge, S. J. (1984). *Journal British Interplanetary Society, 36*, 99

Chyba, C. F. (1996). Cometary Delivery of Organic Molecules to the Early Earth. *Science, 249*, 366

Clarke, A. C. (1952). *Islands in the Sky*. John C. Winston

Clarke, A. C. (1961). *A Fall of Moondust*. Harcourt Brace & Co.

Cocconi, G. & Morrison, P. (1959). Searching for interstellar Communication. *Nature, 184*, 844. Siehe auch Goldsmith, D. (1980), 102

Cousins, F. W. (1972). *The Solar System*. London, 263

Cox, L. (1976). An Explanation for the Absence of Extraterrestrials on Earth. *Quarterly Journal of the Royal Astronomical Society, 17*, 201. Siehe auch Goldsmith, D. (1980), 232

Crick, F. H. C. & Orgel, L. E. (1973). Directed Pansperma. *Icarus, 19*, 341. Siehe auch Goldsmith, D. (1980), 34

Crick, F. H. C., Brenner, S., Klug, A. & Pieczenik, G. (1976). *Origins of Life, 7*, 389

Crowe, M. (1986). *The Extraterrestrial Life Debate, 1750–1900*. Cambridge: Cambridge University Press

Däniken, E. von (1969). *Zurück zu den Sternen*. Düsseldorf: ECON Verlag

Dal, M. J. & Minton, K. W. (1995). Resistance to Radiation. *Science, 270*, 1318

Davis, P. (1995). *Die Unsterblichkeit der Zeit*. München: Scherz Verlag

Davis, P. (1996). *Sind wir allein im Universum?* München: Scherz Verlag

Delbrück, M. (1986). *Mind from Matter?* Oxford: Blackwell Scientific Publishing

Dick, S. J. (1982). *Pluralty of Worlds: The Origins of the Extraterrestrial Life Debate from Democritus to Kant*. Cambridge: Cambridge University Press

Dick, S. J. (1996). *The Biological Universe: The Twentieth-Century Extraterrestrial Life Debate and the Limits of Science*. Cambridge: Cambridge University Press

Dicke, R. H. (1961). *Nature, 192*, 440

Dickerson, R. (1978). Chemical Evolution and the Origin of Life. *Scientific American, 239*, September 70. Siehe auch Goldsmith, D. (1980), 48

DIE WOCHE 16/1997. Titelthema Esoterik

Dipprey, D. F. Anhang von *Frontiers in Propulsion Research*, D. D. Papailiou (Hrsg.). JPL TM 33–722

Dopatka, U. (1997). *Die große Erich von Däniken-Enzyklopädie. Die phantastische Perspektive der Menschheit*. Düsseldorf: ECON Verlag

Drake, F. D. (1960). *Sky and Telescope, 19*, 140. Siehe auch Goldsmith, D. (1980), 114

Drake, F. D. (1961). *Physics Today, 14*, 40. Siehe auch Goldsmith, D. (1980), 118

Drake, F. D. & Sagan, S. (1973). *Nature, 245*, 257

Drake, F. D. & Sobel, D. (1997). *Is Anyone out there? – The Scientific Search for Extraterrestrials*. Pocket Books

Dyson, F. J. (1967). *Science, 131*. Siehe auch Goldsmith, D. (1980), 108

Dyson, F. J. (1968). Interstellar Transport. *Physics Today, 10*, 41

Eberhart, J. (1977). *Science News, 112*, 124. Siehe auch Goldsmith, D. (1980), 280

Eddington, A. S. (1923). *The Mathematical Theory of Relativity*. London: Cambridge University Press, 167

Edmunds, M. G. & Terlevich, R. J. (1992). *Elements and the Cosmos*. Cambridge: Cambridge University Press

Eigen, M. & Schuster, P. (1979). *The Hypercycle*. Springer Verlag

Eigen, M. (1987). *Stufen zum Leben*. München: R. Piper GmbH

Everett, H. (1957). *Review of Modern Physics, 29*, 454

Feinberg, G. & Shapiro, R. (1980). *Life beyond Earth. The Intelligent Earthling's Guide to Life in the Universe*. New York: William Morrow

FOCUS Magazin 12, Ausgabe 3/97. Gedächtnislücken bei Augenzeugen

Forward, R. L. (1990). Negative Matter Propulsion. *Journal Propulsion and Power, 6*, 28

Fox, S. W. (1965). *Nature, 205*, 328

Fox, S. W. (1969). *Naturwissenschaften, 56*, 1

Fredrickson, J. K. & Onstott, T. C. (1996). Leben im Tiefengestein. *Spektrum der Wissenschaft, 12*, 66–71

Garrison, W. M. et al. (1951). *Science, 114*, 416

Gesteland, R. F. & Atkins, J. F. (1993). *The RNA World*. Cold Spring Harbor Laboratory Press

Goddard, R. H. (1918). *The Ultimate Migration* (Manuskript), 14. Januar 1918. The Goddard Boblio Log, Friends of the Goddard Library, 11. Nov. 1972

Goldsmith, D. (1980). *The Quest for Extraterrestrial Life: A Book of Readings*. Mill Valley: University Science Books

Goldsmith, D. & Owen, T. (1992). *The Search for Life in the Universe*. 2. Auflage. Addison-Wesley Publish. Co.

Gott, J. R. (1982). *Extraterrestrials – Where are they?* M. H. Hart & B. Zuckerman (Hrsg.). New York: Pergamon Press, 122

Gott, J. R. (1995). *Cosmological SETI Frequency Standards*. In: B. Zuckerman & M. H. Hart (Hrsg): Extraterrestrials – Where are they? Cambridge: Cambridge University Press

Gould, S. J. (1994). *Scientific American, 10*, 63

Grey, J. G. (1977). *Space Manufacturing Facilities*. Vol. 1 & Vol. 2. New York: AIAA

Groth, W. & Suess, H. (1938). *Naturwissenschaften, 26*, 77

Gruithuisen, F. v. P. (1824). Entdeckung vieler deutlicher Spuren der Mondbewohner, besonders eines collosalen Kunstgebäudes derselben. *Archiv für die gesamte Naturlehre, 1*, 129–171, 257–322

Guthke, K. S. (1983). *Der Mythos der Neuzeit: Das Thema der Mehrheit der Welten in der Literatur- und Geistesgeschichte von der kopernikanischen Wende bis zur Science Fiction*. Bern

Haldane, J. B. S. (1980). The Origin of Life. *Rationalist Annual*, 1929. Siehe auch Goldsmith, D. (1980), 28

Haldane, J. B. S. (1981). Warum die Natur keine Riesen schuf. *Bild der Wissenschaft, 2*, 116

Hands, J. (1985). *Journal of the British Interplanetary Society, 38*, 139

Hart, M. H. (1975). An Explanation for the Absence of Extraterrestrials on Earth. *Quarterly Journal of the Royal Astronomical Society, 16*, 128. Siehe auch Goldsmith, D. (1980), 228

Hart, M. H. (1978). *Icarus, 33*, 23

Hart, M. H. (1979). Habitable Zones about Main Sequence Stars. *Icarus, 37*, 351. Siehe auch Goldsmith, D. (1980), 236

Hart, M. (1995). Atmospheric Evolution, the Drake Equation and DNA: Sparse Life in an Infinite Universe. In: *Extraterrestrials – Where are They?* B. Zuckerman & M. H. Hart (Hrsg.). Cambridge: Cambridge University Press

Harvey, R. P. (1996). *Nature, 382*, 49

Heidmann, J. (1992). *Life in the Universe*. McGraw-Hill

Heidmann, J. (1994). *Bioastronomie*. Berlin: Springer Verlag

Heidmann, J. (1995). *Extraterrestrial Intelligence*. Cambridge: Cambridge University Press

Hendry, A. (1979). *The UFO Handbook*, Kapitel 2–8, 20. New York: Doubleday

Hendry, A. (1992). Deutschlands »UFO« Nr. 1 besteht fast nur aus heißer Luft: Ergebnisse der ersten deutschen UFO-Statistik. *Skeptiker, 1*, 4

Heppenheimer, T. A. (1977). *Colonies in Space*. Warner Books

Heppenheimer, T. A. (1977). *Towards distant Suns*. Stackpole Books

Hoerner, S. von (1962). *Science, 137*, 18. Siehe auch Goldsmith, D. (1980), 197

Hoerner, S. von (1978). *Naturwissenschaften, 65*, 553. Siehe auch Goldsmith, D. (1980), 250

Hoerner, S. von (1995). The Likelihood of Interstellar Colonization, and the Absence of its Evidence. In: *Extraterrestrials – Where are They?* B. Zuckerman & M. H. Hart (Hrsg.). Cambridge: Cambridge University Press

Holmes, D. L. (1984). *Journal of the British Interplanetary Society, 37*, 296

Horowitz, N. H. (1977). The Search for Life on Mars. In: *Scientific American, 11*, 52. Siehe auch Goldsmith, D. (1980), 86

Horowitz, P. et al. (1986). *Icarus, 67*, 525

Horowitz, P. & Sagan, C. (1993). *Astrophysical Journal, 415*, 218

Hoyle, F. & Wickramasinghe, C. (1993). *Our Place in the Cosmos*, J. M. Dent Ltd., 79

Huber, J. (1878). *Zur Philosophie der Astronomie*. München, 53–60 (Zusammenfassung der antipluralistischen Haltung deutscher Philosophen jener Zeit)

Ida, S., Canup, R. M. & Stewart, G. R. (1997). *Nature 389*, 353

Interstellar Travel: A Review for Astronomers (1990). In: *Quarterly Journal of the Royal Astronomical Society, 31*, 377– 400

Jane's Space Directory (1996–1997). A. Wilson (Hrsg.). 12. Auflage. Jane's Information Group Ltd., 1996

Johnson, R. D. & Holbrow, C. (1975). *Space Settlements: A Design Study*. Stanford University-AMCS Research Center Summer Faculty Fellowship Programm in Engineering System Design, NASA SP-413

Jones, E. M. (1976). Colonization of the Galaxy. *Icarus, 28*, 421

Jones, E. M. (1981). Discrete Calculations of Interstellar Migration and Settlement. *Icarus, 46*, 328

Jones, E. M. (1995). Estimates of Expansion Timescales. In: *Extraterrestrials – Where are They?* B. Zuckerman & M. H. Hart (Hrsg.). Cambridge: Cambridge University Press

Joyce, G. F. et al. (1984). *Nature, 310*, 602

Kanitschneider, B. (1989). Das Anthropische Prinzip – ein neues Erklärungsschema der Physik. In: *Physikalische Blätter, 45*, 471

Kaplan, R. W. (1972). *Der Ursprung des Lebens*. Stuttgart: Deutscher Taschenbuch Verlag

Kardashev, N. S. (1964). *Soviet Astronomy-AJ, 8*, 217. Siehe auch Goldsmith, D. (1980), 136

Kauffman, S. (1993). *The Origins of Order*. Oxford University Press

Kauffman, S. (1995). *At Home in the Universe*. Oxford University Press

Keefe, J. D. & Ahrens, T. J. (1986). *Science, 234*, 346

Kuiper, T. B. H. & Morris, M. (1977). *Science, 196*, 616. Siehe auch Goldsmith, D. (1980), 170

Lallement, L. et al. (1994). *Astron. Astrophysics, 286*, 898

Lamoreaux, S. K. (1997). Demonstration of the Casimir Force in the 0.6 to 6 µm Range. *Phys. Rev. Letters, 78*, 5

Langmuir, I. (1989). Pathological Science. *Physics Today, 10*, 36

Laskar, J. (1993). Der Mond und die Stabilität der Erdbahn. *Spektrum der Wissenschaft, 9*

Laskowski, W. (1974). *Biophysik*. Band 1. Stuttgart: Deutscher Taschenbuch Verlag

Laßwitz, K. (1969). *Auf zwei Planeten*. Frankfurt/Main: Verlag Heinrich Scheffler

Lemarchand, G. A. & Carter, D. E. (1994). *Space Policy, 10*, No. 2, 134

Lenat, D. B. (1984). *Spektrum der Wissenschaft, 11*, 178

Levitt, I. M. & Cole, D. M. (1963). *Exploring the Secrets of Space: Astronautics for the Layman*. Prentice Hall, Inc., 277–278

Loftus, E. F. (1979). *American Scientist, 67*, 312

Lowell, P. (1908). *Mars as the Abode of Life*. New York: The Macmillan Company. Siehe Goldsmith, D. (1980), 76

Lukian (1967). *Zum Mond und darüber hinaus*. Artemis-Verlag

Lundmark, K. (1930). *Das Leben auf anderen Sternen*. Leipzig: F. A. Brockhaus

Machol, R. E. (1976). *IEEE Spectrum 13*, 42. Siehe auch Goldsmith, D. (1980), 152

Mallove, E. F., Forward, R. L., Paprotny, Z. & Lehmann, J. (1980). *Journal of the British Interplanetary Society, 33*, 201

Mallove, E. F. & Matloff, G. L. (1989). *The Starflight Handbook: A Pioneer's Guide to Interstellar Travel*. New York: John Wiley & Sons

Markowitz, W. (1967). The Physics and Metaphysics of UFOs. *Science, 157*, 1274. Siehe auch Goldsmith, D. (1980), 255

Martin, A. R. (1973). *Acta Astronautica, 18*, 1

Martin, A. R. (1984). *Journal of the British Interplanetary Society, 37*, 243

Marx, G. (1960). Über Energieprobleme der interstellaren Raumfahrt. *Astronautica Acta, 6*, 366

Marx, G. (1963). The Mechanical Efficiency of Interstellar Vehicles. *Astronautica Acta, 9*, 131

Marx, G. (1966). *Nature, 211*, 2. Juli, 22

Marx, G. (1973). In: *Communication with Extraterrestrial Intelligence*. C. Sagan (Hrsg.). Cambridge, Massachusetts: MIT Press

Matloff, G. L. & Fennelly, A. F. (1977). *Journal of the British Interplanetary Society, 30*, 213

McKay, D. S. et al. (1996). Search for Past Live on Mars: Possible Relic Biogenic Activity in Martian Meteorite ALH84001. *Science, 273*, 924

McMullin, E. (1980). Persons in the Universe. *Zygon, 15*, 69

Michaud, M. A., Billingham, J. & Tarter, J. C. (1992). *Acta Astronautica, 26*, No. 3/4, 295

Miller, S. L. (1953). A Production of Amino Acids Under Possible Primitive Earth Conditions. *Science, 117*, 528

Miller, S. L. (1955). *Journal American Chem. Society, 77*, 2351

Millis, M. G. (1997). Challenge to Create the Space Drive. *Journal of Propulsion and Power, 13*, 577

Milonni, P. W. *The Quantum Vacuum*, San Diego, CA: Academic Press

Misner, C., Thorne, K. & Wheeler, J. A. (1973). *Gravitation.* San Francisco: Freeman

Mojzsis, S. J. et al. (1996). *Nature, 383*, 7. Nov.

Monod, J. (1971). *Chance and Necessity*. New York: Vintage Book, 13

Morgan, D. L. (1988). In: *Antiproton Science and Technology.* R. W. Augstein et al. (Hrsg.), 530, Singapur: World Scientific

Morris, R. (1985). *Time's Arrows*. New York: Simon & Schuster Inc.

Murphey, Michael P., O'Neill, L. A. J. (1997). *Was ist Leben? Die Zukunft der Biologie*. Heidelberg: Spektrum Akademischer Verlag

NASA Design Study NASA SP-413 (1977). *Space Settlements: A Design Study*. R. D. Johnson & C. Holbrow (Hrsg.)

National Astronomy and Ionospere Center (1975). *Icarus, 26*, 462. Siehe auch Goldsmith, D. (1980), 293

Neuforge, C. (1993). *Astronomy and Astrophysics, 268*, 650

No Mars Message Yet, Marconi Radios; Ends Yacht Trip »Listening in« on Planet Today. *New York Times*, 16. Juni 1922, 19

Noordung, H. (Potocnik) (1928). *Das Problem der Befahrung des Weltraums*. Berlin: Schmidt & Co.

Oberg, J. (1981). *New Earths*. Stackpole

Oberg, J. (1995). Terraforming. In: *Extraterrestrials – Where are They?* B. Zuckerman & M. H. Hart (Hrsg.). Cambridge: Cambridge University Press

Oberth, H. (1923). *Die Rakete zu den Planetenräumen*. München: R. Oldenbourg

Oliver, B. M. (1973) In: *Communication with Extraterrestrial Intelligence.* C. Sagan (Hrsg.). Cambridge, Massachusetts: MIT Press

O'Neill, G. K. (1974). *Physics Today, 27*, No. 9, 32. Siehe auch Goldsmith, D. (1980), 283

O'Neill, G. K. & O'Leary, B. (1977). *Space-Based Manufacturing from Non-terrestrial Materials*, Progress in Astronautics and Aeronautics 57, 1976 NASA-Ames Study. New York: AIAA

O'Neill, G. K. (1977). *The High Frontier: Human Colonies in Space.* William Morrow and Co.

Oparin, A. I. (1924). *Proiskhozhdenie Zhizny* (Der Ursprung des Lebens). 1. Ausgabe. Moskau: Rabochii

Oparin, A. I. (1957). *The Origin of Life on Earth*. 3. Auflage. New York: Academic Press

Oparin, A. I. (1968). *Genesis and Evolutionary Development of Life.* New York: Academic Press

Org, L. E. (1994). The Origin of Life on Earth. *Scientific American, 10*, 53

Paprotny, Z., Lehmann, J. & Prytz, J. *Journal of the British Interplanetary Society, 37*, 502 (1984); *39*, 127 (1986); *40*, 353 (1987)

Parsons, P. (1996). Dusting of Panspermia. *Nature, 383*, 221

Peebles, P. J. E., Schramm, D. N., Turner, E. L. & Kron, R. G. (1994). *Spektrum der Wissenschaft Spezial 3: Leben und Kosmos*, 20

Penrose, R. (1989). *The Emperor's New Mind*. Oxford: Oxford University Press

Pioneering the Space Frontier. The Report of the National Commission on Space (1986). A Bantam Book

Pirquet, G. von (1928). Verschiedene Artikel in: *Die Rakete*, Vol. II

Plutarch (1968). *Das Mondgesicht.* In deutscher Übersetzung von Herwig Görgemanns, Artemis-Verlag

Pöppe, C. (1997). Die unvermeidliche Langsamkeit des Seins. *Spektrum der Wissenschaft, 9*, 25

Ponnamperuma, C., Honda, Y. & Navarro-Gonzalez, R. (1992). *Journal of the British Interplanetary Society, 45*, 241

Ponnamperuma, C. *The Origins of Life*. Dutton

Ponnamperuma, C. *Exobiology*. North-Holland Pub. Co.

Possible Forms of Life in Environments very Different from the Earth (1995). In: *Extraterrestrials – Where are They?* B. Zuckerman & M. H. Hart (Hrsg.). Cambridge: Cambridge University Press

Projekt Daedalus: The Final Report on the BIS Starship Study (1968). Supplement to the *Journal British Planetary Society*. A. R. Martin (Hrsg.)

Purcell, E. (1961). *U.S. Atomic Energy Comm. Report* BNL-658. Siehe auch Goldsmith, D. (1980), 188

Radons, G. (1994). Auf der Suche nach den kosmischen Bomben. *Physik in unserer Zeit, 4,* 181

Raumfahrt - Wirtschaft Zeitung, 19, 1.10.1996: Die UFO-Forschung in Deutschland bemüht sich um sachliche Erklärung

Regis, E. In: *Interstellar Migration and the Human Experience*. B. R. Finney & E. M. Jones (Hrsg.). Berkeley: University of California Press, 248

Richardson, S. (1997). When Memories Lie. *Discover Magazine, 1*, 50–51

Richter, H. (1865). Zur Darwinistischen Lehre. In: *Schmidts Jahrbuch der Gesellschaft für Medizin, 126*, 243

Romick, D. (1956). *Manned Earth-Satellite Terminal Evolving from Earth-to-Orbit Ferry Rockets (METEOR)*, presented at the VIIth International Astronautical Congress, Rom

Ross, H. L. (1949). Orbital Bases. *Journal British Interplanetary Society, 8*, No. 1, 1–19

Ruderman, M. (1974). In: *Physics of Dense Matter*. C. Hansen (Hrsg.). Dordrecht: D. Reidel

Sagan, C. (1961). The Planet Venus. *Science, 133*, No. 3456, 24. März, 849

Sagan, C. (1963). Direct Contact among Galactic Civilisations by Relativistic Interstellar Space Flight. *Planetary and Space Science*, 11, 485. Siehe auch Goldsmith, D. (1980), 205

Sagan, C., Salzman, L., & Drake, F. (1972). *Science, 175*, 881. Siehe auch Goldsmith, D. (1980), 274

Sagan, C. (1973). *Communication with Extraterrestrial Intelligence*. Cambridge, Massachusetts: MIT Press

Sagan, C. (1983). *Discovery, 4*, Ausgabe Nr. 3 (März), 30

Schank, R. C. & Abelson, R. P. *Scripts, Plans, Goals and Understanding*. New Jersey: Erlbaum, Hillsdale

Schidlowski, M. (1988). *Nature, 333*, 313

Searle, J. (1980). Minds, Brains and Programms. *Behavioral and Brain Sciences*, Vol 3., 417

SETI Post-Detection Protocol (1990). Sonderausgabe der *Acta Astronautica, 21*, No. 2, J. C. Tarter & M. A. Michaud (Hrsg.)

Sheaffer, R. (1981). *The UFO Verdict*. Buffalo/New York: Prometheus Books

Sheaffer, R. (1995). An Examination of Claims that Extraterrestrial Visitors to Earth are being observed. In: *Extraterrestrials – Where are They?* B. Zuckerman & M. H. Hart (Hrsg.). Cambridge: Cambridge University Press

Shepherd, L. R. (1952). *Journal British Interplanetary Society, 11*, 149

Singer, C. (1995). Settlements in Space, and Interstellar Travel. In: *Extraterrestrials – Where are They?* B. Zuckerman & M. H. Hart (Hrsg.). Cambridge: Cambridge University Press

Skeptiker, 4 (1995). Schwerpunktheft »UFOs«

Spencer & Jaffe (1963). *Advanced Propulsion Concepts: Proc. of the Third Symposium*, Gordon & Breach

Stahler, S.W. (1991). Entstehung der Sterne. *Spektrum der Wissenschaft, 9*

Stapledon, O. (1929). *Star Maker*. London: K. Paul, Trench, Trubner & Co.

Trimble, V. (1977). Cosmology: Man's Place in the Universe. *American Scientist, 65*, 76

Trimble, V. (1995). Galactic Chemical Evolution: Implications for the Existence of Habitable Planets. In: *Extraterrestrials – Where are They?* B. Zuckerman & M. H. Hart (Hrsg.). Cambridge: Cambridge University Press

Turing, A. (1950). *Mind, 59*, 433

Verne, J. (1969). *Reise um den Mond*. Zürich: Diogenes Verlag

Verne, J. (1878). *Off on a Comet*. Paris

Verschuur, G. L. (1973). *Icarus, 19*, 329. Siehe auch Goldsmith, D. (1980), 142

Vulpetti, G. (1986). *Journal of the British Interplanetary Society, 39*, 391

Walter, G. (1986). The RNA World. *Nature, 319*, 618

Walter, W. (1996). *UFOs – Die Wahrheit*. Königswinter: Heel Verlag

Walters, C., Shimoyama, A. & Ponnamperuma, C. (1981). *Origin of Life*. Y. Wolman (Hrsg.), 473. Dordrecht: D. Reidel

Wetherill, G. W. (1993). *Lunar Planet. Sci. Conf. XXIV*, 1511

Wheeler, J. A. (1975). In: *The Nature of Scientific Discovery*. O. Gingerich (Hrsg.). Washington: Smithonian Press, 261–296 und 575–587

Whitmire, D. P. (1975). *Acta Astronautica, 2*, 497

Withrow, G. (1955). *British Journal of Philosophical Science, 6*, 13

Zinnecker, H., McCaughrean, M. J. & Wilking, B. A. (1993). In: *Protostars and Planets III*. E. H. Levy & J. I. Lunine (Hrsg.). Tucson: University of Arizona Press, 429

Ziolkovsky, K. E. (1895). *Träume von der Erde und vom Himmel*. Moskau: Nature and Man

Ziolkovsky, K. E. (1903). *Die Rakete in den Kosmischen Raum*. Moskau: Naootchnoye Obozreniye, Science Survey

Zuckerman, B. (1985). Stellar Evolution: Motivation for Interstellar Migrations. *Quarterly Journal of the Royal Astronomical Society, 26*, 56–599

Glossar

Aminosäure Organisches Molekül, das die Aminogruppe $-NH_2$ beinhaltet. Die Aminosäuren sind die Bausteine der Proteine (Eiweiße) und damit die Grundbausteine irdischen Lebens. Es wurden 25 verschiedene Aminosäuren im menschlichen Körper nachgewiesen.

Anthropisches Prinzip Ein Prinzip, das die äußerst unwahrscheinlichen Eigenschaften unseres heutigen Universums mit dem Auftreten menschlicher Intelligenz verknüpft sieht: Hätte unser Universum nicht diese wunderlichen Eigenschaften, dann könnte es uns, die wir uns über diese Eigenschaften wundern, nicht geben. Der Name geht auf das griechische Wort *anthropos* für Mensch zurück. Zur Definition des Schwachen Anthropischen Prinzips siehe Kapitel 3.4, S. 126.

Astronomische Einheit Sie ist die Maßeinheit für Abstände innerhalb von Sonnensystemen. Sie ist definiert als der mittlere Abstand zwischen Sonne und Erde und beträgt 1 AE = 149,6 Millionen Kilometer.

bewohnbare Planeten Dies sind Planeten, die von Lebewesen bewohnt werden können. Das bedeutet nicht, daß diese Planeten von sich aus Leben hervorbringen oder auch nur hervorbringen könnten. Die Anforderungen an solche Planeten, auch →Lai-Planeten genannt, sind ungleich größer. Bewohnbare Planeten müssen also nicht wie Lai-Planeten Leben hervorbringen können, sondern nach einer Infizierung mit Lebensspuren (→Panspermien) oder einer Besiedlung mit Intelligenzen solche wenigstens erhalten können.

COBE Cosmic Background Observer. Eine Weltraumsonde, die die Temperatur und Richtungsverteilung der kosmischen Hintergrundstrahlung mißt.

DNA Desoxyribonukleinsäure. Die DNA ist der Träger der genetischen Information und ist im Zellkern jeder höherentwickelten Zelle eingeschlossen. Sie ist eine schraubenförmige, doppelsträngige Helix. Jeder Strang besteht aus Segmenten mit Phosphorsäure und Ribose, die abwechselnd mit einer der vier Basen Adenin, Guanin, Cytosin oder Thymin verknüpft sind. Die beiden Stränge sind über Adenin-Thymin- und Guanin-Cytosin-Verbindungen miteinander verknüpft. Die Abfolge der

Segmente stellt gerade die genetische Information dar. Die DNA hat im Gegensatz zur RNA die Eigenschaft, sich bei einer Zellteilung vollständig kopieren zu können.

Drake-Gleichung Die Drake-Gleichung (siehe Gleichung 1 auf Seite 84) beschreibt die Anzahl Nheute der heute existierenden ETIs in unserer Milchstraße. N_{heute} ist dabei das Produkt einer Vielzahl von Voraussetzungen, die erfüllt sein müssen, damit eine ETI-Kultur entstehen kann.

Erdbeschleunigung Die Erdbeschleunigung g ist die gravitative Beschleunigung, die die Erde auf Körper ausübt. Sie beträgt auf der Erdoberfläche $g = 9{,}81\ m/s^2$. Erdbeschleunigung mal Masse ergibt die Schwerkraft, die ein Körper auf eine Unterlage ausübt. Wegen der Identität von träger und schwerer Masse (Einstein) bewirkt die Erdbeschleunigung eine Fallbeschleunigung freier Körper mit identischem Wert $9{,}81\ m/s^2$.

Eukaryont, eukayontisch Siehe Prokaryont.

Extraterrestrische Intelligenz (abgekürzt ETI). Extraterrestrische Intelligenz ist eine Kultur von Lebewesen, die intelligent sind. Kapitel 2 beschreibt ausführlich, was unter Lebewesen und Intelligenz zu verstehen ist. Oft wird die Abkürzung ETI auch für die Nennung eines einzelnen Wesens einer ETI-Kultur benutzt, und ETIs sind dann die Mitglieder dieser Kultur. Wann was im Einzelfall gemeint ist, geht üblicherweise aus dem Sinnzusammenhang hervor.

Galaxie Eine Ansammlung von typischerweise 100 Millionen Sternen, die entweder einen einfachen kugelförmigen Haufen bilden (Kugelgalaxien) oder sich um ein gemeinsames Zentrum drehen und dabei eine flache, spiralförmige Struktur erzeugen (Spiralgalaxien). Die Galaxie mit unserem Sonnensystem nennt sich Milchstraße. Sie ist eine Spiralgalaxie.

Größenordnung Wenn man von der Größenordnung einer Zahl spricht, dann meint man nicht deren genauen Wert, sondern nur den groben Zahlenbereich, in den sie fällt. Größenordnung eins meint den Zahlenbereich von etwa 0,3 bis 3, Größenordnung 10 den Bereich 3 bis 30, und so weiter.

Hertz Das Hertz (abgekürzt Hz) ist die Maßeinheit für die Frequenz, also die Anzahl gewisser periodischer Vorgänge pro Sekunde. Die Frequenz einer Welle ist somit die Anzahl ihrer Schwingungen pro Sekunde. 1 Hz = 1 Schwingung pro Sekunde.

hinreichende Bedingung Der Begriff der hinreichenden Bedingung als mathematisch-logischer Begriff ist in der Note auf Seite 51 ausführlich erklärt. Eine hinreichende Bedingung für ein Ereignis A ist eine Bedingung, aus der A nicht nur folgen kann, sondern folgen muß.

indirekter Beweis Angenommen es gelte, eine Aussage A zu beweisen. Der indirekte Beweis geht von der Annahme aus, die Negation von A (non-A, also das Gegenteil) sei richtig. Wenn durch weitere logische Schlüsse gezeigt werden kann, daß sich aus dieser Annahme mit Notwendigkeit falsche Schlußfolgerungen ergeben, dann muß die Annahme non-A falsch sein und folglich die Aussage A richtig.

in vitro Bedeutet als Zusatz: bei Versuchen im Reagenzglas beobachtet.

in vivo Bedeutet als Zusatz: bei Versuchen mit der lebenden Zelle beobachtet.

IRAS InfraRed Astronomical Satellite. Satellit, der im Infarotbereich des elektromagnetischen Spektrums, also jenseits des roten Lichtes, den Weltraum nach Infrarotstrahlung durchmustert. Strahlung im Infrarotbereich deutet insbesondere auf Sterne im Entstehungsprozeß hin.

Isotop Elemente können in verschiedenen Variationen, eben Isotopen, auftreten. So existiert der Kern des Wasserstoffs in seiner üblichen Form, ^{1}H, aus nur einem Proton. Das viel seltenere Isotop Deuterium, ^{2}H auch H-2 oder D geschrieben, aus einem Proton und einem Neutron und schließlich das Isotop Tritium, ^{3}H auch H-3 oder T, aus einem Proton und zwei Neutronen. Alle drei Wasserstoffisotope besitzen dieselben chemischen Eigenschaften, können also Wassermoleküle bilden. Jedes Element kann in verschiedenen Isotopen auftreten.

kritischer Evolutionsschritt Ein Schritt in der Evolution von unbelebter Materie zu intelligenten Wesen, dessen Wahrscheinlichkeit für sein Eintreten innerhalb von 15 Milliarden Jahren (Alter unseres Universums) wesentlich kleiner als eins ist.

Lai, Leben ab initio Lai steht für »Leben ab initio« und bedeutet »Leben vom Ursprung an«. Lai-Planeten sind Planeten mit solchen Eigenschaften, daß ausgehend von anorganischer Materie auf ihnen Leben entstehen kann. Die Erde ist zum Beispiel ein Lai-Planet. Im Gegensatz dazu siehe auch →bewohnbare Planeten.

Lichtjahr Ein Lichtjahr ist die Strecke, die ein Lichtstrahl in einem Jahr zurücklegt. Ein Lichtjahr entspricht 9 460 Milliarden Kilometer =

$9{,}46 \cdot 10^{12}$ Kilometer. Das Lichtjahr ist eine gebräuchliche Maßeinheit für interstellare Abstände. Der sonnennächste Stern Proxima Centauri ist 4,3 Lichtjahre von uns entfernt. Unsere Milchstraße hat einen Durchmesser von 100 000 Lichtjahren.

Martier Nach alter Vorstellung intelligente Wesen auf dem Mars.

Mutation Eine seltene, sprunghafte, zufällige Abänderung der →DNA von Genen, die durch Weitervererbung schließlich zu der in der Natur beobachteten Diversifikation der Lebensformen geführt hat und auch weiter führen wird. Mutationen entstehen meistens durch radioaktive Strahlung oder zellunübliche chemische Reaktionen.

Nukleinsäure Hochmolekulare aus Nukleotiden aufgebaute organische Verbindung. Man unterscheidet in Ribonukleinsäure, →RNA, und Desoxyribonukleinsäure, →DNA.

Nukleotid Eine organische Verbindung bestehend aus Purinbasen (Adenin und Guanin) oder Pyrimidinbasen (Cytosin, Thymin oder Uracil), aus Zucker und Phosphorsäure. Ein für die Energieversorgung einer Zelle wichtiges Nukleotid mit drei Molekülen Phosphorsäure ist das Adenosintriphosphat, ATP.

notwendige Bedingung Der Begriff der notwendigen Bedingung als mathematisch-logischer Begriff ist in der Note auf Seite 51 ausführlich erklärt. Eine notwendige Bedingung für ein Ereignis A ist eine Bedingung, aus der A folgen kann, aber nicht folgen muß. Der Begriff der notwendigen Bedingung ist keinesfalls identisch mit dem Begriff einer *notwendigen Voraussetzung*, der umgangssprachlich gebraucht wird und worunter man versteht, daß für ein Ereignis diese Voraussetzung erfüllt sein muß. Siehe auch →hinreichende Bedingung.

Ökosphäre Auch habitable Zone genannt, ist die imaginäre Kugelschale um einen Stern herum, innerhalb derer geeignete Planeten ETI-Kulturen beherbergen können. Außerhalb der Ökosphäre kann es keine →bewohnbaren Planeten geben.

Panspermien Kleinste autonome und robuste Lebenseinheiten, wie zum Beispiel Samen oder Sporen, die nach langen Reisen durch das Weltall andere →habitable Planeten infizieren können. Siehe Kapitel 3.3.

Potenzen Die Potenzschreibweise ist eine einfache Form, um große Zahlen darzustellen. Die Anzahl der Sonnen im sichtbaren Teil unseres Universums beträgt 10 000 000 000 000 000 000 000 (10 000 Milliarden Milliarden). Sie läßt sich einfacher schreiben als 10^{22}. Die Potenz 22 beschreibt also die Anzahl der Nullen, die einer vorangestellten 1 folgen. Für die Astronomische Einheit 1 AE = 149 600 000 000 Meter schreibt man somit einfacher $1{,}496 \cdot 10^{11}$ Meter. Negative Potenzen bedeuten entsprechend kleine Zahlen: Wird die Wahrscheinlichkeit unserer Existenz mit $5 \cdot 10^{-11}$ angegeben, dann entspricht das 0,00000000005 oder 50 Billionstel oder 0,5 Billionstel Prozent.

Präbioten, präbiotisch Entwicklungsphysiologische Vorstufe zu den ersten einfachsten biologischen Zellen.

Prokaryont, prokaryiontisch Ein Zelltyp, der keinen durch eine Zellwand abgeschlossenen Zellkern und Organellen aufweist. Eine Vorstufe zur evolutionsmäßig höherentwickelten Eukaryonten, die einen solchen Kern mit Organellen aufweisen.

Protobiont Eine Vorstufe zur biologischen Zelle, bei der ein Aggregat aus Protein- und Nukleinsäuremolekülen zusammen einen reproduzierenden genetischen Apparat ergibt. Eine Protozelle wäre ein räumlich abgegrenzter Protobiont mit abgeschlossener Zellwand, der mit weiteren Zellmechanismen angereichert schließlich eine autonome biologische Zelle ergäbe.

Raumarche Raumschiff mit Dimensionen von einigen zig Kilometern und Lebensräumen von einigen 1000 km^2 mit irdischen Lebensbedingungen. Mit einer Bevölkerung von vielleicht zehn Millionen und ausgestattet mit entsprechenden Antrieben erlaubt eine Raumarche die Durchquerung des interstellaren Raumes zu anderen bewohnbaren Planeten über mehrere Menschengenerationen hinweg.

RNA Ribonukleinsäure. Eine biologische Verbindung, die eine einfache lineare Kette darstellt, bestehend aus Segmenten mit Phosphorsäure und Ribose, die abwechselnd mit einer der vier Basen Adenin, Guanin, Cytosin oder Uracil verknüpft sind. Die Abfolge der Segmente stellt eine Informationsmenge dar, die in einer Zelle für die Informationsübertragung (mRNA) oder den Bau neuer Proteine (tRNA) benutzt wird.

Seleniten Nach alter Vorstellung intelligente Wesen auf dem Mond.

SETI Search for Extraterrestrial Intelligence = Suche nach außerirdischer Intelligenz. SETI bezeichnet alle irdischen Aktivitäten zur Suche nach Radiosignalen von außerirdischen Intelligenzen. Es gibt heute verschiedene SETI-Projekte (siehe S. 159ff.) mit Radioteleskopen. Die Aktivitäten werden koordiniert vom SETI-Institut in Kalifornien/USA.

Teleologie, teleologisch Lehre, daß die Entwicklung unseres Universums und des Lebens auf unserer Erde von vornherein zweckmäßig und zielgerichtet angelegt sei.

Venutier Nach alter Vorstellung intelligente Wesen auf der Venus.

Wasserloch Das kosmische Wasserloch ist der Frequenzbereich zwischen der elementaren Anregungsfrequenz des Wasserstoffs H und der natürlichen Emission des Hydroxyl-Radikals OH^-, 1,42 – 1,64 GHz. H und OH ergeben zusammen H_2O, also Wasser, weswegen dieser Frequenzbereich seinen Namen hat.

Welt Seit dem 17. Jahrhundert versteht man unter einer Welt eine intelligente Kultur von Lebewesen und den Planeten, auf der sie lebt. Die Frage, mit der sich dieses Buch beschäftigt, ist, ob es eine Vielzahl solcher Welten in unserem Universum gibt oder nur die eine, nämlich unsere Erde. In der griechischen Denkschule verstand man abweichend von dieser Vorstellung unter einer Welt *(kosmos)* die Summe aller sichtbaren Körper, also das beobachtbare Universum. Auch die Griechen mutmaßten über eine Vielzahl von Welten, wobei sie sich fragten, ob es andere Welten, also andere Universen, gibt als die unsere.

Abbildungsnachweis

Seite

1, 53, 77, 153, 187 (Archiv) Creativ Collection, Freiburg

X NASA

6 Modifiziert nach: Dick, S. J. (1982). *Plurality of Worlds: The Origins of the Extraterrestrial Life Debate from Democritus to Kant.* Cambridge: Cambridge University Press. S. 15

8 – 11 NASA

12 Flammarion, C. (aus: L'Atmosphère Metéorologie Populaire, 1888, Kolorierung U. Feurer, Leimen)

20/21 Modifiziert nach: Galilei, Galileo: Sidereus Nuncius. Rowohlt Taschenbuch Verlag. S. 92

22, 26, 27 NASA

25 Modifiziert nach: Verne, Jules: *Reise um den Mond.* Zürich: Diogenes. S. 135

28 Modifiziert nach Dick, S. J. (1982). *Plurality of Worlds: The Origins of the Extraterrestrial Life Debate from Democritus to Kant.* Cambridge: Cambridge University Press. S. 110

29 Modifiziert nach: Neuser, Wolfgang (1996). *Newtons Universum.* Spektrum Akademischer Verlag

31 NASA

42, 43, 47 Modifiziert nach: Crowe, Michael (1986). *The Extraterrestrial Life Debate 1750 – 1900.* Cambridge: Cambridge University Press. S. 476, 478, 530

Seite

58	Sam Odgen
63	Michael Crawford
66	Michael Nichols
67, 69	NASA
73 links	Modifiziert nach: George Wells: Der Krieg der Welten. Aus: *Astronomie + Raumfahrt im Unterricht* 5/1998, S. 40
73 rechts	Stefan Lechner
80/81	Johnny Johnson
83	MPI für Astronomie, Heidelberg/Calar-Alto-Observatorium
85	NASA
86 oben und unten	Jeff Hester and Paul Scowen (Arizona State University), and NASA
88	NASA
90	Data available from U.S. Geological Survey, EROS Data Center, Sioux Falls, SD
92	NASA
95	NASA/JPL/RP/F/DLR
96 oben	Sojourner (TM), Mars Rover (TM) and spacecraft design and images copyright © 1996-97, California Institute of Technology. All rights reserved. Further reproduction prohibited
96 unten, 97–99, 101	NASA
105	Carl Sagan
111	Modifiziert nach: Kaplan, R. W. (1972). *Der Ursprung des Lebens.* Stuttgart: Deutscher Taschenbuch Verlag. S. 114
120 oben	NASA/Don Davis

Seite

123 unten	Data available from U.S. Geological Survey, EROS Data Center, Sioux Fall, SD
129	MPI für Astronomie, Heidelberg/Calar-Alto-Observatorium
137	Quelle: GEP, Lüdenscheid
142	Quelle: Gerhard Grau, Salzburger Volkssternwarte
144	Quelle: CENAP
150	NASA/Don Davis
156	NASA
160	Nuffield Radio Astronomy Lab, Univ. Manchester
161	National Astronomy and Ionosphere Center, Cornell University, National Science Foundation
163	1996–97. The Big Ear Radio Observatory
164	NASA
166	Modifiziert nach: Goldsmith, D. (1980). *The Quest for Extraterrestrial Life: A Book of Readings.* Mill Valley: University Science Books. S. 294
168	NASA
169	Foto: Ulrich Walter
176	Hubble Space Telescope Jupiter Imaging Team
188, 191, 198 Mitte und unten, 204, 205	NASA
194, 195, 196 unten, 197, 198 oben, 202, 203	NASA Ames Research Center

Seite

207 Aus: Projekt Daedalus: The Final Report on the BIS Starship Study (1968). Supplement to the *Journal British Planetary Society.* A. R. Martin (Hrsg.). S. 46

214, 226, 227 Dana Berry/© 1995. Reprinted with permission of Discover Magazine

219 Star Observer

224 JBIS

232–236 NASA

241 Robert Williams and the Hubble Deep Field Team (STScI) and NASA

243, 246 NASA

252 MPI für Astronomie, Heidelberg/Calar-Alto Observatorium